普通高等教育"十四五"规划教材

应用型本科食品科学与工程类专业系列教材

食品保藏学

刘美玉　何鸿举　主编

蒲　彪　主审

中国农业大学出版社

·北京·

内 容 简 介

本书共分为11章，系统介绍了食品保藏的原理和技术，内容包括绪论，食品保藏学基础，食品低温保藏，食品气调保藏，食品热处理与罐藏，食品干燥保藏，食品腌渍、烟熏和发酵保藏，食品辐照保藏，食品化学保藏，食品保藏高新技术，食品保藏中的质量控制。本书内容系统、翔实，简明易懂，既可作为高等院校食品科学与工程、食品质量与安全、农产品贮藏与加工以及生物工程等专业的教材，也可作为科研工作者和食品保藏行业从业人员的参考书。

图书在版编目（CIP）数据

食品保藏学 / 刘美玉，何鸿举主编. —北京：中国农业大学出版社，2020.12（2024.5 重印）
ISBN 978-7-5655-2303-8

Ⅰ.①食… Ⅱ.①刘…②何… Ⅲ.①食品保鲜②食品贮藏 Ⅳ.①TS205

中国版本图书馆 CIP 数据核字（2019）第 251151 号

书　名	食品保藏学
作　者	刘美玉　何鸿举　主编　蒲　彪　主审

策划编辑	梁爱荣　赵　中	**责任编辑**	石　华　贺晓丽　梁爱荣
封面设计	郑　川		
出版发行	中国农业大学出版社		
社　址	北京市海淀区圆明园西路 2 号	**邮政编码**	100193
电　话	发行部 010-62733489，1190	**读者服务部**	010-62732336
	编辑部 010-62732617，2618	**出 版 部**	010-62733440
网　址	http://www.caupress.cn	**E-mail**	cbsszs@cau.edu.cn
经　销	新华书店		
印　刷	北京鑫丰华彩印有限公司		
版　次	2020 年 12 月第 1 版　2024 年 5 月第 2 次印刷		
规　格	787mm×1092mm　16 开本　17.75 印张　500 千字		
定　价	59.00 元		

图书如有质量问题本社发行部负责调换

应用型本科食品科学与工程类专业系列教材
编审指导委员会委员

（按姓氏拼音排序）

车会莲	中国农业大学	庞　杰	福建农林大学
陈复生	河南工业大学	蒲　彪	四川农业大学
程玉来	沈阳农业大学	秦　丹	湖南农业大学
丁晓雯	西南大学	石玉祥	河北工程大学
董夫才	中国农业大学出版社	史学群	海南大学
傅海庆	福建农林大学金山学院	双　全	内蒙古农业大学
葛克山	中国农业大学	宋俊果	中国农业大学出版社
宫智勇	武汉轻工大学	孙纪录	河北农业大学
贡汉生	鲁东大学	田洪涛	河北农业大学
郭晓帆	湖北工程学院	王德国	许昌学院
郝　林	山西农业大学	王永芬	河南牧业经济学院
黄现青	河南农业大学	王云阳	西北农林科技大学
阚建全	西南大学	魏明奎	信阳农林学院
雷红涛	华南农业大学	杨宝进	河南牧业经济学院
李　斌	沈阳农业大学	杨同文	周口师范学院
李凤林	吉林农业科技学院	于国萍	东北农业大学
李光磊	河南科技学院	张根华	常熟理工学院
李景明	中国农业大学	张坤朋	安阳工学院
李靖靖	郑州工程技术学院	张令文	河南科技学院
李　军	河北科技师范学院	张平平	天津农学院
李述刚	湖北工业大学	张钦发	华南农业大学
李正英	内蒙古农业大学	张吴平	山西农业大学
林家栋	中国农业大学出版社	赵改名	河南农业大学
刘兴友	新乡学院	赵力超	华南农业大学
刘延奇	郑州轻工业大学	周庆锋	商丘师范学院
柳春红	华南农业大学	邹　建	河南牧业经济学院
潘春梅	河南牧业经济学院		

秘　　书　宋俊果

首席策划　董夫才

执行策划　赵　中　李卫峰

编 委 会

出 版 说 明

随着世界人口增长、社会经济发展、生存环境改变，人类对食品供给、营养、健康、安全、美味、方便的关注不断加深。食品消费在现代社会早已成为经济发展、文明程度提高的主要标志。从全球看，食品工业已经超过了汽车、航空、信息等行业成为世界上的第一大产业。预计未来 20 年里，世界人口每年将增加超过 7300 万，对食品的需求量势必剧增。食品产业已经成为民生产业、健康产业、国民经济支柱产业，在可预期的未来更是朝阳产业。

在我国，食品消费是人生存权的最根本保障，食品工业的发展直接关系到人民生活、社会稳定和国家安全，在国民经济中的地位和作用日益突出。食品工业在发展我国经济、保障人们健康、提高人民生活水平方面发挥了越来越重要的作用。随着新时代我国工业化、城镇化建设和发展特别是全面建成小康社会带来的巨大的消费市场需求，食品产业的发展潜力巨大。

展望未来食品科学技术和相关产业的发展，有专家指出，食品营养健康的突破，将成为食品发展的新引擎；食品物性科学的进展，将成为食品制造的新源泉；食品危害物发现与控制的成果，将成为安全主动保障的新支撑；绿色制造技术的突破，将成为食品工业可持续发展的新驱动；食品加工智能化装备的革命，将成为食品工业升级的新动能；食品全链条技术的融合，将成为食品产业的新模式。

随着工农业的快速发展，环境污染的加剧，食品中各种化学性、生物性、物理性危害的风险不同程度地存在或增大，影响着人民群众的身体健康与生命安全以及国家的经济发展与社会稳定；同时，各种与食物有关的慢性疾病不断增长，对食品的营养、品质和安全提出了更高的要求。

鉴于以上食品科学与行业的发展状况，我国对食品科学与工程类的人才需求量必将不断增加，对食品类人才素质、知识、能力结构的要求必将不断提高，对食品类人才培养的层次与类型必将发生相应变化。
2015 年教育部 国家发展改革委 财政部发布《关于引导部分地方普通本科高校向应用型转变的指导意见》（教育部 国家发展改革委 财政部 2015 年 10 月 21 日 教发〔2015〕7 号。以下简称《转型指导意见》）。《转型指导意见》提出，培养应用型人才，确立应用型的类型定位和培养应用型技术技能型人才的职责使命，根据所服务区域、行业的发展需求，找准切入点、创新点、增长点。抓住新产业、新业态和新技术发展机遇，以服务新产业、新业态、新技术为突破口，形成一批服务产业转型升级和先进技术转移应用特色鲜明的应用技术大学、学院。建立紧密对接产业链、创新链的专业体系。按需重组人才培养结构和流程，围绕产业链、创新链调整专业设置，形成特色专业集群。通过改造传统专业、设立复合型新专业、建立课程超市等方式，大幅度提高复合型技术技能人才培养比重。创新应用型技术技能型人才培养模式，建立以提高实践能力为引领的人才培养流程和产教融合、协同育人的人才培养模式，实现专业链与产业链、课程内容与职业标准、教学过程与生产过程对接。

为了贯彻落实《转型指导意见》精神，更好地推动应用型高校建设进程，充分发挥教材在教育教学中的基础性作用，近年来中国农业大学出版社就全国高等教育食品科学类专业教材出版和使用情况深入相关院校和教学一线调查研究，先后 3 次召开教学研讨会，总计有 400 余人次近 200 名食品院校专家和老师参加。在深入学习《转型指导意见》《普通高等学校本科专业类教学质量国家标准》（以下简称《教学质量国家标准》）和《工程教育认证标准》（包括《通用标准》和食品科学与工程类专业《补充标准》）的基础上，出版社和相关院校形成高度共识，决定建设一套服务于全国应用型本科院校教学的食品科学与工程类专业

系列教材，并拟定了具体建设计划。

历时 4 年，"应用型本科食品科学与工程类专业系列教材"终于与大家见面了。本系列教材具有以下几个特点：

1. 充分体现《转型指导意见》精神。坚持应用型的准确类型定位和培养应用型技术技能型人才的职责使命。教材的编写坚持以"四个转变"为指导，即把办学思路真正转到服务地方经济社会发展上来，转到产教融合、校企合作上来，转到培养应用型技术技能型人才上来，转到增强学生就业创业能力上来。强化"一个认识"，即知识是基础、能力是根本、思维是关键。坚持"三个对接"，即专业链与产业链对接、课程内容与职业标准对接、教学过程与生产过程对接，实现教材内容由学科学术体系向生产实际需要的突破和从"重理论、轻实践"向以提高实践能力为主转变。教材出版创新，要做到"两个突破"，即编写队伍突破清一色院校教师的格局，教材形态突破清一色的文本形式。

2. 以《教学质量国家标准》为依据。2018 年 1 月《普通高等学校本科专业类教学质量国家标准》正式公布（以下简称《标准》）。此套教材编写团队认真对照《标准》，以教材内容和要求不少于和低于《标准》规定为基本要求，全面体现《标准》提出的"专业培养目标"和"知识体系"，教学学时数适当高于《标准》规定，并在教材中以"学习目的和要求""学习重点""学习难点"等专栏标注细化体现《标准》各项要求。

3. 充分体现《工程教育认证标准》有关精神和要求。整套教材编写融入以学生为中心的理念、教学反向设计的理念、教学质量持续改进的理念，体现以学生为中心，以培养目标和毕业要求为导向，以保证课程教学效果为目标，审核确定每一门课程在整个教学体系中的地位与作用，细化教材内容和教学要求。

4. 整套教材遵循专业教学与思政教学同向同行。坚持以立德树人贯穿教学全过程，结合食品专业特点和课程重点将思想政治教育功能有机融合，通过专业课程教学培养学生树立正确的人生观、世界观和价值观，达到合力培养社会主义事业建设者和接班人的目的。

5. 在新形态教材建设上努力做出探索。按课程内容教学需要，按有益于学生学习、有益于教师教学的要求，将纸质主教材、教学资源、教学形式、在线课程等统筹规划，制定新形态教材建设工作计划，有力推动信息技术与教育教学深度融合，实现从形式的改变转变为方法的变革，从技术辅助手段转变为交织交融，从简单结合物理变化转变为发生化学反应。

6. 系列教材编写体例坚持因课制宜的原则，不做统一要求。与生产实际关系比较密切的课程教材倡导以项目式、案例式为主，坚持问题导向、生产导向、流程导向；基础理论课程教材，提倡紧密联系生产实践并为后续应用型课程打基础。各类教材均在引导式、讨论式教学方面做出新的尝试。

希望"应用型本科食品科学与工程类专业系列教材"的推出对推进全国本科院校应用型转型工作起到积极作用。毕竟是"转型"实践的初次探索，此套系列教材一定会存在许多缺点和不足，恳请广大师生在教材使用过程中及时将有关意见和建议反馈给我们，以便及时修正，并在修订时进一步提高质量。

中国农业大学出版社

2020 年 2 月

前　　言

习近平总书记在党的二十大报告中指出，深入实施人才强国战略。培养造就大批德才兼备的高素质人才，是国家和民族长远发展大计。加快建设国家战略人才力量，努力培养造就更多大师、战略科学家、一流科技领军人才和创新团队、青年科技人才、卓越工程师、大国工匠、高技能人才。

食品保藏学是研究食品在保藏过程中物理特性、化学特性和生物特性的变化对食品质量及其保藏性的影响，以及控制食品质量变化应采取的技术措施的一门科学。它是涉及多学科的应用技术学科，是食品科学的一个重要组成部分，是食品类专业人才培养不可缺少的一门专业课程。

本书以《关于引导部分地方普通本科高校向应用型转变的指导意见》《教学质量国家标准》和《工程教育认证标准》为指导思想，按照"厚基础、重实用、强实践"的原则构建编写体系，系统介绍了食品保藏基础和食品保藏技术，并将研究应用新技术充实到教材中，阐述食品保藏中的质量控制技术。

本书编写借鉴了国内外同类教材的优点，并吸收了国内外食品保藏科学的新成果；注重食品保藏技术在实际生产中的运用，每个保藏技术有相应的设备装置，具有可操作性，努力做到理论与实践相结合。同时，引入"二维码"等技术，通过出版社网络教学平台提升教材数字化水平，使教材出版质量有新的提升，并给教学带来新体验。纸质教材内容体现教学主线，是教材的主体内容；数字教材内容是对纸质教材内容的扩充、延展、辅助和完善。本教材图文并茂，简明易懂，既可作为高等院校食品科学与工程、食品质量与安全、农产品贮藏与加工以及生物工程等专业的教材，也可作为科研工作者和食品保藏行业从业人员的参考用书。

本书由刘美玉、何鸿举主编，编写人员分工如下：绪论由河北工程大学刘美玉编写，第1章由河北工程大学谢婵媛编写，第2章由河北工程大学刘利强编写，第3章由青海大学李升升编写，第4章由中南林业科技大学龙肇和河南牧业经济学院申晓琳共同编写，第5章由青海大学闫忠心编写，第6章由河南科技学院朱明明编写，第7章由山西大学郭彩霞编写，第8章由河南科技学院何鸿举编写，第9章由淮南师范学院陈志娜、叶韬共同编写，第10章由河南牧业经济学院苏楠编写。全书由刘美玉、何鸿举统稿。

本书承蒙四川农业大学蒲彪教授拨冗审稿；编写工作得到了中国农业大学出版社的大力支持和帮助，在此一并表示诚挚的感谢！

由于编者水平有限，书中难免有不足之处，恳请读者批评指正，将不胜感激！

编　者

2024 年 5 月

目　　录

1

CHAPTER 0 绪论

【学习目的和要求】

了解食品保藏的历史、现状和发展，熟悉食品保藏的主要内容和任务，掌握食品保藏的基本概念。

【学习重点】

1. 食品、食品保藏、食品保藏学等基本概念；
2. 食品保藏的类型。

【学习难点】

1. 食品保藏的特性；
2. 食品保藏的类型。

1. 食品与食品品质

食品是人类赖以生存和发展的物质基础。美国《联邦食品、药品和化妆品法案》第 201 节第 f 项规定：食品是指人类或其他动物的食品或饮料、口香糖等物品的成分。加拿大《食品与药品法案》第二部分对食品的解释：食品包括被加工出售的物品、人类的食品或饮料、口香糖以及为某种目的与食品混合的成分。我国《食品工业基本术语》第二节中对食品的定义：可供人类食用或饮用的物质，包括加工食品、半成品和未加工食品，不包括烟草或只作药品用的物质。新《食品安全法》第 150 条把食品定义为：各种供人食用或者饮用的成品和原料，以及按照传统既是食品又是药品的物品，但是不包括以治疗为目的的物品。《食品科学与营养百科全书》中将食品描述为经过化学、生化或物理作用改变了性质、质量和营养价值的产品。从食品卫生立法和管理的角度，广义的食品概念还涉及：所生产食品的原料，食品原料种植、养殖过程接触的物质和环境，食品的添加物质，所有直接或间接接触食品的包装材料、设施以及影响食品原有品质的环境。

食品应具备以下基本特征：①具有该食品特有的感官指标，包括色泽、风味、组织状态等；②有合适的营养成分构成及要求；③符合该食品质量及安全标准；④包装和标签要符合相关标准要求；⑤在合适保藏（鲜）条件下，有一定的保质期或保鲜期；⑥安全、方便使用。食品生产除了农业生产中的种植、养殖和海洋捕捞等产前作业外，还包括农副产品保藏保鲜、加工制造、运输销售等后续关联产业，它们是农业产业化的重要组成部分，也是农民增收、农业发展和市场繁荣的重要途径。食品工业是指有一定生产规模、固定的生产场所、相当的生产设施，采用科学的管理方法和生产技术，生产商品化的安全食品、饮品和其他与食品工业相关的配料及辅料等产物的产业。食品工业是关系国计民生的生命工业，也是一个国家、一个民族经济发展水平和人民生活质量的重要标志。现代食品加工是食品的工业化生产过程，是对可食用原料进行必要的技术处理，以保持和提高其可食性和利用价值，开发适合人类需求的各种食品和工业产物的全过程。

食品品质是食品的食用性能及特征符合有关标准的规定和满足消费者要求的程度。食品的食用性能是食品的营养价值、感官性状、功能性和卫生安全性。食品在保藏过程中其食用品质会发生改变，按引起品质变化因素的来源，将食品品质的变化分为两种类型：①由于食品内部原因引起的，包括鲜活食品的生理变化和生物学变化（呼吸作用、后熟、衰老、死后僵硬、成熟、软化、自溶、水分变化、香气逸散等）；②由于外部原因引起的，如微生物污染、寄生虫、昆虫、鼠侵害，生产、包装与流通中的污染，机械损伤及意外事件。按引起品质变化因素的种类不同，将食品品质的变化分为四种类型：①食品成分发生化学变化或不同成分之间发生化学反应引起品质变化；②食品本身的物理变化而引起品质变化；③食品中酶催化引起酶促反应；④微生物在食品中活动引起多种变化。

根据食品的特性和要求，采用各种物理、化学或生物的技术措施，进行科学的贮藏管理，达到保鲜保质的目的。

2. 食品保藏和食品保藏学

1）食品保藏的含义、目的和保藏特性

食品保藏是农产品收获后或食品加工后，采取一系列技术措施尽可能保留食品中天然物质成分的过程。通常将贮藏期较短的食品保藏称保鲜，贮藏期较长的食品保藏称贮藏。粮食油料的保藏习惯称贮藏或贮存，普通食品的保藏称贮存或保存。食品保藏既包括鲜活和生鲜食品的贮藏保鲜，也包括食品原辅料、半成品和成品食品的保藏。食品以丰富的营养、符合卫生要求和具有良好的色、香、味、形来满足消费者生存、健康、消遣等需求，但是食品所含的营养成分和风味品质稳定性差，如不采取科学的保藏方法，任其自然存放，会受到环境因素的影响而发生品质劣变，而且还会由于各种污染而影响其卫生质量，危害人体健康。因此，食品保藏的主要目的就是保持食品质量和食用安全性，减少损耗，增加经济效益。另外，食品保藏还可以实现异地销售、战略储备、旅游、避免食品资源的无谓浪费。由于食品产业与农、林、牧、渔业密切相关，因而在生产上有明显的季节性和地区性。但在

食品销售上又大多要求常年供应、面向全国，甚至还要出口海外市场，这样便形成了食品生产与销售在时间和空间上的矛盾，从而影响食品的均衡供应。因此，根据各类食品的特性和要求，进行科学保藏管理，可以调节食品产销之间的矛盾，有利于做好食品市场的供应。

食品的种类繁多，保藏特性各异。按照加工程度不同，食品可分为天然食品和加工食品两大类，这两类食品的保藏特性如下：

（1）天然食品的保藏特性　天然食品是指由农、林、牧和渔等生产提供的初级产品，可分为植物性食品和动物性食品。植物性食品主要包括以谷类、豆类和薯类为主的粮油产品和果蔬产品。动物性食品主要包括水产食品、畜肉禽蛋类食品和乳品等。水果、蔬菜、粮食和鲜蛋等具有生命活动，故又称为鲜活食品。而畜禽肉、鲜乳、水产鲜品未经熟制且含水量高，可称为生鲜食品。这些天然食品的保藏性能差，容易腐败变质，故又统称为易腐性食品。

天然食品的保藏性受原料的种类、品种、产地、栽培和饲养条件以及保藏环境条件等多方面因素的影响。从食品本身来讲，它们在原来动植物体内分属的器官类型对其保藏性会产生直接的影响。从生理活动上可以将天然食品中畜、禽、鱼等的肌肉组织和植物的根、茎、叶、花、果实、种子等区分为营养器官和繁殖器官。这两类器官具有各自的生物学特性，并在动植物个体生长、发育和繁殖过程中担负着不同的生理功能，这是形成各种天然食品保藏性差异的基本原因。一般来讲，来自繁殖器官的天然食品比来自营养器官的天然食品耐保藏。属于繁殖器官的天然食品如种子、果实及具有繁殖作用的变态根、茎类蔬菜和鲜蛋等，它们在生长发育过程中会积累和贮存大量的营养物质以维持个体的繁衍，这些营养物质多是一些化学性质稳定的高分子有机物，如淀粉、蛋白质和脂肪等。当这些天然食品具备了食用价值而被采收或加工时，组织中各种酶的活性趋于下降，生理活性减弱，有一些产品甚至处于休眠状态。同时，由于这些产品具有表皮或外壳保护，使来源于繁殖器官的天然食品具有较

高的保藏性。属于营养器官的天然食品如叶菜、茎菜、动物肌肉和鲜乳等，它们原来处在活的生物体时，由于机体本身具有抗病能力，并不会出现腐败变质现象。但一旦它们离开生物体就失去了营养物质的补充来源，其生理活动会发生急剧变化，组织中的各种水解酶活性增强，营养成分消耗加快，产品组织遭受破坏和被微生物污染，保藏性能随之下降。

（2）加工食品的保藏特性　加工食品是以天然食品为原料，再经过不同深度的加工处理而得到的各种加工层次的产品。由于原料、加工工艺和加工深度的不同，使加工食品的种类繁多，并随着食品资源的开发利用和新工艺、新技术及新配方的应用，新的加工食品不断出现。按加工保藏方法的不同，加工食品可分为干制品、腌制品、糖制品、罐藏制品、冻制品和焙烤食品等几类。除少数产品（如熟肉、黄油和豆腐制品等）的保藏性较差外，大多数加工食品由于经过不同的加工处理，其品质和微生物稳定性得到提高，保藏性都高于天然食品。如食品经过干制、糖渍和盐腌，可以降低水分活性，抑制微生物引起的腐败变质，因而可在常温下保存。

2）食品保藏的类型

食品保藏的方法很多，依据保藏的原理可分为以下四种类型。

（1）维持食品最低生命活动的方法　这种方法主要用于新鲜水果、蔬菜等生机食品的保藏。通过控制水果和蔬菜保藏环境的温度、相对湿度及气体组成等，就可以使水果、蔬菜的新陈代谢活动维持在最低水平，从而延长它们的保藏期。这类方法包括冷藏法和气调法等。

（2）抑制变质因素的活动以达到保藏目的的方法　微生物及酶等主要变质因素在某些物理因素、化学因素作用下，将会受到不同程度的抑制，从而使食品品质在一段时间内得以保持。但是，解除这些因素的作用后，微生物和酶即会恢复活动，导致食品腐败变质。属于这类保藏方法的有冷冻保藏、干藏、腌制、熏制、化学保藏及改性气体包装保藏等。

（3）通过发酵来保藏食品的方法　这是一类通

过培养有益微生物进行发酵，利用发酵产物（酸和乙醇等）来抑制腐败微生物的生长繁殖，从而保持食品品质的方法，如食品发酵。

（4）利用无菌原理来保藏食品的方法 这是利用热处理、微波、辐射、脉冲等方法，将食品中的腐败微生物数量减少到无害的程度或全部杀灭，并长期维持这种状况，从而达到长期保藏食品目的的方法。罐藏、辐照保藏及无菌包装技术等均属于此类方法。

3）食品保藏学的概念

食品保藏学是研究食品在保藏过程中物理特性、化学特性和生物特性的变化对食品质量和保藏性的影响，以及控制食品质量变化应采取的技术措施的一门科学。它是一门涉及多学科的应用技术学科，是食品科学的一个重要组成部分，与生物学、动植物生理生化、有机化学、食品化学、食品微生物学、食品包装学和食品工艺学等学科均有密切联系。食品的物理特性主要指食品的形态、质地、色泽、失重等物理性质；食品的化学特性是指食品中的水分及其水分活度（A_w）、各种化学成分（碳水化合物、脂类、蛋白质、矿物质、维生素、色素、风味物质、气味物质等）以及食品添加剂在食品中所具有的性质；食品的生物特性主要指食品中的微生物和酶的特性，其次包括食品的生理作用、生化变化以及食品害虫等生物特性。各种食品在保藏过程中受内因和外因的共同影响，其质量会发生有规律的或者趋势性的变化。例如，果蔬贮藏期间水分含量减少、糖和酸含量降低、果胶质降解等，均呈现规律性变化；而食品贮藏中发生的霉变、变色、变性等则有趋势性和环境依附性，即在贮藏条件不良、贮藏期过长、加工处理不当等因素影响下，食品质量就可能发生不良变化。为保证食品固有的质量，控制不良变化的发生，贮藏中可采用物理的、化学的或生物的技术措施来达到保鲜保质的目的。在食品保藏的各种技术措施中，降温是最重要、最有效、最安全、最普遍的一种；此外还有调节湿度、控制气体成分、化学药剂处理、合理包装、辐照处理等。食品保藏中最突出的安全问题是乱用或滥用食品防腐保鲜剂，由此而影响食品的质量安全，这一点在鲜活和生鲜食品的保藏中显得尤为突出。

3. 食品保藏的历史、现状和发展

1）食品保藏的历史和现状

早在远古时代，人类社会食品生产有剩余时，便出现了食品保藏，并随人类社会发展和科学技术进步，保藏技术水平不断提高和完善。据记载，公元前3000年至公元前1200年间，犹太人经常从死海取盐来保藏各种食物。中国人和希腊人也在同时代学会了盐腌鱼技术，这是腌制保藏技术的开端。公元前十世纪，我国《诗经》中早有"凿冰冲冲，纳于凌阴"的诗句，说明当时人们已开始用天然冰保藏食品。公元前九世纪时的古罗马人也学会了用天然冰雪来保藏龙虾等食物，这是低温保藏技术的雏形。古代欧洲，人们将鱼、肉悬挂于炉灶的烟囱上以便贮藏，这是烟熏技术的开始。以后又将腌制与烟熏结合起来，逐渐形成了现代熏制食品。西方的《圣经》中记载了利用日光将枣、无花果、杏及葡萄等晒成干果进行保藏。唐代陆羽的《茶经·之造》记述："焙之，穿之，封之，茶之干矣"，表明烘焙、干藏技术已进入人们的生活。宋代朱肱的《北山酒经》记载了瓶装酒加药密封、煮沸后保存的方法，是罐藏技术的萌芽。另外，我国人民利用缸瓮、井窖、地沟、上窑洞等简易设施保藏食品的历史悠久，至今这些保藏方式在生产中仍有应用。食品保藏技术的发展在一定程度上解放了生产力，人们不再需要每天花时间去获取食物，而是食用贮存的食物，让人类获得更多的时间和人力、物力发展生产，从而促进了社会的进步。

在食品保藏科学的长期发展过程中，有两次重大的保藏技术改革：一次是19世纪的罐藏、人工干燥和冷冻三大保藏技术的应用；另一次是20世纪以来速冻、气调、减压、辐射保鲜和基因工程等新技术的出现和发展。1809年法国人Nicolas Appert将食品放入玻璃瓶中加木塞密封并杀菌后，制造出真正的罐藏食品，成为现代食品保藏技术的开端。从此，各种现代食品保藏技术不断问世。

不同冷媒的出现使食品冷藏技术得到了划时代的发展，1834年英国人Jocob Ferking发明了以乙醚为制冷剂的压缩式制冷机。1860年法国人Carre

发明了以氨为制冷剂、以水为吸热剂的吸收式制冷机。1872 年美国人 David 和 Boyle 发明了以氨为制冷剂的压缩式制冷机。此后人工冷源逐渐取代了天然冷源，使食品保藏的技术手段发生了根本性的变革。现在食品冷藏技术在世界范围内得到了快速发展和普及，广泛用于陆地保藏食品、海上和空中运输食品，以及宾馆、饭店、超市和家庭保藏食品，已成为与人们生活息息相关的一门科学技术。我国在 1968 年有了第一个水果冷库，并逐渐发展。据不完全统计，我国各类生鲜品年总产量约 7 亿 t，冷冻食品的年产量在 2 500 万 t 以上，总产值 520 亿元以上，年营业额在 500 万元及以上的食品冷冻、冷藏企业约 2 万家（包括加工企业内的冷库车间及冷藏库），全国冷库容量达 900 万 t 左右，贮藏能力仅占生鲜食品总量的 1.3%，远不能满足需求。速冻食品是指在 -30℃ 或更低温度下快速冻结，在 30 min 内通过最大冰结晶生成带，形成的冰晶粒子小于 100 μm，中心温度在 -18℃ 以下并在此温度下贮藏、运输和销售的一类冷冻食品。我国速冻食品工业起步于 20 世纪 70 年代末，经过几十年的发展，速冻食品产业已经成为一个"朝阳产业"。目前市场上速冻食品主要分为速冻畜禽类、速冻水产类、速冻果蔬类、速冻方便调理类 4 大类，形成了年产量超过 1 500 万 t 规模的食品产业，并且每年仍以 10%～30% 的速度递增。速冻食品产业的发展有力地推动了我国食品等相关产业的快速发展。

气调保藏是食品保藏技术的又一重大革新，是当今世界最先进的食品保鲜技术。1819 年法国人 Berard 最早研究贮藏环境中的低 O_2 和高 CO_2 对水果后熟的影响，1916 年英国科学家 Kidd 和 West 做了系统研究，奠定了现代食品气调保鲜的理论基础，其后世界各国也陆续开展了这方面的研究，逐渐形成了气调与冷藏相结合的气调保鲜法。20 世纪 50 年代，气调保鲜技术开始应用于苹果的商业保藏保鲜，随后扩大到多种水果和蔬菜的保鲜。目前，气调保藏已推广应用到粮食、鲜肉、禽蛋及许多加工食品的保藏和流通中的保鲜。我国气调贮藏起步较晚，但发展很快。自 1978 年第一座试验性气调库在北京诞生，现在商业性的大型气调库已在山东、陕西、河北、甘肃、新疆、河南、广东、北京等许多地区相继建成，并获得了显著的经济效益。1997 年内蒙古包头市正道集团建成的世界上第一座千吨级减压保鲜贮藏库，标志着我国贮藏保鲜技术已达国际领先水平。

近些年我国各种化学防腐保鲜剂的研制及应用发展也很快。目前已有许多化学防腐剂、生物活性调节剂及生物涂膜剂在贮藏保鲜中推广使用，对提高贮藏效果具有明显的辅助促进作用。

进入 20 世纪 80 年代，以基因工程技术为核心的生物保鲜技术成为食品保藏技术研究的新领域。应用基因工程技术改变果实的成熟和保藏特性，延长保鲜期，在番茄上取得了成功并在生产上应用。基于栅栏效应的栅栏技术也在食品保藏实践中得到广泛应用。

为了更大限度保持食品的天然色、香、味、形和一些生理活性成分，满足现代人的生活要求，一些现代食品保藏高新技术如超高压杀菌、高压脉冲电场杀菌、脉冲磁场杀菌和微波杀菌等冷杀菌保鲜技术应运而生，在食品保藏上显示出了广阔的前景。

2）食品保藏学科的发展

随着食品科学技术的发展，食品保藏学也应运而生，并且得到不断完善，目前已经发展成为一个比较完整的学科体系。食品保藏学包括粮食油料、果品蔬菜、畜禽肉蛋和水产鱼虾等几类食品保藏的分支学科，其中以果品蔬菜贮藏保鲜分学科的起步最早，发展最快，现在学科体系也较完善。20 世纪 80 年代以来，为了适应我国农业生产发展及社会对人才的需要，许多高等院校陆续开办了"农产品贮藏与加工""水产品贮藏与加工""食品科学与工程"和"食品质量与安全"等食品类专业。对于这类专业人才的培养，食品保藏学是不可缺少的专业课，是食品专业人才应具备的知识，是完善学生知识结构很重要的一个方面。虽然目前食品保藏科学技术已有了很大的发展，但从食品保藏的目的和任务来看，仍然存在着有待开发的领域。今后食品工业发展的趋势是不断增强深加工食品的比例和保证食品安全性，因此，在食品保藏研究中，除了做好一般食

品原料和初级加工食品的保藏之外，还需对种类繁多的深加工食品所要求的适宜保藏条件加以研究，以确保食品的质量和安全。

随着我国国民经济持续健康发展，食品保藏加工业的科研投入不断增加，食品保藏技术得以快速发展。自"六五"以来，我国把农产品及食品贮藏、保鲜和加工作为国家重点的发展和支持方向，不断加大科研投入。国家"六五"科技攻关项目主要有"蔬菜贮藏保鲜技术研究""果菜类产地检疫贮藏技术的研究"等项目。"七五"期间，对粮食干燥节能技术和果蔬贮藏、加工、流通技术等进行了攻关研究，如"蔬菜流通体系综合保鲜技术的研究与实践"等项目。"八五"期间，对果蔬产地保鲜、主要农特产品加工等技术进行了研究。"九五"期间，对谷物机械制冷、低温贮藏技术与装备、果品贮藏保鲜技术和肉类制品综合保藏技术等进行了产业开发研究。"十五"期间开展了"净菜加工、流通技术与设备研究开发""农产品深加工技术与设备研究开发"重大科技专项研究，重点针对大宗粮油、果蔬、畜产品和林产品等，开展深加工技术、工艺与设备、标准体系和全程质量控制体系等方面的研究与开发。国家"十一五"科技支撑计划启动了多项食品贮藏加工重大科技专项，主要包括"农产品贮藏保鲜关键技术研究与示范""食品加工关键技术研究与产业化开发""安全绿色储粮关键技术研究开发与示范""农产品现代物流技术研究开发与应用"以及"农产品产前质量安全控制及应急技术标准研究"等。国家"十二五"科技支撑计划项目主要包括"鲜活农产品安全低碳物流技术与配套装备""农产品产地商品化处理关键技术与装备""农产品数量安全预警体系""食用菌等特产资源高效生产与深加工关键技术及产品"等。这些研究为我国农产品及食品保藏业的持续和健康发展提供了有力的技术保障。目前，我国从事农产品及食品保藏加工研究与开发的单位有 400 多家，大专院校 100 多所，业务领域包括粮油贮藏加工、果蔬贮藏加工、畜产品贮藏加工和水产品贮藏加工等。同时，还有一批从事农产品及食品标准化检测和信息处理等工作的企事业单位，已基本形成较为完善的研究开发体系。

4. 我国食品保藏业存在问题与对策

1）我国食品保藏业存在问题

食品保藏技术自古就有，只是各个历史时期的保藏手段和技术水平不同而已。我国的食品保藏有悠久的历史，在长期的生产实践中，人们创造和积累了丰富的食品保藏经验和知识。食品保藏真正成为一门学科是在新中国成立之后，特别是 20 世纪 80 年代以来，我国农业生产步入快速、持续和健康发展的轨道，粮食、油料、水果、蔬菜、畜禽和水产等农产品的产量逐年提高，充足的农产品为食品工业的快速发展奠定了良好的物质基础。由于农产品数量的迅速增加、食品加工业的快速发展以及人们食品消费水平的提高，食品加工企业对农产品原料质量与安全性的要求越来越高，广大消费者对农产品及各种食品卫生质量要求也在逐年提高，国际市场对我国出口的农产品和食品的卫生质量要求也越来越高，这些都迫使食品生产加工从业人员不但要重视食品原料的生产和食品加工，而且也必须重视食品原料和加工食品的保藏及流通工作。在这种社会背景下，我国的食品保藏技术取得了很大的进步，对缓解农产品的季节性和地区性过剩起到了一定的作用。

但是，与发达国家相比，我国还有较大差距。从 20 世纪 70 年代开始，许多经济发达国家陆续实现了农产品保鲜产业化，其中美国、日本的农产品保鲜规模达到 70% 以上，意大利、荷兰等国达到 60%，这些国家通常把农产品产后贮藏保鲜与加工放在农业的首位。相比而言，我国农产品产后贮运保鲜环节较为薄弱，保鲜规模小，先进的农产品和食品物流保鲜技术体系尚不健全，食品的变质损失非常严重。据有关专家测算，我国粮食、水果、蔬菜的产后损失率分别为 7%～11%、15%～20% 和 20%～25%，水产品的损失率也在 15% 左右，远高于发达国家 5% 左右的平均损失率。2018 年我国粮食总产量 6 579 亿 kg，如果损耗率按 9% 计，则造成经济损失 1 000 亿元人民币以上（按平均 2 元/kg）。全国农产品每年产后损失 3 000 亿元，相当于 1.5 亿亩（1 亩＝666.7 m²）耕地的投入和产出被浪费掉。我国人口多，食品的数量基数巨大，政府和社会应重视食品保藏这项关系每一位社会成员生活质量和健康水平的工作，加大食品保藏设施建设投资的力度，提高食品保藏技术和管理水平。

从总体上看，我国农产品和食品保藏技术及装备比较落后，存在的问题仍然很多，主要表现在以下几个方面：

（1）农业产业化体系不健全，食品生产、保藏和销售等环节脱节严重，生产者片面追求产量而忽视质量及流通性，导致产品的质量低、保藏性差、货架期短、市场竞争力不强。

（2）食品保藏的经营规模小，管理水平低，保藏产品的质量难以保证。目前除了国有大型粮库以及少数机械冷藏库和气调库保藏的规模较大外，食品保藏的主体还是组织化和规模化程度很低的分散经营的小农户和小企业，他们的硬件设施和技术投入相对不足，很难满足各类食品保藏的技术要求。

（3）食品保藏技术和装备水平相对落后，生物技术、超高压杀菌、高压脉冲电场杀菌、脉冲磁场杀菌、活性包装和智能包装保鲜等现代食品保藏高新技术在我国应用还不普遍。

（4）低温保藏运输设施不足，尚未建立完善的冷链系统，致使许多鲜活易腐性食品生产后仍然在常温下保藏、运输、销售及消费，导致食品的腐烂变质快，损失严重。

（5）食品保藏中的质量安全问题关注不够。食品产前的化肥、农药和饲料添加剂等的污染及食品加工中添加剂的污染虽已受到社会的广泛关注，但对食品保藏中防腐保鲜剂、杀虫灭鼠剂和食品保藏库及环境消毒剂等化学药物的广泛使用造成的食品污染，还没有引起足够的重视。

（6）食品保藏技术发展不平衡。一方面表现在不同保藏技术之间发展不平衡，例如低温保藏技术能较好地保存食品的色、香、味及营养价值，在食品工业中占主导地位，其中速冻食品特别是速冻调理食品的发展速度很快。目前，全世界的速冻食品正以年均20%的增长速度持续发展，年总产量已达到6000万t，品种达3500种。预计速冻食品的销售量将占全部食品销售量的60%以上。与此相反，罐藏技术曾经在相当长一段时间内占据食品保藏技术的主导地位，随着人们生活水平的提高，罐头食品在色、香、味等方面的缺陷以及相对较高的成本使罐头工业的发展陷入困境。另一方面表现在同种保藏方法中不同技术手段之间的发展不平衡，如罐藏法中塑料罐、软罐头及无菌罐装技术等的发展潜力巨大，而金属罐藏技术、玻璃罐藏技术发展缓慢。干藏法中节能干燥及冻干技术发展迅速，而普通热风干燥技术发展相对停滞。因此，快速发展的食品保藏技术一定是适应现代化生产需要、提供高质量食品，且具有合理生产成本的技术。

2）采取的对策

面对我国食品保藏业中存在的诸多问题，应引起有关方面的广泛关注并采取相应的对策。

（1）建立和完善农业产业化体系。完整的农业产业化体系首先是融生产、加工和销售为一体的经营组织体系；其次是法律法规体系；再次是完善的社会化的服务体系。根据我国的实际情况，应从以下几方面完善农业产业化体系：①形成强大的法律保障。通过立法和制定保护农业的政策，推进农工商一体化，使农业在产、供、销各个环节都得到法律的保护。进行执法监督，通过立法稳定农业的投入机制，使对农业的投入有法律保障。②建立完善的社会化服务体系。政府、科研院所和推广机构联合把农业教育、研究、技术推广作为重要职责，共同为农业生产服务；重视教育和培训，改善行业人员结构和素质，培养一批既懂技术，又会经营管理、信息管理的复合型人才。③加强市场化的调控机制。用经济的手段管理经济，政府负责市场解决不了的如环保、科研、农业生态等涉及全社会共同发展的领域。

（2）重视气调包装、真空包装、速冻包装，改进食品包装技术；普及应用非热加工保藏技术、速冻技术、冻干技术、生物保鲜技术等新型保藏技术开发。重视食品保藏相关学科的基础研究，加强现代食品工程高新技术和生物技术在食品保藏中的应用研究；强化成熟的高新技术成果在食品保藏中的开发应用，加大对食品保藏科技创新的支持力度，提高我国食品保藏质量安全，增强市场竞争力。

（3）加强食品冷藏链。以制冷技术与设备为手段，使食品在原料采集、加工、贮藏、运输和销售整个生产流通范围内，均保持最佳质量。国内主要产地与大城市兴建大型冷库，并与铁路冷藏车和水运冷藏船相连，超市大量使用各式先进的冷柜，配备与完善零售终端冷藏链。通过建设完善可靠、规范管理的现代食品冷藏链，提高社会公用化程度，全面提升我国食品品质，并充分利用食品资源，减少易腐食品损失。

（4）强化食品的商品质量意识，重视食品的质量与安全。应用食品安全溯源与预警技术，建立从农田到餐桌的预防、控制、追溯体系，实施绿色品牌战略，增强其在国内外市场上的竞争力。

食品保藏是一种有效利用食品资源、减少食品损耗的重要技术手段，开发和推广应用更为有效、更为先进的食品保藏技术是从事食品研究与开发的所有人员的义务与责任。

思考题

1. 什么是食品？食品应具备的特征是什么？
2. 什么是食品保藏？食品保藏目的是什么？
3. 依据保藏的原理，食品保藏分哪几类？
4. 简述食品保藏学的概念。
5. 我国食品保藏业存在的主要问题是什么？如何解决？

食品保藏学基础

【学习目的和要求】

1. 了解食品包括色泽、香气、风味、质地和营养素在内的各种品质的基本特性，掌握食品中色素种类、香气和滋味成分以及主要的营养物质；

2. 了解果蔬原料、肉类原料、水产原料、乳蛋原料、粮油原料的基本特性，掌握各类原料的基本保藏方法；

3. 了解食品腐败变质的原理，掌握常见的控制食品腐败变质的方法。

【学习重点】

1. 食品中营养物质的特性；

2. 食品腐败变质的控制措施；

3. 食品原料的保藏方法。

【学习难点】

1. 食品贮藏加工过程中蛋白质的变化特点；

2. 生理腐败变质的原因。

1.1 食品化学成分与保藏的关系

1.1.1 色素类物质

食品的色泽主要取决于其中的色素类成分。在食品的储运加工过程中，常遇到色泽的变化，对食品变色的控制是食品保藏的一项重要内容。食品变色现象大多数为食品色素的化学变化所致。因此，认识不同食品色素的特性、稳定性、变化条件对于控制食品色泽具有重要意义。食品色素按来源不同分为天然色素和人工色素两大类。

1. 天然色素

天然色素分为植物色素、动物色素和微生物色素。植物色素如叶绿素、类胡萝卜素、花青素等；动物色素如血红素、卵黄和虾壳中的类胡萝卜素等；微生物色素如红曲色素等。

叶绿素（chlorophyll）是鲜活绿色农产品的代表色素。在食品加工贮藏中，叶绿素会由于酸、碱、热或者叶绿素酶的作用发生一系列变化。如由于酸的作用，叶绿素发生脱镁反应，生成脱镁叶绿素，并进一步生成焦脱镁叶绿素，食品的绿色由橄榄绿转为褐色。叶绿素在稀碱溶液中较稳定，呈鲜绿色，加热易水解成叶绿醇、甲醇和叶绿酸盐。在叶绿素酶的作用下，叶绿素被转化为脱镁、脱植醇叶绿素，食品呈现橄榄绿色。

类胡萝卜素（carotenoid）又称多烯色素。植物体内当叶绿素存在时，绿色占优势，类胡萝卜素的颜色被淹没，叶绿素分解后，则呈现类胡萝卜素的颜色。成熟果实的颜色转变的原因就在于此。动物的类胡萝卜素主要是脂肪、卵黄、羽毛和鱼鳞以及虾蟹甲壳的色素。动物的类胡萝卜素一般与蛋白质结合在一起。

花青素（anthocyanin）在植物液泡中为水溶性色素，在自然状态下多以糖苷形式存在。它在氧及氧化剂存在状态下极不稳定，氧气对花青素具有破坏作用。花青素的颜色会随 pH 而改变，如矢车菊色素在 pH＜3.0 时为阳离子，呈红色；pH 为 8.5 时为中性分子，呈紫色；pH 为 11 时为阴离子，呈蓝色。此外，花青素还受 K^+、Na^+ 和其他金属离子的影响，铝对花青素的影响不如铁那样显

著，因此，水果、蔬菜加工中不能用铁器皿而必须用铝或不锈钢器皿。花青素对光和温度也极敏感，含花青素的食品在光照或稍高温度下会很快变成褐色。此外，SO_2 也会使花青素退色。

花黄素（formononetin）的颜色一般并不显著，常为浅黄色至无色，偶尔为橙黄色，它在加工过程中会因 pH 改变和金属离子的存在而改变颜色，影响食品的外观质量。

血红素（heme）是肌肉和血液中的主要色素，血液中血红素主要是以血红蛋白形式存在，肌肉中主要以肌红蛋白形式存在。当动物屠宰后，由于组织供氧停止，肉中原来处于还原态的紫红色的肌红蛋白受到空气中氧气的作用，形成氧合肌红蛋白和氧合血红蛋白，肉色变得鲜红，当氧合肌红蛋白或氧合血红蛋白继续被氧化形成高铁血红素时，肉的颜色变成棕黑色。鲜肉用亚硝酸盐腌制，能保持肉的鲜红色，是因为处于还原态的亚铁血红素能与 NO 形成亚硝基肌红蛋白和亚硝基血红蛋白，防止血红素继续被氧化成高铁血红素。

2. 人工色素

在食品工业中，合成色素因其色泽鲜艳、化学性质稳定、着色力强而被广泛使用。但由于一些色素有不同程度的毒性，所以世界各国对人工合成食用色素的品种、质量及用量等都有严格限制。我国允许使用的合成着色剂有苋菜红（amaranth）、胭脂红（ponceau 4R）、柠檬黄（tartrazine）、赤藓红（erythrosine）、新红（new red）、日落黄（sunset yellow indigotine）、靛蓝（indigotine）、亮蓝（brilliant blue）、合成 β-胡萝卜素及叶绿素铜钠盐。

1.1.2 气味物质

食品的气味是由许多种挥发性的物质组成的。食品中气味物质往往含量极微，大致在 $1 \sim 1\,000$ mg/kg。绝大多数食品均含有多种不同的物质，其中某一种成分往往不能单独表现出食品的整个气味。

1. 果蔬的气味

果实中挥发性物质种类很多，目前，番茄已鉴定出 400 多种，苹果 350 多种，葡萄的香气成分有 80 余种。但只有含量超过其味感阈值的少

数物质对果实的风味起重要作用。构成果实气味的物质主要包括酯类、醇类、醛类、萜类和挥发性酚类等。

低分子酯类物质是苹果、草莓、梨、甜瓜、香蕉和甜樱桃等许多果实香气的主要成分。苹果挥发性物质中，低分子酯类物质占 78%～92%，以乙酸、丁酸和己酸分别与乙醇、丁醇和己醇形成的酯类为主。草莓成熟果实中也发现有肉桂酸的衍生酯，以甲酯和乙酯为主。

番茄果实挥发性物质以醇类、酮类和醛类物质为主。苹果中的醇类物质占总挥发性物质的 6%～12%，主要醇类为丁醇和己醇，还有少量酮类和醛类物质。甜瓜未成熟果实中存在大量中链醇和醛类物质。

丁香醇、丁香醇甲酯及其衍生物等大量存在于成熟香蕉果实中。葡萄挥发性物质中含有苯甲醇、苯乙醇、香草醛、香草酮及其衍生物。萜类物质是葡萄香气的重要组成部分，根据葡萄果实中的香气成分对萜烯类化合物的依赖程度，可将葡萄分成三类：玫瑰香型芳香品种、非玫瑰香型芳香品种和非芳香品种。

2. 动物性食物的气味

鲜牛乳的香气成分主要为丙酮、乙醛、二甲硫醚及低级脂肪酸等。鲜乳在过度加热煮沸时常产生一种不好闻的加热臭味，其中含甲酸、乙酸及丙酮酸等；牛乳在日光下放置会产生所谓的日光臭，这主要是蛋氨酸降解所致。奶酪的风味在乳制品中最丰富，它们包括游离脂肪酸、β-酮酸、甲基酮、丁二酮、醇类、酯类等。新鲜黄油中的香气成分有挥发性脂肪酸、异戊醛、二乙酰、3-羟基丁酮等。

肉类风味只有加热以后才能获得，未烹调的肉类很少或没有香味，而只有血腥味。在熟肉风味物质中已发现由脂类降解产生的几百种挥发性化合物，包括脂肪族烃、醛、酮、醇、羧酸及酯。在烤肉当中，吡嗪是主要的挥发性物质。熟肉挥发性物质的一个显著特征是以含硫化合物为主体，这些含硫化合物气味阈值低，具有硫黄香气、洋葱香气，有时具有肉香。

3. 发酵食品的气味

白酒中少量的酯类物质赋予其特殊的香气，形成风味各异的酒类。如泸香型酒的主要香气成分为乙酸乙酯和丁酸乙酯，啤酒中的香气成分主要是醇、酯、羰基化合物、酸和含硫化合物。酱油香气的主体是酯类，甲基硫是构成酱油特征香气的主要成分。食醋的香气来源于发酵过程中缓慢产生的各种酯类。

人们已很熟悉焙烤或烘烤食品中愉快的香气。例如，面包皮风味、爆玉米花气味、坚果气味等。通常当食品色泽从浅黄色变为金黄时，这种风味达到最佳，当继续加热使色泽变褐时就出现了焦糊气味和苦辛滋味。

1.1.3 滋味物质

1. 甜味物质

甜味常用于改进食品的可口性和某些食用性，凡具有甜味感的物质均称为甜味物质，主要有糖及其衍生物、非糖天然甜味剂、天然物的衍生物甜味剂即合成甜味剂。

葡萄糖的甜味有凉爽感，加热后逐渐褐变。果糖是糖类中最甜的，并具有越凉越甜的口感。蔗糖广泛存在于甘蔗、甜菜、甜萝卜、香蕉和菠萝等果蔬中。食品工业中经常使用的还有淀粉糖浆（corn syrup）和异构糖浆。淀粉糖浆是淀粉经不完全糖化而得的产品，糖分组成为葡萄糖、麦芽糖、低聚糖、糊精等。异构糖浆是以葡萄糖为原料，在异构酶作用下，使一部分葡萄糖异构化成果糖而得，其甜度相当于蔗糖。

糖醇（alditols）是糖类的醛基和酮基被还原而成的。一些糖醇天然存在于水果和蔬菜中，但含量低，不适于工业化提取利用，工业上用催化剂将糖类加氢制成糖醇，已投入实际使用的糖醇类甜味剂有木糖醇、山梨糖醇、麦芽糖醇和甘露醇。它们的代谢与胰岛素无关，也不妨碍糖原的合成，是一类不使人血糖值升高的甜味剂，因而适合糖尿病、心脏病、肝脏病人食用。木糖醇和麦芽糖醇还不易被酵母菌和细菌发酵，是良好的防龋齿甜味剂。

从甜叶菊的茎、叶内提取的甜菊苷（stevioside），它的甜度为蔗糖的 300 倍。甜菊苷的甜味可口，后味长，稍有苦涩。甜菊苷不能被人体吸收，不产生热能，因此，可以很好地作为糖尿病、肥胖患者的天然甜味剂。到目前为止，试验和实际

使用均未发现甜菊苷的毒性反应，因此，在允许的范围里使用是值得信赖的。

二氢查耳酮是由本来不甜的非糖天然物经过改性加工，成为高甜度的安全甜味剂，甜度是蔗糖的100～2 000倍，但热稳定性较差。

天门冬酰苯丙氨酸甲酯，又名阿斯巴甜（aspartame），我国俗称甜味素。其组成单体都是食物中的天然成分，甜度为蔗糖的100～200倍。阿斯巴甜作为低热量高甜度甜味剂，因具有热不稳定性和在水溶液中的稳定性受溶液的 pH 影响大等缺点，在应用上受到一定的限制。

2. 酸味物质

酸味是由于舌黏膜受到氢离子的刺激而产生的味觉。它是无机酸、有机酸和酸性盐特有的味感。酸的浓度与酸味强度并非简单的线性关系，酸感与酸根种类、pH、缓冲效应、可滴定酸度及其他物质特别是糖的存在有关。同一浓度的酸，其酸味增强的顺序为盐酸、甲酸、柠檬酸、苹果酸、乳酸、乙酸、酪酸。乙醇和糖可减弱酸味，pH 为 6～6.5 时无酸味感，pH 为 3 以下则难适口。

真正存在于食品中的无机强酸，如盐酸、硫酸、硝酸、磷酸是十分少见的。无机强酸的盐则比较多，但是它们往往表现为其他的滋味，如咸味、苦味等。无机弱酸及其盐，如碳酸与碳酸氢钠，一般只有弱酸可以表现为酸味，而强碱盐则已失去这种性质。无机酸及其盐在食品中的酸味贡献，远不如有机酸重要。它们在大多数场合下，只是食品酸味成分中的一些补充和平衡成分。

各种水果中均含有丰富的有机酸成分，水果中的有机酸也称为果酸。蔬菜中只含有少量的有机酸，一般情况下，这种酸的种类及含量均不如水果。水果和蔬菜中所含有的有机酸，与其种类和生长期均有关系。一般主要成分为苹果酸、柠檬酸和酒石酸等。而乳酸、琥珀酸、醋酸、草酸和苯甲酸的含量大多很少。一般食品加工制品中含有的有机酸，有些来自原料本身，有些是加工过程中人为加入的（酸味剂），有些则是在发酵过程中形成的，如发酵蔬菜等。

3. 苦味物质

苦味本身不是令人愉快的味感，但当与甜、酸或其他味感恰当组合时，就形成了一些食物的特殊风味，如苦瓜、莲子、白果等都有一定苦味，但均被视为美味食品。食物中的苦味物质主要来源于生物碱、糖苷及动物的胆汁，在几种味感中，苦味是最易感知的。

苦杏仁苷（amygdalin）存在于桃、李、杏、樱桃、苹果等的果核种仁及叶子中，种仁中同时含有分解它的酶。苦杏仁苷本身无毒，生食杏仁、桃仁过多引起中毒的原因是在同时摄入体内的苦杏仁酶作用下，苦杏仁苷分解为葡萄糖、苯甲醛及氢氰酸。

胆汁（bile）是动物肝脏分泌并贮存于胆中的一种液体，味极苦，其主要成分除胆酸外，还有脱氧胆酸、鹅胆酸以及由它们所形成的胆盐。这些成分与蛋白质接触后，很难洗去，这也是禽、畜、鱼类加工过程中，胆囊破损后往往使最终的烹调食品含苦味或怪味的原因。

4. 咸味物质

咸味在食物调味中颇为重要。咸味是由阴离子引起、阳离子完善的一种由中性盐所呈现的味觉。氯化钠是公认的具有最纯正咸味的物质。具有咸味的无机盐还有许多，但大多属于非单纯的咸味。主要的咸味成分还有氯化钾、氯化铵、溴化钠、碘化钠等。苹果酸钠具有和氯化钠十分相近的咸味，是不能使用氯化钠时的咸味来源，主要用于肾脏病、糖尿病患者的咸味成分。日常使用的调味料，基本上都是用食盐来产生咸味的。食盐除主含氯化钠外，还含有 KCl、$MgCl_2$、$MgSO_4$ 等，所以食盐除含咸味外还可能带有苦味，应加以精制。有时，为了某种目的，还特意在食盐中添加其他成分，加碘食盐是目前最常见的例子之一。

5. 辣味物质

辣味是一种具有强烈刺激性的味觉。在烹调以及一些风味食品中，起到增进食欲、促进消化液分泌以及杀菌的作用。按辣的种类还可以进一步分为热辣味、辛辣味和刺激性辣味。

6. 鲜味物质

鲜味是食物的一种复杂美味，呈味成分有核苷酸、氨基酸、酰胺、三甲基胺、肽、有机酸等。

谷氨酸钠俗称味精，当其与食盐共存时，鲜味更加突出，酸或碱则会使其鲜味降低。谷氨酸钠盐是目前最大宗鲜味料工业化产品，一般以发酵法制备。

核苷酸（nucleotide）类鲜味成分，又称为核酸类鲜味成分。在动物肉中，核苷酸鲜味主要是由肌肉中的ATP降解产生的。肉类在屠宰后要经过一段时间的"后熟"方能变得美味可口，其原因就在于ATP变为5′-肌苷酸需要时间。鱼体完成这个过程所需时间很短。

7. 涩味物质

人体舌头表面蛋白质发生凝固，从而引起味觉神经麻痹产生的一种收敛感觉，被称为涩味。食品中的涩味，主要是由单宁类、铁等金属离子类、醛类、酚类等物质引起的。在大多数食品中，一般无法感觉出涩味。常见的具有涩味的食物有柿子、茶叶等。涩柿的涩味成分，是一种无色花青素配糖体，易溶于水。无色花青素可以在水果和蔬菜贮藏过程中，逐渐转变为花青素，从而使水果和蔬菜变色。变色时的涩柿，将逐渐地减轻涩味，以致最后为不涩的甜柿。茶叶中的涩味成分，主要为单宁和多酚类化合物。

1.1.4 营养物质

1. 碳水化合物

碳水化合物是自然界中最丰富的有机物，它主要存在于植物中，占其总重的50%～80%。动物体内它的含量虽然不多，却是动物赖以取得生命运动所需能量的主要来源。碳水化合物可分为三类：单糖、低聚糖和多糖。单糖是不能再水解的最简单的多羟基醛或多羟基酮及其衍生物，如葡萄糖、果糖、半乳糖、甘露糖。低聚糖分为二糖、三糖、四糖、五糖等，其中以二糖最为重要，如蔗糖、麦芽糖、乳糖、纤维二糖。多糖是指聚合度＞10的碳水化合物，如淀粉、糊精、糖原、纤维素、半纤维素及果胶等。碳水化合物是生物体维持生命活动所需能量的主要来源，是合成其他化合物的基本原料，同时也是生物体的主要结构成分。碳水化合物主要存在于植物食品中，米面、杂粮、根茎、果实、蜂蜜等食物中糖的含量都很丰富，特别是谷类中淀粉含量占

70%，根茎类和豆类含量占20%～30%，它们是人体碳水化合物的主要来源。某些硬果类虽碳水化合物含量较高，但人们平时食用量少。水果蔬菜有的含糖分稍高，有的则含量很少。动物性食品中只有肝脏和肌肉中含有3.5%的乳糖。

碳水化合物与食品的加工、烹调和保藏有密切关系，例如，食品的非酶褐变就与还原糖的美拉德反应和焦糖化反应有关。食品的黏性及弹性也与淀粉和果胶等多糖分不开。至于蔗糖、果糖等作为甜味剂，更是人类饮食中不可缺少的物质。

2. 蛋白质

蛋白质是构成一切细胞和组织结构必不可少的成分。蛋白质也是一种重要的产能营养素，并提供必需的氨基酸。蛋白质还是食品的主要成分，对食品的质构、风味和加工性状产生重大影响。

天然蛋白质受理化因素的作用，构象发生改变，理化性质和生物学特性发生变化，但并不影响其一级结构，这种现象叫变性作用。变性的实质是次级键（氢键、离子键）断裂，而形成一级结构的主键（共价键）并不受影响。变性后的蛋白质称变性蛋白质，变性蛋白质和天然蛋白质最明显的区别是溶解度降低，同时蛋白质的黏度增加，结晶性被破坏，生物学活性丧失，易被蛋白酶分解。

引起蛋白质变性的原因可分为物理和化学因素两类。物理因素可以是加热、加压、脱水、搅拌、振荡、紫外线照射、超声波作用等；化学因素有强酸、强碱、尿素、重金属盐、十二烷基磺酸钠（SDS）等。

食品的贮藏与加工常涉及加热、冷却、干燥、化学试剂、发酵和辐射等处理，在这些处理中不可避免地引起蛋白质的物理、化学和营养的变化。

3. 脂肪

脂类是油脂和类脂的总称，是动植物的重要组成部分。日常食用的植物油如花生油、大豆油、芝麻油、菜籽油等，动物脂肪如猪油、牛油等，其主要成分为甘油三酯，即油脂或者脂肪。类脂包括各

种磷脂及类固醇，它们也广泛存在于许多动植物食品中。脂肪是食品中重要的组成成分和人类的营养成分，是热量最高的营养素。每克油脂能提供 39.58 kJ 的热能和必需的脂肪酸，是脂溶性维生素的载体，提供滑润的口感，光润的外观，赋予油炸食品香酥的风味，塑性脂肪还具有造型功能。

在食品贮藏加工中，脂肪品质会因各种化学反应而逐渐降低，脂肪的氧化反应是引起油脂酸败的重要因素。此外，水解、辐照等反应均会导致油脂品质的降低。

4. 维生素

维生素是支配动物营养、调节正常生理机能、促进代谢的微量有机化合物。能在生物体内转化为维生素的物质，称为前维生素或维生素源。维生素分为水溶性和脂溶性两大类，其中以维生素 A、维生素 D、维生素 B_1、维生素 B_2、维生素 B_6 及维生素 C 最重要，人体最易缺乏。

5. 矿物质

构成生物体的元素，已知有 50 多种，除去碳（C）、氢（H）、氧（O）、氮（N）四种有机物的组成外，大多数均以无机盐的形态存在。矿质元素是动物机体组织和器官构成的主要成分（如钙、磷构成骨骼和牙齿等）；能够维持体液酸碱度和渗透压的平衡（如钠、钾等离子）；维持神经、肌肉的正常功能和敏感性（如钙、镁、钠等）；同时还是酶的辅基成分和酶的激活剂。在人及动物体内，矿物质总量不超过体重的 4%～5%，却是人和动物体不可缺少的成分，用只含有机成分不含矿物质的食物喂饲小白鼠，小白鼠不久便会死去。在植物体中，矿物质的含量占干重的 1%～15%，所以，果品蔬菜是人类获得矿物质营养的重要来源。

动物必需的矿质元素有 10 多种。一般把占体重 0.01% 以上的矿质元素称为常量元素，如钙、磷、钠等；而将占体重 0.01% 以下的矿质元素称为微量元素，如铁、铜、碘、锰、锌、硒、钴等。

食品中矿物质是通过矿物质与其他物质形成一种不适宜于人和动物体吸收利用的化学形态而损失的。食品加工中，食品原料最初的淋洗、整理、除去下脚料等过程是食品中矿物质损失的主要途径，而在烹调或热烫中也会由于在水中的溶解而使矿物

质大量损失。另外，谷物在碾磨时会损失大量矿物质，食品碾磨得越细，微量元素损失就越多。大豆在加工过程中不会损失大量的微量元素，而且某些微量元素如铁、锌、硒等还可得到浓缩。因为大豆蛋白质经过深度加工后提高了蛋白质的含量，这些矿物成分可能结合在蛋白质分子上。

1.1.5 质构物质

食品的质地（texture）是一种感官特性，它反映食品的物理性质和组织结构，是构成食品品质的重要因素之一。食品的质地与以下三方面感觉有关：用手或手指对食品的触摸感；目视的外观感觉；口腔摄入时的综合感觉，包括咀嚼时感到的软硬、黏稠、酥脆、滑爽等。近年来，随着人们对食品保健和营养意识的增强，食品风味正趋向于接近自然风味的淡味。因此，食品的质地对食品品质的影响就显得尤其重要。

对于食品质地，原本是一个感觉的表现，但为了揭示质地的本质，更准确地描绘和控制食品质地，仪器测定又成为表现质地的方法之一。我们把对食品质地的感官评价称为主观评价法，把用仪器对食品质地定量的评价方法称为客观评价法。

1. 食品质地的感官评价

感官评价是通过视觉、嗅觉、触觉、味觉和听觉所引起反应，用于唤起、测量、分析和解释产品的一种科学方法。感官评价的原理和实践包括定义中所提及的四种活动，"唤起"提出了应在一定的控制条件下制备和处理样品以使偏见因素最小这一原则；接下来是测量，感官评价是一门定量的科学，通过采集数据，在产品性质和人的感知之间建立起合理的、特定的联系；感官评价的第三个过程是分析，适当的数据分析是感官检验的重要部分，通过人的观察而产生的数据经常有很大的变动，造成人的反应变化有很多的原因，这些在感官检验中难以完全控制；感官评价的第四个过程是解释结果。感官评价练习是一项必要的实验，在实验中，数据和统计信息是在解释假设、背景知识、结论的含义和应采取措施的过程中唯一有用的内容，所下的结论必须是基于数据、分析和实验结果而得到的合理判断。结论包括所采用的方法、实验的局限性

以及研究的背景和前后框架。感官评价不仅仅是得到实验结果的一条途径，专家们还必须给出解释并根据数据提出合理的措施。

食品质地的感官评价不仅仅是人的感觉器官（眼、牙、鼻、口和手）对接触食品时各种刺激的感知，而且还有对这些刺激的记忆、对比、综合分析等理解过程。感官评价食品的质地因有许多感觉敏锐器官的参与，所以往往比用仪器判断更加综合、更加直接。但它毕竟是主观的测定方法。因此，在试验时要提高感官评价的准确性、再现性，就有必要把对质地的评价术语进行规范化整理，并对每个表现质地的用语制定出量化的尺度。

1）质地评价用语

（1）与压缩、拉伸有关的词语 硬（hard）、柔软（soft）、坚韧（tough）、柔嫩（tender）、柔韧耐嚼（chewy）、酥松（short）、弹性（springy）、可塑性（plastic）、松脆（brittle）、酥脆（crispy）、黏稠（thick）、稀薄（thin）。

（2）与食品组织有关的词语 滑腻（smooth）、细腻（fine）、粉状的（powder）、砂状的（gritty）、粗糙的（coarse）、纤维状（fibrous）、多筋的（stringy）、浆状的（pulpy）、蜂窝状的（cellular）、蓬松的（puffed）、结晶状的（crystalline）、玻璃状的（glassy）、凝胶状的（gelatinous）、泡沫状的（foamed）、海绵状的（spongy）。

（3）与口感有关的词语 浓稠（thick）、干的（dry）、水的（wet）、多汁的（juicy）、油腻（oily）、蜡质的（waxy）、粉质感（mealy）、黏滑的（slimy）、奶油状（creamy）、收敛感（astringent）、烫（hot）、冰冷（cold）、清凉（cooling）。

2）语义量化法

语义量化法是用语言心理学的研究方法，对各种质地评价用语进行分析对比，使得这些术语有比较客观的定义。这种方法是在质地多面剖析法的基础上，对质地学中常用的综合感官评价术语，进行了特定的、具体的量化定义。

2. 食品质地的仪器测定

食品的感官评价，不仅需要具有一定判断能力的评审员，而且这种评价鉴定往往费时间、费劳力，其结果也常受多种因素影响，不很稳定。因

此，能够正确表现食品质地多面剖析性质的客观评价方法在这些方面具有较大优势。客观测定方法是借助于特定的仪器、设备来测定食品质地的力学特性。主要是测定食品变形及促使其变形的力的关系，也包括与时间的关系。根据力、位移、时间的关系图，可得到反映食品质地的各种参数，例如，硬度、脆性、弹性、凝聚力、附着性、咀嚼性、胶黏性等。实用的食品质地测定仪器很多，一般按变形或破坏的方式可以分为以下七类。

（1）压缩破坏型仪器 这类仪器主要有万能试验仪、质地测试仪和压缩仪。主要用于固体、半固体和多孔性食品的压力、弹性、黏度、破坏力、脆度、硬度、凝聚性、胶黏性和咀嚼性等各项指标的测定。

（2）剪断型仪器 这类仪器主要有柔嫩度仪和冲孔测试仪。主要用于纤维状食品的剪断力、硬度、最大剪切应力的测定。

（3）切入型仪器 凝乳质地仪和流变仪属于切入型仪器。主要用于高脂肪和凝胶状食品的切断力、硬度和黏稠度的测定。

（4）插入型仪器 主要用于测定高脂肪和凝胶状食品（如奶油、干酪、鱼糕）的硬度和屈服值。

（5）搅拌型仪器 如面团阻力仪、淀粉粉质仪。主要用于测定米饭、面食和年糕的面团形成时间、稳定度、衰落度和糊化温度等。

（6）食品流变仪 主要用于测定凝胶状食品（如鱼糕）的拉伸力和硬度。

（7）剪压测试仪 用于测定蔬菜、水果、肉等纤维状食品的剪切力和压缩力。

1.2 食品原料特性及保藏

1.2.1 果蔬原料特性及保藏

1. 果蔬的基本组成

通常将水果和蔬菜的成分分成水分和干物质两大部分，而干物质又可分为水溶性物质和非水溶性物质两大类。水溶性物质溶解于水中，组成植物体的汁液部分，包括糖、果胶、有机酸、多元醇、水溶性维生素、单宁物质以及部分的无机盐类。非水

溶性物质一般是组成植物固体部分的物质，有纤维素、半纤维素、原果胶、淀粉、脂肪以及部分含氮物质、色素、维生素、矿物质和有机盐类。

1) 水分

水分是水果和蔬菜的主要成分，其含量平均为80%～90%。水分的存在为果蔬完成自身生理代谢提供了必要的条件，同时，也给微生物和酶的活动创造了有利条件，使采收后的果蔬容易腐化变质。由于蒸发，水分损失也会影响到果蔬的新鲜品质。果蔬的这些特性对贮藏和加工具有特殊的意义。果蔬中的水分是含有天然营养素的生物水，使果蔬汁风味佳美，易被人体吸收，具有较高的营养价值。

2) 糖类

水果和蔬菜中的糖类主要有糖、淀粉、纤维素和半纤维素、果胶等，是果蔬干物质的主要成分。

(1) 糖　水果和蔬菜所含的糖分主要有葡萄糖、果糖和蔗糖，其次是阿拉伯糖、甘露糖以及山梨糖醇、甘露醇等糖醇。仁果类中以果糖为主，葡萄糖和蔗糖次之；核果类、柑橘类中以蔗糖为主，葡萄糖、果糖次之；浆果类主要是葡萄糖和果糖。

果蔬中所含的单糖能与氨基酸产生羰氨反应使加工品发生褐变。特别是在干制、罐头杀菌或在高温贮藏时易发生这类非酶褐变。

(2) 淀粉　淀粉为多糖类，主要存在于薯类之中，在未熟的水果中也有存在。果蔬中的淀粉含量以马铃薯（14%～25%）、藕（12.77%）、荸荠、芋头、玉米等较多，板栗含33%以上淀粉，未完全成熟的香蕉含淀粉20%～25%，其他果蔬中则含量较少。果蔬中的淀粉含量随其成熟度及采后贮存条件变化较大。

(3) 纤维素和半纤维素　纤维素和半纤维素均不溶于水，这两种物质构成了水果和蔬菜的形态和体架，是细胞壁的主要构成部分，起支撑作用。

水果中的纤维素含量为0.2%～4.1%，其中以桃（4.1%）、柿（3.1%）的含量较高，橘子（0.2%）、西瓜（0.3%）等含量较低。蔬菜中纤维素的含量为0.3%～2.8%，根菜类较高（0.7%～1.7%），果菜类如南瓜（0.3%）、番茄（0.4%）等含量较低。

半纤维素为固体物质，水果和蔬菜中分布最广的半纤维素为多缩戊糖（阿拉伯树胶糖苷）。水果中半纤维素含量为0.3%～2.7%，蔬菜为0.2%～3.1%。纤维素和半纤维素不能被人体消化，但能刺激肠的蠕动，有帮助消化的功能。

(4) 果胶物质　果胶物质为水果和蔬菜中普遍存在的高分子化合物，主要存在于果实、直根、块茎和块根等植物器官中。果胶物质以原果胶、果胶和果胶酸三种不同的形态存在于果蔬组织中。果蔬组织细胞间的结合力及果蔬的硬度与果胶物质的形态、数量密切相关。果胶物质形态的不同直接影响到果蔬的食用性、工艺性质和耐贮藏性。

果胶为白色无定形物质，无味，能溶于水成为胶体溶液。随着果蔬成熟，不溶于水的原果胶在原果胶酶的作用下分解后即为果胶。在植物中果胶溶于水，与纤维素分离，转渗入细胞内，使果实质地变软。果胶酸是成熟的果蔬向过熟期变化时，果胶在果胶酶作用下转变的产物。果胶酸无黏性，不溶于水，因此过熟果蔬呈软烂状态。果胶物质在果蔬中变化过程如图1-1所示。

山楂、柑橘、苹果、番石榴等都含有大量的果胶，为果冻制品理想的原料。几种常见水果中果胶含量如下：山楂6.4%；苹果1%～1.8%；桃0.56%～1.25%；梨0.5%～1.4%；杏0.5%～1.2%；草莓0.7%。几种常见蔬菜中果胶占干物质含量如下：南瓜7%～17%；甜瓜3.8%；胡萝卜8%～10%；成熟番茄2%～2.9%。

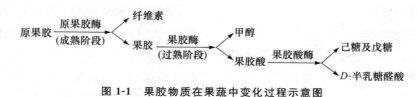

图 1-1　果胶物质在果蔬中变化过程示意图

果胶溶液黏度高，果胶含量较高的果蔬原料制备果蔬汁时，取汁较难，需要将果胶水解以提高出汁率。果胶也容易造成果汁澄清困难，但对于浑浊型果汁果胶则具有稳定作用。果胶对果酱类食品具有增稠作用。

3）有机酸

果蔬具有酸味，主要是因为各种有机酸的存在。果蔬中有机酸主要有柠檬酸、苹果酸和酒石酸三种，一般称之为"果酸"。此外还含有其他少量的有机酸如草酸、水杨酸、琥珀酸等。这些酸在果蔬组织中以游离状态或结合成盐类的形式存在，与味感关系密切的是游离态的果酸。

果酸影响果蔬加工工艺的选择和确定。例如，酸影响果蔬加工过程中的酶促褐变和非酶褐变；叶绿素及单宁色泽的变化也与酸有关；酸能与铁和锡反应，会腐蚀设备和罐藏容器；一定温度下，酸会促进蔗糖和果胶等物质的水解，影响制品色泽和组织状态；酸含量的多少，决定了果蔬制品 pH 的高低，决定了罐头杀菌条件的选择。

4）含氮物质

水果和蔬菜的含氮物质种类繁多，其中主要的是蛋白质和氨基酸，此外还有酰胺、铵盐、某些糖苷及硝酸盐等。与动物性食品原料相比，许多果蔬的含氮物质较低（种子除外），它们不是人体蛋白质的主要来源。水果中的含氮物质含量为 0.2%～1.2%，其中以核果、柑橘类含量相对较多，仁果类和浆果类含量较少。蔬菜中含氮物质含量为 0.6%～9%。豆类含量最多，如大豆可高达 40%～50%，叶菜类次之，根菜类和果菜类含量最低。

在饮料及清汁类罐头中经常出现因蛋白质变性而凝固和沉淀的现象，可以采用适当的稳定剂、乳化剂或酶法改性的方法防止或改善。蛋白质或氨基酸可与果蔬中的还原糖反应发生非酶褐变，应注意控制。

5）脂肪

在植物体中，脂肪主要存在于种子和部分果实中（如油梨、油橄榄等），根、茎、叶中含量很小。不同种子脂肪含量差别很大，如核桃 65%，花生 45%，西瓜子 19%，冬瓜子 29%，南瓜子 35%，脂肪含量高的种子是油脂工业的极好原料。脂肪容易氧化酸败，尤其是不饱和脂肪酸含量较高的植物油脂原料，如核桃仁、花生、瓜子等干果类及其制品，在贮藏加工中应注意这些特性。

植物的茎、叶和果实表面常有一层薄的蜡质，主要是高级脂肪酸和高级一元醇所形成的酯，它可防止茎、叶和果实的凋萎，也可防止微生物侵害。果蔬表面覆盖的蜡质堵塞部分气孔和皮孔，有利于果蔬的贮藏。因此，在果蔬采收、分级和包装等操作时，应注意保护这种蜡质。

6）单宁物质

单宁又称鞣质，属多酚类物质，在果实中普遍存在，在蔬菜中含量较少。未熟果的单宁含量多于已熟果。例如，未熟的李子单宁含量约为 0.32%，成熟时为 0.22%，过熟后为 0.1%。含有单宁的组织，当剖开暴露在空气中时，受氧化酶的作用会变色。例如，含单宁成分多的梨或苹果在剖开后，剖面易变褐色。单宁遇到铁等金属离子后会加剧褐变，遇碱则很快变成黑色。单宁与糖和酸的比例适当时，能表现良好的风味，故果酒、果汁中均应含有少量的单宁。另外，单宁可与果汁中的蛋白质相结合，形成不溶解的化合物，有助于汁液的澄清，在果汁、果酒生产中有重要意义。

7）糖苷类

果蔬组织中常含有某些糖苷，它是由糖和其他含有羟基的化合物（如醇、醛、酚、鞣酸）结合而成的物质。大多数糖苷都具有苦味或特殊的香味，其中一些苷类不只是果蔬独特风味的来源，也是食品工业中主要的香料和调味料。而其中部分苷类则有剧毒，如苦杏仁苷和茄碱苷等，在食用时应予以注意。

苦杏仁苷多存在于果核类（如桃、李、杏等）的果核果仁中。马铃薯的块茎、番茄和茄子含碱苷。一般认为，马铃薯茄碱苷的正常含量为 0.002%～0.01%，如含量高于 0.02% 时，能使人中毒，所以已发芽的马铃薯（芽中含量可高达 0.42%～0.73%）一般不能食用和作为加工原料。芥菜、萝卜含黑芥子苷较多。橘皮苷是柑橘类果实中普遍存在的一种苷类，在橘皮及橘络内含量最多。

8）色素物质

色素物质为表现果蔬色彩物质的总称，依其溶解性及在植物中存在状态分为两类。

（1）脂溶性色素（质体色素）　脂溶性色素主要为叶绿素（绿色）和类胡萝卜素（橙色），主要包括胡萝卜素、叶黄素和番茄红素。

（2）水溶性色素（液泡色素）　主要包括花青素和花黄素。花青素（红、蓝等色）易受 pH、氧气、光和温度的影响而发生变化，加工时应引起注意。花青素遇到金属（铁、铜、锡）时会变色，因此生产含花青素的罐藏水果应采用涂料罐装，加工设备和器具应用不锈钢或铝制成。

花黄素（黄色）能使果实呈现白色或黄色，在多数情况下，花黄素常作为果蔬成熟度的主要判断因素，也与风味、质地、营养成分的完整性相关。

9）芳香物质

水果和蔬菜一般都含有其特有的芳香物质，但含量极微，只有万分之几到十万分之几。少数水果和蔬菜，如柑橘类、芹菜、洋葱中的含量较多。芳香物质的种类很多，是油状的挥发性物质，因含量极少，故又称为挥发油或精油。它的主要成分一般为醇、酯、醛、酮、烃、萜和烯等。有些植物的芳香物质不是以精油的状态存在的，而是以糖苷或氨基酸状态存在的，必须借助酶的作用进行分解，生成精油才有香气，如苦杏仁油、芥子油及蒜油等。

果蔬中所含有的芳香物质，不仅构成果蔬及其制品的香气，而且能刺激食欲，因而有助于人体对其他营养成分的吸收。

10）维生素

水果和蔬菜是人体营养中维生素最重要的直接来源，果蔬中所含的维生素种类很多，可分为水溶性和脂溶性两类。

（1）水溶性维生素　包括在酶的催化中起着重要作用的 B 族维生素以及维生素 C（抗坏血酸）。

维生素 C（抗坏血酸）是一种不稳定的维生素，广泛存在于果蔬中，含量最多的是枣、山楂、柑橘、番茄、辣椒、猕猴桃、刺梨和番石榴等，核果类、叶菜类和根菜类含量较低。维生素 C 溶于水，易被氧化，与铁等金属离子接触后会加剧氧化，在碱性及光照条件下容易被破坏。在加工过程

中，切分、烫漂、蒸煮和烘烤时维生素 C 极易损失，应采取措施减少损耗。另外，维生素 C 及其钠盐常作为抗氧化剂使用在食品中。

维生素 B$_1$（硫胺素）在果蔬中的含量为 0.01～0.02 mg/kg，豆类中含量最多。它在酸性条件下稳定，耐热，在中性及碱性条件下极容易受到破坏。

维生素 B$_2$（核黄素）在甘蓝和番茄中含量多，能耐热，耐干燥及氧化。干制品中维生素 B$_2$ 均保持着它的活性。

（2）脂溶性维生素　包括维生素 A、维生素 D、维生素 E 及维生素 K。

植物体没有维生素 A，但广布维生素 A 原（胡萝卜素）。维生素 A 原进入人体后，便转变成维生素 A。柑橘、柿子、枇杷、黄肉桃等水果和胡萝卜、南瓜、番茄等蔬菜都是人体维生素 A 的重要来源。

维生素 E 及维生素 K 存在于植物的绿色部分，很稳定。莴苣富含维生素 E，菠萝、甘蓝、花椰菜、青番茄富含维生素 K。

11）矿物质

果蔬中含有多种矿物质，如钙、磷、铁、镁、钾、钠、碘、铝、铜等，它们以硫酸盐、磷酸盐、碳酸盐或与有机物结合的形式存在。蛋白质中含有硫和磷、叶绿素中含有镁等，其中与人体营养关系最密切的矿物质有钙、磷、铁等。

水果的灰分含量为仁果类 0.33%～0.78%，核果类 0.44%～1.16%，浆果类 0.26%～0.89%；而蔬菜的灰分含量为 0.41%～2.2%。

12）酶

水果与蔬菜组织中的酶支配着果蔬生命活动的全过程，同时也是贮藏和加工过程中引起果蔬品质变坏和营养成分损失的重要因素。如苹果、香蕉、杧果、番茄等在成熟中变软就是果胶酶类酶活性增强的结果。而过氧化物酶及多酚氧化酶则会引起果蔬的酶促褐变。成熟的香蕉、苹果、梨及杧果则由于淀粉酶及磷酸化酶的作用使其中的淀粉水解为葡萄糖，甜度增加。

2. 果蔬原料的组织结构特性

植物组织由各种机能不同的细胞群组成。细胞

的个体很小，一般直径在 $10 \sim 100$ nm，多汁的水果（如成熟的西瓜、番茄）果肉细胞直径可达 1 mm。细胞一般由细胞壁、原生体和液泡等构成。

细胞的膨胀是根据细胞的渗透作用原理而形成的。细胞的原生质层（包括原生质膜、液泡膜和两膜之间的中层）是一个渗透膜，液泡里的细胞液含有很多溶解于水的物质，因此具有一定的渗透浓度，这样的细胞便形成一个渗透系统。如果把果蔬放在清水或低渗透浓度的溶液中，由于渗透压差的驱动，水分从外界进入细胞的速率将超过细胞里排出的速率，因此，液泡中的水分增多，容积增大，原生质对细胞壁的压力也相应增大，这时细胞便呈膨胀状态。如果把果蔬浸入盐或糖等高渗透溶液中，细胞的水分向外流出，于是液泡体积收缩，原生质和细胞壁所受压力降低。因为细胞壁和原生质都具有伸缩性，因此整个过程细胞的体积便缩小。在细胞液中的水分继续向外渗出的过程中，由于细胞壁的伸缩性有限，而原生质层将继续收缩下去，这样就引起质壁分离，甚至引起细胞死亡。

果蔬收获后，在自然的环境下，也会发生上面那些变化，尤其是果蔬在低温环境下，会引起水分的过量蒸发而造成细胞的质壁分离以致死亡，引起果蔬的失鲜，甚至腐烂变质。所以，要保持果蔬的新鲜品质，就要使果蔬维持膨胀状态，维持较高的湿度和适当的温度。在果蔬贮藏时，如外界温度过高，会使果蔬表皮细胞升温而形成细胞内外温差，热向内部传导，使细胞内容物升温而膨胀增压，造成果蔬的膨胀和流汁现象。

果实在成熟时其结构会发生大的变化，表现在细胞壁加厚、原生质膜渗透性改变以及细胞间隙的大小改变，以利于组织软化。

3. 果蔬原料采后的生理特性

收获后的果蔬，仍然是有生命的活体，但是脱离了母株之后组织中所进行的生化、生理过程不完全相同于生长期所进行的过程。收获后的果蔬所进行的生命活动，主要方向是分解高分子化合物，形成简单分子并放出能量。其中一些中间产物和能量用于合成新的物质，另一些则消耗于呼吸作用或部分地累积在果蔬组织中，从而使果蔬营养成分、风味、质地等发生变化。

不同的果蔬有不同的耐贮性和抗病性，这些特性以及它们的发展和变化，都取决于果蔬新陈代谢的方式和过程。耐贮性是指果蔬在一定贮藏期内保持其原有质量而不发生明显不良变化的特性；而抗病性则是指果蔬抵抗致病微生物侵害的特性。生命消失，新陈代谢终止，耐贮性、抗病性也就不复存在。成熟期采收的冬瓜在通常环境条件下放置数十天仍可保持鲜态，煮熟的瓜片失去了果蔬的耐贮性、抗病性，通常在夏天一夜就变馊。

4. 果蔬原料的采收与采收后的处理

果蔬原料的采收工作，是农业生产的最后一环，同时又是果蔬加工的最初一环。采收期的选择以及采收操作是否适当都直接影响果蔬贮运损耗和加工品质。

果蔬的采收成熟度、采收时间和采收方法都应考虑到加工的目的、贮运的方法和设备条件。

5. 果蔬的贮藏保鲜技术

1）冷藏法

冷藏法依靠低温抑制微生物的繁殖，延缓果蔬的氧化和生理活动，根据不同果蔬的贮藏要求调节温度和湿度，可以延长贮藏期。冷藏分为自然低温贮藏法及冷藏库贮藏法。

自然低温贮藏法，也称简易贮藏法，其特点是利用自然的低温气候进行贮藏处理，在我国北方秋冬季节使用较多，是当地劳动人民经过长期的生产实践总结出来的。此法适应当地的气候、土壤等条件特点，简便易行，设施结构简单，成本低廉，但在管理上较为粗放。常见的方式包括堆藏、沟藏、窖藏、土窑洞和通风库贮藏等。这些方式冷藏果蔬的关键在于对通风和温度条件的管理。

冷藏库贮藏法采用机械冷藏库对果蔬进行冷藏处理，可以根据果蔬不同的贮藏特性和要求，调节贮藏温度和湿度等条件，贮藏效果好，容易控制，但前期投入较大，运行成本较高。

2）气调贮藏法

通过调节果蔬贮藏环境的气体成分来贮藏果蔬的方法简称气调贮藏法，是当前广为应用的贮藏方法。改变贮藏环境的气体成分，如可以通过填充 CO_2（或 N_2）使贮藏环境中 O_2 含量由 21% 降至

$2\%\sim6\%$，CO_2 由 0.03％提高到 3％以上，从而抑制果蔬的呼吸作用，延缓其衰老和变质过程，使其在离开贮藏库后仍然有较长的寿命。采用气调法贮藏苹果，一般 6 个月后苹果色、香、味、硬度不变，而单纯采用低温贮藏法，一般 4 个月以后苹果就开始发绵。

果蔬气调贮藏的管理包括调气和封闭两部分。调气是创造并维持产品所需的气体组成；封闭是杜绝外界空气对所要求的气体环境的干扰。目前气调贮藏按其采用的封闭设备可分为两类：一类是气调贮藏库，为了提高保藏效果，气调贮藏法常结合低温贮藏，故也称气调冷藏库贮藏；另一类是气调塑料薄膜袋。后者比前者轻型化，也便于运输。

3）其他保鲜法

除了目前广泛使用的低温贮藏法和气调贮藏法或者两者结合的果蔬贮藏保鲜方法外，其他的贮藏法也在发展和应用。

（1）辐照贮藏法 这种方法利用钴 60（^{60}Co）或铯 137（^{137}Cs）所产生的 γ 射线，电子加速器产生的 β 射线和 X 射线对贮藏物进行适度的照射，抑制果蔬的成熟或发芽等，从而达到保鲜目的。

（2）涂膜贮藏法 由于新鲜果蔬采收后仍进行着旺盛的呼吸和水分蒸发，失重超过 5％就出现枯萎。采用果蔬涂膜，阻碍气体交换，可适当地抑制果蔬的呼吸作用和水分的蒸发，减少病原菌的侵染而造成的腐烂损失，从而起到保鲜作用。涂膜的材料有石蜡、巴西棕榈蜡、成膜性好的蛋白质及变性淀粉、壳聚糖、魔芋多糖等，其中可以加入防腐剂、保鲜剂、乳化剂和润湿剂等，以提高保鲜效果。

1.2.2 肉类原料特性及保藏

1. 肉的营养价值

动物被屠宰后所得的可食部分都叫作肉。肉的成分主要包括水分、蛋白质、脂肪、糖类、含氮浸出物、矿物质、维生素和酶等。肉类的化学成分受动物的种类、性别、年龄、营养状态及畜体的部位而有变化，在加工和贮藏过程中，常发生物理、化学变化，从而影响肉制品的食用价值和营养价值。

1）水分

水是肉中含量最多的组成成分，肌肉含水 70％～80％，畜、禽越肥，水分的含量越少。老年动物含水量比幼年动物少，如小牛肉含水分为 72％，成年牛肉则为 45％。肉中的水分以结合水、膨胀水和自由水三种形式存在。

结合水是蛋白质分子表面的极性基与水分子结合形成的薄水层，这种水没有流动性，不能作为其他物质的溶剂；膨胀水主要存在于肌原纤维中，其运动的自由度相当有限，能溶解盐类物质，并在 0℃或稍低时结冰，肉中的水大部分以这种形式存在；自由水存在于组织间隙和较大的细胞间隙中，其量也不多。

水分对肉的量和质的影响很大。在多数情况下加工和贮藏是针对水进行的。当加工干制品时，首先失去自由水，其次是膨胀水，最后失去结合水。冷加工中，水的冻结也是依上述顺序先后变成冰晶的，减少到一定限度时，蛋白质等重要营养物质发生不可逆的变化，因而降低肉的品质。

2）蛋白质

肌肉中蛋白质的含量约 20％，依其构成位置和在盐溶液中的溶解度分为三种：①肌原纤维蛋白质，由丝状的蛋白质凝胶构成，占肌肉蛋白质的 40％～60％，与肉的嫩度密切相关；②存在于肌原纤维之内溶解在肌浆中的蛋白质，占 20％～30％，常称为肌肉的可溶性蛋白；③构成肌鞘、毛细血管等结缔组织的基质蛋白质。肉类蛋白质含有比较多的人体内不能合成的八种必需氨基酸。因此，肉的营养价值很高。在加工和贮藏过程中，若蛋白质受到了破坏，则肉的品质及营养就会大大降低。

3）脂肪

动物脂肪主要成分是脂肪酸甘油三酯，占 96％～98％，还有少量的磷脂和醇脂。肉类脂肪有 20 多种脂肪酸，其中以硬脂酸和软脂酸为主的饱和脂肪酸居多，不饱和脂肪酸以油酸居多，其次为亚油酸。磷脂和胆固醇所构成的类脂是构成细胞的特殊成分，对肉制品质量、颜色、气味有重要作用。

4）其他营养物质

肉的浸出成分，指的是能溶于水的浸出性物质，包括含氮和无氮浸出物，主要有核苷酸、嘌呤碱、胍化合物、肽、氨基酸、糖原、有机酸等，它们是肉风味及滋味的主要成分。浸出物中的还原糖与氨基酸之间的非酶反应对肉风味的形成有重要作用。浸出物成分与肉的品质也有很大的关系。

肉类中的矿物质一般为 0.8%～1.2%。它们有的以螯合状态存在，有的与糖蛋白或脂结合存在，如肌红蛋白中的铁，核蛋白中的磷；有的以游离状态存在，如镁、钾、钠等。钾、钠与细胞的通透性有关，可提高肉的保水性。

肉中的主要维生素有维生素 A、维生素 B_1、维生素 B_2、维生素 PP、叶酸、维生素 D 等，其中水溶性 B 族维生素含量较丰富。在某些器官，如肝脏，各种维生素含量都较高。

2. 肉的组织结构特点及主要物理性质

1）肉的组织结构特点

在肉制品加工中，肉可理解为胴体，即动物在放血致死后，去毛或皮、去头蹄和内脏后剩下的部分。狭义的肉指肌肉组织。动物体主要可利用部分分为肌肉组织、结缔组织、脂肪组织、骨骼组织四类。

动物种类、饲养条件及年龄不同，上述动物组织的组成比例也有较大不同。除上述主要部分外，动物体还包括神经、血管、淋巴和腺体等组织。它们所占比例很小，从加工角度而论，没有多大意义，但某些腺体则会影响产品风味。

（1）肌肉组织　肌肉组织是肉的主要组成部分，其在动物体内的比例依动物种类、品种而有所不同，通常在畜类中肌肉组织所占的比例为胴体的 50%～60%。

肌肉可分为横纹肌肉、平滑肌和心肌，但从食品加工角度来看，肌肉组织主要是指在生物学中称为横纹肌肉的一部分。因横纹肌肉是附着于骨骼的肌肉，故也叫骨骼肌；又因为这部分肌肉可以随动物的意志伸长或收缩，完成运动机能，所以也叫随意肌，这是与不随意的平滑肌（内脏肌）、心肌相对而言的。肌肉的结构和组成直接决定着肉的质量，肌肉内结缔组织和脂肪的多少以及结缔组织的结构和脂肪沉积的部位等都是影响肉质的主要原因。

（2）结缔组织　结缔组织由纤维质体和已定形的基质所组成，深入动物体的任何组织中，构成软组织的支架。其含量随畜禽种类、年龄、性别、营养状况、运动、役使程度和组织学部位的不同而不同。典型的结缔组织包括筋腱、肌膜和韧带等。由于各部位肌肉中结缔组织含量不同，造成肉的硬度不同，肉的嫩度也不一样。

（3）脂肪组织　脂肪组织是决定肉质的第二个重要部分，由退化了的疏松结缔组织和大量的脂肪细胞所组成，多分布在皮下、肾脏周围和腹腔内。脂肪的气味、颜色、密度和溶点等因动物的种类、品种、饲料、个体发育状况及脂肪在体内的位置不同而有所差异。

（4）骨骼组织　骨骼组织是动物的支柱，形态各异，均由致密的表面层和疏松的海绵状内层构成，外包一层坚韧的骨膜。骨腔内的海绵质中间充满了骨髓。在工业上可用骨髓提炼骨油，骨中脂肪含量为 3%～27%；也可将骨骼粉碎后做成骨粉或骨泥，作为调味基料或补充钙质的原料。

2）肉的主要物理性状

肉的物理性状主要包括密度、比热容、热导率、色泽、气味和嫩度等，这些性状都与肉的形态结构、动物种类、年龄、性别、肥度、经济用途、不同部位和宰前状态等因素有关。

（1）密度　肉的密度因动物种类、含脂肪的数量不同而异，含脂肪越多，其密度越小。通常带骨肉约为 1 140 kg/m³，猪油为 850 kg/m³。

（2）比热容　肉的比热容随着肉形态结构和化学成分的不同而变化，也随着温度高低而不同，如常温下肌肉组织的比热容为 3.45 kJ/(kg·K)，脂肪组织为 2.51 kJ/(kg·K)，骨骼组织为 1.26 kJ/(kg·K)。通常高于 0℃时其比热容决定于水分的多少，而冻结肉则随着冻结水量的增大而变小。

（3）热导率　肉的热导率与形态、结构、温度、脂肪的含量等因素有关。冷却肉的热导率与水量有关，冻结肉的热导率远比未冻结肉大。因为冰的热导率为 2.22～2.33 W/(m·K)，约为水的 4 倍，所以温度不同对热导率影响很大。

（4）色泽　肉中因含有肌红蛋白和血红蛋白而显红色。动物屠宰之后即使放血充分，在微细的毛细管中仍会残留少量的血液，在血液中含有的血红蛋白对肉的颜色有直接影响。但肉的固有红色由肌红蛋白的色泽所决定，肌红蛋白越多肉的色泽越暗。肌红蛋白在肌肉中的数量随动物屠宰前组织活动的状况、动物的种类和年龄等不同而异。肌红蛋白受空气中氧的作用方式或程度不同而呈不同颜色。肌红蛋白与氧结合生成高铁肌红蛋白时，肉呈鲜艳的红色，当进一步氧化生成高铁肌红蛋白时肉呈褐色，这时高铁肌红蛋白的数量超过 50%。

（5）肉质和嫩度　肉质（texture）是指用感官所获得的品质特征，由视觉和触觉等因素构成。视觉因素是从表面上识别的瘦肉断面的光滑程度、脂肪含量和分散程度以及纹理的粗细，常用粗细、凸凹等词汇形容。触觉因素是凭皮肤接触及在嘴中咀嚼时感到的肌肉的细腻、光滑程度和软硬状况。通常所说的"口感"是通过牙、上颚、舌等感觉到的肉的软硬、弹性、脆性、黏度等综合印象。

肉的嫩度是指肉入口咀嚼时组织状态。与嫩度相矛盾的是肉的韧性，指肉被咀嚼时具有高度持续性的抵抗力。影响肉的嫩度的最基本因素是肉中的肌原纤维的粗细、肉的结缔组织的数量和状态以及各种硬质蛋白的比例，还受宰后所处的环境条件及热加工的情况影响。

3. 畜、禽的屠宰与宰后肉品质的控制

屠宰是将活的畜、禽杀死并加工成为原料肉的过程。商业上叫白条肉、鲜肉、肉、光禽等；食品工业上叫原料肉，包括各种可食的加工原料，但主要是指胴体。宰前选择符合食品卫生要求、便于加工和贮藏的畜禽品种，并通过宰前管理和成熟的屠宰工艺保持畜禽的原料肉品质，同时还要注意肉由刚屠宰的鲜肉→适宜食用肉→腐败肉的变化过程，目前用感官检验方法作为新鲜度评定的主要依据。

4. 肉的贮藏保鲜方法

引起肉腐败变质的主要原因是微生物的繁殖、酶的作用和氧化作用。理论上，肉的贮藏保鲜就是杜绝或延缓这些作用的进程。屠宰加工中，应采用良好卫生操作规范，采用合适的包装和保鲜方法，尽可能防止微生物的污染。

1）冷鲜肉

冷鲜肉是指对屠宰后的胴体迅速冷却，使胴体温度在 24 h 内降为 0～4℃，并在后续的加工、流通和零售过程中始终保持在 0～4℃ 的鲜肉。与未经过降温冷却处理的热鲜肉相比，冷鲜肉微生物污染少，安全程度高，质地柔软，汁液流失少，营养价值高，是鲜肉处理及消费的主要趋势。但冷鲜肉需要结合冷链进行运输和销售。

2）冷冻贮藏法

低温可以抑制微生物的生长和繁殖，延缓肉成分的化学反应，控制酶的活性，从而减缓腐败变质的过程。当降到 -15～-10℃ 时，除少数嗜冷菌外，其余微生物都已停止生长。鲜肉需要先经降温冷却、冻结，而后在 -18℃ 以下进行冻藏。冻结的方式、速率及冻藏条件控制对冻藏肉的品质有较大影响。

3）其他贮藏保鲜方法

其他的肉类贮藏保鲜方法有辐照保鲜法、真空包装法、气调包装法、活性包装法、抗菌包装法和涂膜保鲜法等。

1.2.3　水产原料特性及保藏

1. 水产原料及其特性

1）原料及特性

水产原料种类很多，就鱼类而言，我国就有 2 800 余种。原料种类不同，可食部分的组织、化学成分也不同。同一种类的鱼，由于鱼体大小、年龄、成熟期、渔期、渔场等不同，其组成亦不同。水产原料有人工养殖和捕捞的，有淡水和海水养殖（捕捞）的，渔期、渔场、渔获量变化大，给水产原料的稳定供应及食品加工的计划生产带来一定的困难。

另外，鱼体的主要化学组成如蛋白质、水分、脂肪及呈味物质随季节的变化而变化。在一年当中，鱼类有一个味道最鲜美的时期。多数鱼种的味道最鲜美时期和脂肪积蓄量在很多时候是一致的。一般鱼体脂肪含量在刚刚产卵后最低，此后逐渐增加，至下次产卵前 2～3 个月时肥度最大，肌肉中脂肪含量最高。鱼体部位不同，脂肪含量有明显的差别。一般腹肉、颈肉的脂肪多，背肉、尾肉的脂肪少。脂肪多的部位水分少，水分多的部位脂肪也少。贝类中的牡蛎其蛋白质和糖原亦随季节变化很大。

鱼肉比畜禽更容易腐败变质，这是因为畜禽一般在清洁的屠宰场屠宰，立即去除内脏，而鱼类在渔获后不是立即清洗，多数情况下是连带着容易腐败的内脏和鳃运输。另外，在渔获时容易造成死伤，即使在低温下，分解蛋白质的细菌在水中侵入肌肉的机会也多。鱼类比陆地上动物的组织软弱，加之外皮薄，鳞容易脱落，细菌容易从受伤部位侵入。鱼体内还含有活力很强的蛋白酶和脂肪酶类，其分解产物如氨基酸和低分子氮化合物促进了微生物的生长繁殖，加速腐败。再有，鱼贝类的脂肪含有大量的 EPA、DHA 等不饱和脂肪酸，这些组分易于氧化，会促进水产原料的劣变。此外，鱼类死后僵直的持续时间比畜禽肉短，自溶迅速发生，肉质软化，很快就会腐败变质。

2）品质要求及质量鉴定

不同产品对于水产原料的要求略有不同，如制作罐头与干制咸鱼、鱼露的要求不同。在水产品的收购、加工过程中，对鱼货鲜度质量的鉴定是必要的。水产品鲜度的鉴定多以感官鉴定为主，辅以化学和微生物学方面的测定。就鱼类来说，一般以人的感官来判断鱼鳃、鱼眼的状态，鱼肉的松紧程度，鱼皮上和鳃中所分泌的黏液的量、黏液的色泽和气味以及鱼肉横断面的色泽等。

化学鉴定必须建立在感官鉴定的基础上，鉴定鱼体是否腐败，常规而有效的方法是测定挥发性盐基氮（指鱼体由于酶和微生物的作用使蛋白质分解产生氨及胺类等碱性含氮物质）的含量，并把鱼体每 100 g 肌肉中挥发性盐基氮的含量 30 mg 作为初步腐败的界限标准。

微生物方面鉴定主要是测出鱼体肌肉的细菌数。一般细菌数小于 10^4 个/g 作为新鲜鱼类；大于 10^6 个/g 作为腐败开始；介于两者之间为次新鲜。

2. 鱼的保鲜（活）方法

水产品的贮藏保鲜实质上就是采用降低鱼体温度来抑制微生物的生长繁殖以及组织蛋白酶的作用，延长僵硬期，抑制自溶作用，推迟腐败变

质进程的过程。通常分为冷却保鲜和冻结保藏两类。

1）冷却保鲜

冷却保鲜使鱼降温到 0 ℃左右，在不冻结状态下保持 5～14 d 不腐败变质。常用的方法有冰鲜法与冷海水保鲜法。冰鲜法，即用碎冰将鱼冷却，保持鱼的新鲜状态，其质量最接近鲜活水产品的生物特性，至今各国仍将它放在极其重要的位置。冷海水保鲜法，即是把渔获物浸没在混有碎冰的海水里（冰点为 −3～−2 ℃），并由制冷系统保持鱼温在 −1～0 ℃的保鲜方法。其最大的优点是冷却速率快，缺点主要是鱼体吸水膨胀，鱼肉略带咸味，表面稍有变色，蛋白质也容易损失，造成在流通环节中容易腐烂，并易受海水污染。

2）冻结保藏

冻结保藏即是把鱼在 −40～−25 ℃的环境中冻结，然后于 −30～−18 ℃的条件下保藏。保藏期一般可达半年以上。低温保存的最新技术，是"冰壳冷冻法"（CPF 法），用于高档水产（和肉类）的贮藏，与一般冷冻机冷冻法相比，冷冻温度从 −45～−30 ℃降到 −100～−80 ℃，通过最大冰晶生成带由 1 h 缩短到 30 min 以内，冰结晶由 100 μm 降到小于 10 μm，不损伤组织，不损害胶体结构，无氧化作用。它的工艺过程如下：①用液氮喷射 5～10 min，冷库温度降至 −45 ℃，食品立即形成几毫米厚的冰壳。为保持鱼、虾类微细的触须等器官的原形，可先喷 2%～3% 明胶液并添加适量的抗坏血酸。②缓慢冷冻，当库温达到 −45 ℃时，停止喷射液氮，改由冷冻机维持在 −35～−25 ℃下缓慢冷冻 5～30 min，使食品中心温度达到 0 ℃。③急速冷冻，当食品中心温度达到 0 ℃时，再喷射液态氮 7～10 min，迅速通过最大冰晶生成带，即 −5～−1 ℃。④冷冻保藏，通过最大冰结晶生成带之后，改为 −35～−25 ℃冷冻机冷冻，保持 40～90 min，使食品中心温度保持在 −18 ℃以下贮藏。

3）鱼的保活方法

水产品活体运输的新方法越来越受到重视。保活运输是保持水产品最佳鲜度的最有效方式，已成为水产流通的重要环节。水产动物活体运输的新方法主要有麻醉法、生态冰温法、模拟冬眠

系统法。

1.2.4 乳蛋原料特性及保藏

1. 乳及其加工特性

1) 牛乳的组成及各种成分存在的形式

(1) 牛乳的组成　牛乳的成分十分复杂，至少有上百种化学成分，主要成分可分成三个部分：①水分。水分是牛乳的主要成分之一，占87%～89%；②乳固体。将牛乳干燥到恒重时所得的剩余物叫乳固体或干物质。乳固体在鲜乳中的含量为11%～13%，也就是除去随水分蒸发而逸去的物质外的剩余部分。乳固体中含有乳中的全部营养成分（脂肪、蛋白质、乳糖、维生素、无机盐等）。乳固体含量是随各成分含量比的增减而变的，尤其乳脂肪是一个最不稳定的成分，它对乳固体含量增减影响很大，所以在实际生产中常用含脂率及非脂乳固体作为指标。③乳中的气体。乳中气体以二氧化碳最多，氮气次之，氧气的含量最少。据测定，牛乳刚挤出时每升含有 50～56 cm^3 气体。

(2) 牛乳中各种成分存在状态　牛乳是一种复杂的胶体分散体系，在这个体系中水是分散介质，其中乳糖及盐类以分子和离子状态溶解于水中，呈超微细粒，直径小于 1 nm；蛋白质和不溶性盐类形成胶体，呈亚微细粒及次微胶粒状态，直径在 5～80 nm；大部分脂肪以微细脂肪球分散于乳中，形成乳浊液，脂肪球直径在 0.1～2 μm。此外，还有维生素、酶等有机物分散于乳中。

2) 乳的保鲜及加工特性

(1) 加工用原料乳的质量标准　用于制造各类乳制品的原料乳（生乳）应符合下列技术要求：从符合国家有关要求的健康奶畜乳房中挤出的无任何成分改变的常乳；产犊后 7 d 的初乳、应用抗生素期间和休药期间的乳汁、变质乳不应用作生乳；其他质量指标要符合国标的要求。

(2) 乳的保鲜与贮运　牛乳营养丰富，也是微生物生长的理想培养基。挤奶过程（包括环境、乳房、空气、用具等）的污染及乳牛的本身健康状况是决定鲜乳中微生物污染量的关键因素。除执行挤奶过程的卫生操作规范，减少微生物的污染之外，牛乳的保鲜通常要求把刚挤出的新鲜牛乳迅速冷却

至 10℃ 以下，最好冷却至 4～5℃ 进行贮存、运输，并尽快进行加工，以防止微生物生长而降低乳的质量。

(3) 乳的加工特性

① 热处理对乳性质的影响。牛乳是一种热敏性的物质，热处理对乳的物理、化学、微生物学等特性有重大影响，如微生物的杀灭、蛋白质的变化、乳石的生成、酶类的钝化、某些维生素的损失、色泽的褐变等都与热处理的程度密切相关。

牛乳中的酪蛋白和乳清蛋白的耐热性不同，酪蛋白耐热性较强，在 100℃ 以下加热，其化学性质没有改变，但在 120℃ 下加热 30 min 以上时则使得磷酸根从酪蛋白粒子中游离出来，当温度继续上升至 140℃ 时即开始凝固；酪蛋白对离子环境变化极为敏感，盐类平衡和 pH 稍有变化就会出现不稳定和沉淀倾向。而乳清蛋白的热稳定性总体来说低于酪蛋白。一般加热至 63℃ 以上即开始凝固，溶解度降低。

加热对牛乳的风味和色泽影响也很大。牛乳经加热会产生一种蒸煮味，还会产生褐变，褐变是一种羰氨反应，同时也是乳糖的焦糖化反应的结果。

② 冻结对牛乳的影响。牛乳冻结后（尤其是缓慢冻结）会发生一系列变化，主要有蛋白质的沉淀、脂肪上浮等问题。当乳发生冻结时，由于冰晶生成，脂肪球膜受到外部机械压迫造成脂肪球变形，加上脂肪球内部脂肪结晶对球膜的挤压作用，脂肪球膜破裂，脂肪被挤出；解冻后，脂肪团粒即上浮于解冻乳表面。另外，乳经冻结使乳蛋白质的稳定性下降。

2. 蛋的特性及保鲜

1) 蛋的结构

蛋由蛋壳、蛋白、蛋黄三个部分组成。各个组成部分在蛋中所占的比重与家禽的种类、品种、年龄、产蛋季节、蛋的大小及饲养有关。

(1) 蛋壳的组成　蛋壳由角质层、蛋壳和蛋壳膜三部分组成，占全蛋重量的 10%～13%。①角质层（又称外蛋壳膜），刚生下的鲜蛋的壳表面覆盖一层黏液，这层黏液即角质层，是由一种无定形

结构、透明、可溶性胶质黏液干燥而成的薄膜。完整的薄膜能透水、透气，可抑制微生物进入蛋内。②蛋壳（又称石灰硬蛋壳），具有固定形状并起保护蛋白、蛋黄的作用，但质脆不耐碰撞或挤压。蛋壳上有许多大小为（9 μm×10 μm）～（22 μm×29 μm）的微小气孔。这些气孔是鲜蛋本身进行蛋气体交换的内外通道，且对蛋品加工有一定的作用。若角质层脱落，细菌、霉菌均可顺气孔侵入蛋内，很容易造成鲜蛋的腐败或质量下降。③蛋壳膜，由内外两层膜构成，内外层膜都是由角质蛋白纤维交织成的网状结构，不同的是外层膜厚40～60 μm，其纤维较粗，网状结构粗糙，孔隙大，细菌可直接进入蛋内；而内层膜即蛋白膜厚13～18 μm，其纤维纹理较紧密细致，有些细菌不能直接通过进入蛋内，只有分泌的蛋白酶将蛋白膜破坏之后，微生物才能进入蛋内。所有霉菌的孢子均不能透过内外膜，但其菌丝体可以自由透过，并引起蛋内发霉。

另外还有气室，即蛋产下来后由于内容物冷却收缩，内外两层膜分离而在蛋的钝端形成气室。随着贮藏时间等因素变化，蛋内水分向外蒸发，气室不断增大。所以气室大小也是评定和鉴别蛋的新鲜度的主要标志之一。

（2）蛋白　蛋壳膜之内就是蛋白，通称蛋清，它是一种典型的胶体物质，占蛋总重的55%～66%，其颜色呈微黄，蛋白按其形态分为稀薄蛋白与浓厚蛋白（占全部蛋白的50%～60%）。刚产下的鲜蛋，浓厚蛋白含量高，溶菌酶含量多，活性也强，蛋的质量好，耐贮藏。而随着外界温度的升高，存放时间的延长，蛋白会发生一系列变化。首先浓厚蛋白被蛋白中的蛋白酶迅速分解变成为稀薄蛋白，而其中的溶菌酶也随之被破坏，失去杀菌能力，使蛋的耐贮性大为降低。因此，愈是陈旧的蛋，浓厚蛋白含量愈低，稀薄蛋白含量愈高，愈容易感染细菌，造成蛋腐败。可见浓厚蛋白含量的多少是衡量蛋的新鲜与否的重要标志。

此外，在蛋白中，位于蛋黄两端各有一条白色带状物，叫作系带，又称卵带。系带的作用是固定蛋黄使其位于蛋的中心。系带的组成同浓厚蛋白基本相似，新生下来的鲜蛋，系带很白、很粗且有很大的弹性。新鲜蛋系带附着溶菌酶，且其含量是蛋白中溶菌酶含量的2～3倍，甚至3～4倍。系带同浓厚蛋白一样发生水解作用。当系带完全消失，会造成蛋黄贴皮或称贴壳、黏壳。系带状况也是鉴别蛋的新鲜程度的重要标志之一。

（3）蛋黄　蛋黄呈球形，位于蛋的中心，占全蛋重量32%～35%。蛋黄膜是包围在蛋黄内容物外面的透明薄膜。蛋黄内容物是一种浓稠不透明的黄色乳状液，是蛋中最富有营养物质的部分。胚胎即蛋黄表面上微白色、直径为2～3 mm的小圆点，分为受精蛋胚胎和未受精蛋胚胎两种。受精蛋胚胎很不稳定，在适宜的外界温度下很快发育，这样蛋的耐贮性就降低了。

2）蛋的贮藏特性

鲜蛋在贮藏中发生的物理和化学变化有：蛋白变稀、重量减轻（水分蒸发）、气室增大、蛋白与蛋黄相互渗透、CO_2逸散、pH上升等。

鲜蛋在贮藏中发生的生理变化：在25 ℃以上适当温度范围内受精卵的胚胎周围产生网状的血丝，这种蛋称为胚胎发育蛋；未受精卵的胚胎有膨大现象，称为热伤蛋。蛋的生理变化引起蛋的质量下降，甚至引起蛋的腐败变质。

蛋在贮藏和流通过程中，外界微生物接触蛋壳后通过气孔或裂纹侵入蛋内，使蛋腐败的主要是细菌和霉菌。高温高湿为蛋的微生物生长繁殖创造了良好的条件，所以夏季最易出现腐败蛋。

蛋的形成过程也可能受微生物污染。健康母鸡产的蛋内容物里没有微生物，但生病母鸡在蛋的形成过程就可能受微生物污染。其污染渠道如下：①由于饲料含有沙门氏菌，沙门氏菌通过消化道进入血液到卵巢，给蛋带来潜在的带菌危险；②通过卵巢和输卵管进入，使鸡蛋有可能被各种病原菌污染。

3）鲜蛋的贮藏保鲜方法

根据鲜蛋本身结构、成分和理化性质，设法闭塞蛋壳气孔，防止微生物进入蛋内；降低贮藏温度，抑制蛋内酶的活性，并保持适宜的相对湿度和清洁卫生条件，这是鲜蛋贮藏的根本原则和基本要求。

鲜蛋的贮藏方法很多，有冷藏法、涂膜法、气调法、浸泡法（包括石灰水贮藏和硅酸纳水溶液贮藏法）、巴氏杀菌法等，而运用最广泛的是冷藏法。

（1）冷藏法　即利用低温，最低不低于−3.5℃（防止到了冻结点而冻裂），抑制微生物的生长繁殖和分解作用以及蛋内酶的作用，延缓鲜蛋内容物的变化，尤其是延缓浓厚蛋白的变稀（水样化）和降低重量损耗。鲜蛋冷藏前要把温度降至−1~0℃，维持相对湿度80%~85%，这样有利于保鲜。此法操作简单，管理方便，保鲜效果好，一般贮藏半年以上仍能保持蛋的新鲜。但需要一定的冷藏设备，成本较高。

（2）涂膜法　即是用液体石蜡或硅酮油等将蛋浸泡或喷雾法使其形成涂膜而闭塞蛋壳。此方法须在产蛋后尽早进行才有效。

（3）气调法　气调法主要有CO_2气调法和化学保鲜剂气调法等。CO_2气调法适用于大量贮藏，实践证明效果良好，比冷藏法对温度、湿度要求低，费用也低。如果将容器内原有空气抽出，再充入CO_2和氮气，并使CO_2的浓度维持在20%~30%，鸡蛋可存放6个月以上。化学保鲜剂气调法通过化学保鲜剂化学脱氧而获得气调效果，达到贮藏保鲜的目的。使用的物质主要由无机盐、金属粉末和有机物质组成，除起到降氧作用外，还具有杀菌、防霉、调整CO_2含量等效果。如一种含有铸铁粉、食盐、硅藻土、活性炭和水的化学保鲜剂，可以在24 h内将10 L空气中的O_2降至1%。

1.2.5　粮油原料特性及保藏

粮油原料主要是指田间栽培的各种粮食作物所产生的果实和种子。粮食作物属于绿色高等植物，大多是一年生或两年生的草本植物，它们的根、茎、叶都很发达，能够从土壤中吸收水分和无机养料，同时利用太阳的能量在叶部进行光合作用，把CO_2和H_2O合成为糖和淀粉，并将含氮的无机盐合成为蛋白质等有机化合物。

1. 粮油原料的化学组成

我国根据化学成分与用途将粮油作物分为以下4大类：禾谷类作物、豆类作物、油料作物和薯类作物。收获的粮粒经干燥除去水分后剩下的就是干物质。干物质中含有有机物和无机物。有机物主要有蛋白质、脂肪和碳水化合物。将粮粒进行灼烧灰化，剩下的矿物质就是灰分，主要是各种元素的氧化物。

粮食中的蛋白质含量相差很大，一般禾谷类粮粒蛋白质含量在15%以下，而豆类与油料中蛋白质含量可高达20%~40%。在我国的膳食结构中，粮油作物是蛋白质的主要来源之一。禾谷类种子中的蛋白质主要是胶蛋白和谷蛋白，其中以高粱的胶蛋白与大米的谷蛋白最为突出。而小麦的特点是胚乳中胶蛋白与谷蛋白的含量几乎相等，因而它们能够形成面筋。但有一个例外是燕麦中球蛋白的含量最多。豆类和油料种子的蛋白质绝大部分是球蛋白。从营养学角度来讲，清蛋白与球蛋白属于生理活性蛋白质，其氨基酸组成中赖氨酸、色氨酸和蛋氨胶含量较高，因而营养价值高。而胶蛋白与谷蛋白是粮油种子中的贮藏性蛋白质，植物贮藏这些蛋白质用于幼苗生长。胶蛋白中具重要营养意义的赖氨酸、色氨酸和亮氨酸的含量都很低。因此，豆类与油料作物中主要含有生理活性蛋白质，其蛋白质的质量高，而禾谷类作物中由于含有大量的胶蛋白，其蛋白质品质较差，比如小麦和玉米，大米的蛋白质品质相对好些。

粮油原料中碳水化合物根据结构和性质的不同，可以分为单糖、低聚糖和多糖三大类。多糖主要是纤维素、半纤维素和淀粉。葡萄糖转移到胚乳细胞内通过缩合形成适于贮藏的不可溶解的淀粉粒。淀粉是粮油种子重要的贮藏性多糖，是人体所需要食物的主要来源，也是轻工业和食品工业的重要原料。淀粉颗粒不溶于冷水，将其放入冷水中，经搅拌可形成悬浮液。如停止搅拌，淀粉粒因比水重则会慢慢下沉。如将淀粉乳浆加热到一定的温度，则淀粉粒吸水膨胀，晶体结构消失，互相接触融为一体，悬浮液变成黏稠的糊状液体，虽停止搅拌，淀粉也不会沉淀，这种浓稠的糊状液体称为淀粉糊，这种现象称为淀粉的糊化。发生此糊化现象所需的温度称为糊化温度。糊化作用的本质是淀粉粒中有序态和无序态的淀粉分子间的氢链断裂，分散在水中成为亲水性胶体溶液。淀粉溶液或淀粉糊，在低温静置条件下，都有转变为不溶性的倾向，浑浊度和强度都增加，最后形成硬性的凝胶块，在稀薄的淀粉溶液中，则有晶体沉淀析出，这种现象称为淀粉糊的"回生"或"老化"。这种淀粉叫作"回生淀粉"或"老化淀粉"。粮油种子中淀粉的合成与分解，人和动物对淀粉的消化等，都有专门的酶类在起作用。淀粉水解酶（简称淀粉酶）是水解淀粉一类物质的酶类，淀粉磷酸化酶和Q酶都是合成淀粉的酶类。在粮油原料的应用中以淀粉酶最为重要。

脂肪是种子在贮藏时用于呼吸和发芽时所需能量的贮藏物质，它不仅是很好的热量来源，而且还含有人体不能合成而必须要从食物中摄取以维持健康的必需脂肪酸，如亚油酸、亚麻酸、花生四烯酸等。油脂存在于一切动植物中，粮油原料中以油料作物含量最多。例如，豆类中的大豆是良好的榨油原料，禾谷类作物的油脂含量一般都不高，但它们加工的副产品，如米糠、玉米胚中油脂含量较高，也是提取植物油的原料。

2. 粮油原料的贮藏特点

粮油作物因成分含量、籽粒结构的不同，其贮藏特性不尽相同。

稻谷有较厚的外皮，其主要成分是硅，具有一定的硬度，它对米粒起保护作用，可防止米粒受害虫、微生物的侵害和污染，能防止米粒在机械处理时受到损伤，也能减轻米粒受潮。稻谷去壳后，剩下的是糙米。糙米有果皮和种皮的保护，有利于贮藏，贮藏糙米可节约仓容20％～30％。由于大米失去外壳、果皮、种皮等保护层，营养物质直接暴露在外，易被害虫、微生物侵入。在外湿高于大米水分含量相对湿度时，大米易吸湿，因而其贮藏比较困难。稻谷的水分、杂质含量与稻谷贮藏性能密切相关。水分含量在安全水分（13.5％）以内，在一般贮藏条件下，稻谷就能安全贮藏；稻谷水分含量超过14.5％，一般仓储条件就难以安全贮藏，会生虫、发热、长霉或黄变。杂质含量在允许范围内的稻谷，贮藏性能良好。若杂质含量高，耐贮性就差。总体说来，稻谷的水分、杂质含量越高越不利贮藏。目前我国采用的稻谷和稻米贮藏方式有：常规贮藏、机械通风贮藏、低温贮藏、气调贮藏等。

小麦贮藏性好，贮藏时应注意湿度、温度的影响并防止虫害。在正常情况下，贮藏3～5年仍能保持良好的品质。小麦的安全贮藏取决于小麦品质和水分含量，小麦品质正常，水分不超过安全水分，一般不会发生贮藏问题。小麦粉是贮藏稳定性差的粮食品种，不能长期贮藏。小麦粉的吸附性很强，一旦出现异味，很难除去，严重时，无论做什么食品都有异味残留。小麦粉的贮藏期限取决于水分和温度。小麦粉贮藏期与加工季节有关，秋凉后加工的小麦粉，水分在13％左右，可以贮藏到次年4月，冬季加工的可贮藏到次年5月；夏季加工的新麦粉，一般只能贮藏1个月。

玉米贮藏特点有吸湿性强、呼吸旺盛、易陈化和酸败以及易霉变。常规的贮藏方法包括果穗贮藏和籽粒贮藏。贮藏条件通常控制水分小于13％，粮温小于30℃，新玉米粒需通风翻倒。

刚刚收获的大豆籽粒，一般都还没有完全成熟，不仅含油量、蛋白量比发育正常的种子要低，而且不利于加工。经过一定时间的贮藏，大豆籽粒会进一步成熟，这一过程叫作"后熟"。大豆籽粒的呼吸作用消耗有用成分，增加水分，升高温度，易发生霉变，贮藏时应维持大豆籽粒最微弱的呼吸作用。在常温下，大豆的安全贮藏水分为11％-13％，临界水分为14％。

花生果的贮藏需要适时收获，及时干燥。严格控制水分含量，花生果的安全贮藏含水量，一般冬季为12％，春、秋季为11％，夏季为10％。贮藏期间需要做好通风、密闭管理工作。花生仁的贮藏同样需要控制安全水分含量，花生仁的安全含水量，冬季为10％，春、秋季为10％，夏季为9％。贮藏过程中要保持低温，在安全含水量条件下，温度不宜超过30℃，超过可导致酸价升高，贮藏期间应加强密闭。

甘薯在贮藏期间要有适当的温度、湿度和空气。在这三个条件之中，温度是主要的方面。在管理上，应掌握前期通气降温、中期保温防寒和后期平稳窖温三点。贮藏初期甘薯的适宜温度为10～

13℃。但其在入窖后 20 多天内，窖温有时高达 20℃左右，薯块呼吸强度大，容易发芽、"糠心"，应注意通风、降温和排湿，可打开窖口、气窗和气眼，以免窖温过高。但是，如遇寒流时应注意保温。甘薯入窖 20 多天到来年 2 月初为贮藏中期。这时由于气温较低，甘薯易受冷害，应注意保温防寒，窖温要控制在 12～14℃，不应低于 10℃。当窖温下降到 13℃ 时，由于其呼吸作用缓和，放出二氧化碳和水汽较少，大窖与棚窖可关严门窗与堵住气眼，深井窖可盖严口，以防止冷害。贮藏后期为 2 月初之后，气温逐渐回升，但此时常有寒流。另外，甘薯经长期贮藏后，生理机能衰退，呼吸作用微弱，抵抗不良环境的能力较弱。因此，仍应保持适当的温度和湿度。甘薯在贮藏一个冬季后，其淀粉含量的降低约占总淀粉含量的 20% 左右。若用甘薯生产淀粉，除将其少部分鲜存以保证短期加工生产外，通常都要将新鲜甘薯切片晒干后贮藏。这样避免甘薯腐烂以及淀粉转化为糖而造成损失。

马铃薯喜凉爽，不耐寒，不耐热，如果贮藏不当，容易发生病害和腐烂。马铃薯的安全贮藏与环境温度、湿度、通风及光照等条件有密切关系。马铃薯在贮藏期间应避免光照，光照能促使马铃薯中叶绿素以及茄碱类物质的形成，降低马铃薯块茎的品质。贮藏初期愈伤阶段的适宜相对湿度为 85%～95%，贮藏期的适宜相对湿度为 90%。湿度过低，水分损失严重，薯块重量损失大，且会产生萎缩现象。湿度过高，则会加快薯块的发芽速度，引起病害，造成腐烂。通风可以调节马铃薯贮藏的温度、湿度，有利于排除不良气体，维持薯块的正常呼吸。通风还可以使贮藏环境以及薯堆内各部分的温度相对均匀，避免局部温、湿度过高或过低和结露现象的发生。通风要视外界气温而定。在贮藏初期，后熟阶段，呼吸旺盛，热量水分散失，薯块的机械损伤会逐渐木栓化，5～7 d 就可形成致密的木栓质保护层。保护层能阻止氧气进入块茎内，也可以控制水分的散失及各种病原微生物的侵入。因此在贮藏初期 10～15 d 的愈伤阶段，应保持 15～20℃ 的较高温度，待形成木栓化保护层后，便可以将温度控制在 0～5℃ 进行贮藏。5℃

条件下，块根呼吸强度很弱，重量损失小，休眠期可达 180 d，度过休眠期的块根不发芽；在 15℃ 条件下，休眠期仅为 90 d，块茎呼吸强烈，而且易造成其皱缩成湿腐病的蔓延。

1.3 食品腐败变质的原因

食品的败坏（food deterioration），是指食品在贮藏期间，由于受到各种内外因素的影响，食品原有的化学特性、物理特性或生物学特性发生变化，降低或失去其营养价值和商品价值的过程，食品的变色、变味、生霉、酸败、腐臭、分解和腐烂等现象都属于败坏，如畜禽肉蛋和水产鱼虾的腐臭、油脂的酸败、果蔬的腐烂和粮食的霉变等。可以认为，一种食品，凡是改变了其原有的性质或状态而质量变差即可认为是败坏。食品在贮藏过程中的质量变化，有酶促作用引发的生理生化变化，有微生物污染造成的微生物学变化，还有因温度、湿度、气体、光照等环境因子引起的化学变化和物理变化等。所有这些变化都能引起食品的色、香、味、质地和营养价值的逐渐降低，最终发生腐败或变质，甚至完全丧失食用价值。引起食品败坏的原因很多，主要有物理因素、化学因素和生物因素。其中，由微生物污染所引起的食品败坏最为重要和普遍，它不仅降低食品的营养和卫生质量，而且还可能危害人体健康。

1.3.1 化学腐败变质

食品由蛋白质、脂肪、碳水化合物、维生素、矿物质和色素等多种化学物质组成。这些化学成分在食品贮藏过程中会发生各种不良的化学变化，如氧化、还原、分解、合成和溶解等，导致食品的变色、变味、软烂和维生素的损失等，从而缩短食品的贮藏期。

1. 蛋白质的变化

食品中蛋白质的性质很不稳定，在食品贮藏期间蛋白质易发生变性和水解，对食品质量产生重要影响。蛋白质变性是天然蛋白质受理化因素的作用，使蛋白质的构象发生改变，导致蛋白质的理化性质和生物学特性发生变化，但并不影响蛋白质的一级结构。蛋白质水解是蛋白质一级结构主键被破坏，最终降解为氨基酸的过程。蛋白质变化对食品质量的影响因动物蛋白质和植物蛋白质而有所不同。

1）动物蛋白质变化

动物蛋白质主要存在于畜肉、禽肉、鱼肉、鲜蛋、鲜乳及它们的加工食品中，可分为肉类蛋白质、卵蛋白质和乳蛋白质。肉类蛋白质包括畜、禽、鱼肉中的蛋白质，在尸僵期，由于ATP的不断减少，肌动球蛋白的结合呈不可逆性，表征为肌纤维蛋白的永久性收缩；而在成熟过程中，蛋白酶的激活则造成肌纤维蛋白的骨架降解，基质蛋白质网状结构松弛，蛋白质间隙持水量回升。鱼肉蛋白质的稳定性极差，捕杀后由于肌肉中自溶酶的作用使蛋白质迅速分解而造成肉质软化变质。

卵蛋白质在贮藏过程中的变化主要是浓厚清蛋白变稀，水样化蛋白含量增多，同时增加清蛋白的发泡性能。鲜蛋的浓厚清蛋白由液态和凝胶两部分组成，液态部分含有溶解性卵黏蛋白，凝胶部分含有不溶性卵黏蛋白。随着鲜蛋贮藏时间的延长，不溶性卵黏蛋白中的高糖卵黏蛋白含量减少，而溶解性卵黏蛋白中的高糖卵黏蛋白含量增加，从而导致浓厚蛋白变稀和鲜蛋质量劣变。

乳蛋白在畜乳中主要有酪蛋白和乳清蛋白，酪蛋白约占乳蛋白含量的80％以上，以胶体粒分布于乳清中。乳清蛋白不与其他成分结合，单独溶于乳清中。乳品加工和贮藏中的热灭菌、冷冻和浓缩等处理，都会对乳蛋白的稳定性产生不同程度的影响。酪蛋白对热比较稳定，而乳清蛋白遇热易变性。加热和贮存过程中，乳蛋白中的赖氨酸与乳糖发生羰氨反应产生褐变。

2）植物蛋白质变化

植物蛋白质主要分布在粮食和油料作物的种子（豆类、小麦、稻米和花生等）中。由于这些种子一般经过干燥后贮藏，含水量低，各种酶的活性受到抑制，因而其蛋白质的稳定性比动物蛋白质好。植物蛋白质的变化主要是常温长期贮藏中的变性，一般表现为蛋白质溶解度降低，水溶性氮的含量显著减少，而且随着贮藏环境温度的升高和时间的延长，变性加剧。

2. 脂类物质的变化

食品在贮藏期间，脂肪易发生酸败而引起食品变质，其典型特征是食品有种不愉快的哈喇味。动植物食用油、油炸食品、富含脂肪的核桃和花生等在常温下长期贮藏后，都会发生脂肪酸败，产生游离脂肪酸、脂质过氧化物等。脂肪酸败主要有三种类型：水解型酸败、酮型酸败、氧化酸败。

影响脂肪酸败的因素主要有温度、光线、氧气、水分、金属离子以及食品中的酶。因此，富含油脂的食品在贮藏过程中应该采取低温、避光、密封、降低含水量、避免使用铜铁器具或添加天然抗氧化剂等措施来延缓食品的脂肪酸败。

3. 糖类物质的变化

糖又称为碳水化合物，可分为单糖、双糖和多糖。糖类化学性质和含量的变化会影响贮藏食品的质量。糖类中的还原糖易与食品中的氨基化合物发生羰氨反应（美拉德反应）引起食品的褐变，同时，随着羰氨反应的进行，食品中的营养成分含量降低，并且产生异味，而降低食品质量。新鲜果实在贮藏过程中，糖分可作为呼吸底物而被消耗，造成果实甜度下降。

多糖是由几百个单糖分子相互脱水组成的，如淀粉、纤维素、果胶等。淀粉在米、面和马铃薯中含量较多。纤维素存在于蔬菜、水果及谷物的外皮中，它不能被人体消化吸收，但却有助于肠胃对食物的消化。香蕉和猕猴桃等呼吸跃变型果实在后熟过程中，淀粉降解变成双糖和单糖，使果实甜度增加，但同时引起果实的软化。而嫩豌豆、甜玉米采后单糖合成为淀粉和纤维素，使口感由甜而细嫩变为粗糙无味。许多幼嫩蔬菜在贮藏过程中，纤维素增加，使组织变得生硬粗糙，降低食用品质。果胶是植物细胞壁的主要成分，是由半乳糖醛酸缩合而成的多糖，起黏结细胞和保持植物性鲜活食品（蔬菜、水果）肉质脆硬的作用。但是，当果胶发生酶促水解生成果胶酸之后，果蔬组织细胞解体，肉质变软，食用质量和贮藏性大大降低。

4. 色素物质的变化

1）动物色素变化

肉及肉制品在贮藏过程中因为肌红蛋白被氧化生成褐色的高铁肌红蛋白，使肉色变暗，品质下

降。当肉制品中高铁肌红蛋白小于20%时肉呈现鲜红色；达到30%时肉显示出稍暗的颜色；在50%时肉为褐红色；达到70%时肉就呈现褐色。所以防止和减少高铁肌红蛋白的形成，是保持肉色的关键。采取真空包装、气调包装、低温贮藏和添加抗氧化剂等措施可达到以上目的。当有硫化物存在时，肌红蛋白生成硫化肌红蛋白，呈绿色，是一种异色。肌红蛋白与亚硝酸盐反应可生成亚硝基肌红蛋白，呈亮红色，是腌肉加热后的典型色泽。另外，在虾、蟹等节肢动物的甲壳中含有胡萝卜素，受热后虾、蟹会由青灰色变成红色。

2）植物色素变化

食品的植物色素主要是蔬菜、水果及茶叶中所含的叶绿素、叶黄素、胡萝卜素和花青素等。这些色素在食品贮藏加工过程中都会发生变化，从而影响这类食品的天然色泽。

3）褐变

褐变是食品中普遍发生的一种变色现象，尤其是以天然食品为原料的加工食品在贮运过程中更易发生褐变。褐变不仅影响食品的感官色泽，而且降低食品的营养和风味，所以在食品贮藏过程中也需要防止褐变。食品的褐变按其变色机理可分为酶促褐变和非酶促褐变两类。

酶促褐变是由氧化酶类引起食品中的酚类和单宁等成分氧化而产生的褐色变化。这种褐变常发生在水果、蔬菜和茶叶等的加工贮藏过程中，如去皮的苹果、香蕉和切分的莴苣、蘑菇等的褐变，是由于多酚氧化酶的作用使酚类物质发生氧化所致。新鲜果蔬在贮藏期间遭受逆境胁迫（冷害、冻害和高二氧化碳伤害等）或机械损伤也会引起果蔬表面或组织内部出现褐变。酶促褐变的发生限制了鲜切果蔬的货架期和新鲜果蔬的贮藏期。决定果蔬酶促褐变的主要因素是组织中的氧化酶活性、酚类物质的浓度、温度和氧的可利用程度。

食品的非酶促褐变是食品中的蛋白质、糖类、氨基酸和抗坏血酸等发生化学反应的结果，它与酶无关。食品在贮藏期间发生的非酶促褐变主要有美拉德反应和抗坏血酸氧化反应。

美拉德反应是食品中的蛋白质、氨基酸与还原糖的羰基相互作用并进一步发生缩合、聚合反应，形成暗黑色的类黑质，其反应的实质是羰基和氨基的相互作用，故又称为"羰氨反应"。影响美拉德反应的因素除了羰基化合物和氨基化合物自身的结构之外，还与温度、水分、pH和金属离子等有关。因此，通过降低食品的贮藏温度、调节食品含水量和pH，采用低O_2包装等来阻止羰氨反应的进行，都可抑制食品贮藏中褐变的发生。

抗坏血酸本身是一种抗氧化剂，对防止食品的褐变具有一定的作用。但是，当抗坏血酸发生自动氧化变为脱氢抗坏血酸时，脱氢抗坏血酸可与氨基酸发生美拉德反应而生成红褐色产物。另外，在缺氧的条件下，抗坏血酸在酸性条件下可形成糖醛，并进一步聚合为褐色物质。抗坏血酸氧化褐变经常发生在富含抗坏血酸的果蔬及果汁中。抗坏血酸氧化褐变与温度和pH有关。一般随温度升高而加剧，随pH下降而减轻。防止抗坏血酸氧化褐变，除了降低食品的贮藏温度之外，还可以用亚硫酸溶液来处理产品以抑制糖醛的产生。

5. 矿物质和维生素的变化

矿物质和维生素是食品中的微量营养成分，虽然它们含量微小，但却在调节人体生理活动、维持代谢平衡以及参与人体组织构成方面作用重大。因此，这些微量营养成分在食品中存在的数量、状态及变化，可对食品质量产生很大的影响。

矿物质由阳离子和阴离子组成，又称无机盐。阳离子包括金属离子和铵根离子，阴离子包括食品中的磷酸根、硝酸根和亚硝酸根离子等。在贮藏过程中，食品中的阳离子和阴离子常随着贮藏环境的变化而改变其存在的状态，从而对食品的质量产生不良影响。食品中的金属离子促进自动氧化过程，导致食品质量变劣。一般来讲，微量的铜、钴、镍、铁、锰等金属离子都具有催化食品某些成分自动氧化的作用，如食品中脂肪的氧化酸败，维生素的氧化分解。另外，金属离子的存在还会导致食品中一些天然色素色泽的改变，降低食品的商品性。如铁、锡、铜等金属离子可使花青素呈现蓝色、蓝紫色或黑色，并产生花青素沉淀物。

一些无机盐离子能与食品中的成分反应，阻碍人体对无机盐的吸收。食品中的钙、磷、镁、铁、锌等是人体必需的矿物质，但这些矿物质一旦与食品中的某些成分结合之后，便形成难以吸收消化的物质，从而影响了食品无机盐的营养价值。如果蔬中的草酸、食品中的脂肪酸与钙反应生成不溶性的钙盐；金属离子与蛋白质结合之后不能被人体吸收利用。

在食品加工和贮藏过程中常使用一些添加剂，以加强食品的风味和延长贮藏时间。这样同时也增加了食品的外加成分，有可能产生某些对人体健康有害的物质。例如，肉类加工中添加硝酸盐或亚硝酸盐作为发色剂，蔬菜及其制品中含有较多的硝酸盐，贮藏期间，食品中的硝酸盐可被腐败菌还原为对人体非常有害的亚硝酸盐。亚硝酸盐是一种有毒害的无机盐，它不仅能使人血液中的低铁血红蛋白变为高铁血红蛋白而丧失氧合能力，引起高铁血红蛋白中毒症；而且亚硝酸盐还能与食品中的多种成分反应生成其他有毒物质。如与食品中的甘氨酸反应产生剧毒的氰离子；与鱼类食品中的胺、酰胺反应生成致癌前体亚硝胺。

食品中维生素有脂溶性维生素（A、D、E、K）和水溶性维生素（B、C、PP、H）两大类。由于维生素的化学结构和理化性质的差异，因而在食品贮藏过程的稳定性也各不相同。脂溶性维生素存在于食品的脂肪中，常因脂肪氧化酸败而氧化分解，使其含量降低。所以，在食品贮藏中，凡是能够控制脂肪酸败的条件和措施，皆可有效地保护脂溶性维生素。水溶性维生素虽然都是水溶性的，但化学性质和稳定性却差异很大。在食品加工和贮藏过程中，水溶性维生素易受酶、pH、温度、水分活度、O_2、光、机械损伤及贮藏时间等因素影响发生分解，使其含量显著降低而影响食品的营养质量。如 L-抗坏血酸的性质极不稳定，在果蔬贮藏过程中易发生氧化分解，生成具有生物活性的脱氢抗坏血酸并进一步氧化成无生物活性的 2，3-二酮古洛糖酸。

1.3.2　生理腐败变质

水果、蔬菜、粮食、鲜蛋和活鱼等鲜活食品在贮藏过程中会进行呼吸作用和蒸腾作用，鲜活食品中的这些生理变化和不良环境因素引起的生理病害对食品质量具有重要影响，也是引起食品败坏的重要原因。

1. 呼吸消耗

呼吸作用是一个不断消耗体内贮存物质、释放热量、促使自身成熟衰老的生理过程，是影响新鲜果蔬贮藏品质的主要生理活动。采收后的果蔬光合作用停止，但呼吸作用仍不断进行，消耗糖类、有机酸、蛋白质和脂肪等有机物质，造成果蔬品质和贮藏性的下降。果蔬的呼吸强度越大，贮藏寿命就越短。特别是在缺氧条件下，果蔬会进行无氧呼吸而消耗大量的营养物质，同时产生大量的乙醛、乙醇和乳酸等对细胞有害的物质，这些物质的大量产生与积聚，必然损害果蔬的组织，使之品质变劣甚至坏死。因此，在果蔬贮藏期间，必须要避免无氧呼吸的发生。

影响鲜活食品呼吸强度的外界条件主要是温度和气体成分。在一定温度范围内，一般温度升高，呼吸强度也随之加强，而低温可显著抑制呼吸强度。鲜活食品呼吸作用的最适宜温度在 $25\sim 35\,^{\circ}\!C$。环境中 O_2 含量增加则呼吸强度加强；相反，适当增加 CO_2 含量，则可减弱呼吸强度。利用低温和改变气体成分组成抑制鲜活食品的呼吸强度，是食品低温冷藏和气调贮藏的主要理论基础。

2. 蒸腾失水

蒸腾作用通常是指新鲜果蔬在贮藏和流通过程中组织内的水分通过其表面以气态散失到环境中的现象。果蔬在贮藏时由于不断蒸腾失水而又得不到水分的补充，会造成果蔬的失重和失鲜。果蔬在贮藏中的失重包括干物质和水分两方面的损失，但主要是水分的损失，它引起果蔬在贮藏期中重量的减轻，造成直接的经济损失。失鲜是质量方面的损失，一般蒸腾失水达 3％～5％时，就会引起组织萎软和皱缩，显出失鲜状态，光泽消退，导致商品价值大大降低。通常在温暖、干燥的环境中几小时，大部分果蔬都会出现萎蔫。有些果蔬虽然没有达到萎蔫程度，但是失水已影响到其口感、脆度、颜色和风味。果蔬在贮藏中过度的蒸腾失

水，会加强水解作用和糖酵解，引起氧化磷酸化解偶联，从而刺激呼吸和加速衰老过程，促进腐烂的发生。

禽蛋在贮藏和流通过程中也易失水，通常将这种失水现象称为蒸发。禽蛋蒸发失水导致重量减轻、气室增大，蛋的新鲜度和食用质量也随之下降。

3. 果蔬的生理失调

果蔬的生理失调是指由采前不适宜的生长环境或采后不适宜的贮藏条件而引起的代谢异常、组织衰老以致败坏变质的现象。生理失调不是由病原微生物的直接侵染而引起的，故又称生理病害。生理失调的症状多为组织褐变（browning）、表皮凹陷（pitting）和水渍状（water soaking）及失去后熟能力（failure to ripen）等，使果蔬的商品性和食用价值下降，增加腐烂发生。果蔬采后常见的生理失调主要由贮藏温度、气体成分不适引起的低温伤害和气体伤害等。

1）低温伤害

低温伤害是果蔬在不适宜的低温下贮藏时产生的生理失调，可分为冷害（chilling injury）和冻害（freezing injury）两种。

（1）冷害 是果蔬组织冰点以上的不适宜低温（一般 0～15℃）对果蔬产品造成的伤害，它是一些冷敏果蔬在低温贮藏时常出现的一种生理失调。果蔬特别是热带和亚热带果蔬，由于系统发育处于高温的环境中，对低温较敏感，采后在低温贮藏时易遭受冷害。原产温带的一些果蔬种类也会发生冷害。冷害的发生及其严重程度取决于果蔬的冷敏性、贮藏温度和在冷害温度下的持续时间。果蔬的冷敏性或冷害的临界温度常因果蔬种类、品种和成熟度的不同而异。热带和亚热带果蔬的冷敏性高，冷藏时易遭受冷害。另外，果蔬的成熟度也影响冷敏性，提高成熟度可降低果蔬的冷敏性。

冷害的症状随果蔬种类而异，最常见的症状是果皮凹陷。它由表皮下层细胞塌陷引起，主要表现在受冷害的柑橘、茄子和甜瓜等果蔬上。果皮凹陷处常常变色，蒸腾失水会加重凹陷程度。在冷害的发展过程中，凹陷斑点会连接成大片洼坑。有些产

品受冷害后表面呈水渍状，如黄瓜和番茄等。表面和内部组织褐变也是一种常见的冷害症状，如苹果、桃、梨、菠萝和马铃薯等。褐变常发生在输导组织周围，其原因可能是冷害发生后，从维管束中释放出来的多酚物质与多酚氧化酶反应的结果。有些褐变在低温下就表现出来，有些褐变则需在升温后才表现。组织内部的褐变有的在切开时立即可见，有的则需要在空气中暴露一段时间后才会明显褐变。未成熟的果实受到冷害后，将不能正常成熟，达不到食用要求。例如，绿熟番茄不能转红，柑橘褪绿转慢，杧果不能转黄等。由于冷害削弱了组织的抗病能力，引起代谢产物渗漏，氨基酸、糖和无机盐等从细胞中流失，细胞崩溃，这些都给微生物的侵染提供了良好的条件，从而促进腐烂的发生。一些果蔬的冷害临界温度及冷害症状见表 1-1。

表 1-1 几种主要果蔬冷害临界温度及其冷害症状

种类	冷害临界温度/℃	冷害症状
苹果	2.2～3.3	内部褐变，褐心，水渍状崩溃，表面烫伤
鳄梨	4.5～13	果肉变成浅灰色到褐色
香蕉	11.5～13	表皮浅灰色到深灰色，延迟成熟甚至不能成熟
黄瓜	4.4～6.1	表皮水渍状，腐烂
茄子	7	表皮凹陷，腐烂，种子发黑
葡萄柚	10	表皮凹陷，果肉水渍状崩溃
柠檬	11～13	外表皮凹陷，油胞比周围色深，有红褐色的斑点
杧果	10～13	果皮变黑，不能正常成熟
番木瓜	7	果皮凹陷，果肉成水渍状，变软，后熟不良，失去香味
甜椒	7	表皮凹陷，腐烂，种子发黑
菠萝	7～10	内部褐变，皮色暗淡
成熟番茄	7～10	表皮水渍状，腐烂
西瓜	7～10	表皮凹陷，不良风味

为了避免冷害，最好将果蔬贮藏在其冷害的临界温度之上，采用温度调节（低温锻炼、贮前热处理和间歇升温等）、气调贮藏、植物生长调节物质

（多胺、茉莉酸及其甲酯、水杨酸及其甲酯等）和化学药物（$CaCl_2$，乙氧基喹和苯甲酸钠）等处理都可减轻冷害的发生。

（2）冻害 是果蔬组织冰点以下的低温对果蔬产品造成的伤害。冻害的症状主要表现为组织呈透明或半透明状，有的组织产生褐变，解冻后有异味等。由于新鲜果蔬的可溶性物质含量较高，因而细胞的冰点低于0℃，一般在$-1.5 \sim -0.7$℃。当果蔬放置在低于其冰点的环境中时，组织的温度会直线下降，当温度达冰点以下时，细胞间隙中的水蒸气和水分就生成冰晶并不断长大，当温度继续下降时，细胞内的水分也会向外扩散而结冰，使原生质发生脱水，严重时会造成细胞质的质壁分离和组织损伤，即发生冻害。冻害的发生需要一定的时间，如果受冻的时间很短，细胞膜尚未受到损伤，细胞间结冰危害不大，通过缓慢升温解冻后，细胞间隙的水还可以回到细胞中去，组织不表现冻害。但是，如果果蔬长时间处于其冰点以下的温度环境中，细胞间冻结造成的细胞脱水已经使膜受到了损伤，产品就会发生冻伤。轻微的冻伤不至于影响产品品质，但是严重的冻伤不仅会使产品失去商品价值，而且会造成腐烂。

为了防止冻害的发生，应将果蔬放在适温下贮藏，并严格控制环境温度，避免果蔬长时间处于冰点以下的温度中。冷库中靠近蒸发器的一端温度较低，在产品上要稍加覆盖，以防止产品受冻。在采用通风库贮藏时，当外界环境温度低于0℃时，应减少通风。一旦管理不慎，产品发生了轻微的冻伤时，最好不要移动产品，以免损伤细胞，应就地缓慢升温，使细胞间隙中的冰融化为水，重新回到细胞中去。

2）气体伤害

气体伤害是贮藏环境中不适宜的气体成分对果蔬产生的伤害，主要有低O_2伤害（low oxygen injury）、高CO_2伤害（high carbon dioxide injury）和SO_2伤害（sulfur dioxide injury）等。

（1）低O_2伤害 是指果蔬在气调贮藏时，由于气体调节和控制不当，造成O_2浓度过低而发生无氧呼吸，导致乙醛和乙醇等挥发性代谢产物的产生和积累，毒害细胞组织，使产品风味和品质恶化。低氧伤害的主要症状是果蔬表皮组织局部凹陷、褐变、软化，不能正常成熟，产生酒精味和异味等。贮藏环境中$1\% \sim 3\%$的O_2浓度一般是安全的，但产生低O_2伤害的O_2临界浓度随产品的种类和贮藏温度不同而变化。例如，菠菜和菜豆的O_2临界温度为1%，芦笋为2.5%，豌豆和胡萝卜为4%。

（2）高CO_2伤害 是由于贮藏环境中CO_2过高而导致果蔬发生的生理失调。高CO_2伤害症状与低氧伤害相似，主要表现为果蔬表面或内部组织或两者都发生褐变，出现褐斑、凹陷或组织脱水萎蔫等。伤害机制主要是高浓度CO_2抑制了线粒体中琥珀酸脱氢酶的活性，对末端氧化酶和氧化磷酸化也有抑制作用。不同果蔬对CO_2的敏感性差异很大，如贮藏环境中CO_2浓度超过1%时，鸭梨就会受到伤害，出现内部褐变；结球莴苣在CO_2达$1\% \sim 2\%$时就会受到伤害而出现褐斑；当CO_2超过5%时，甘蓝会出现内部褐变；而青花菜、蒜等较耐CO_2，短时间内CO_2超过10%也不致受伤害。

（3）SO_2伤害 SO_2常作为杀菌剂被广泛用于果蔬贮藏时库房的消毒和产品的防腐处理。但使用不当，容易引起果蔬的中毒。如在葡萄贮藏时，若SO_2处理浓度过大，会使果皮漂白，并形成坏死斑点。

3）营养失调

一些矿质元素的亏缺也会引起果蔬的生理失调，常见的有缺钙失调、缺硼失调和缺钾失调等。与缺钙有关的果蔬生理失调见表1-2。水果缺硼会引起果实内部木栓化，其特征是果肉内陷，与苦痘病不易区别。内部木栓化可以用喷硼来防治，而苦痘病则不行。此外，内部木栓病只在采前发生，苦痘病则在采后发生。钾含量的高低也与果蔬的异常代谢有关，钾含量高时，苹果的苦痘病发生率高；钾含量低可以抑制番茄红素的生物合成，从而延迟番茄的成熟。因此，加强田间管理，做到合理施肥，对防止果蔬的营养失调非常重要。同时，采后浸钙处理对防治果蔬缺钙引起的生理失调也很有效。

表1-2 果蔬中与缺钙有关的生理失调

果蔬名称	症状	果蔬名称	症状
苹果	苦痘病	胡萝卜	凹陷病，裂口
鳄梨	果顶斑点	芹菜	黑心病
杧果	软尖病	莴苣	叶柄黑心
草莓	叶灼伤	生菜	灼伤病
樱桃	裂果	番茄	蒂腐病、裂果
菜豆	下胚轴坏死	西瓜	蒂腐病
甘蓝	顶部灼伤	马铃薯	芽损伤、灼伤
大白菜	顶部灼伤	青椒	蒂腐病
抱子甘蓝	内部褐变		

1.3.3 微生物腐败变质

微生物广泛分布于自然界，食品在加工和贮藏过程中不可避免地会受到一定类型和数量的微生物的污染，当环境条件适宜时，它们就会在食品上迅速生长繁殖，造成食品的腐败与变质，不仅降低了食品的营养和卫生质量，而且还可能危害人体的健康。因此，微生物的污染和生长繁殖是导致食品败坏的主要原因。

由微生物引起的食品败坏变质，依食品种类、微生物种类、败坏过程和产物的不同，可表现为腐败、霉变、发酵、酸败、软化、产气、膨胀、变色和浑浊等现象。以蛋白质为主的动物性食品在分解蛋白质的微生物作用下产生氨基酸、胺、氨、硫化氢等物质和特殊臭味，这种变质通常称为腐败（spoilage）。以碳水化合物为主的植物性食品在分解糖类的微生物作用下，产生有机酸、乙醇和 CO_2 等气体，其特征是食品酸度升高，这种变质习惯上称为发酵（fermentation）或酸败（rancidity），在果蔬上常称为腐烂（decay）。

果蔬贮运中的微生物病害是引起采后果蔬腐烂和品质下降的主要原因之一。在生产实践中，微生物病害普遍发生，因而会造成很大的损失。微生物病害是指果蔬由于病原微生物的入侵而引致果蔬腐烂变质的病害，它能相互传播，有侵染过程，也称为侵染性病害。果蔬贮运中的微生物病害，属于植物病害的一部分，它具有三个特点：①病原菌主要是真菌和细菌；②除了采后感病的以外，相当多的病害是田间感病（或带病）而采后发病；③与采前的自然环境相比，采后贮运环境对发病可控制的程度更大。

禽畜肉类的微生物污染，一是在宰杀过程中各个环节上的污染；二是病畜、病禽肉类所带有的各种病原菌，如沙门氏菌、金黄色葡萄球菌、结核杆菌、布鲁氏菌等。腐生性微生物污染肉类后，在高温高湿条件下很快使肉类腐败变质。肉类腐败变质，先是由于乳酸菌、酵母菌和其他一些革兰氏阴性细菌在肉类表面上的生长，形成菌苔而发黏。然后分解蛋白质产生的 H_2S 使血红蛋白形成硫化血红蛋白而变成暗绿色，也由于各种微生物生长而产生不同色素，霉菌生长形成各种霉斑。同时可产生各种异味，如哈喇味、酸味、泥土味和恶臭味等。

鱼类在微生物的作用下，鱼体中的蛋白质、氨基酸及其他含氮物质被分解为氨、三甲胺、吲哚、组胺、硫化氢等低级产物，使鱼体产生具有腐败特征的臭味。引起鱼类腐败的微生物主要是细菌。

鲜蛋也由于卵巢内污染、产蛋时污染和蛋壳污染而发生微生物性腐败变质。污染鲜蛋的微生物有禽病病原菌、其他腐生性细菌和霉菌等。它们使鲜蛋成为散黄蛋，并进一步分解产生硫化氢、氨和粪臭素等，蛋液呈灰绿色，恶臭或黏附于蛋壳和蛋膜上。

乳及乳制品的营养成分比较完全，都含有丰富的蛋白质、钙和完全的维生素等，因此，极易为微生物所腐败变质。鲜乳中污染微生物主要来源于乳房内的污染微生物和环境中的微生物。主要有乳酸细菌、胨化细菌、脂肪分解细菌、酪酸细菌、产气细菌、产碱细菌、酵母菌和霉菌。原料奶污染严重、加工又不当的奶粉中可能污染有沙门氏菌（salmonella）和金黄色葡萄球菌（Staphylococcus aureus）等病原菌。这些病原菌可能产生毒素而易引起中毒。微生物引起淡炼乳变质，一是产生凝乳，即使炼乳凝固成块；二是产气乳，即使炼乳产气，使罐膨胀爆裂；三是由一些分解酪蛋白的芽孢杆菌作用，使炼乳产生苦味。微生物引起甜炼乳变质也有三种结果：①由于微生物分解甜炼乳中蔗糖产生大量气体而发生胀罐；②许多微生物产生的凝乳酶使炼乳变稠；③霉菌污染时会形成各种颜色的纽扣状干酪样凝块，使甜炼乳呈现金属味和干酪味等。

1.4　食品腐败变质的控制

食品在贮藏和流通过程中，为了控制其质量下降的速度，保持产品固有的商品质量，降低损耗，提高经济效益，通常采取降温、控湿、调气、化学保藏、辐照和包装等措施。

1.4.1　温度控制

温度是影响食品质量变化最重要的环境因素，食品中发生的化学变化、酶促生物化学变化、鲜活食品的生理作用、生鲜食品的僵直和软化、微生物的生长繁殖以及食品的水分含量和水分活度都受温度的制约。降低食品的贮藏温度，就能显著降低食品中的化学反应速度，从而延缓食品质量的下降，延长食品的贮藏期。

1. 温度对食品化学变化的影响

温度对食品化学变化的影响主要体现在对化学反应速度的影响上。食品在贮藏和流通过程中的非酶促褐变、脂肪酸败、淀粉老化、蛋白质变性、维生素分解等化学变化，在一定的温度范围内随着温度的升高而速度加快。根据 Van't Hoff 规则，温度每升高 10℃，化学反应的速度可增加 2～4 倍。

2. 温度对食品酶促反应的影响

酶是生物体产生的一种特殊蛋白质，具有高度的专一催化活性。鲜活和生鲜食品体内存在着具有催化活性的多种酶类。食品在贮藏期间由于酶的活动，尤其是水解酶和氧化还原酶的催化会发生多种多样的酶促反应。如酶促褐变、淀粉水解、新鲜果蔬的呼吸作用等。

温度对酶促反应具有双重影响，一方面温度升高加快酶促反应的速度；另一方面由于酶是蛋白质，温度升高到一定程度后酶逐渐变性失活，酶促反应速度减弱。一旦酶受热失活，酶促反应就受到强烈的抑制。酶是一种具有高度催化活性的生物催化剂，它能大大降低反应的活化能，活化能越小，温度对反应速度常数的影响也就越小，所以，许多

由酶催化的反应在比较低的温度下仍然能够以一定的速度进行。但在一定的温度范围内，其反应速度依然随着温度的升高而加快。

酶是具有复杂结构的蛋白质，其催化活性来源于其三级结构中专一性的底物结合部位和催化活性中心，结构十分精细而脆弱。如果酶分子吸热过多，维持三级结构的非共价键就会受到破坏，丧失催化活性中心的空间完整性，酶就逐渐失去催化活性。这种由于酶受热而失去催化活性的过程称为酶的热失活。一些酶经热失活后仍然会发生催化活性再生的现象。如豌豆中的过氧化物酶（POD）经 40 s 热烫失活后酶活性仍然可以再生，甚至热烫后立即冷冻贮藏在 −18℃ 下，在两个月内仍然能够检测到 POD 的活性。对热越是稳定的酶类，其热失活后越容易发生酶活性再生现象。在使酶失活的程度相同的前提下，高温短时处理比低温长时处理的酶容易发生活性再生。如牛乳中的过氧化氢酶（CAT）对热的稳定性很好，在 75℃ 的条件下要加热几分钟才能抑制其活性，而且即使经过 125℃ 的高温处理，24 h 之后 CAT 的活性仍然会再生。因此，在热力杀菌向高温短时方向发展时，必须重视酶活性再生的问题。另外，在低温下酶活性虽然受到抑制，但并未完全失活，有的甚至在冷冻状态下仍具有一定的催化活性。对于长期贮藏的冷冻食品来说，由于其品质的下降是逐渐积累而且是不可逆的，所以酶促反应对食品质量的影响是一个不可忽视的问题。

3. 温度对微生物生长的影响

许多食品特别是新鲜食品，其败坏的主要原因是微生物的作用，这是因为在环境中微生物无处不在，并能迅速繁殖。微生物对食品的侵染危害受多种物理因素制约，其中温度是影响最大，也最容易控制的一个因素。

1）微生物生长的适宜温度

微生物对温度的适应性由微生物的种类决定。微生物在最适的温度范围内生长的速度最快，增代的时间最短，因而对食品贮藏时的腐烂和卫生质量的影响也最大。当温度超过微生物最高生长温度时，微生物生长就受到抑制甚至死

亡。在最低生长温度范围内，微生物生长速度非常缓慢，增代时间延长，若温度低于最低生长温度微生物也会受到抑制或死亡。由于微生物的生长繁殖是体内酶反应及各种生化反应协调进行的结果，因此，在一定的温度范围内，描述化学反应与温度关系的阿伦尼乌斯方程也适用于描述微生物的生长速度与温度之间的关系，常用 Q_{10} 来表示。Q_{10} 定义为温度每升高 10℃ 后，微生物的生长速度与原来生长速度的比值。大多数微生物的 Q_{10} 在 1.5～2.5。必须指出的是，这里所说的最适温度其意义是某一微生物生长速度最高时的培养温度。对于同一微生物来说，其不同的生理生化过程有着不同的最适温度。例如，乳链球菌的最适生长温度为 34℃，而其最适的发酵温度和积累产物的温度却分别为 40℃ 和 30℃。

2）低温对微生物生长的抑制作用

当温度下降时，微生物体内的各种生化反应按照自己的温度系数减慢其反应速度。由于减慢的速度不同，破坏了各种生化反应原来的一致性，导致微生物的生理失调，从而破坏了微生物的新陈代谢，抑制其生长繁殖。温度下降的幅度越大，生理失调就越严重；温度越低，微生物的生长速度就越小。然而，大多数微生物即使处在最低生长温度的环境中，仍然具有生命力，一旦温度升高时就能够迅速生长繁殖。因此，食品只有一直在低温下贮藏和流通，才能有效控制其败坏。

不同微生物对低温的耐受力不同，其抵抗低温的能力与它们的种类和形状有关。球菌比革兰氏阳性杆菌抗冰冻的能力强；引起食物中毒的葡萄球菌和梭状芽孢杆菌比沙门氏菌强；具有芽孢的菌体和真菌的孢子都具有较强的抗冷冻能力。微生物对低温的耐受力还与其附着的介质条件有关。低温环境中的微生物，在高水分介质中比在干燥介质中容易死亡；在反复冻结和解冻的介质中比在一直处于冻结状态下的介质中容易死亡；在低 pH 介质中比在中性介质中更容易死亡。

3）高温对微生物的致死作用

微生物受高热死亡的现象称为微生物的热致死。当环境温度超过微生物的最高生长温度时，一些对热敏感的微生物就会立即死亡，而另一些对热耐受力较强的微生物虽不能生长，但尚能生存一段时间。不同类群微生物的耐热性大不一样，嗜热微生物的耐热性大于嗜温微生物，嗜温微生物又大于嗜冷微生物，这与它们细胞成分和结构特点有关。如嗜热微生物体内脂肪的凝固点高于嗜温微生物，导致了嗜热微生物能耐较高的温度。微生物的耐热性还与它们的形态有关。一般说来，热阻小的微生物热量传递的速度快，体内蛋白质凝固的速度也快，在相同的温度下，热致死的时间就短。因此，耐热性芽孢高于非芽孢，球菌高于杆菌，霉菌高于酵母。

微生物的热致死与环境因素也有密切的关系，特别是介质的 pH、食品成分及加热的时间对微生物热致死效果有重要的影响。微生物一般在环境 pH 等于 7 左右时，抗热能力最强，在酸性和碱性食品中，微生物的耐热性减弱，特别是当 pH 小于 5 时，耐热性明显下降。食品中的脂肪、糖、蛋白质等成分对微生物有一定的保护作用，特别是当它们的浓度增大的时候，微生物的耐热性就增强。微生物的抗热性还与介质的含水量有关。含水量大则抗热性减弱，其原因可能是水的导热系数比空气的导热系数大得多。同时，微生物在受热时，会分泌一种特殊的物质来减缓热量传递的速度，从而对细胞具有一定的保护作用，使微生物的抗热性增强。单位体积中的微生物数量越多，这种起保护作用的物质的浓度就越大。因此，要杀死污染严重的食品中所有微生物所需的时间就很长。

耐热微生物生长的最适温度在 50～55℃，生长的最低温度也在 25～45℃，所以，与食品热加工的关系非常密切。在果品蔬菜的贮藏过程中，如果堆垛过于密集而造成内部通风散热不良，有可能使温度上升到 40～50℃，结果不但造成果蔬生理上的"热伤"，而且有利于耐热菌的生长繁殖而引起腐烂变质。

1.4.2 湿度控制

食品在贮藏和流通过程中，环境中的湿度直接影响食品的含水量和水分活度，因而会对食品的质量变化和败坏产生严重的影响。

1. 湿度对食品贮藏的影响

根据热力学原理，食品内部的水蒸气压总是要与外界环境中的水蒸气压保持平衡，如果不平衡，食品就会通过水分子的释放和吸收以达到平衡状态。当食品内部的蒸汽压与外界环境中的蒸汽压在一定温度、湿度条件下达成平衡时，食品的含水量就保持在一定的水平。环境湿度对食品质量的影响主要表现在高湿度下对水汽的吸附与凝结、低湿度下食品的失水萎蔫与硬化。

贮藏环境湿度过高，食品易发生水汽吸附或凝结现象。对蒸汽具有吸附作用的食品主要有脱水干燥类食品、具有疏松结构的食品和具有亲水性物质结构的食品。食品吸附蒸汽后，其含水量增加，水分活度也相应增加，食品的品质及贮藏性就下降。如茶叶在湿度大的环境中贮藏时，由于吸附水汽而加速其变质，色、香、味等感官品质急剧下降，甚至会出现霉变。另外，一些结晶性食品容易吸收水分而变黏或结饼。如食糖和食盐在高湿环境下贮藏时，极易吸附蒸汽而受潮溶化。高湿度下食品对水蒸气的吸附，主要发生在散装食品及包装食品解除包装后的销售过程中。因此，对于易吸附水汽的食品采用良好的包装，对保持其贮藏品质是非常必要的。

低湿度下贮藏的食品易发生失水萎蔫和质地的变化。如新鲜果蔬等高含水量的食品，其组织内的空气湿度接近于饱和，而贮运环境中的湿度一般低于果蔬组织内的空气湿度，因此，果蔬在贮运和销售过程中极易蒸腾失水而发生萎蔫和皱缩，同时导致组织软化。在同一温度下，环境湿度越低，果蔬组织的失水就越严重。萎蔫和皱缩不但使果蔬的新鲜度下降，同时也降低了其贮藏性和抗病性。一些组织结构疏松的食品，如面包、糕点、馒头等，如果不进行包装，由于水分蒸发而易发生硬化、干缩现象，不仅影响其食用价值，而且影响其商品价值和销售。贮藏环境湿度越低，这些食品的失水越快越多，其硬化也发生的越早越严重。

2. 食品贮藏中湿度的控制

食品的种类很多，各种食品对贮藏环境湿度的要求也不尽相同。如大多数新鲜果蔬贮藏的适宜相对湿度为 85%～95%，而粮食、干果、茶叶和膨化食品等贮藏时要求干燥条件，空气相对湿度一般应小于 70%。食品在贮藏和流通中对环境湿度的控制应根据食品的理化特性、有无包装及包装性能等而异，可分别控制为高湿度、中湿度、低湿度和自然湿度。

1）高湿度贮藏

高湿度贮藏指环境相对湿度控制在 85% 以上。对于大多数水果蔬菜贮藏保鲜来说，为了减少蒸腾失水，保持固有的品质和耐藏性，通常要将环境相对湿度控制在 85%～95%。

2）中湿度贮藏

中湿度贮藏是指环境相对湿度控制在 75%～85%。这种湿度条件限于部分瓜和蔬菜，如哈密瓜、西瓜、白兰瓜、南瓜和山药等的贮藏。这些瓜和蔬菜如果在高湿度下贮藏，容易被病菌侵染而腐烂变质。

3）低湿度贮藏

低湿度贮藏指环境相对湿度在 75% 以下，即为干燥条件。蔬菜中的生姜、洋葱、蒜头贮藏的适宜湿度为 65%～75%，各种粮食及其成品和半成品、干果、干菜、干鱼、干肉、茶叶等贮藏中应将湿度控制在 70% 以下。散装的粉质状食品（如面粉等）、具有疏松结构的食品（如膨化食品等）和具有亲水性物质结构的食品（如食糖等），它们的贮藏湿度应更低一些。

3. 自然湿度贮藏

环境中的自然湿度变化与季节、天气、地区等有密切关系，夏秋季节多雨潮湿，我国南方的空气湿度一般高于北方，阴雨天的空气湿度可达到 90% 以上。这些自然湿度变化对有特定湿度要求的食品的质量会产生一定的影响，例如，长时间的阴雨天气会导致面粉吸潮结块、干制食品吸潮而发霉变质、食糖和食盐吸湿而潮解。相反，干燥条件则会引起新鲜果蔬失水萎蔫和耐藏性下降。因此，具有良好密封包装如各种罐装、袋装、盒装的食品，由于包装容器或包装材料的物理阻隔作用，其中的内容物受环境湿度的影响很小，故这类食品可在自然湿度下贮藏和流通。

1.4.3 气体成分调节

空气的正常组成是 O_2 占 21%，N_2 占 78%，CO_2 占 0.03%，其他气体约占 1%。在各种气体成分中，O_2 对食品质量的变化影响最大。贮藏环境

中充足的 O_2，会增强鲜活食品的呼吸作用，并且加速微生物的生长繁殖，导致食品腐败变质。因为大多数的生理生化变化、脂肪的氧化、维生素的氧化等都与 O_2 有关。在低 O_2 状态下，氧化反应的速度就会变慢，有利于保持食品的质量。气体成分对食品贮藏质量的研究主要集中在果蔬采后的气调贮藏领域。

果蔬的气调贮藏常是指通过降低贮藏环境中的 O_2 浓度和提高 CO_2 浓度，减弱果蔬采后的呼吸强度，抑制生理衰老过程，控制微生物生长和化学成分变化，保持果蔬固有的色泽、风味和质地品质，以延长贮藏期和货架期的技术方法。这种技术目前主要用于果品蔬菜及切花的贮藏保鲜。根据各种果品蔬菜及切花的生理特性，在低温条件下，控制一定浓度的 O_2 和 CO_2 组合，就

能取得较冷藏更加显著的效果。目前，气调贮藏果品蔬菜已成为我国及世界上许多国家的主流方式。但气调贮藏时 O_2 浓度过低会引起果蔬的无氧呼吸，大量积累乙醇、乙醛等物质而产生异味，影响果蔬产品的风味。

调节气体成分的气调贮藏技术除主要用于果品蔬菜的保鲜外，也可用于其他食品的贮藏。如在粮食贮藏中为了防虫和防霉而采用的缺氧贮藏法，鲜肉鲜鱼在流通中为了防止变质、延长货架期而采用的充氮包装法，禽蛋为保质而采用的 CO_2 贮藏法和 N_2 贮藏法，核桃仁和花生仁等富含油脂的食品为防止油脂氧化酸败而采用的充氮贮藏法等，都是调节气体成分技术在控制食品变质中的具体应用。表1-3为气调包装对海产品货架期的影响。

表 1-3　新鲜海产品气调包装气体组成及货架期

贮藏温度/℃	种类	气体组成	货架期/d	货架期延长/%
10	大马哈鱼	90%CO_2+10%空气	10	150
		60%CO_2+40%空气	10	150
8	鳕鱼片	100%CO_2	23	280
		65%CO_2+4%O_2+31%N_2	16	170
4	鳕鱼片	100%CO_2	40~53	>100
4	大马哈鱼片	100%CO_2	48	>100
		70%CO_2+30%空气	24	>100
3	大马哈鱼片	100%CO_2	>20	>100

1.4.4　其他辅助处理

食品败坏的控制，除了采用适宜的温湿度和气体成分外，还常采用包装、化学药剂处理和辐照处理等辅助措施。

1. 包装

食品在生产、贮藏、流通和消费过程中，导致食品发生不良变化的作用有微生物作用、生理生化作用、化学作用和物理作用等。影响这些作用的因素有水分、温度、湿度、O_2 和光线等。而对食品采取包装措施，不但可以有效地控制这些不利因素对食品质量的损害，而且还可给食品生产者、经营者及消费者带来很大的方便和利益。

食品包装的材料包括木材、纸与纸板、纤维织

物、塑料、玻璃、金属、陶瓷及各种辅助材料（如黏合剂、涂膜材料等），其中纸类、塑料、金属和玻璃是食品包装材料的四大支柱。食品包装容器的形式、形状及方法，也因食品的特性、包装材料的性质及市场需求等而千姿百态，花样不断翻新，概括而言，包装对食品质量能够产生以下几方面的直接效果：①包装可将食品与环境隔离，防止外界微生物和其他生物侵染食品。采用隔绝性能良好的密封包装，配合杀菌或抑菌处理，或控制包装内的 O_2 和 CO_2 浓度（降低 O_2 和提高 CO_2，或以 N_2 代替包装内的空气），均可抑制包装内残存的微生物或其他生物（如昆虫和螨虫）的生长繁殖，延长食品的保质期。②包装可减少或避免干燥食品吸收环境中的

水汽而变质，生鲜食品蒸发失水而失鲜甚至干缩，冷冻肉水分升华而发生干耗和冻结烧等变质现象的发生。③选用隔氧性能强、阻挡光线和紫外线性能好的包装材料对食品进行包装，可以减缓或防止食品在贮藏和流通中发生的化学变色，如酶促褐变、羰氨反应、抗坏血酸氧化褐变、动物性和植物性天然色素的变化等，抑制食品的化学变性，如脂肪酸败和蛋白质变性等，以及避免许多维生素和无机盐的破坏损失。④选择适当的塑料薄膜材料进行包装，并结合低温条件，可使包装袋内维持低氧和较高的湿度条件，从而抑制食品的生理作用和生化变化，延缓食品的自然变质，延长贮藏期和货架期。

2. 化学药剂处理

一些对食品无害的化学剂对食品进行处理，以增强食品的贮藏性和保持其良好的质量。常用的化学药剂有防腐剂、脱氧剂和保鲜剂等。

按照对微生物作用的程度，可将食品防腐剂分为杀菌剂和抑菌剂，具有杀菌作用的物质称为杀菌剂，而仅具有抑菌作用的物质称为抑菌剂。但是，一种化学防腐剂的作用是杀菌还是抑菌，通常是难以严格区分的。食品脱氧剂又称游离氧吸收剂（FOA），它是一类能够吸收 O_2 的物质。当脱氧剂随食品密封在同一包装容器中时，能通过化学反应脱除容器内的游离氧及容留于食品中的氧，并生成稳定的化合物，从而防止食品氧化变质。同时，反应后形成的缺氧条件也能有效地防止食品生霉和生虫。食品保鲜剂的作用与防腐剂有所不同，它除了针对微生物的作用外，还对食品自身的变化如鲜活食品的呼吸作用、蒸腾作用以及酶促反应等起到一定的抑制作用。

用上述化学药剂处理食品，必须考虑食品的卫生与安全，应严格按照国家食品卫生标准规定控制其用量和使用范围。而且各种化学药剂的特性及其作用不同，实际应用中必须有的放矢，绝对不可盲目乱用。

3. 辐照处理

辐照保藏食品，主要是利用放射性同位素产生的穿透力极强的电离射线 γ-射线，当它穿过活的有机体时，就会使其中的水和其他物质电离，生成游离基或离子，从而影响机体的新陈代谢过程，严重时可杀死活细胞。从食品保藏的角度而言，主要是利用辐照达到杀菌、灭虫、抑制生理生化变化等效应，从而保持食品的良好质量和延长贮藏期。

进行辐照处理时，必须根据食品的种类及预期目的，控制适当的照射剂量和其他照射条件，才能取得良好的效果。尽管辐照对食品贮藏有多方面的效果，但它毕竟是食品贮藏中的一种辅助措施，还需要与其他贮藏条件，例如，果蔬贮藏中的低温和湿度等配合，才能取得良好的效果。

另外，对于辐照食品的安全性问题，即辐照食品有无放射性污染，会不会使食品产生有毒、致癌、致畸、致突变的物质，营养成分是否被破坏等涉及毒理学、营养学等方面的问题，联合国粮食及农业组织（FAO）、国际原子能机构（IAEA）和世界卫生组织（WHO）等国际权威机构已经得出了明确的结论，即在适当的剂量范围内，经辐照处理的食品是安全的。

1.4.5　应用栅栏技术

"栅栏技术"又称复合保藏（combination preservation）技术，是在 1976 年首次提出的食品防腐保鲜新概念。它是指多种保藏技术共同使用，以控制食品中微生物的生长繁殖，从而确保食品的稳定性和安全性。事实上，早在栅栏技术理论提出之前，世界许多国家就已采用传统的工艺和配方，凭经验应用栅栏技术来加工和保藏食品，如在肉类加工保藏中使用的腌、熏、加香料和加防腐剂等措施。我国的腌腊肉制品和意大利式发酵香肠（salami）就是无意识应用栅栏技术加工和保藏肉品的成功范例。目前，栅栏技术已经在肉类、水产品和果蔬加工保藏等行业得到广泛应用，通过这种技术加工和贮存的食品也称为栅栏技术食品。

1. 栅栏技术的基本原理

如前所述，食品的败坏变质主要是由食品中微生物（包括致病菌和腐败菌）的生长繁殖、酶促和非酶促化学变化引起的，其中，微生物的生长是食品腐败变质的主要原因。因此，食品贮藏保鲜的关键是抑制微生物的生长繁殖，保持食品的微生物稳定性和卫生安全性。而食品的微生物稳定性和卫生安全性取决于食品在加工和贮藏过程中所采用的抑菌防腐因子（保藏因子）的种类和强度。我们把每一种保藏因子形象化成抑制有害菌生长的"栅栏"

（hurdle），以阻止微生物的翻越（jump over），而微生物能否跨越这些栅栏即成为决定食品稳定性的关键。在一个食品体系中微生物可以连续跨越多个栅栏，但若适当提高某个栅栏的高度（即保藏因子的强度），微生物便无法翻越而可以确保食品的微生物稳定性和卫生安全性，这就是所谓的"栅栏效应（hurdle effect）"。

2. 栅栏的种类

到目前为止，食品保藏中已经得到应用和有潜在应用价值的栅栏因子的数量已经超过百余个，其中已用于食品保藏的大约 50 个，主要有温度、pH、水分活度（A_w）、氧化还原电位（Eh）、气调（CO_2、O_2、N_2 等）、包装（真空包装、涂膜包装等）、压力、辐照、竞争性菌群、防腐剂以及微波杀菌、高压电场脉冲等物理杀菌。这些栅栏因子所发挥的作用已不再仅限于控制微生物的稳定性，还要最大限度地考虑改善食品质量，延长其货架期。目前常用的栅栏因子分类如下。

1）物理性栅栏

包括温度（高温杀菌、烫漂、冷冻和冷藏等）；照射（紫外线、微波和电离辐射）；电磁场能（高电脉冲电场、振动磁场脉冲）；超声波；压力（高压、低压）；气调包装（真空包装、充 N_2 包装、CO_2 包装）；活性包装和可食性涂膜等。

2）化学栅栏

包括水分活度（高或低）；pH（高或低）；氧化还原势（高或低）；烟熏；气体（CO_2、O_2、O_3）；保藏剂（化学防腐剂、天然防腐剂和抗氧化剂等）。

另外，还有微生物栅栏及其他栅栏［包括游离脂肪酸、脱乙酰几丁质（chitosan）和氯化物等］。

思考题

1. 食品中主要色素物质有哪些？在食品贮藏加工中会发生什么变化？

2. 各类食品的主要香气成分有哪些？

3. 构成食品各种风味的主要物质是什么？

4. 怎样评价食品的质地？

5. 食品中各种营养素在食品加工贮藏中有哪些变化？

6. 果蔬原料的特性及主要的保藏方法是什么？

7. 果蔬采后软化的原因是什么？

8. 乙烯对果蔬采后有哪些作用？

9. 肉类原料的特性及主要的保藏方法是什么？

10. 水产原料的特性及主要的保藏方法是什么？

11. 乳蛋原料的特性及主要的保藏方法是什么？

12. 粮油原料的特性及主要的保藏方法是什么？

13. 引起食品腐败变质的主要因素有哪些？

14. 控制食品腐败变质的方法主要有哪些？

知识延展与补充

二维码 1-1　不同加工技术对食品营养成分的影响

二维码 1-2　维生素的种类及特点

二维码 1-3　果蔬采后的生理特性

二维码 1-4　果蔬的采收及处理

CHAPTER 2

食品低温保藏

【学习目的和要求】

1. 理解食品低温保藏的原理；

2. 掌握冷却与冷藏方法，以及冷藏中食品品质的变化；

3. 掌握食品的冻结与冻藏方法，以及冻藏中食品品质的变化。

【学习重点】

食品低温保藏的原理，冷藏及冻藏技术在食品中的应用。

【学习难点】

食品冻藏和冷藏的关键技术。

2.1　食品低温保藏基础

2.1.1　食品低温保藏的原理

食品在常温下存放时，食品表面的微生物作用和食品内所含有各种酶的作用，会使得食品的色、香、味、形发生改变，同时导致食品的营养价值降低。如果久放，食品就会发生腐败及变质，以致完全失去食用价值，这种变化叫作食品的变质。微生物和酶是引起食品腐败变质的主要因素，其他还有非酶引起的食品变质，如氧化酸败等。低温能够抑制微生物的生长繁殖、降低酶的活性，也可以降低非酶因素引起的化学反应速率，因而能够延长食品的保藏期限。

1. 低温对微生物的影响

微生物繁殖必须在正常的温度范围。根据微生物对温度的耐受不同，可将微生物分为嗜冷菌、嗜温菌和嗜热菌，各自适宜的繁殖温度见表2-1。温度越低于各自的适宜温度，它们的活动能力就越弱，故降低温度能减缓微生物生长繁殖的速度。许多嗜冷菌和嗜温菌的最低生长温度低于0 ℃，有时可达到-8 ℃。越接近最低生长温度，微生物生长延缓的程度就越明显。当降到最低生长温度后，再进一步降低温度时就会导致微生物死亡。但是，在低温下微生物的死亡速度比高温时要缓慢。值得注意的是，食品低温保藏时细菌总数虽有所下降，但和高温热处理相比并不相同，低温保藏并非有效的杀菌措施，其主要作用是延缓或阻止食品腐败变质。

表 2-1　微生物的适宜生长温度　　　　　　　　　　　　　　℃

类群	最低温度	最适温度	最高温度	举例
嗜冷菌	-10～5	10～20	20～40	李斯特菌、假单胞菌等
嗜温菌	10～15	25～40	40～50	大部分腐败菌和病原菌
嗜热菌	40～45	55～75	60～80	平酸菌、芽孢杆菌

食品冻结可以导致微生物死亡。食品经过冻结并维持在-18℃以下的条件保藏，可以阻止绝大部分微生物的生长，但长期处于低温中的微生物尤其是嗜冷菌可以产生新的耐受性。例如，一些细菌在-20℃时仍可繁殖；霉菌的最低生长温度为-12℃。在稍低于冰点以下温度保藏的食品中，如浓缩果汁、烟熏肉类、冰激凌以及某些水果类食品中都发现了耐低温的微生物。

温度下降至冻结点以下时，微生物及其周围介质中水分被冻结，使细胞质黏度增大，电解质浓度增高，细胞的pH和胶体状态改变，使细胞变性，加之冻结过程中形成冰晶的机械作用使细胞膜受损，这些内外环境的改变使微生物生物代谢受阻或停止是其死亡的直接原因。

2. 低温对酶活性的影响

食品中含有多种酶，酶本身是生命机体组织内的蛋白质，具有生物催化剂的功能。有些酶是食品本身所含有的，也有些来源于食品中的微生物生命活动，这些酶是食品腐败变质的主要因素之一。酶的活性受到多种因素的制约，温度是最主要的因素之一。不同的酶有其不同的最适宜温度范围，大多数酶的催化适宜温度为30～40℃。动物体内的酶最适宜温度较高，在37～40℃；植物体内酶的最适宜温度略低，在30～37℃。温度的升高或降低，都会明显地影响到酶的活性。通常情况下，在0～40℃，温度每升高10℃，酶的催化速度就会增加1～2倍；当温度高于60℃时，因蛋白质变性而使酶的活性急剧下降；当温度达到80～90℃时，所有酶的活性几乎被破坏。相反，当温度低于最适温度范围时，温度每下降10℃，酶的活性就会减弱1/3～1/2。当温度降到0℃时，酶的活性大部分被抑制。但是，酶对低温有耐受力，如氧化酶、脂肪酶等能够耐受-19℃的低温，在-20℃的环境中酶的活性并没有完全被抑制。冻结食品中酶催化作用并没有完全停止，只是进行得非常缓慢，但这就足以达到延长食品保藏期限的目的，所以商业上一般采用-18℃作为保藏温度。实践也充分证明，多数保藏于-18℃的食品在数日至数月内是安全的，不会腐败变质。不过应当注意，冻结的植物性食品在解冻时，保持活性的酶将重新活跃起来，加速食品变质。为了将冷冻、冻藏和解冻过程中食品内不良变化最小化，植物性食品经常需要进行预处理（如漂烫），预先将酶失活，再进行冻制。由于过氧化物酶的耐热性比接触酶强，预处理时常以过氧化物酶的活性被破坏的程度决定漂烫时间。

3. 低温对食品主要成分的影响

食品的主要成分包括水分、蛋白质、脂肪、碳水化合物等。由于各成分的性质不同，营养价值也不同，在保藏中应尽量减少或避免食品成分的破坏与损失，保持食品原有的营养价值与风味。

1）低温对蛋白质的影响

蛋白质受不同温度（低温或高温）或其他因素作用时，可发生结构的变化，使其物理和生物化学性质也随之改变，这种蛋白质称为变性蛋白。变性蛋白在溶液中的溶解度下降，同时也会失去生理活性。例如，日常生活中肉类解冻后汁液流失等都是蛋白质变性的表现。

2）低温对脂肪的影响

脂肪变质的原因之一是脂肪酸中不饱和键被空气中的氧气所氧化而生成过氧化物。过氧化物继续分解产生具有刺激性气味或/和毒性的酯类、酮类或酸类等物质。脂肪氧化又称为脂肪酸败，脂肪酸败不仅导致食品失去营养价值，还会使其产生毒性作用。低温可降低食品中脂肪的氧化酸败速率。

3）低温对糖的影响

淀粉是常见的多糖，淀粉呈颗粒状，在一定温度下，吸水后体积可以膨胀到原体积的 $50 \sim 100$ 倍，淀粉大颗粒解体，体系呈半透明糊状的凝胶分散体系，此过程称为淀粉的糊化。糊化后的淀粉称为 α-淀粉，在低温下长期存放 α-淀粉会发生老化现象，老化是胶体溶液中淀粉分子重新聚集与结晶的过程。与生淀粉（β-淀粉）比较，老化后的淀粉不易被人体吸收，因此，在工业上常采用速冻来避免淀粉老化。

4）低温对水的影响

水是组成一切生命体的重要物质，也是食品的主要成分之一。如图 2-1 和图 2-2 所示，水分存在的状态直接影响着食品自身的生化过程和周围微生物的繁殖状况，是食品加工和保藏中需要考虑的主要因素之一。

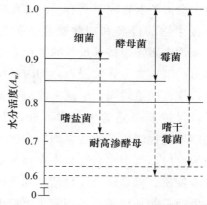

图 2-1 微生物生长繁殖与水分活度的关系

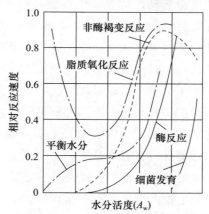

图 2-2 食品生化反应速度与水分活度的关系

食品中水分以自由水和结合水的状态存在。自由水主要包括食品组织毛细孔管或远离极性基团的那部分水。自由水能够自由移动、容易结冰、能溶解溶质。自由水在动物细胞中含量较少，而在某些植物细胞中含量较高。结合水包围在蛋白质和糖分子周围，形成稳定的水化层。结合水不易流动，不易结冰，也不能作为溶质的溶剂。结合水对蛋白质等物质具有很强的保护作用，对食品的感官性状影响很大。冻藏是将食品中的自由水冻结成冰晶体，使各种微生物生长繁殖以及食品自身的生化反应失去溶剂而受到抑制的保藏方法。近年来的研究表明，冷冻干燥可除去部分结合水，而冻藏对结合水的影响很小。

4. 低温对动物性食品和植物性食品保藏的区别

食品适宜的保藏温度要根据食品种类和保藏的条件来确定。食品种类不同，对食品低温保藏的工艺要求也不同。常见的食品大致可以归纳为两类：①保存期内仍然保持原有生命力，如植物性食品中新鲜的果蔬、粮食等；②已经失去生命力，如动物性食品中的肉、乳等以及植物性食品的加工制品。

保持生命力的食物同时具有一定的免疫力，即可以阻止微生物的侵袭和抑制微生物的生长。为此，低温保藏主要是维持其最低的生命力，利用自身免疫能力以阻止微生物的侵入，同时减缓其固有酶的活性，推迟成熟时间。果蔬采收后，像在生长期内一样，保持着旺盛的生命力，进行着呼吸作用。采收前果蔬代谢所需的营养物质由生长的植株源源不断地供应，其中也有部分来自预先积蓄于组织内的营养物质。但是，采收后营养物质的正常供应中断，果蔬只能利用采收前积蓄于组织内的营养物质维持生命活动，营养物质只能分解不再合成，直至消耗殆尽，以致果蔬组织全部分解而发生变质。因此，新鲜果蔬常用冷藏保鲜，其目的就是降低酶的活性，延长分解时间，以便能在最长时间内保持它们的生命力，得以保持果蔬的新鲜程度。但是，一些果蔬不宜在过低的温度下保藏，否则品质就会恶化。如番茄、香蕉、黄瓜等只有在 10 ℃ 以上保藏，才能保持良好的品质。

无生命的食品比有生命食品更容易受到微生物的污染，微生物大量繁殖，引起食品腐败变质。为此，低温保藏的工艺要求首先是阻止导致食品腐败变质的微生物的生长繁殖，因此，对保藏的工艺和条件要求更高、更严。无生命的动物性食品同样也会受到其自身固有酶活性的影响，其中水解酶和氧化酶是最主要的控制对象。动物脂肪氧化的结果是食品酸败，酸败常常成为新鲜或冻制动物性食品保藏受限制的主要因素。有些种类的动物所含的脂类稳定性差，故动物性食品的保藏期还决定于脂肪的化学组成。例如，牛肉的脂肪饱和脂肪酸含量高，比较稳定；而鱼的脂肪不饱和脂肪酸含量高，脂肪不稳定，因而牛肉的保藏期比鱼肉的保藏期长。

冷却和冷藏是低温保藏食品中行之有效的保藏方法。冷却和冷藏的必要前处理，其本质上是一种热交换过程，冷却的最终温度在食品的冰点以上。冷藏是冷却后的食品在冷藏温度下保持食品新鲜品质的一种保藏方法。在消费者追求天然、新鲜、营养的前提下，食品的冷藏显得越来越重要。果蔬食品的冷藏可尽量延缓它们的生理代谢过程，利用其本身的免疫力防止微生物的入侵和繁殖，推迟成熟时间，保持其新鲜程度。冷却肉的生产从胴体分割、剔骨、包装、运输、保藏到销售的全过程应始终处于严格温度（0～4 ℃）冷链中，尽可能地防止微生物污染。这样不仅降低了初始菌数，部分病原菌如肉毒梭菌、金黄色葡萄球菌等也不能分泌毒素。而且由于温度低，冷却肉的持水性、嫩度、鲜味等都得到最大限度地保持，所以冷却肉保持了肉品新鲜程度、肉嫩味美，营养价值高，已经成为肉类市场的主要产品。

冷却和冷藏虽能减缓食品的腐败变质速度，但对大多数食品并不能像加热、脱水、辐射、发酵或冷冻所能做到的那样长时间地保藏。如冷却肉上仍有可能污染一些嗜冷菌，如单核细胞增生李斯特菌（*Listeria monocytogenes*）和假单胞菌属（*Pseudomonas*）等，这些细菌在冷藏条件下仍然可以大量生长繁殖，最终导致冷却肉发生腐败变质。表 2-2 为植物性食品和动物性食品在不同温度下的有效保藏期。冷藏温度 4～8 ℃ 的冷库通常称为高温冷库，保藏期一般从数天到数周，并随保藏食品种类以及进库时的成熟状态而有所不同。如鲜肉类、鱼和果蔬等易腐食品的有效保藏期为 7～10 d，耐保藏食品的有效保藏期则可达 6～8 个月甚至一年以上。而在 22 ℃ 或更高的温度下，这些易腐食品会在 1 d 之内甚至更短的时间发生腐败。冷藏用于食品短期保藏，对适当延长易腐食品和其原料的供应时间及调运季节性产品的加工高峰发挥一定的调节作用。

表 2-2　几种食品在不同温度下的保藏期　　月

食品种类	保藏温度/℃			
	−7	−12	−18	−23
猪肉	1.5 以下	4	8～10	12～15
牛肉	2 以下	6～8	16～18	18～24
羊肉	—	5.7	14～16	16～18
家禽肉	—	4	8～10	12～15
高脂鱼	0.8	4	6～8	10～12
低脂鱼	1.5	6	10～12	14～16
鲜虾	—	6	12	16～18
四季豆、青豌豆	—	4～6	8～12	16～18
花菜、甘蓝	0.5～1.0	6～8	14～16	24 以上
水果（浸在添加维生素 C 的糖水中）	—	3～4	8～10	12～24
橙汁	—	10	27	—

总之，无论是细菌、霉菌、酵母菌等微生物引起的变质，还是由酶以及其他因素引起的变质，在低温的环境中均可以延缓它们的作用，但并不能完全抑制它们的作用，即使在冻结点以下的低温条件下长期保藏，其质量仍然有所下降。

2.1.2 食品低温保藏的分类

食品低温保藏是指食品被冷却或冻结，通过降低温度改变食品的特性，从而达到加工或保藏目的的过程。食品低温保藏就是利用低温技术将食品温度降低并维持食品在低温（冷却或冻结）状态以阻止食品腐败变质，延长食品保藏期。低温保藏不仅可以用于新鲜食品原料的保藏，也可以用于食品加工品、半成品的保藏。

根据低温保藏中食品原料是否冻结，可以将其分为食品冷藏（cold storage）和食品冻藏（frozen storage）。冷藏是在高于食品原料的冻结点的温度下进行保藏，其温度范围为 $-2 \sim 15 ℃$，而 $4 \sim 8 ℃$ 则为常用的食品冷藏温度。根据食品物料的特性，冷藏的温度又可分为 $2 \sim 15 ℃$ 和 $-2 \sim 2 ℃$ 两个温度段，植物性食品的冷藏在前一温度段进行，而动物性食品的冷藏多在后一温度段进行。冷藏食品物料的保藏期从数天到数周，随冷藏食品物料的种类及其冷藏前的处理状态而异。新鲜的易腐食品物料，如成熟的番茄保藏期只有几天，而耐保藏食品物料如苹果可以保藏几个月。

冻藏是指食品物料在冻结的状态下进行的保藏，温度范围为 $-30 \sim -2 ℃$，常用的温度为 $-18 ℃$。冻藏适合于食品物料的长期保存，其保藏期从十几天到数百天，供食品物料冻藏用的冷库称为低温（冷）库。食品冷藏和冻藏温度范围及保藏期见表 2-3。

表 2-3　食品冷藏和冻藏温度范围及保藏期

低温保藏的种类	温度范围/℃	食品的保藏期
冷藏	$-2 \sim 15$	数天至数周
冻藏	$-30 \sim -2$	十几天至数百天

食品低温保藏的一般工艺为：食品物料→前处理→冷却或冻结→冷藏或冻藏。

不同食品物料的特性有所不同，具体的工艺条件也不尽相同。

2.1.3 食品低温保藏技术的发展

1. 低温保藏保鲜技术的优越性

我国在古代就应用到了冷藏技术，早在3000多年前，我们的祖先冬季采集天然冰块贮存在地窖，夏季取出使用。低温保藏技术是食品加工中最科学、最有应用价值的技术之一。研究发现，低温保藏技术应用于食品加工中，能最大限度地保持食品的新鲜程度。

2. 国内外冷却冷冻保鲜技术的发展概况

从冷冻机用于食品保藏到现在，冷冻技术得到了不断的发展，主要体现在下面几个方面：

（1）冷冻食品的形式不断得到改进　最初大多采取整体大包装的形式来冷冻保藏，后来为了提高冻结速度和冻结质量，节约能源，将大块状的原料食品改为经过加工分割处理或小型单体形式进行冻结保藏。近年来又着重发展了小包装的冷冻食品。

（2）冻结方式的改进　发展了以空气为介质的吹风式冻结装置、可连续生产的冻结装置、流态化冻结装置等，使冻结的温度更加均匀，生产的效率更加提高。冷却和冷冻不仅可以保存食品，也可以和其他食品制造过程结合起来，达到改变食品性能和功能的目的，例如，冻结浓缩、冻结干燥、冻结粉碎等方法已得到普遍应用。

（3）作为制冷装置也有新的突破　如利用液态氧、液态 CO_2、液氮直接喷洒冻结，使冻结的温度大大降低，速度大大提高，冷冻产品的质量也有进一步的改进。近年来又推出了环保制冷剂——溴化锂。

（4）对于各种食品的低温冷链有了进一步的认识　美国 Arstel 等经 1948—1958 年长达 10 年之久的研究，总结了冻结食品的品温与品质保持时间的关系，这就是冻结食品的 T.T.T 概念［时间（time）、温度（temperature）、食品耐藏性（tolerance）］，即对大多数冷冻食品测定后，提出了最经济和最适宜的冷藏温度。近年来由于制冷装置的改进，食品冷冻的温度更趋于低温化，而且对食品运输途中的冷藏技术也有提高。

3. 食品低温保藏技术发展趋势

在传统保藏技术上创新或发展了新技术。随着社会的发展，人们对食品品质的要求也越来越高，

此外，由于传统技术的能耗大以及不利于环保等因素，发展技术创新是必要的。如在单一冷冻冷藏基础上发展的食品冷藏链技术、玻璃化保藏和抗冻蛋白技术，高压处理技术；在原有食品包装技术基础上发展的活性包装技术等。

多种技术的综合使用。由于引起食品腐败变质的因素很多，采用单一的方法往往难以获得较好的保藏效果，因此运用几种不同的方法相结合能较为全面有效地达到食品保藏的目的，多种保藏技术的综合使用也是栅栏技术的一部分，而冷藏技术应用已经成熟，是目前栅栏技术在食品保藏中应用最可行、最有效的一部分。

2.2 食品的冷藏

2.2.1 冷却方法及控制

1. 冷却目的

食品冷却目的是快速排出食品内部的热量，使食品温度在尽可能短的时间内（一般是数小时）降低到高于食品冻结温度的预定温度，从而及时地减缓食品中微生物的生长繁殖和生化反应速度，保持食品的良好品质及新鲜程度，延长食品的贮藏期限。

食品冷却一般是在食品的产地进行。易腐食品在刚采收或屠宰后就开始冷藏最为理想，然后在运输、堆放、保藏、销售期间始终保持在低温环境中，可有效阻止微生物性腐败，也是保持食品原有品质的需要。某些具有代谢活性的水果、蔬菜，它们不仅通过呼吸放热，而且使代谢产物从一种形式转化为另一种形式。如采摘后 24 h 内冷却的鸭梨，在 0 ℃下保藏 5 周也不会腐烂，而采摘后经 96 h 后再冷却的鸭梨，在 0 ℃下保藏 5 周就有 30% 的鸭梨腐烂。甜玉米的甜度丧失也是代谢产物转化的结果，甜玉米在 0 ℃中保藏 1 d 时它的糖分消耗量可达 8%，保藏 4 d 时它的糖分消耗量可达到 26%。如果在夏天，它的消耗量更多。所以采收时及时有效冷却能延长保藏时间，降低贮运中的消耗，提高贮存的安全性，并允许在成熟度较高时采收，从而提高了加工、装罐或速冻后食品的风味和品质。再如经屠宰放血和简单处理就直接上市的热鲜肉，在

屠宰后没有快速冷却，肉温常高达 37～40 ℃，正适于微生物的生长繁殖，特别是沙门氏菌、大肠杆菌等嗜温菌的大量繁殖，容易引起食物中毒，造成严重的食品安全问题。所以目前倡导鲜肉的消费形式以冷却肉即冷鲜肉为主，即在屠宰后 24 h 使胴体的中心温度降到 0～4 ℃，从而抑制了致病菌的繁殖等不安全因素。水产品的腐败变质是由于体内所含酶及其体表附着的微生物共同作用的结果。无论是酶还是微生物，其作用都要求有适宜的温度和水分含量。鱼类经捕捞死亡后，其体温还处于常温状态，由于其生命活动的停止，组织中的糖原进行无氧分解生成乳酸：

$$(C_6H_{10}O_5)_n + nH_2O \longrightarrow 2n\ (C_3H_6O_3) + 能量$$

在形成乳酸的同时，磷酸肌酸分解为 ATP 和肌酸：

$$肌酸\sim P + ADP \longrightarrow ATP + 肌酸$$

$$ATP \longrightarrow ADP + Pi + 30.54\ kJ$$

由于分解过程都是放热反应，产生的热量使鱼体温度升高 2～10 ℃，如果不及时冷却排出这部分热量，酶和微生物的活动就会大大增强，加快鱼体的腐败变质速度。捕获后立即冷却到 0 ℃的鱼，第 7 天才进入腐败初期，而放置在 18～20 ℃鱼舱中的鱼在第 1 天就开始腐败。由此可见，及早冷却与维持低温对食品保藏具有极其重要的意义。

食品冷藏加工的温度范围，除个别外，基本可以按表 2-4 来划分。在它们各自的温度范围内，分别称为冷却食品、冻结食品、微冻结食品。一般可根据食品的用途等不同选择适宜的温度范围。

表 2-4　食品冷却和冻结的温度范围

名称	冷却食品	冻结食品	微冻结食品
温度范围/℃	0～15	−30～−12	−3～−2
备注	冷却但未冻结	冻结坚硬	稍微冻结

冷却食品的温度范围上限是 15 ℃，下限是 0～4 ℃。在此温度范围内，温度越低保藏期越长。应当强调指出，果蔬类植物性食品的冷却温度不能低于发生冷害时的界限温度，否则会使果蔬正常生

理机能受到障碍，造成过早衰亡或死亡。

微冻食品也曾称为半冻结食品，近几年统一称为微冻结食品。微冻结是将食品温度降到比冰点温度低 $2 \sim 3$ ℃并在此温度下保藏的一种保鲜方法。与冷却方法相比，微冻结食品的保鲜期是冷却食品的 $1.5 \sim 2$ 倍。

2. 食品的冷却介质

在食品冷却冷藏加工过程中，与食品接触并将热量带走的介质，称为冷却介质。冷却介质不仅转移食品释放热量，使食品温度降低，而且有可能与食品发生化学反应，影响食品的成分与感官。

用于食品冷藏加工的冷却介质有气体、液体和固体三种状态。不论哪一种冷却介质，都必须具备以下条件：①良好的传热能力；②不能与食品发生不良作用，不得引起食品质量、感官变化；③无毒、无味；④符合食品卫生要求，不会增加微生物对食品污染的风险。

1) 气体冷却介质

常用的气体冷却介质有空气和 CO_2。

（1）空气 空气作为冷却介质，应用最为普遍，其具有以下优点：①空气无处不在，可以无限使用；②空气无色、无味、无臭、无毒，对食品无污染；③空气流动性好，容易形成自然对流、强制对流，动力消耗少；④若不考虑空气中的氧气对脂肪的氧化作用，空气对食品不发生化学作用，不会影响食品质量。但是，空气作为冷却介质也有一定的缺点：①空气对食品脂质有氧化作用；②空气作为冷却介质，由于其导热系数小、密度小、对流传热系数小，故食品冷却速率慢；③空气通常具有一定的吸湿能力，在用空气作为冷却介质时，食品中的水分会向空气中扩散引起食品干耗。

空气由干空气和水蒸气组成，所以空气又称为湿空气。虽然空气中水蒸气的含量少，但可以引起空气湿度的变化，进而影响食品的质量。与食品冷却冷藏有关的湿空气状态参数有空气的温度和空气的相对湿度。空气的温度可直接使用普通的水银温度计或酒精温度计进行测量，但一般水银温度计比酒精温度计准确一些。空气的相对湿度表征了空气的吸湿能力，相对湿度越大，空气越潮湿，吸湿能力越差；相对湿度越小，空气越干燥，吸湿能力越

强。在食品冷藏过程中，空气的相对湿度是很重要的物理参数。相对湿度低，有助于抑制微生物的活动，但食品的干耗大；相对湿度高，可以减少干耗，但微生物容易生长繁殖引起食品腐败变质。因此，冷库中必须保持合理的相对湿度。

（2）CO_2 CO_2 很少单独作为冷却介质，主要是和其他气体按不同比例混合后用于果蔬等鲜活食品的气调保藏中。CO_2 可以抑制微生物尤其是霉菌和需氧菌的生命活动。CO_2 易溶于脂肪中，可以减少脂肪中 O_2 的含量，延缓氧化过程。CO_2 比空气重，比热容和导热系数都比空气小。在常压下，CO_2 只能以固态或气态形式存在。固态 CO_2 称为干冰，在 101.3 kPa，-78.9 ℃下升华，且 1 kg 干冰吸收的热量约为冰融化潜热的 2 倍。

2) 液体冷却介质

与气体冷却介质相比，液体冷却介质具有以下优点：液体的导热率和比热容都比气体大，因此食品冷却速度快、时间短，不会引起食品的干耗。液体冷却介质也存在不足：液体密度大、黏度大，强制对流消耗动力多；容易引起食品外观的变化；使用成本较高。

常用的液体冷却介质有水、盐水、有机溶剂及液氮等。

（1）水 水作为冷却介质只能将食品冷却至近 0 ℃，因而限制了水作为冷却介质的适用范围。海水中含有多种盐类，其中包括氯化钠和氯化镁，这使海水的冰点降低到 $-1.0 \sim -0.5$ ℃。同时，海水具有咸味和苦味，也限制了海水的使用范围。

（2）盐水 盐水作为冷却介质应用比较广泛，经常使用的盐水有 $NaCl$、$CaCl_2$、$MgCl_2$ 等。与食品冷藏关系密切的盐水热物性主要是密度、冰点、浓度、比热容、热导率、动力学黏度等。各参数之间存在以下关系：盐水的比热容、热导率随盐水浓度的增加而减小，随着盐水温度的升高而增大；盐水动力学黏度、密度随着盐水浓度的增加而增大，随着盐水浓度的降低而减小。

在食品冷藏中，合理地选择盐水浓度非常重要，总的原则是：在保证盐水在蒸发器中不冻结的前提下，尽量降低盐水的浓度。盐水浓度越大，

黏度就越大，盐水循环消耗的动能就越多。同时由于盐水比热容、热导率随着盐水浓度增大而减小，盐水的对流换热系数减小，制取一定量的冷量时，盐水的循环量大，也要多消耗功，因此，要合理选择盐水浓度。为了保证盐水在蒸发器表面不结冰，通常使盐水的温度比制冷剂的蒸发温度低 $6 \sim 8 \, ℃$。

盐水在工作过程中，容易从空气中吸收水分，使盐水浓度逐渐降低，冰点升高。当盐水冰点高于制冷剂蒸发温度时，会在传热面上析出一层冰膜，降低蒸发器的传热效率。如果盐水在管内结冰，严重时会使管子破裂，因此在盐水工作过程中，应定期检查盐水浓度，根据情况及时加盐，保证盐水处于规定浓度。

（3）有机溶剂　用作食品冷却介质的有机溶剂主要有甲醇、乙醇、乙二醇、丙二醇、甘油、蔗糖溶液等。这些有机溶剂具有以下特点：低温时黏度不会增加过多，对金属腐蚀性小，无臭、无味，所以这些有机溶剂都是良好的食品冷却介质。除食盐、甘油、乙醇、糖、丙二醇外，其他介质均不宜与食品接触，只能作为间接冷却介质。各液体冷却介质的性质见表 2-5。

表 2-5　冷却介质的含量及极限温度

冷却介质	含量/%	极限温度/℃	冷却介质	含量/%	极限温度/℃
食盐	23.0	−21.2	乙二醇	60.0	−46.0
氯化钙	29.0	−51	丙二醇	60.0	−60.0
氯化镁	21.6	−32.5	甘油	33.4	−44.4
甲醇	78.3	−139.9	蔗糖	62.4	−13.9
乙醇	93.5	−118.3	转化糖	58.0	−16.6

（4）液氮　液氮在 $101.3 \, kPa$（$1 \, atm$）下蒸发温度为 $−196.56 \, ℃$。近年来，液氮用于食品冷冻冷藏工程中较多。由于低温液氮制冷能力强大，在用液氮冻结食品时，除了利用液氮的蒸发潜热外，还要想办法充分利用低温液氮的制冷能力。

3）固体冷却介质

常用的固体冷却介质有冰、冰盐混合物、干冰、金属等。

（1）冰　冰有天然冰、机制冰、冰块、碎冰之分，根据需要又可制成片状、雪花状、管状及小块状等形状，使用非常方便。近年来，防腐冰在食品冷却中开始了广泛应用。

纯冰的融点为 $0 \, ℃$，通常只能使环境温度降低至 $4 \sim 10 \, ℃$，不能满足更低的要求。用冰盐混合物可以获得低于 $0 \, ℃$ 的低温。

（2）冰盐混合物　将冰与盐均匀混合，即为冰盐混合物，最常用的是冰与食盐的混合物。除食盐外，与冰混合的盐还有氯化铵、氯化钙、硝酸盐、碳酸盐等。各种冰盐混合物及其能够获得的低温见表 2-6。

表 2-6　各种冰盐混合物及极限温度

冰盐混合物的成分	质量比	极限温度/℃
冰或雪：食盐	2：1	−20
冰或雪：食盐：氯化铵	5：2：1	−25
冰或雪：食盐：氯化铵：硝酸钾	21：10：5：5	−28
冰或雪：硫酸	3：2	−30
冰或雪：食盐：硝酸铵	12：5：5	−32
冰或雪：盐酸	8：5	−32
冰或雪：硝酸	7：4	−35
冰或雪：氯化钙	4：5	−40
冰或雪：结晶氯化钙	2：3	−45
冰或雪：硝酸钾	3：4	−46

（3）干冰　与冰相比，干冰作为冷却介质有多个优点：①制冷能力大，单位质量干冰的制冷能力是冰的 2 倍；②在 $101.3 \, kPa$ 下，干冰升华为 CO_2，不会使食品表面变湿；③$101.3 \, kPa$ 下干冰升华温度为 $−78.9 \, ℃$，远比冰融点低，冷却速度快；④干冰升华形成 CO_2，降低了食品表面的 O_2 浓度，能延缓脂肪的氧化，抑制需氧微生物的生命

活动。但干冰成本高,其应用受到一定的限制。

(4) 金属 金属作为冷却介质,其最大的优点是热导率大,热导率的大小表征了物体导热能力的高低。在制冷技术中,使用最多的是钢、铸铁、铜、铝及铝合金。但在食品工业中,广泛使用的是不锈钢。金属的热导率与比热容见表2-7。

表 2-7 金属的热导率和比热容

金属	热导率/[W/(m·℃)]	比热容/[J/(kg·℃)]
铝合金	160	788
铜	405	297
碳钢	65	460
不锈钢	114	502

3. 食品冷却方法与装置

常用的食品冷却方法有冷风冷却、冷水冷却、碎冰冷却、真空冷却等。具体使用时应根据食品种类及冷却要求的不同,选择适用的冷却方法。常见食品的冷却保藏方法见表2-8。

表 2-8 冷却方法与使用对象

冷却方法	畜肉	禽肉	鲜蛋	鱼肉	水果	蔬菜	烹调食品
冷风冷却	○	○	○		○	○	○
冷水冷却		○		○	○	○	
碎冰冷却		○		○	○	○	
真空冷却						○	

1) 冷风冷却法

冷风冷却法是利用低温的冷空气流过食品表面使食品温度下降的一种冷却方法。它的使用范围较广,常被用于水果、蔬菜、鲜蛋以及畜肉、禽肉等的冷却或冻结前的预冷处理。

冷风冷却法可先用冰块或机械制冷使空气温度下降到适当温度,然后冷风机将冷却的空气从风道中吹出,在冷藏中间循环使用,吸收食品中的热量,使其温度降低。空气冷却法的工艺效果主要决定于空气的温度、相对湿度和空气流通速度等。其工艺条件的选择要根据食品的种类、是否包装等因素来确定。

(1) 空气温度 冷却的空气温度越低,食品的冷却速度越快。但是预冷食品时所采用的温度必须处在允许食品可逆变化的范围内,以便食品回温后仍能恢复它原有的生命力。例如,冷却香蕉、青番茄、柠檬等过程中温度不宜低于10 ℃。一般食品预冷时所采用的空气温度不应低于冻结温度,以免食品发生冻结。

(2) 空气相对湿度 预冷室内的相对湿度因预冷食品的种类(特别是是否带包装)而各异。用不透气的容器包装食品预冷时,室内的相对湿度对食品影响不大。用透气容器包装的食品预冷时,冷却室内相对湿度首先就会上升,只有包装表面自由水分蒸发完后,冷却室内的相对湿度才会迅速下降。未包装的食品预冷时因它的温度和蒸汽压都较高,就会迅速失去水分,因而冷却初期预冷室内就会充满雾气,此时应增加空气流通速度,促使食品温度和蒸汽压尽快下降,以免水分损耗过多,造成食品萎缩。一般来说,容易干耗的食品预冷时应维持较高的相对湿度,或放在液体中冷却,以减少冷却时水分的损耗。还有将食品和冰块混装在一起,再在冷库内冷却,这样缓慢融化的冰块就能保持食品表面湿润状态,以免过度脱水。

(3) 空气流通速度 增加空气流通速度有利于及时带走蒸汽,以免在食品表面集聚形成冷凝水。预冷室内空气流通速度一般为1.5~5.0 m/s,有人认为食品周围的空气流通速度2.5 m/s是获得良好冷却效果的最低值,而真正的快速冷却时空气流通速度应大于5 m/s。有时也会采用空气自然对流进行预冷。

冷却时通常把被冷却食品放于金属传送带上,进行连续作业。冷区装置可使用图2-3所示系统并配上金属传送带。

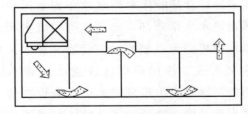

图 2-3 冷风冷却系统示意图

2) 冷水冷却法

冷水冷却法是通过低温水把被冷却的食品冷却到指定温度的方法。冷水冷却法可用于水果、蔬菜、禽肉、水产品等食品的冷却,特别是对一些容易变质的食品更合适。冷水冷却法通常用预冷水箱来进行，预冷水箱中设置制冷系统，水在预冷水箱中进行降温，然后与食品接触，食品温度降低到适宜温度。如不设预冷水箱，可把蒸发器直接设置于冷却槽内，在此种情况下，冷却槽需要设置搅拌器，由搅拌器促使冷却水的流动，使冷却槽内温度均匀。随着现代冰蓄冷技术的发展，为冷水冷却提供了更广阔的应用前景。具体做法是在冷却开始前先使冰凝结于蒸发器上，冷却开始后，此部分冰会释放冷气。机械制冷降温可在贮冷槽中进行，而碎冰降温时碎冰可和水混合在一起由水泵吸入。水温应尽可能维持在 0 ℃ 左右，这是能否有效利用设备和获得冷却效果的关键。冷水冷却法多用于鱼类、禽肉（带皮），有时也用于水果、蔬菜和包装食品的冷却。冷水比冷空气有较高的传热系数，可大大缩短冷却时间，且不产生干耗。机械制冷降温时在不断循环的水中容易滋生微生物并受到食品的污染，故需不断补充清洁水。冰块冷却时水可以从融化中不断得到补充并使过量水自动外溢。水中的微生物也可以通过添加杀菌剂的方法进行控制。

与冷风冷却法相比，冷水冷却法优点是速度快，没有干耗；缺点是被冷却的食品之间容易发生交叉污染。

3）碎冰冷却法

冰是一种很好的冷却介质，它有很强的冷却能力。在与食品接触过程中，冰融化成水要吸收 334.53 kJ/kg 的相变潜热，使食品迅速冷却。冰价格便宜、无害、无污染，易携带和贮藏。碎冰冷却法同冷水冷却法一样都能避免干耗。

用来冷却食品的冰有淡水冰和海水冰。一般淡水鱼用淡水冰来冷却，海水鱼可用海水冰来冷却。淡水冰可分为机制冰块、管冰、片冰、米粒冰等多种形式，按冰质可分成透明冰和不透明冰。不透明冰是因为形成的冰中含有许多微小的空气气泡而导致不透明。从单位体积释放的热量来讲，透明冰要高于不透明冰。海水冰也有多种形式，主要以块冰和片冰为主。随着制冷机技术的发展，许多作业渔船可带制冰机随制随用，但要注意介质的卫生。常用碎冰的体积质量和比体积见表 2-9。

表 2-9　常用碎冰体积质量和比体积

碎冰的规格/cm	体积质量/(kg/m³)	比体积/(m³/t)
大冰块（约 10×10×5）	500	2.00
中冰块（约 4×4×4）	550	4.82
细冰块（约 1×1×1）	560	1.78
混合冰块（大冰块和细冰块混合比为 0.5～12）	625	1.60

为了提高碎冰的冷却效果，要求冰块要细碎，冰与被冷却的食物接触面积要足够大，冰融化后产生的水要及时排出。在海上，捕获鱼类的冷却一般有加冰法（干法）、水冰法（湿法）及冷海水法3种。

（1）加冰法　要求在容器的底部和凹壁先加上冰，随后一层冰一层鱼，最上面覆盖足够量的冰。冰粒要细，撒布要均匀，融冰水要及时排出以免对鱼体造成不良影响。

（2）水冰法　是在有盖的泡沫塑料箱内，以冰加冷海水来保鲜鱼类。海水必须预先冷却到 −1.5～1.5 ℃，再送入容器或货仓内，再加入鱼和冰，鱼必须完全被冰水浸没。用冰量根据气候或气温变化而定，一般鱼与水的比例为（2～3）∶1。为了防止海水鱼在冰水中变色，用淡水冰需要加入食盐，如乌贼鱼要加入 3% 的食盐。淡水鱼则可以用淡水加淡水冰保藏运输，不需添加食盐。水冰法操作简单，用冰省，冷却速度快，但浸泡后肉质较柔软，容易变质，故从冰水中取出后仍需要冰藏保鲜。此法一般适用于死后容易变质的鱼类，如竹刀鱼。

（3）冷海水法　主要是以机械制冷的冷海水来冷却保藏鱼虾类。与水冰法相似，水温一般控制在 −1～0 ℃。冷海水法可大量处理鱼类产品，所用劳动力少、卸货快、冷却速度快。缺点是有些水分和盐分被鱼体吸收后使鱼体膨胀，颜色发生变化，蛋白质也容易损耗；另外因为舱体摇摆，鱼体易相互碰撞而造成机械性损害等。冷海水法目前在国际上被广泛地用来作为预冷手段。

4）真空冷却法

真空冷却法又称减压冷却法，它的原理是水分在不同的压力下有不同的沸点，见表 2-10。由表可以看出，只要改变压力，就可改变水分的沸腾温度，真空冷却装置就是根据这个原理设计而成的。

表 2-10 水的压力与沸点

压力/kPa	沸腾温度/℃	压力/kPa	沸腾温度/℃
101.32	100	0.87	5
19.93	60	0.66	1
7.38	40	0.40	−5
2.34	20	0.26	−10
1.23	10	0.038	−20

真空冷却装置中配有真空冷却槽、制冷装置、真空泵等设备，见图 2-4，设备中配有制冷装置，不是直接用来冷却食品。由于水在压力为 0.66 kPa、温度为 1 ℃下变成蒸汽时，其体积要增大近 200 万倍，此时即使用二级真空泵来抽真空，也不能使真空冷却槽内的压力维持在 0.66 kPa。制冷装置的作用是让水汽重新凝结于蒸发器上而排出，保持了真空槽内压力的稳定。

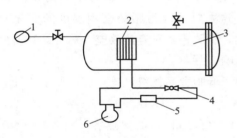

图 2-4 真空冷却装置示意图

1. 真空泵；2. 冷却器；3. 真空冷却槽；4. 膨胀阀；
5. 冷凝器；6. 压缩机

真空冷却法主要用于果蔬的快速冷却。收获后的蔬菜、水果经过挑选和整理，放入有孔的容器内然后放入真空槽内，关闭槽门，启动真空冷却装置。当真空槽内压力降低至 0.66 kPa 时，果蔬中的水分在 1 ℃下迅速气化。水变成蒸汽时吸收 2 235.88 kJ/kg 的汽化潜热，使果蔬本身的温度迅速下降到 1 ℃。如生菜从常温 24 ℃冷却到 3 ℃，冷风冷却法需要 25 h，而真空冷却法只需要 0.5 h。

真空冷却法的优点是冷却速度快、冷却均匀，特别是对菠菜、生菜等叶菜效果最好，水果和甜玉米也可用此法来进行预冷。这种方法的缺点是耗能大，设备投资和操作费用都比较高，除非食品预冷处理量很大、产品附加值高和设备使用期限长，否则使用此法并不经济。

2.2.2 食品冷藏技术

1. 空气冷藏法

空气冷藏法是传统的冷藏方法，它是利用空气作为冷却介质来维持冷藏库的低温，食品在冷藏过程中冷空气以对流的方式将食品释放的热量带走，从而保持食品的低温。

1）自然空气冷藏法

自然空气冷藏法是利用自然环境的低温空气来保藏食品。要达到这个目的，必须建立通风保藏库，它借助库内外空气的互相交换使库内保持一定的低温。在寒冷季节容易达到这个要求，温暖季节则难以达到。一般当每年深秋气温下降后，将贮藏库的门窗打开，放入冷空气，等到室温降到所需的温度时，再将门窗关闭，即可装入果蔬进行保藏。通风库效果不如冷库，但费用低廉。如我国许多地方采用地下式通风库，库身 1/3 露于地面上，2/3 于地面下，用以保藏果蔬等。同时，通风保藏库的四周墙壁和库顶具有良好的隔热效能，可削弱库外过高或过低的温度影响，有利于保持库内温度的稳定。通风库的门窗以泡沫等填充隔热，排气筒设在屋顶，可防雨水，筒底可自由开关。

2）机械空气冷藏法

目前大多数食品冷藏库采用制冷剂机械冷藏的方法。制冷剂有氨、氟利昂、二氧化碳、甲烷等。在工业化的冷库中，氨是最常用的制冷剂，它具有较理想的制冷性质。氨很适合于作为 −65 ℃以上温度范围内的制冷剂。现代密封技术已经能够保证氨气不泄漏，具有较强的可靠性和安全性。因为氨的气味较大，即使有少量的液氨泄漏，也会马上提示检修人员及时修理。

用制冷剂需要制冷压缩机。以压缩式氨冷气机为例，其主要组成部分有：压缩机、冷凝器和蒸发器。用氨压缩机将氨气压缩成液态氨，经管道输送进入冷库，在鼓风机排管内蒸发成为气态氨时，便会吸收大量蒸发热而使库内温度降低。将低压氨气输送返回氨压缩机，加压使之恢复为液态氨，并采用水冷法除去氨气液化过程中所释放的热量，这样反复循环，将冷藏库内热量转移至库外。这种制冷方式是通过机械完成的，利用空气作为冷却介质，故热传导较慢。

2. 空气冷藏工艺

食品冷藏的工艺效果主要取决于保藏温度、空气相对湿度和空气流通速度等。这些工艺条件则与食品种类、保藏期限和是否包装有直接关系。例如部分食品的冷藏工艺要求如表2-11所示。

表2-11 部分食品的冷藏工艺要求

品名	最适条件		保藏期	冻结温度/℃
	温度/℃	相对湿度/%		
苹果	−1.14～0.40	90	3～8个月	−1.6
西洋梨	−1.1～0.6	90～95	2～7个月	−1.5
桃子	−0.6～0	90	2～4周	−1.6
杏	−0.6～0	90	1～2周	−0.9
李子	−0.6～0	90～95	2～4周	−1.0
油桃	−0.6～0	90	2～4周	−0.8
樱桃	−1.1～0.6	90～95	2～3周	−0.9
柿子	−1.1	90	3～4个月	−1.3
杨梅	0	90～95	5～7 d	−2.2
甜瓜	2.2～4.4	85～90	15 d	−0.8
西瓜	7.2～10.0	85～90	3～4周	−0.9
香蕉（绿果）	4.0～10.0	80～85	2～3周	−0.9
木瓜	13.3～14.4	85	1～3周	−0.8
菠萝	7.2	85～90	2～4周	−0.9
番茄（绿熟）	7.2～12.8	85～90	1～3周	−1.1
黄瓜	7.2～10.0	85～90	10～14 d	−0.5
茄子	7.2～10.0	90～95	1周	−0.5
青椒	7.2～10.0	90	2～3 d	−0.7
扁豆	0	90～95	7～10 d	−0.6
菜花	0	90～95	2～4周	−0.6
白菜	0	90～95	2个月	−0.8
蘑菇	10.0	90	3～4 d	−0.6
牛肉	3.3～4.4	90	3周	−0.6
猪肉	−1.1～0	85～90	3～4 d	−0.9
羊肉	0～1.1	85～90	5～12 d	−2.2～1.7
禽肉	−2.2～1.1	85～90	10 d	−2.2～1.7
鲜鱼	0～1.1	90～95	5～20 d	−3.9
鲜蛋	0.5～4.4	85～90	9个月	−1.0～2.0
全蛋粉	−1.7～0.5	尽可能低	6个月	−0.56
蛋黄粉	1.7	尽可能低	6个月	—
奶油	7.2	85～90	9个月	—

2.2.3 冷却过程中冷耗量的计算

冷却过程中的冷耗量是指冷却过程中食品物料的散热量。如食品物料内部无热源产生，冷却过程中冷却介质的温度稳定不变，食品物料中相应各点的温度也相同，即冷却过程属于简单的稳定传热，冷却过程中的冷耗量可按下式计算：

$$Q_0 = GC(T_i - T_c)$$

式中：Q_0 为冷却过程中食品物料的散热量，kJ；G 为被冷却食品的质量，kg；C 为冻结点以上食品物料的比热容，kJ/(kg·K)；T_i 为冷却开始时食品物料的温度，K；T_c 为冷却结束时食品物料的温度，K。

冻结点以上食品物料的比热容可根据其组分和各组成分的比热容计算。当食品物料的温度高于冻结点时，食品物料的比热容一般很少会因温度的变化而发生变化。但富含脂类的食品物料则例外，这主要是因为脂肪会因温度的变化而凝固或熔化，脂肪相变时有热效应，对食品物料的比热容有影响。

对于低脂食品物料，比热容可按下式计算：

$$C = C_w W + C_d (1 - W)$$

式中：C 为食品物料的比热容，kJ/(kg·K)；C_w 为水的比热容，kJ/(kg·K)；C_d 为食品物料干物质的比热容，kJ/(kg·K)；W 为食品物料的水分比例，kg/kg。

食品物料干物质的比热容一般变化很小，数值常在 1.046～1.674 kJ/(kg·K) 范围内，通常取值为 1.464 kJ/(kg·K)。不同温度 T 下食品物料干物质的比热容还可以通过下式来计算：

$$C_d = (1.464 + 0.006)(T - 273)$$

对于富含脂类食品物料，如肉和肉制品，比热容因组织成分而不同，且与食品物料初温有关（表2-12）。

表2-12 不同肉组织的比热容

肉组织的种类	比热容/[kJ/(kg·K)]	肉组织的种类	比热容/[kJ/(kg·K)]
牛肉条纹肌肉	3.451 8	疏松质骨骼	2.970 6
牛脂肪	2.979	肌肉干物质	1.255 2～1.673 6
密质骨骼	1.255 2		

肉的比热容与温度的关系可以按照下式推算：

$$C = C_0 + b(T - 273)$$

式中：C 为温度 273 K 时肉的比热容，kJ/(kg·K)；C_0 为肉组织的比热容，kJ/(kg·K)；b 为温度系数；T 为绝对温度，K。

$$C = [1.255 + 0.006\,276(T - 273)](A_d - A_p - A_f) + [1.464 + 0.020\,92(T - 273)]A_p +$$
$$[1.674 + 0.020\,92(T - 273)A_f + 4.184(1 - A_d)]$$
$$= 4.184 + 0.209\,2A_p + 0.418\,4A_f + (0.006\,276A_d + 0.0146\,4A_f)(T - 273) - 2.928\,8A_d$$

式中：C 为肉和肉制品的比热容，kJ/(kg·K)；T 为肉和肉制品的绝对温度，K；A_d，A_p，A_f 分别为肉和肉制品中干物质、蛋白质、脂肪的含量，kg/kg。

温度在冷却开始时 T_i 和冷却结束时 T_c 之间的平均比热容可按下式推算：

$$C = 4.184 + 0.209\,2\,A_p + 0.418\,4A_f + (0.003\,138A_d + 0.007\,32A_f)(T_i - T_c) - 2.928\,8A_d$$

实际上在冷却过程中食品物料的内部有一些热源存在，如果蔬的呼吸作用会放出一定的热量，肉类也会因内部的一些生化反应产生热量。

温度系数常常因各种组织的不同而异，故实际上肉的比热容也很难按上述公式计算。为此人们提出一些经验公式，可以根据肉或肉制品干物质的主要成分计算不同温度下的比热容：

果蔬的呼吸热与果蔬的种类、新陈代谢的强度等有关，而新陈代谢的强度与温度有关，因此不同果蔬在不同温度下的呼吸热有一定的差异（表 2-13）。

果蔬的呼吸热所需的冷耗量可以通过下式计算：

$$Q_{呼} = GHt$$

式中：$Q_{呼}$ 为冷却过程中果蔬呼吸热的散热量，kJ；G 为被冷却果蔬的质量，kg；H 为果蔬的呼吸热，kJ/(kg·h)；t 为冷却的时间，h。

表 2-13　果蔬的呼吸热

果蔬的种类	呼吸热/[kJ/(kg·h)]			果蔬的种类	呼吸热/[kJ/(kg·h)]		
	0/℃	4~5/℃	15~16/℃		0 ℃	4~5 ℃	15~16 ℃
苹果	0.041 8	0.069 7	0.278 9	青刀豆	0.230 1		1.092 5
杏	0.053 5	0.083 7	0.395 2	甘蓝	0.137 1	0.220 8	0.650 8
香蕉	0.160 4	0.441 6	1.162 2（冷却，	菜花	0.137 1	0.220 8	0.650 8
	（贮藏，10 ℃）	（催熟，20 ℃）	13~21 ℃）	胡萝卜	0.104 6	0.169 7	0.390 2
樱桃	0.007 4	0.051 1	0.581 1	芹菜	0.137 1	0.220 8	0.650 8
葡萄柚	0.021 4	0.032 5	0.134 8	甜玉米	0.081 4	0.395 2	
葡萄	0.017 4	0.039 5	0.116 2	黄瓜	0.065 1	0.095 3	0.406 8
柠檬	0.027 9	0.067 4	0.144 1	蘑菇	0.302 2	1.069 2	
橙	0.039 5	0.083 7	0.241 7			（10 ℃）	
桃	0.053 5		0.395 2	洋葱	0.041 8	0.090	0.174 3
						（10 ℃）	（21 ℃）
梨	0.371 9		0.534 6	青豆	0.395 1	0.069 7	0.743 8
李	0.074 4	0.278 9	0.581 1			（5~6 ℃）	
草莓	0.158 1	0.395 2	0.845 2	青椒	0.132 5	0.464 9	0.418 4
芦笋	0.083 7	0.325 4		马铃薯	0.325 4	0.162 7	

肉组织的生化反应热所需的冷耗量可以通过下式计算：

$$Q_呼 = GFt$$

式中：$Q_呼$ 为冷却过程中肉呼吸热的散热量，kJ；G 为被冷却肉的质量，kg；F 为肉的生化反应热，kJ/(kg·h)；t 为冷却的时间，h。

肉的生化反应热 F 可以用一些经验公式计算。如果根据 24 h 肌肉组织的散热量为 0.753 1～1.506 2 kJ/kg，每小时每千克肌肉组织的平均散热量为 1.046 kJ，肌肉组织占肉胴体的 60%，肉胴体的生化反应热 F 可取为 0.627 6 kJ/(kg·h)。

2.2.4　食品在冷却冷藏过程中的变化

1) 水分蒸发

食品在冷却时，不仅食品的温度下降，而且食品中汁液的浓度增加，表面水分蒸发，出现干燥现象。当食品中的水分减少后，不但造成食品质量损失（俗称干耗），而且使得植物性食品失去新鲜饱满的外观，当减重达到 5% 时，水果、蔬菜就会出现明显的萎缩现象。肉类食品在冷却冷藏过程中也会因为水分蒸发而发生干耗，同时肉的表面收缩、硬化，形成干燥的皮膜，肉色也会发生变化。鸡蛋在冷却保藏过程中，也会因水分蒸发而造成质量下降。为减少水果、蔬菜等食品冷却冷藏过程中发生的水分蒸发，要根据各自水分蒸发的特点，控制其适宜的冷藏温度、湿度、空气流通速度。表 2-14 为根据水分蒸发特点对果蔬类食品进行的分类。动物性食品如肉类在冷藏过程中因水分蒸发造成的干耗比较复杂，其水分损失情况（用质量分数表示）见表 2-15。肉类食品水分蒸发量与冷却室内的温度（T）、相对湿度（φ）及空气流通速度（V）有密切关系，还与不同动物种类、肉的部位、脂肪的含量、表面形状等因素有关。

表 2-14　果蔬类食品冷藏过程中水分蒸发特性

水分蒸发特性	果蔬的种类
A 型（蒸发小）	苹果、柑橘、柿子、鸭梨、西瓜、葡萄、马铃薯、洋葱、大蒜
B 型（蒸发中）	白桃、栗、无花果、番茄、甜瓜、莴苣、萝卜
C 型（蒸发大）	樱桃、杨梅、龙须菜、叶类蔬菜、蘑菇

表 2-15　冷却保藏中肉类胴体的干耗[*]　%

时间	牛	小牛	羊	猪	时间	牛	小牛	羊	猪
12 h	2.0	2.0	2.0	1.0	48 h	3.5	3.5	3.5	3.0
24 h	2.5	2.5	2.5	2.0	8 d	4.0	4.0	4.5	4.0
36 h	3.0	3.0	3.0	2.5	14 d	4.5	4.6	5.0	5.0

[*] 注：保藏条件 $T = 1\,℃$，$\varphi = 80\% \sim 90\%$；$v = 0.2$ m/s。

2) 冷害

在冷却保藏过程中，有些水果、蔬菜的冷却温度虽然在冻结点以上，但是当温度低于某一界限温度时，果蔬正常的生理机能遇到障碍而失去平衡，这种现象称为冷害。冷害症状随果蔬品种的不同而有所差异，最明显的症状就是在表皮出现软化斑点和果核周围肉质变色，如西瓜表面凹陷、鸭梨黑心病、马铃薯发甜等。表 2-16 列举了一些水果、蔬菜发生冷害的界限温度与症状。

表 2-16　常见水果、蔬菜的冷害界限温度与症状

种类	界限温度/℃	症状
香蕉	11.7～13.8	果皮发黑、催熟不良
西瓜	4.4	凹斑、风味异常
黄瓜	7.2	疤斑、水浸状斑点、腐败
茄子	7.2	表皮变色、腐败
马铃薯	4.4	发甜、褐变
番茄（熟）	7.2～10	软化、腐烂
番茄（生）	12.3～13.9	催熟果颜色不良、腐烂

另外有一些水果和蔬菜在感官上看不出冷害的症状，但冷藏后再放置到常温环境中，则丧失了正常的促进果蔬成熟作用的能力，这也是冷害的一种。例如，香蕉放入低于 11.7 ℃ 的冷藏室内一段时间，拿出冷藏室后表皮变黑呈腐烂状，而生香蕉的成熟作用能力则已完全失去。产地在热带、亚热带的果蔬冷藏最适温度较高，低温下容易发生冷害。

应当强调指出，需要在低于界限温度的环境中放置一段时间冷害才能显现，症状出现最早的品种如香蕉，而黄瓜、茄子一般则需要 10～14 d。

3) 移臭（串味）

有强烈香味或臭味的食品，与其他食品同时冷藏，其香味或臭味会传递给其他食品。例如，洋葱与苹果一起冷藏后，苹果就会出现洋葱的臭味。这

样食品原有的风味就会发生改变，使得食品的品质下降。有时，一间冷藏室内放置过具有强烈气味的物质后，室内留下的强烈气味会传递给下次保藏的食品。如放置洋葱后，虽然洋葱已经出库，但其气味依然会或多或少传递给随后放入的苹果。要避免移臭（或串味），就要求在管理上做到专库专用，或在一种食品出库后进行严格消毒和除味。另外，冷藏库自身还具有一些特有的气味，俗称冷藏臭，这种冷藏臭也会传递给冷藏食品。

4）生理作用

水果、蔬菜在收获后仍是有生命的活体。为了便于运输和保藏，果蔬一般在尚未完全成熟时收获，因此收获后还有一个后熟过程。在冷却保藏过程中，水果、蔬菜的呼吸作用、后熟作用仍在继续，体内各种成分也在不断发生变化，如淀粉和糖的比例、糖酸比、维生素 C 的含量等，同时还可以看到颜色、硬度等的变化。

5）脂类的变化

冷却保藏过程中，食品中所含的油脂会发生化学反应出现水解、脂肪酸的氧化、聚合等复杂的变化，其反应生成的低级醛、酮类物质会使食品的风味变差、味道恶化，使食品出现变色、酸败、发黏等品质劣变的现象。

6）淀粉老化

淀粉在适当温度下，在水中糊化形成均匀的糊状溶液，但是在接近 0 ℃ 的低温范围内，糊化了的淀粉分子发生老化现象。老化的淀粉不易被淀粉酶分解，也不易被人体消化吸收。水分含量在 30%～60% 的淀粉容易老化，含水量在 10% 以下的干燥状态及在大量水中的淀粉则不易老化。

淀粉老化作用的最适宜温度是 2～4 ℃。例如，面包在冷却冷藏时，淀粉迅速老化，味道变差。又如马铃薯放在低温冷藏时也会出现淀粉老化的现象。当保藏温度低于 -20 ℃ 或高于 60 ℃ 时，均不会发生淀粉老化现象。因为低于 -20 ℃ 时，淀粉分子间的水分急速冻结，形成冰晶体，阻碍了淀粉分子间相互靠近形成氢键，所以不会发生淀粉老化现象。

7）寒冷收缩

屠宰之后的牛肉在短时间内快速冷却，肌肉会发生显著收缩现象，以后即使经过成熟过程，肉质也不会十分柔软，这种现象称为冷却收缩，也称为寒冷收缩。一般来说，宰后 10 h 内，肉温降低到 8 ℃ 以下，容易发生寒冷收缩现象，但这温度与时间并不固定。成年牛与犊牛，或者同一头牛的不同部位的肉也存在差异。例如，成年牛肉温度低于 8 ℃，而犊牛则肉温低于 4 ℃ 时易发生寒冷收缩。

8）微生物的增殖

食品中的微生物主要有细菌、霉菌、酵母菌。食品中的细菌若按温度可划分为低温菌、中温菌、高温菌，见图 2-5。在冷却冷藏过程中，微生物特别是低温菌的繁殖和分解作用并没有被充分抑制，只是速度变得缓慢，其总量还是增加的，若时间足够长，食品依然会发生腐败。

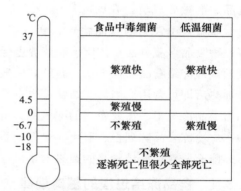

图 2-5 食品中毒细菌与低温细菌的繁殖温度区域

在 0 ℃ 以下，低温菌的繁殖变得缓慢，但如果要它们停止繁殖，要降低到 -10 ℃ 以下。对于个别低温细菌，在 -40 ℃ 下仍有生长繁殖。图 2-6 为随着温度变化鳕鱼肉中低温菌（无芽孢杆菌）的繁殖情况。

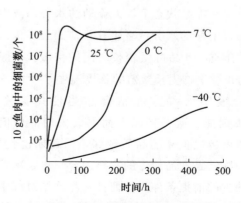

图 2-6 不同温度下鳕鱼肉中低温细菌
（无芽孢杆菌）的繁殖情况

2.3 食品的冻藏

食品的冻结是将食品降低到食品的冻结点以下的某一预定温度（一般要求食品的中心温度达到 −15 ℃或以下），使食品中的大部分水分冻结成冰晶体的一种食品冷加工方式。常见的冻结食品（frozen food）有初加工的新鲜状态的肉、禽、水产品、去壳蛋、水果、蔬菜等，还有很多精加工食品，如面食、点心、冰激凌、果汁以及各种丰富的预制冻结食品（prepared frozen food）和预调理冻结食品（precooked frozen food）等，合理冻结的食品在大小、形状、质地、色泽和风味方面一般不会发生明显的变化。目前，冻结食品已经发展成为方便食品中的重要成员，在国内外已经成为家庭、餐厅、食堂膳食中常见的食品物料。到目前为止，还没有一种食品保藏方法在使用上和营养上像预制冻结或预调理冻结食品那样方便、新鲜，一般只要解冻和加热后即可食用。当然冻结食品也有其局限性，如需要制冷设备，需要专用的冻藏库、机械制冷运输车、冷冻食品陈列柜、家用冰箱等一系列的冷链，才能充分保证冻结食品的最终质量。

2.3.1 食品冻结过程的基本规律

食品冻结是一种冷加工技术，能够使食品保藏较长时间而不会腐败变质。鱼、肉及加工食品没有生命，对微生物的侵入没有抵御能力，也不能控制体内酶的作用，一旦被微生物污染很容易腐败变质，因此，食品要想长期保藏，必须经过冻结处理。

食品在冻结状态下，无流动的水分，微生物得不到赖以生存的水分，且生化反应失去了借以扩散移动的介质，食品可做较长时间的保藏。一般情况下，防止微生物生长繁殖的临界温度是 −12 ℃，实际经验表明大部分冻结食品当使用温度达到 −18 ℃时能保藏一年以上而不失去商品价值，且保藏温度越低食品的品质越好，保藏期也就越长。因此，冻结是食品加工的重要内容，也是冻藏食品不可缺少的前提条件。如何把食品冻结过程中水变成冰晶体及低温造成的影响减小或抑制到最低程度，是冻结工序中必须考虑的技术关键。

1. 食品的冻结曲线

在低温介质中，随着冻结的进行，食品的温度逐渐下降。图2-7所示为冻结期间食品的温度与时间的关系曲线，食品的冻结曲线分为三个阶段：

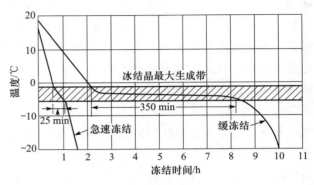

图2-7 冻结曲线与冰结晶生成带

（1）急速冻结 食品的温度从初温降低至食品的冻结点，这时食品放出的热量是显热，此热量与全部放出的热量比较，其值较小，所以降温速度快，冻结曲线较陡。

（2）冰结晶最大生成带 食品的温度从冻结点降低至 −5 ℃左右，这时食品中的大部分水结成冰，放出大量的潜热（每千克的水结冰时，放出约334.72 kJ的热量）。整个冻结过程中食品的绝大部分热量在此阶段放出，因此食品在该阶段的降温速度缓慢，冻结曲线较为平坦。

（3）缓冻结 食品的温度从 −5 ℃左右继续下降至终温，此时放出的热量一部分是由于冰的降温，另一部分是由于残余少量的水继续结冰，这一阶段的冻结曲线也比较陡峭。

冻结曲线平坦段的长短与传热介质的传热快慢关系很大。传热介质传热快，则第二阶段的曲线平坦段短。图2-8所示为以冷盐水为传热介质的冻结曲线和以空气为传热介质的冻结曲线，可以看出，以冷盐水为传热介质的食品冻结速度快。食品冻结过程中，同一时刻的温度始终是食品表面最低，越接近中心越高。在食品的不同部位，温度下降的速度不同。

冻结曲线一般呈S形，如图2-8所示。此曲线并未将食品中水分过冷现象表示出来，若有过冷现象时则食品温度在第一阶段内将低于冰点而后再提高到冰点。实际上，在传热介质温度很低，食品表面传热系数很大的情况下，食品表层中最初的冰晶形成的速度特别快，因此，只有在很薄的食品表面层并在很短的时间内才会产生过冷现象。

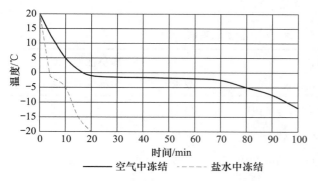

图 2-8　食品在不同介质中的冻结曲线

计算冻结过程中放出的热量时，必须知道冻结终温。食品的表面、中心和所有中间各点上的冻结温度是不一样的，实际计算时只能采用平均冻结终温，如图 2-8 所示。当食品中心温度低于−5 ℃时，平均冻结终温可用食品表面冻结终温与食品中心冻结终温的算术平均值来表示。

2. 冰结晶最大生成带

根据拉乌尔定律，冰点降低与溶质的浓度成正比，浓度每增加 1 mol/L，冰点下降 1.86 ℃。食品中的水分不是纯水而是含有有机物和无机物的溶液。这些物质包含盐类、糖类、酸类以及更复杂的有机大分子如蛋白质，还有微量的气体。因此，食品的温度要降到 0 ℃以下才能产生冰晶，此冰晶开始出现的温度就是该食品的冻结点。由于食品种类不同，溶解的溶质浓度不同，各种食品的冻结点也不相同。常见食品的冻结点为−3.0～−0.6 ℃，见表 2-17。

表 2-17　几种常见食品的冻结点

品种	冻结点/℃	含水率/%	品种	冻结点/℃	含水率/%
牛肉	−1.7～ −0.6	71.6	葡萄	−2.2	81.5
猪肉	−2.8	60	苹果	−2	87.9
鱼肉	−2.0～ −0.6	70～85	青豆	−1.1	73.4
牛乳	−0.5	88.6	柑橘	−2.2	88.1
蛋白	−0.45	89	香蕉	−3.4	75.5
蛋黄	−0.65	49.5			

多数食品的水分含量都比较高，而且大部分水分都在−5～−1 ℃冻结，这种大量形成冰晶体的温度范围称为冰结晶最大生成带。在冰结晶最大生成带，食品放出大量的潜热，食品温度下降得不明显，该阶段的热交换对食品冻结速度的影响很大。一般认为，食品中心温度在冰结晶最大生成带的温度范围（−5～−1 ℃）停留的时间不超过 30 min 就达到了快速冻结的目的。

3. 冰结晶的形成和分布

无论何种食品，都不会在瞬间均匀地冻结，也就是说液体绝不会立即转变成固态。例如：将一瓶牛乳放入冻结室内，瓶壁附近的液体首先冻结，而且最初完全是纯水形成的冰晶体。随着冰晶体的不断形成，牛乳中未冻结部分的无机盐类、蛋白质类、乳糖和脂肪的浓度会逐渐增加，随着冻结的不断进行，牛乳冻结的温度不断下降，含有溶质的溶液也就随之不断冻结，未冻结部分溶液的浓度变大，最后在牛乳中部核心位置上还会有未冻结的高浓度溶液残留下来。温度降到足够低（即达到低共熔点）时，最后牛乳全部冻结固化。

动植物组织中的水分存在于细胞和细胞间隙，呈结合状态或游离状态。在冻结过程中，当温度降低到食品的冻结点时，那些和亲水胶体结合较弱或存在于低浓度溶液中的部分水分，主要是处于细胞间隙内的水分，就会首先形成冰晶体。这样，冰晶体附近的溶液浓度增加，与细胞内的汁液形成渗透压差；同时由于水结成冰，体积膨胀，对细胞会产生挤压作用；再者由于细胞内汁液的蒸汽压大于冰晶体的蒸汽压（表 2-18），使得细胞内的水分不断地向细胞外转移，并聚积在细胞间隙内的冰晶体的周围，这样存在于细胞间隙内的冰晶体就不断地增大。

表 2-18　几种温度下水与冰的蒸汽压

温度/℃	水的蒸汽压/Pa	冰的蒸汽压/Pa	温度/℃	水的蒸汽压/Pa	冰的蒸汽压/Pa
0	610.5	610.5	−20	125.7	103.5
−5	421.7	401.7	−25	80.9	63.5
−10	286.5	260.0	−30	51.1	38.1
−15	191.5	165.5	−40	18.9	12.9

食品的冻结速度对冰结晶的大小、形状、数量和分布状况影响很大，具体见表2-19。从表2-19可以看出，缓慢冻结时，冰晶体大多在细胞间隙内形成，冰晶体数量少、体积大；快速冻结时，冰晶体大多在细胞内形成，冰晶体数量多、体积小。例如，在龙须菜冻结过程中，不同的冻结方法其冻结速度不同，形成的冰晶体积也存在差异（表2-20）。

表2-19 食品的冻结速度对冰晶体大小、数量的影响

| 冻结速度通过 | 冰晶体 | | | | 冰层推进速度 v_1 |
−5～0 ℃的时间	位置	形状	大小（直径×长度）/μm	数量	与水移动速度 v_2
5 s	细胞内	针状	(1～5)×(5～10)	极多	$v_1 \gg v_2$
1.5 min	细胞内	杆状	(0～20)×(20～50)	多数	$v_1 > v_2$
40 min	细胞内	柱状	(50～100)×100 以上	少数	$v_1 < v_2$
90 min	细胞外	块粒状	(50～200)×200 以上	少数	$v_1 \ll v_2$

表2-20 龙须菜的冻结速度对冰晶体大小的影响

| 冻结方法 | 介质温度/℃ | 冻结速度顺序 | 冰晶体的大小/μm | | |
			长度	宽度	厚度
液氮	−196	(1)	5～15	0.5～5.0	0.5～5.0
干冰	−80	(2)	18.2	18.2	6.1
盐水	−18	(3)	29.7	12.8	9.1
平板	−40	(4)	320.0	163.0	87.6
空气	−18	(5)	920.0	544.0	324.4

4. 冻结速度的评价

将两瓶带有颜料的水分别放入冷空气和冷盐水中冻结，前者冻结需72 h，后者仅需3 h。在所得的冰块中，颜色的分布也各不相同，缓慢冻结的冰块中外层几乎无色，越靠近中心，颜色越浓；快速冻结的冰块中，外层呈淡色，颜色梯度差异不大。这说明水溶液冻结时，冻结速度越快，冻结溶液内溶质的分布越均匀。溶液或液态食品开始冻结时，理论上只有纯溶剂在它的外层冻结，并形成脱盐（或较纯）的冰晶体，这就相应提高了冻结层附近的溶质浓度，在尚未冻结的溶液内产生浓度差和渗透压力差。因此，在浓度差的作用下，溶质就会向溶液内部扩散，而溶剂则在渗透压力差的作用下，逐渐向冻结层附近溶液浓度较高的方向转移。这样，随着冻结过程的推进，溶液或液体食品内不断地进行着扩散渗透平衡。随着溶液温度的不断下降，未冻结层内的溶质浓度不断地增加。又因为扩散作用是在溶液或液态食品开始冻结后才发生，冻结层分界面的位移速度必然大于溶质的扩散速度。这样，溶质在冻结溶液内重新分布或分层化，完全取决于冻结层分界面的位移速度和溶质的扩散速度的对比关系。冻结层分界面的位移速度快，冻结溶液内的溶质分布就越均匀，然而在冻结引起扩散的情况下，即使冻结层分界面高速度位移，也难以使冻结溶液内的溶质达到完全均匀地分布。冻结层分界面的位移速度越慢，冻结溶液内的溶质分布就越不均匀。同样，即使冻结层分界面非常缓慢地位移，也很难使最初形成的冰晶体达到完全脱盐（或无溶质）的程度。

正是由于上述规律，在生产冷冻浓缩果汁一类的液态食品时就很难从果汁中分离出纯水，因此，在冷冻浓缩过程中果汁的损耗量就比较大。

在食品冻结过程中从细胞内向细胞间隙转移的这部分水分会在细胞间隙冻结成冰晶体，当食品解

冻时这些汁液很难被原生质重新吸收回去，从而引起汁液的流失。

食品的冻结速度对这些从食品组织细胞内向细胞外转移的水分影响很大。冻结速度快，则食品组织细胞内向细胞外转移的水分少，能使细胞内那些尚未冻结的汁液迅速形成冰结晶。反之，冻结速度慢，则食品组织细胞内向细胞外转移的水分多，这样不仅形成的冰晶体颗粒大，而且也造成细胞内溶液的浓缩。

2.3.2 冻结方法

食品冻结的方法与介质、介质和食品物料的接触方式以及冻结设备的类型有关，一般按冻结所用的介质及其和食品物料接触的方式分为空气冻结法、间接接触冻结法和直接接触冻结法3类。

1. 空气冻结法

空气冻结法所用的冷冻介质是低温空气，冻结过程中空气可以是静止的，也可以是流动的。静止空气冻结法在绝热的低温冻结室进行，冻结室的温度在 $-40 \sim -18$ ℃。冻结过程中的低温空气基本上处于静止状态，但仍有少量的自然对流。有时为了改善空气的循环，在室内加装风扇或空气扩散器，以便空气可以缓慢地流动。冻结所需时间3 h至3 d，依食品原料大小、有无包装、堆放情况以及冻结工艺条件而不同。空气冻结法冻结的食品物料主要有牛肉、猪肉和整箱禽肉等。

鼓风冻结法也属于空气冻结法之一，冷冻所用的介质也是低温空气，但采用了鼓风，使空气强制流动并和食品物料充分接触，增强制冷效果，达到快速冻结目的。冻结室内的空气温度一般为 $-46 \sim -29$ ℃，空气的流通速度在 $2 \sim 10$ m/s。冻结室可以是供分批冻结用的房间，也可以是用小推车或输送带作为运输工具进行连续隧道式冻结。隧道式冻结适用于大量包装或散装食品物料的快速冻结。鼓风冻结法中空气的流动方向可以和食品物料总体的运动方向相同（顺流），也可以相反（逆流）。

采用小推车隧道冻结时，需冻结的食品物料先装在冷冻盘上，然后置于小推车上进入隧道，小推车在隧道中的行进速度可根据冻结时间和隧道的长度设定，使食品物料在小推车从隧道末端出来时完全冻结。温度在 $-45 \sim -35$ ℃，空气流速在 $2 \sim 3$ m/s，冻结时间在 $2 \sim 12$ h。采用输送带隧道冻结时，食品物料被置于输送带上进入冻结隧道，输送带可以做成螺旋式以减小设备的体积，输送带上还可以带有通气的小孔，以便冷空气从输送带下方由小孔吹向食品物料，这样在冻结颗粒状的散装食品物料时，颗粒状的食品物料可以被冷风吹起而悬浮于输送带上空，使空气和食品物料能更好地接触，这种方法又称为流化床冻结。散装的颗粒型食品物料可以通过这种方法实现快速冻结，冻结时间一般只需数分钟，这种冻结被称为单体快速冻结。

2. 间接接触冻结法

间接接触冻结法中最常见的就是板式冻结法。它采用制冷剂或低温介质、冷却金属板以及和金属板密切接触的食品物料。这是一种制冷介质和食品物料间接接触的冻结方式，其传热的方式为热传导，冻结效率跟金属板与食品物料的接触状态有关。该法可用于冻结包装和未包装的食品物料，外形规整的食品物料由于和金属板接触较为紧密，其冻结效果较好。小型立方体包装的食品物料特别适用于多板式速冻设备进行冻结，食品物料被紧紧夹在金属板之间，使它们相互密切接触而完成冻结。冻结时间取决于制冷剂的温度、包装的大小、密切接触的程度和食品物料的种类等。厚度为 $3.8 \sim 5$ cm 的包装食品的冻结时间在 $1 \sim 2$ h。

板式冻结装置可以是间歇式的，也可以是连续式的；与食品物料接触的金属板可以是卧式的，也可以是立式的。卧式板式冻结装置主要用于分割肉及其制品、鱼片和小包装食品的快速冻结。立式板式冻结装置适用于冻结无包装的块状食品物料，如整鱼、内脏等，也可用于包装产品。立式装置不用贮存和处理货盘，大大节省了占用的空间，但灵活度较差。回转式或钢带式装置分别是金属回转筒和不锈钢输送带作为和食品物料接触面，具有可连续操作、物料干耗小等特点。

3. 直接接触冻结法

直接接触冻结法又称为液体冻结法，它是用制冷剂直接喷淋或浸泡需冻结的食品物料，常用于包装和未包装食品物料的冻结。

由于直接接触冻结法中的制冷剂等冷冻液直接与食品物料接触，这些冷冻液应无毒、无异味等，和食品物料接触后也不能改变食品物料原有的成分和性质。常用的制冷剂有盐水、糖液和多元醇-水混合物等。常用的盐水为 NaCl 或 CaCl₂，通过调控制冷剂的浓度使其冻结点在 -18 ℃以下。当温度低于盐水的低共熔点时，盐和水的混合物会从溶液中析出，所以实际上盐水有一个最低冻结温度，如 NaCl 溶液的最低冻结温度为 -21.13 ℃。盐水可能对未包装的食品物料风味有影响，目前主要用于海鱼类的冻结。盐水具有黏度小、比热容大和价格便宜的优点，但其腐蚀性较大，使用时应加入一定量的防腐剂。

蔗糖溶液是常用的糖液冷冻液，可用于水果的冻结，但要达到较低的冻结温度所需的糖液浓度较高，如要达到 -21 ℃所需的蔗糖浓度为 62%（质量分数），而这样的糖液在低温下黏度很高，传热效果差。

丙三醇-水混合物曾被用来冻结水果，67%（体积分数）丙三醇-水混合物的冻结点为 -47 ℃；60%（体积分数）丙二醇-水混合物的冻结点为 -51.5 ℃。丙三醇和丙二醇都可能影响食品物料的风味，不适用于冻结未包装的食品物料。

用于直接接触冻结的制冷剂一般有液氮、干冰。采用制冷剂直接冻结时，由于制冷剂温度很低，冻结可以在很低的温度下进行，故此时又被称为低温冻结。此法的传热效率高、冻结速度快、冻结食品物料的质量高、干耗小、初期投资低，但运转费用较高。

2.3.3 食品冻结与冻藏技术

食品的冻藏指的是将经过冻结的食品放在低于食品冻结点的某一合适温度下贮藏。在贮藏期间已经失去生命的食品，如屠宰后的猪、牛属于死体，这类食品已经失去免疫力，无法抵抗外界微生物的侵袭。同时由于机体死亡，组织内的分解酶发挥作用，很容易导致这类食品在短期内分解变质。对于这类食品，要达到长期贮藏的目的，必须进行冻结与冻藏，也就是说，只有足够的低温才能长期保藏这类食品。

食品冻藏的技术主要是根据食品的种类、保藏期的长短等选择合适的冻藏温度。在通常情况下，冻藏室的温度要保持在 -18 ℃以下，温度波动不得超过 ±1 ℃，在大批冻藏食品进出冻藏室过程中，冻藏室内的温度升高不得超过 4 ℃。食品短期冻藏的适宜温度为 -18～-12 ℃，长期冻藏的适宜温度为 -23～-18 ℃。含脂肪的食品冻藏时，温度在 -23 ℃以下。经过冻结的食品进入冻藏室时，其平均温度与冻藏温度相同，以免冻藏温度回升。

如果将食品冻结到 -18 ℃以下并在该温度下进行冻藏，能较好地保持食品的原始品质，并获得非常适宜的保藏期。有许多方法能将食品冻结到 -29 ℃甚至更低一些，费用也不高，可是在保藏、运输和销售过程中要维持 -29 ℃以下的温度，则费用昂贵；综合比较，实际上通常选用 -18 ℃左右的冻藏温度。

冻结食品在冻藏时的质量管理，不仅要注意保藏期，更重要的是要注意冻藏温度及其波动对食品质量的影响。从某种意义上来说，冻藏温度及其稳定性对冻品质量的影响不亚于速冻对冻品质量的影响。

2.3.4 食品在冻结、冻藏过程中的变化

1. 食品在冻结时的变化

食品在冻结过程中水由液态变为固态，形成冰晶体，会引起食品发生一系列的变化，主要包括：物理变化、组织变化、化学变化、微生物和生物的变化等。

1) 物理变化

(1) 体积膨胀、内压增加　水在 4 ℃时体积最小，密度最大，如果把 4 ℃时单位质量的水的体积定为 1，当高于或低于 4 ℃时单位质量的水的体积都要增大。0 ℃时水结成冰，其体积是 4 ℃时水的 1.09 倍，约增加 9%，在食品中体积约增加 6%。不同温度时水和冰的质量体积见表 2-21。冰的温度每下降 1 ℃，其体积收缩 0.010%～0.005%。即使温度降低至 -185 ℃，也远比 4 ℃体积要大得多。二者相比，膨胀比收缩大得多，所以含水分多的食品冻结时体积会膨胀。比如，牛肉的含水量为 70%，水分冻结率为 95%，则牛肉的冻结膨胀率为 0.7×0.95×0.09＝0.060 或 6%。

表 2-21　水和冰在不同温度时的质量体积

状态	温度/℃	质量体积/（m³/kg）	状态	温度/℃	质量体积/（m³/kg）
水	100	1.043 430×10⁻³	水	0	1.000 132×10⁻³
水	20	1.000 273×10⁻³	冰	0	1.090 000×10⁻³
水	4	1.000 000×10⁻³	冰	−185	1.085 300×10⁻³

食品冻结时，首先是表面水分结冰，然后冰层逐渐向内部延伸。当内部的水分因冻结而体积膨胀时，会受到外部冻结层的阻碍，于是产生内压，即冻结体积膨胀，纯理论计算其数值可高达 8.7 MPa。当外层不能承受内压时就会发生破裂，逐渐使内压消失。在采用液氮冻结时，食品的厚度较大时产生的龟裂就是内压升高造成的。

当食品通过−5～−1℃冰结晶最大生成带时，冻结膨胀压升高到最大值。如果食品厚度大、含水率高、表面温度下降极快时易产生龟裂。日本为了防止因冻结内压引起冻品表面的龟裂，在用−40℃的氯化钙盐水浸渍或喷淋冻结金枪鱼时，采用均温处理的二段冻结方式。先将鱼体降温至中心温度接近冻结点，取出放入−15℃的空气或盐水中使鱼体各部位温度趋于均匀，然后再用−40℃的氯化钙盐水浸渍或喷淋冻结至终点，可防止鱼体表面龟裂现象的发生。

此外，冻结过程中水变成冰晶后，体积膨胀使溶液中溶解的气体从液相中游离出来，加大了食品内部的压力。冻结鳕鱼肉的海绵化，就是鳕鱼肉的体液中含有较多的氮气，随着水分冻结的进行成为游离氮气，其体积迅速膨胀产生的压力将未冻结的水分挤出细胞外，在细胞外形成冰结晶所致。这种细胞外的冻结，使细胞内的蛋白质变性而失去保水能力，解冻后不能复原，成为富含水分并有很多小孔的海绵状肉质。严重的时候，用刀子切开后其肉的断面像蜂巢，味道变淡。

（2）物理特性的变化

① 比热容的变化。比热容是单位质量的物体温度升高或降低 1 K（或 1℃）所吸收或放出的热量。在一定压力下水的比热容为 4.18 kJ/(kg·K)，冰的比热容为 2.0 kJ/(kg·K)，冰的比热容约为水的 1/2。

食品的比热容因含水量不同而有差异，含水量多的食品比热容大，含脂量多的食品比热容小。对于一定含水量的食品来说，冻结点以上的比热容要比冻结点以下的大，见表 2-22。比热容大的食品在冷却和冻结时需要的制冷量大，解冻时需要的热量也多。

表 2-22　常见食品的比热容

食品种类	含水率/%	比热容/[kJ/(kg·K)]	
		冻结点以上	冻结点以下
肉（多脂）	50	2.51	1.46
肉（少脂）	70～76	3.18	1.71
鱼（多脂）	60	2.84	1.59
鱼（少脂）	75～80	3.34	1.80
鸡肉（多脂）	60	2.84	1.59
鸡肉（少脂）	70	3.18	1.71
鸡蛋	70	3.18	1.71
牛乳	87～88	3.93	2.51
稀奶油	75	3.55	2.09
奶油	10～16	2.68	1.25
果蔬	75～90	3.34～3.76	1.67～2.29

② 热导率的变化。构成食品主要物质的热导率见表 2-23。水的热导率为 0.60 W/(m·℃)，冰的热导率为 2.21 W/(m·℃)，约为水热导率的 4 倍。其他成分的热导率基本上是一定的，但因为水在食品中含量很高，当温度下降，食品中的水分开始结冰的同时，热导率就变大，食品的冻结速度加快。

表 2-23　构成食品物质的密度与热的特性

物质	密度/(kg/m³)	比热容/[kJ/(kg·K)]	热导率/[W/(m·℃)]	物质	密度/(kg/m³)	比热容/[kJ/(kg·K)]	热导率/[W/(m·℃)]
水	1 000	4.182	0.60	糖类	1 550	1.57	0.25
冰	917	2.11	2.21	无机物	2 400	1.11	0.33
蛋白质	1 380	2.02	0.20	空气	1.24	1.00	0.025
脂肪	930	2.00	0.18				

另一方面，冻结食品解冻时，冰层由外向内逐渐融化成水，热导率减少，热量的移动受到抑制，解冻速度就变慢。食品的热导率还受含脂量的影响，含脂量高则热导率小。此外，热导率还与热流方向有关，当热的移动方向与肌肉组织垂直时，热导率小，平行时则大。

③ 汁液流失。食品经过冻结、解冻后，内部冰晶融化成水，如不能被组织、细胞吸收恢复到原来的状态，这部分水分就分离出来成为流失液。流失液不仅是水，还包括溶于水的成分，如蛋白质、盐类、维生素等。汁液流失使食品的质量降低，营养成分、风味也受到损失。因此，汁液流失率成为评价冻品质量的指标之一。

解冻食品时水分不能被组织吸收，是食品中的蛋白质、淀粉等成分的持水能力因冻结和冻藏中发生的不可逆变化而丧失，由保水性变成脱水性所致。汁液流出是肉质组织受到冰晶的机械损伤造成的。损伤严重时，肉质间的空隙大，内部冰晶融化的水通过这些空隙向外流出；机械损伤轻微时，内部冰晶融化的水因毛细管作用被留在肉质中，加压时才向外流失。冻结食品内物理变化越大，解冻时体液流失也就越多。

一般来说，如果食品原料新鲜，冻结速度快，冻藏温度低且波动小，冻藏期短，则解冻时流失液少；若水分含量多，流失液多。如鱼和肉相比，鱼的含水量高，故流失液多。叶菜类和豆类相比，叶菜类流失液多。经冻结前处理，如加盐、糖、磷酸盐时流失液少，食品原料切得越细小，流失液越多。

（3）干耗　食品冻结过程中，因食品中的水分从表面蒸发，造成食品的质量降低，俗称"干耗"。干耗不仅给食品的内部品质和感官带来影响，还会造成企业的经济损失。干耗发生的原因是冻结室内的空气未达到蒸汽的饱和状态，其蒸汽压小于饱和蒸汽压，而肉类食品中含水量较高，其表面层接近饱和蒸汽压，在蒸汽压差的作用下食品表面水分向空气中蒸发，表面层水分蒸发后内层水分在扩散作用下向表面层移动。由于冻结室内的空气连续不断地经过蒸发器，空气中的蒸汽凝结在蒸发器表面，减湿后常处于不饱和状态，所以冻结过程中干耗不

断进行着。

此外，冻结室中的空气和风速对食品干耗也有影响。空气温度低，相对湿度高，蒸汽压差小，食品的干耗小。对于风速来说，一般情况下风速加大，干耗增加。如果冻结室内高湿、低温，加大风速可提高冻结速度，缩短冻结时间，食品干耗减少。

2）组织变化

蔬菜、水果类植物性食品在冻结前一般要进行漂烫或加糖等前处理工序，这是因为植物组织在冻结时受到的损伤要比动物组织大。

植物细胞与动物细胞的构造存在差异。植物细胞内有大的液泡，它使植物组织保持较高的含水量，但冻结时因含水量高，对细胞的损伤大。植物细胞的细胞膜外还有以纤维素为主的细胞壁，细胞壁比细胞膜厚且缺乏弹性，冻结时容易涨破，使细胞受损伤。此外，植物细胞与动物细胞的成分不同，特别是高分子蛋白质、碳水化合物含量不同，有机物的组成也不一样。由于这些差异，在同样的冻结条件下，冰晶的生成量、位置、大小、形状不同，造成损伤的程度也不相同。

新鲜的水果、蔬菜等植物性食品是具有生命力的有机体，在冻结过程中其植物细胞会被致死，这与植物组织冻结时细胞内的水分变成冰晶有关。当植物冻结致死后，因氧化酶的活性增强而使果蔬褐变。为了保持原有的色泽，防止褐变，蔬菜在冻结前一般要进行漂烫处理，而动物性食品因是非活性细胞则不需要此工艺。

3）化学变化

（1）蛋白质冻结变性　鱼肉、禽肉、畜肉等动物性食品中，构成肌肉的主要蛋白质是肌原纤维蛋白，在冻结过程中，肌原纤维蛋白会发生冷冻变性，表现为盐溶液蛋白质的溶解度降低、ATP酶活性减小、盐溶液的黏度降低、蛋白质分子产生凝集使空间立体结构发生变化等。蛋白质变性后的肌肉组织持水性降低，质地变硬，口感变差，作为食品加工原料时，加工适宜性下降。如用蛋白质冷冻变性的鱼肉作为加工鱼糜制品的原料，其产品缺乏弹性。蛋白质发生冷冻变性的原因目前尚不十分清楚。

（2）变色 食品冻结、冻藏过程中的变色主要发生于冷冻水产品，从外观上看通常有褐变、黑变、褪色等现象。水产品变色的原因包括自然色泽的分解和产生新的变色物质两个方面。自然色泽被破坏，如红色鱼皮的褪色、冷冻金枪鱼的变色等，产生新的变色物质，如虾类的黑变、鳕鱼肉的褐变等。变色可以使水产品的感官变差，有时还会产生异味，影响食品的品质。

4）微生物和生物的变化

（1）微生物变化 引起食物腐败变质的因素主要是微生物，食品冻结阻止了微生物的生长繁殖。食品在冻结状态下保藏，冻结前污染的微生物数量随着时间的延长会逐渐较少，但冻结不能完全杀死微生物，只要温度回升，微生物就很快繁殖起来。所以食品冻结前要尽量减少食品微生物的污染，才能保证冻结产品的质量。

食品在 $-10\ ℃$ 大部分水已经冻结成冰，剩下的溶液浓度增高，水分活性降低，微生物不能繁殖，所以 $-10\ ℃$ 对冻结食品来说是最高的温度界限。国际制冷学会（IIR）建议为防止微生物的繁殖，冻结食品必须在 $-12\ ℃$ 以下保藏。为防止酶及其他物理变化，冻结食品的冻藏温度一般是 $-18\ ℃$。冻结食品虽然阻止了大部分微生物的生长繁殖，由于少量细菌和食品本身的酶具有活性，尽管活性很小，但由其催化的生化反应仍然缓慢进行，从而降低了食品的品质，所以冻结食品的保藏仍有一定的期限。

（2）生物变化 生物变化主要指活的生物，如昆虫类、寄生虫之类，经过冻结后，生物一般都会死亡。牛肉、猪肉中囊尾蚴在冻结后会死亡；猪肉中的旋毛虫在 $-15\ ℃$ 下 20 d 后会死亡。联合国粮农组织（FAO）和世界卫生组织（WHO）共同建议，肉类中的寄生虫污染不严重时，需在 $-10\ ℃$ 以下至少保藏 10 d；美国对冻结猪肉中旋毛虫规定了温度和时间条件，见表 2-24。

表 2-24 美国杀死猪肉中旋毛虫的温度和时间条件

肉的厚度/cm	时间/d		
	$-15\ ℃$	$-23.3\ ℃$	$-29\ ℃$
<15	20	10	6
15～68	30	20	16

2. 食品在冻藏过程中的变化

经过冻结后的食品必须在较低的温度下进行冻藏，才能有效地保证其冻结时的高品质。冻结食品一般在 $-18\ ℃$ 以下的冻藏室中进行保藏。由于食品中 90% 以上的水分已冻结成冰，微生物已不能生长繁殖，食品中的酶也受到很大的抑制，故可较长时间进行保藏。但在冻藏过程中，由于冻藏条件的变化，比如温度的波动，冻藏期又较长，空气中 O_2 作用还会使食品在冻藏过程中缓慢地发生一系列的变化，使冻藏食品的品质有所下降。保藏时间对冻藏食品的结构和特性的影响至关重要。

1）干耗和冻结烧

在冻藏室内，由于冻结食品表面的温度、室内空气温度和空气冷却器蒸发管表面的温度三者之间存在温度差，因而也形成蒸汽压差。冻结食品表面如高于冻藏室内空气的温度，冻结食品温度进一步降低，同时由于存在蒸汽压差，冻结食品表面的冰结晶升华，这部分含蒸汽较多的空气，因吸收了冻结食品放出的热量后密度减小而向上运动，当流经空气冷却器时，就在温度较低的蒸发管表面水蒸气达到露点和冰点，凝结成霜。冷却并减湿后的空气因密度增大而向下运动，当遇到冻结食品时，因水蒸汽压差的存在，食品表面的冰结晶继续向空气中升华。这样周而复始，以空气为介质，冻结食品表面出现干燥现象，并造成质量损失，成为干耗。冻结食品表面冰晶升华需要的升华热是由冻结食品本身提供的，此外还有外界通过围护结构传入的热量。冻藏室内电灯、操作人员发出的热量等也供给热量。

当冻藏室的围护结构隔热不好、外界传入的热量多、冻藏室内收藏了温度较高的冻结食品、冻藏室内空气温度变动剧烈、冻藏室内蒸发管表面温度与空气之间温差太大、冻藏室内空气流通速度太快等都会加剧冻结食品的干耗现象。开始时仅仅在冻结食品的表面层发生冰晶升华，食品表面出现脱水，随着冻藏时间的延长，多孔层不断加深，造成质量损失，而且冰晶升华后留存的细微孔穴大大增加了冻结食品与空气的接触面积。在 O_2 的作用下，食品中的脂肪氧化酸败，表面发生褐变，使食品的风味、气味、质地、营养价值都变差，这种现

象称为冻结烧。冻结烧部分的食品含水率非常低，接近 2%～3%，断面层呈海绵状，蛋白质脱水变性并容易吸收冻藏库中的各种气味，食品质量严重下降。

为了减少和避免冻结食品在冻藏过程中出现干耗和冻结烧，在冷藏库的结构上要防止外界热量的传入，提高冷库外墙围护结构的隔热效果。国外利用夹套冷库可以使由外围结构传入的热量在夹套中及时被带走，不再传入库内，使冻藏室的温度保持稳定。如果冻结食品的温度与库温一致的话，可基本上不发生干耗。

2）冻藏食品的冰结晶成长

在冻藏阶段，除非起始冷冻条件产生的冰晶总量低于体系热力学所要求的总量，否则在给定温度下，冰晶总量为一定值。同时冰晶数量将减少，其平均体积将增大，这是冰晶与未冻结基质间表面自由能变化的结果，也是晶核生长需求的结果。无论是恒温还是变温条件下，趋势都是表面的冰晶含量下降。温度波动（如温度上升）会使小冰晶的相对体积降低幅度比大冰晶大。在冷冻循环中，大横断面的冰晶更易截取返回固相的水分子。在冻藏阶段，冰晶尺寸的增大会产生损伤，从而使产品质量受损。再者，在冻藏阶段，相互接触的冰晶聚集在一起，导致其尺寸增大，表面积减小。当微小的冰晶相互接触时，会结合成一个较大的冰晶。

重结晶是冻藏期间反复解冻和再结晶后出现的一种冰晶体积增大的现象。贮藏室内的温度波动是产生重结晶的重要原因。通常，食品细胞或肌纤维内汁液浓度比细胞外高，故它的冻结温度比较低。保藏温度回升时，细胞或肌纤维内部冻结点较低部分的冻结水分首先融化，经细胞膜扩散到细胞间隙，这样未融化的冰晶体就处于外渗的水分包围中。温度再次下降，这些外渗的水分就在未融化的冰晶体的周围再次结晶，增大了它的冰晶体积。

重结晶的程度直接取决于单位时间内温度波动次数和程度，波动幅度越大，次数越多，重结晶的情况越剧烈。因此，即使冻结工艺良好，冰结晶微细均匀，但是冻藏条件不好，经过反复冻结和再结晶，也会促使冰晶体积增大，数量减少，以致严重破坏了食品的组织结构，使食品解冻后失去了弹

性，口感风味变差，营养价值下降。冻藏过程中冰晶直径和食品组织结构的变化见表 2-25。

表 2-25　冻藏过程中食品内冰晶直径和食品组织结构的变化情况

冻藏天数/d	冰晶直径/μm	解冻后的组织状态
刚冻结	70	完全恢复
7	84	完全恢复
14	115	组织不规则
30	110	略有恢复
45	140	略有恢复
60	160	略有恢复

即使在良好的冻藏条件下仍然不能避免温度波动，这只能要求在冻藏室内预定的温度波动范围内，尽量维持稳定的贮藏温度。如使用现代温度控制系统时，要求在一定温度循环范围内及时地调整温度。因此，冻藏室内的温度经常从最高到最低反复波动，大约 2 h 一次，在 -18 ℃的冻藏室内，温度波动范围即使只有 ±3 ℃之差，对食品的品质仍存在损害。温差超过 ±5 ℃的条件下解冻将会加强"残留浓缩水"对食品的危害。在有限传热速率影响下，冻藏室的温度不论如何波动，食品内部都会出现滞后现象，故食品内部温度波动范围必然比冻藏室小。在 -18 ℃贮藏室内温度波动范围虽然不大，但大多数冻结食品需要长期保藏，小冰晶向大冰晶以蒸汽的形式发生转移的数量也会很多，这样就产生明显的危害。

3）色泽变化

（1）脂肪的变色　多脂肪鱼类如大马哈鱼、沙丁鱼、带鱼等，在冻藏过程中因脂肪氧化会发生黄褐变，同时鱼体发黏，产生异味，丧失食品的食用价值。

（2）蔬菜的变色　蔬菜在速冻前一般要将原料进行漂烫处理，破坏过氧化物酶，使速冻蔬菜在冻藏中不变色。如果漂烫的温度与时间不够，过氧化物酶失活不彻底，绿色蔬菜在冻藏过程中会变成黄褐色。如果漂烫时间过长，绿色蔬菜也会呈现黄褐色，这是因为蔬菜叶子中含有叶绿素时呈现绿色，当叶绿素变成脱镁叶绿素时，叶子就会失去绿色而呈现黄褐色，酸性条件会促进这个变化。蔬菜在热

水中漂烫时间过长，蔬菜中的有机酸溶入水中使其变成酸性的水，会促使上述变色反应的发生。所以正确掌握蔬菜漂烫的温度和时间，是保证速冻蔬菜在冻藏中不变色的重要环节。

（3）红色鱼肉的褐变　具有代表性的是金枪鱼的褐变。金枪鱼是一种经济价值较高的鱼类，日本人有食用金枪鱼鱼片的习惯。金枪鱼肉在−20 ℃以下冻藏 2 个月以上，其鱼肉由红色向红褐色、褐红色、褐色转变，作为生鱼片的商品价值下降。这种现象的发生，是由于肌肉中亮红色的氧合肌红蛋白在低氧分压下被氧化成褐色的高铁肌红蛋白的原因。冻藏温度在−35 ℃以下可以延缓这一变化，如果采用−60 ℃的超低温冷库，保色效果更佳。

（4）虾的黑变　虾类在冻结保藏过程中，其头、胸等多部位会发生黑变，出现黑斑，使其商品价值下降。产生黑变的主要原因是氧化酶（酚酶）在低温下仍有活性，使酪氨酸氧化，生成黑色素。黑变的发生与虾类的鲜度有很大关系。新鲜虾冻结后，因酚酶无活性，冻藏中不会发生褐变；而不新鲜的虾，其酚酶活化，在冻结保藏中会发生黑变。

4）冻藏中的化学变化

（1）蛋白质的冻结变性　食品中的蛋白质在冻结过程中会发生冻结变性。在冻藏过程中，因冻藏温度的变动，冰结晶的成长，会机械挤压肌原纤维蛋白，使其互相结合形成交联，增加了蛋白质的冻结变性程度。通常认为，冻藏温度低，蛋白质的冻结变性程度小。钙、镁等水溶性盐类会促进鱼类蛋白质冻结变性，而磷酸盐、糖类、甘油等可以减少鱼肉蛋白质的冻结变性。

（2）脂类的变化　含不饱和脂肪酸多的冻结食品必须注意脂类的变化对食品品质的影响。鱼类脂肪大多为不饱和脂肪酸，特别是一些多脂鱼，如鲱鱼、鲭鱼等，其多不饱和脂肪酸的含量更多，主要分布在皮下靠近侧线的暗色肉中，即使在很低的温度下也保持液体状态。鱼类在冻藏过程中，脂肪酸往往因冰晶的压力由内部转移到表层中，因此很容易在空气中氧的作用下发生自动氧化，产生酸臭味。当与蛋白质的分解产物共存时，脂类氧化产生

的羰基与氨基反应，脂类氧化产生的游离基与含氮化合物反应，氧化脂类相互反应，产生褐变，使鱼体的外观恶化，风味、口感及营养价值下降。由于这些变化主要是由脂类引起的，因此可采取降低冻藏温度、镀冰衣、添加抗氧化剂等措施加以防止。

5）溶质结晶及 pH 变化

经初始冷冻后，许多溶质在未冻结相中均为过饱和溶液，很快它们便会结晶或沉淀，这将改变溶质的相对含量及实际浓度，并最终改变其离子浓度。由于改变了缓冲组分的比率，pH 也会发生变化。这些因素还会影响其他分子的稳定性，因此溶液中分子的特性将随总成分的改变而继续发生变化。

2.3.5　食品冻结、冻藏过程中冷耗量和冻结时间的计算

1. 食品冻结过程中的冷耗量

食品冻结过程总是在一定的温度范围内进行，因而计算时必须知道食品冻结过程中整个温度范围内的平均热力学性质。显然，同一温差范围内的各热力学性质的平均值，可按食品在冻结过程中的平均温度进行推算。表 2-26 列出的肉类在冻结过程中的平均温度，就是按照温度和肉类水分冻结率的关系曲线用图解积分法推算得到的。例如温度从−1 ℃降低到−20 ℃，在表 2-26 中可以根据初温−1 ℃的横线和终温−20 ℃的垂线的相互交点找出它在该温度范围内的平均温度−5.91 ℃。某一温度范围内的平均湿度是确定食品在冻结过程中的热力学特性平均值的基础。

1）冷却阶段的冷耗量

冻结前食品冷却时的放热量，即食品从初温冷却到食品冻结点温度时的放热量：

$$Q_1 = mc_0(T_{初} - T_{冻})$$

式中：Q_1 为冻结前食品冷却时的放热量，kJ；m 为食品的质量，kg；c_0 为温度高于食品冻结点时食品的质量热容，kJ/(kg·K)；$T_{初}$ 为食品的初温，K；$T_{冻}$ 为食品的冻结点温度，K。

2）冻结阶段的冷耗量

冰晶体形成时食品的放热量，即食品温度从冻结点温度下降到最终温度时因形成冰晶而放出的潜热。

表 2-26　温度从 $T_初$ 到 $T_终$ 范围内肉类冻结时的平均温度

冻结初温 $T_初$/℃	肉类冻结终温 $T_终$/℃								
	−2	−4	−6	−8	−10	−12	−14	−16	−20
−1	−1.50	−2.05	−2.65	−3.22	−3.88	−4.65	−5.25	−5.91	−6.77
−2	−2.00	−2.76	−3.76	−4.21	−4.97	−5.80	−6.71	−7.35	−8.25
−4		−4.00	−4.91	−5.65	−6.60	−7.65	−8.60	−9.45	−10.30
−6			−6.00	−6.91	−7.95	−9.02	−10.15	−11.10	−12.10
−8				−8.00	−9.10	−10.24	−11.42	−12.24	−13.55
−10					−10.00	−11.25	−12.35	−13.55	−14.92
−12						−12.00	−13.22	−14.45	−16.05
−14							−14.00	−15.25	−17.20
−16								−16.00	−18.18
−18									−19.15
−20									−20.00

$$Q_2 = mw\omega r_冰$$

式中：Q_2 为食品中水分因形成冰晶体所放出的潜热，kJ；w 为食品中的水分含量，%；ω 为食品达到最终温度时的水分冻结率，%；$r_冰$ 为食品中水分形成冰晶体时所放出的潜热，334.72 kJ/kg。

3）冻结后继续降温阶段的冷耗量

冻结食品因温度下降而放出的热量，即冻结食品从冻结点温度下降到最终温度时所放出的热量：

$$Q_3 = mc_T(T_冻 - T_终)$$

式中：Q_3 为冻结食品因温度下降而放出的热量，kJ；c_T 为温度低于食品冻结点时的食品质量热容，kJ/(kg·K)；$T_冻$ 为食品的平均冻结点温度，K；$T_终$ 为食品的冻结终温，K。

食品在冻结过程的总放热量为：

$$Q = Q_1 + Q_2 + Q_3$$

式中：Q 为食品在冻结过程中的总放热量，kJ。

2. 食品的冻结时间

设表面平坦且厚度为 l 的食品预冷到 0 ℃，置于冷却介质温度为 T 的环境中，食品温度降到冻结点 T_p 时开始冻结。经过一段时间后冻结层离表面已有 x 距离，又经过 dt 时间后冻结层向内推进

dx 距离（图 2-9）。

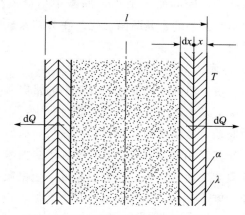

图 2-9　表面平坦食品的冻结示意图

表面积为 A，厚度为 dx 的冻结层在冻结过程中放出的热量为：

$$dQ = A\rho q_i dx$$

式中：ρ 为食品的密度，kg/m³；q_i 为食品中的水分形成冰晶时放出的热量，kJ/kg。

此热量在 T_p 与 T 温度差作用下，经厚度为 x 的冻结层在 dt 时间内传递至冷却介质，其传递出的热量为：

$$dQ = KA(T_p - T)dt$$

式中：K 为传热系数。

显然 $\qquad KA(T_p - T)\mathrm{d}t = A\rho q_i \mathrm{d}x$

整理得 $\qquad \mathrm{d}t = \dfrac{\rho q_i}{K}\dfrac{1}{(T_p - T)}\mathrm{d}x$

其中 $\qquad \dfrac{1}{K} = \dfrac{1}{h} + \dfrac{x}{\lambda}$

所以 $\qquad \mathrm{d}t = \dfrac{q_i \rho}{T_p - T}\left(\dfrac{1}{h} + \dfrac{x}{\lambda}\right)\mathrm{d}x$

对上式确定边界条件后进行积分

$$\int_0^t \mathrm{d}t = \int_0^{\frac{l}{2}} \frac{q_i \rho}{T_p - T}\left(\frac{1}{h} + \frac{x}{\lambda}\right)\mathrm{d}x$$

$$t = \frac{q_i \rho}{2(T_p - T)}\left(\frac{l}{h} + \frac{l^2}{4\lambda}\right)$$

上式为平板状食品的冻结时间计算式，圆状食品的冻结时间分别为：

圆柱状食品：$\qquad t = \dfrac{q_i \rho}{4(T_p - T)}\left(\dfrac{d}{h} + \dfrac{d^2}{4\lambda}\right)$

球状食品：$\qquad t = \dfrac{q_i \rho}{6(T_p - T)}\left(\dfrac{d}{h} + \dfrac{d^2}{4\lambda}\right)$

这里的 d 分别为圆柱状食品和球状食品的直径。

上述公式引入适当的系数就能得到适用于三种几何形状的通用公式：

$$t = \frac{q_i \rho}{(T_p - T)}\left(\frac{Px}{h} + \frac{Rx^2}{\lambda}\right)$$

式中：P 和 R 为系数，随被冻结食品的几何形状而异。对于平板状食品：$P = 1/2$，$R = 1/8$；对于圆柱状食品：$P = 1/4$，$R = 1/16$；对于球状食品：$P = 1/6$，$R = 1/24$。

该计算公式有一定的局限性，首先它只考虑食品中的水分冻结成冰时放出潜热的时间，而未考虑从食品初温冷却至食品冻结点的时间。其次，在计算式推导中将冻结食品的热导率 λ 值视为常数，实际上随着冻结层温度的下降，食品中的水分冻结率增加，冻结食品的热导率会逐步增大。再则，该式假定传热是在两侧温度不变的稳定条件下进行的，实际冻结过程中两侧温度差会发生变化。为改进这种状况出现了许多引进其他因素的计算式，这些计算式的计算精确度提高了，但是却繁杂得多。因此尽管此计算式有一定的局限性，但仍能满足实际要求。

为改进精度，在计算式中以食品初温和冻结终温时的焓差 $\Delta H = H_1 - H_2$ 来取代 q_i，则冻结时间的计算式修改为：

$$t = \frac{(H_1 - H_2)\rho}{3.6(T_p - T)}\left(\frac{Px}{h} + \frac{Rx^2}{\lambda}\right)$$

式中：t 为食品的冻结时间，h；H_1 为食品的初温时的焓值，kJ/kg；H_2 为食品的终温时的焓值，kJ/kg；ρ 为食品的密度，kg/m³；T_p 为食品的冻结点温度，K；T 为冷却介质的温度，K；x 为平板状食品的厚度或圆柱状和球状食品的直径，m；h 为食品表面的对流传热系数，W/(m²·K)；λ 为冻结食品的热导率，W/(m²·K)；P 和 R 为与食品形状有关的系数；3.6 为功率换算系数，1 W = 3.6 kJ/h。

2.3.6 冻结装置

用于食品的冷冻装置多种多样，按使用的冷冻介质以及与食品的接触状况可分为四类：冷风冻结装置、平板冻结装置、低温液体冻结装置和超低温液体冻结装置。

1. 冷风冻结装置

用冷空气作为冷冻介质对食品进行冻结是现在应用最广泛的冻结方法。冷风冻结装置内的空气温度为 −46～−23 ℃，风速为 3～10 m/s。冷风冻结装置包括隧道式冻结装置、传送带式冻结装置、螺旋带式冻结装置和流化床冻结装置。

1）隧道式冻结装置

这是一种多用途装置（图 2-10），特别适用于产品数量多的生产单位。典型的产品有全鸡、菠菜和猪肉等包装产品，以及肉馅饼、肉丸等无包装的产品。

如图 2-10 所示，被冻结的食品放在托盘内，托盘放在带轮子的搁架车上，每辆车上有 2×20 个托盘。搁架车由液压推动机构轨道上依次推进冻结隧道。位于冷却器上的风机使冷空气向下流经搁架车上的食品，与食品热交换过的空气从搁架车上折回到风机处。当搁架车离开冻结隧道后，可将冻结后的食品从托盘中取出，把搁架车送回装料站。

2）传送带式冻结装置

这是一种连续式的冻结装置（图 2-11），适用于场地狭小的工厂，其冻结的常见食品有鱼条、鱼块、薯条等。

用于冻结时间为 10～180 min 的各种食品，常见的食品有肉馅饼、鱼糕、鱼块、鸡块、水果馅饼、纸杯冰淇淋等，优点是该装置占地面积小，冷冻速度快。

如图 2-12 所示，被冻结的食品直接放在传送带上，根据需要也可采用冻结盘，食品随着传送带进入冻结装置后，由下盘旋传动而上，并在传送过程中冻结，冻结完成后的食品从出料口排出。由于传送带是连续的，它从出料口又折回到进料口。这种冻结装置传送带的上升角度为 2°，几乎接近水平。这种冻结装置有一个特殊的冷风循环系统，冷风可垂直向下吹过所有各层传送带，且直接从食品表面吹过，其干耗比一般冻结装置少约 50%。

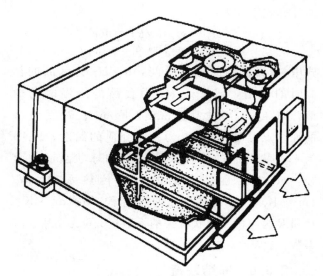

图 2-10 隧道式冻结装置示意图

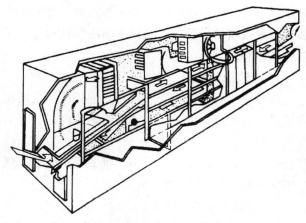

图 2-11 传送带式冻结装置示意图

这种装置是利用垂直冷空气流强制通过食品，与之进行良好的热交换。由生产线来的食品应薄厚均匀地加到最上层的传送带上，否则在食品分布较薄处冷空气的阻力较小，大部分气流将由此通过，造成所谓气流短路。冻结装置内的空气温度一般为 −40～−35 ℃，食品由进料口输入该装置的最上层传送带，经冷气流的快速冷冻，到该层末端时跌落到第二层传送带上，又往回传送，逐渐冻结，到末端滑入第三层传送带上，直至冻结完成后从出料槽输出。

3）螺旋带式冻结装置

这也是一种连续式冻结装置（图 2-12），适

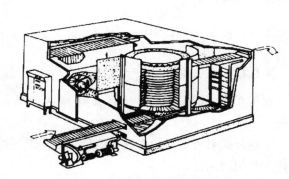

图 2-12 螺旋带式冻结装置示意图

4）流化床冻结装置

这是一种专用于食品单体速冻的装置（图 2-13）。所谓单体速冻是把食品一个一个地冻结，而不是互相冻成一团，冻品的质量好，分装和销售都比较方便。如图 2-13 所示，在隔热的壳体中设置了长条形的金属制槽道，槽道底部开有许多小孔，槽道的侧面或下方设有蒸发器组和离心风机，−30 ℃ 左右的冷风以 6～8 m/s 的风速从槽底小孔吹出，置于槽道内的待冻食品（形状和大小应比较均匀）被上升的冷气流吹动，悬浮在气流中彼此分离，呈翻滚浮游状态，出现流态化现象。在一定的风速下，冷空气形成气垫，悬浮的食品颗粒好像流体般自由流动，当食品从进料口加入槽道后（槽道向出料口倾斜），就向低的一端移动，于是食品就在这低温气流中一边移动一边冻结。由于食品在冻结过程中呈悬浮分离状态，因而实现了单体速冻。

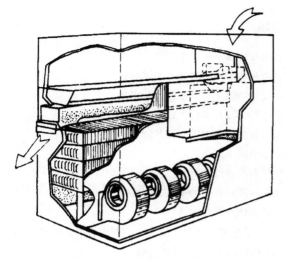

图 2-13 流化床冻结装置示意图

这种冻结装置适用于直径约 40 mm 或长约 125 mm 的食品，常见的食品有豌豆、豆角、胡萝卜丁、整蘑菇或蘑菇片以及切成块、片、条状的蔬菜、草莓、虾仁、肉丁等。

2. 平板冻结装置

平板冻结装置是以若干片平板蒸发器为主体组成的冻结设备（图 2-14）。它的工作原理是将食品放在各层金属平板之间，并借助油压系统使平板与食品紧密接触，此空心金属平板的通道内流动着低温介质（液氨、盐水等），由于金属平板有良好的导热性能，被夹紧的食品可被迅速冻结。当食品两面加压时，其表面传热系数为 92.9～174.3 W/(m² · K)。

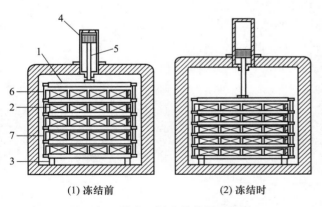

(1) 冻结前　　　　　(2) 冻结时

图 2-14　卧式平板冻结装置示意图

1. 冷却板；2. 螺栓；3. 底栓；4. 活塞；

5. 水压升降机；6. 包装食品；7. 板架

平板冻结装置主要适用于分割肉、鱼类、虾及其他小包装食品的快速冻结。对厚度小于 50 mm

的食品来说，冻结快、干耗小，冻品质量高。平板冻结装置有卧式和立式两种，卧式平板冻结装置的冻结平板呈水平安装，一般有 6～16 块平板。立式平板冻结装置的平板呈直立平行排列，一般有 20 块平板。现在国外已创制出自动装卸料的平板冻结装置，降低了劳动强度，并提高了劳动生产率。

3. 低温液体冻结装置

低温液体的传热性能良好，液体介质还能和形态不规则的食品如龙虾等密切接触，冻结速度快，若对低温液体加以搅拌，则冻结速度还可以进一步提高。

常用的低温液体有氯化钠、甘油和丙二醇溶液。例如，23% 的氯化钠溶液，温度可降低至 −21 ℃ 而不冻结。盐水静止时的表面传热系数 $h = 232.3$ W/(m² · K)，流动时 $h = [232.6 + 1\,419v]$ W/(m² · K)，其中 v 为盐水流速（m/s）。

使用这种盐水冻结装置，鱼体未冻结前会被盐水渗透，鱼体冻结后冰层会阻止盐的渗透。冻结速度越快，这种渗透就越少，咸味仅在 1～2 mm 的表面层。

4. 超低温液体冻结装置

这种装置采用沸点非常低的液化气体，如沸点 −196.56 ℃ 的液氮和沸点为 −78.9 ℃ 的干冰对食品进行冻结。

液氮的汽化潜热为 198.6 kJ/kg，质量热容为 1.033 kJ/(kg · K)。每千克液氮与食品接触时可吸收 198.6 kJ 的蒸发潜热，若再升温至 −20 ℃，还可吸收 181.6 kJ 的显热，两者合计可吸收 380.2 kJ 的热量。液氮冻结装置呈隧道状，中间是不锈钢丝制成的网状传送带，隧道外以聚氨酯泡沫隔热。

待冻食品从传送带输入端输入，依次经过预冷区、冻结区和均温区，冻好后从另一端输出。在预冷区，搅拌风机将 −10～−5 ℃ 的氮气搅动，使之与食品接触，食品经充分换热而预冷。而排气风机则使氮气与食品的移动方向呈逆向流动，以充分利用氮气的冷量。食品进入冻结区后，受到雾化管喷出的雾化液氮喷淋而被冻结。液氮在冻结室外以 34.3 kPa 的压力送入冻结区。在设计时必须保证液氮呈液体状而不是呈气态和食品接触。食品通过均温区时，其表面和中心温度渐趋一致。5 cm 厚

的食品经过 10～30 min 即可完成冻结，其表面温度为－30 ℃，中心温度达－20 ℃，冻结每千克食品的液氮耗用量为 0.7～1.1 kg。液氮的冻结速度极快，在食品表面与中心会产生极大的瞬间温差，造成食品龟裂，所以过厚的食品不宜采用此法，一般食品的厚度应小于 10 cm。

液氮冻结装置构造简单，使用寿命长，可实现超快速冻结，而且食品几乎不发生干耗、氧化变色等变化，很适宜于冻结个体小的食品，不足是液氮的成本较高。

干冰在标准大气压下于－78.9 ℃蒸发沸腾，每千克可吸收 574.3 kJ 的潜热。如蒸发后温度再上升到－20 ℃，以质量热容 0.84 kJ/(kg·K) 计算，还可吸收 49.5 kJ 的显热，二者合计可吸收 623.8 kJ 的热量。干冰也经常用来冻结食品。

思考题

1. 食品冷冻保藏的基本原理是什么？
2. 低温对微生物和酶有什么影响？
3. 简述影响微生物低温致死的因素。
4. 简述食品冷却目的、方法及其优缺点。
5. 简述食品冷藏的方法及其特点。
6. 简述冷藏工艺条件有哪些。
7. 简述食品冻结冷耗量、冻结时间的计算。
8. 食品冷藏过程中的变化表现在哪些方面？
9. 食品冻结有哪些方法？
10. 简述引起冻结食品产生变色、变味的主要原因。
11. 简述冻结对食品品质的影响。
12. 简述食品的冻结过程。

CHAPTER 3 食品气调保藏

【学习目的和要求】

1. 了解食品气调保藏的发展历史、基本概念和气调包装的作用；
2. 掌握食品气调保藏的基本原理、气体组成及其作用；
3. 掌握气调保藏的特点，熟悉气调保藏设备；
4. 熟悉并掌握气调保藏对食品食用品质和加工品质的影响；
5. 掌握各类气调保藏技术及其在日常生活中的应用。

【学习重点】

1. 气调包装的概念、原理；
2. 气调保藏对食品食用品质和加工品质的影响；
3. 气调包装的基本技术及在日常生活中的应用。

【学习难点】

1. 气调保藏对食品食用品质和加工品质的影响；
2. 气调保藏工艺条件选择的原则。

3.1 概　　述

从20世纪初以来，就已通过改善和控制食品周围气体环境的方法来抑制食品的生物活性。经过一个多世纪的实践证明，改善食品的气体环境作为冷藏的补充手段，可以显著延缓食品的生理生化变化，达到保鲜的目的。

气调保藏法在国外又称MAP（modified atmosphere packaging）或CAP（controlled atmosphere packaging），在国内称气调包装、置换气体包装、充气包装。气调保藏法是指在冷藏的基础上，调整环境气体的组成以延长食品寿命和货架期的方法。常用的气体主要有N_2、O_2、CO_2，也有报道指出采用CO和He、Ar等惰性气体。气调保藏技术主要应用于果蔬、畜禽肉、水产、焙烤食品及其他食品的保藏。气调保藏由于较好地保持了食品原有的口感、色泽、形状及营养，同时可达到较长的保鲜期，已越来越受到消费者及食品加工企业的青睐。

现代食品流通销售模式为生鲜农副产品保鲜包装提供了基本条件和无限商机，而气调包装技术为农副产品生鲜品质提供了技术保障。在欧美市场采用气调保藏包装的食品发展十分迅速，年增长速度高达25%，国内市场中气调保藏也在逐年递增。

常见的气调包装机见图3-1。

图3-1　气调包装机

3.1.1　气调保藏的概念

气调保藏是指人为控制气调包装中N_2、O_2和CO_2等气体成分的比例、湿度、温度（冰冻临界点以上）及气压，以抑制食品细胞的呼吸量来延缓其新陈代谢过程，使之处于近休眠状态，而不是细胞死亡状态，从而能够较长时间地保持食品的质地、色泽、口感、营养等品质，进而达到食品长期保鲜的效果。当食品脱离气调保藏环境后，其细胞生命活动仍将保持自然环境中的正常新陈代谢，不会很快成熟腐败。这不仅解决了高温高压、真空包装食品的品质劣化问题，而且也克服了冷藏、冷冻食品的货架期短、流通领域成本高等缺点。气调包装与真空包装材料的要求相近，气调包装增加的成本主要是气体费用。

广义的气调包装包括真空包装、真空贴体包装、MAP和CAP等几种类型。

1. 真空包装和真空贴体包装

真空包装是最早应用的简单气调包装形式，直到现在还广泛应用于生鲜肉、烟熏肉、硬奶酪和研磨咖啡等食品的包装。食品真空包装是把被包装食品装入气密性包装容器，在密闭之前抽真空，使密封后的容器内达到预定真空度的一种包装方法。真空包装防腐保鲜的机理是，包装内的氧含量从21%降低到0.5%~1%时，大多数需氧细菌和真菌的繁殖受到抑制，从而延长食品的货架期。真空包装要求采用高阻隔性包装材料和封口后包装内残留达到0.5%~1%，才能够有效地防腐保鲜食品。真空包装的优点是包装工艺简单和生产效率高，缺点是包装后软性食品易受大气压力挤压变形。

1985年，德国Darflesh System进一步改进了真空包装技术，开发了真空贴体包装。食品用真空贴体包装是一种采用硬膜制盒，顶部覆膜以实现膜紧贴食品的真空包装。其主要工艺为装有食品的硬盒顶部覆膜进入密封模具，顶膜加热软化后对膜与底盒之间的腔体抽真空，顶膜由于上下两侧压差作用向下运动逐渐贴附于食品并适应物料外形，依靠贴体膜表面熔融状态的胶体黏附于底盒，实现贴体效果。真空贴体包装效果形成的关键因素在于特制的真空贴体包装膜。食品用真空贴体包装膜一般为多层共挤成型，有良好的热成型拉伸性和抗穿刺性能。膜与物料接触一侧有热合层，在熔融状态下可与底盒粘连。针对不同物料采用不同阻隔性能的贴体膜，保证气体、水汽、香味阻隔性，提高真空贴

2. MAP 和 CAP

（1）MA 和 CA 气调系统原理　自发气调（modified atmosphere，MA）指采用理想气体组成一次性置换，或在气调系统中建立起预定的调节气体的浓度，在随后的贮存期间不再受到人为的调整。可控气调（controlled atmosphere，CA）指控制产品周围的全部气体环境，即在气调贮藏期间，选用的调节气体浓度一直受到保持稳定的管理或控制。对于具有生理活性的食品，减少 O_2 含量提高 CO_2 浓度，可抑制和降低生鲜食品的需氧呼吸和减少水分损失，抑制微生物繁殖和酶反应，但若过度缺氧，则会难以维持生命必需的新陈代谢，或造成厌氧呼吸，产生变味或不良生理反应而变质腐败。CA 或 MA 不是单纯地排除 O_2，而是改善或控制食品贮存的气体环境，以尽量显著地延长食品的包装有效期。判断一个气调系统是 CA 型还是 MA 型，关键是看对已建立起来的环境气氛是否具有调整和控制功能。

薄膜气调包装系统是指系统中同时存在着两种过程：一是产品（包括微生物）的生理生化过程，即新陈代谢的呼吸过程；二是薄膜透气作用导致产品与包装内气体的交换过程，这两个过程使薄膜气调系统成为一个动态系统，在一定条件下可实现动态平衡，即产品与包装内气体环境气体交换速率与包装内环境气体透过薄膜与大气的交换速率相等。各种薄膜气调系统的差异表现在：能否在气调期内出现动态平衡点，能否有保持动态平衡相对稳定的能力。这种差异的存在，也就被定性为 CA 型或 MA 型。

（2）MAP 和 CAP　根据包装后包装材料对内部气体的控制程度而分为 MAP 和 CAP。MAP 和 CAP 不同之处在于对包装内部环境气体是否具有自动调节作用，从这个意义上，传统的真空和充气包装属 MAP 范畴。

（3）气调包装的特点

① 贮藏时间长。气调贮藏综合了低温和环境气体成分调节两方面的技术，极大程度地抑制了果蔬的呼吸作用，减少营养成分和其他物质分解，延缓了果蔬新陈代谢的速率，推迟了成熟衰老，使得果蔬贮藏期得以较大程度地延长。

② 保鲜效果好。气调贮藏应用于新鲜园艺产品时，能延缓产品的成熟衰老，抑制乙烯生成，防止病害的发生，使经气调贮藏的水果色泽亮、果柄青绿、果实丰满、果味纯正、汁多肉脆，与其他贮藏方法相比，气调贮藏引起的水果品质下降要少得多。

③ 减少贮藏损失。气调贮藏尤其是气调冷藏库，通过严格控制库内温度、湿度及 O_2 和 CO_2 等气体成分，有效地抑制了果蔬的呼吸作用、蒸腾作用和微生物的生长繁殖，贮藏期间因失水、腐烂等造成的损耗大大降低。气调贮藏可提高果蔬的优质率，解决果蔬生产经营中的"旺季烂，淡季盼"的矛盾，具有巨大的经济和社会效益。

④ 货架期长。经气调贮藏后的水果由于长期处于低氧和较高二氧化碳的作用下，在解除气调状态后，仍有一段很长时间的"滞后效应"。在保持相同质量的前提下，气调贮藏的货架期是冷藏的 $2\sim3$ 倍。另外，在相同的贮藏条件下，气调贮藏果蔬出库后的货架期比冷藏长，便于果蔬长途运输。

⑤ 绿色贮藏。在果蔬气调贮藏过程中，由于低温、低氧和较高二氧化碳的相互作用，基本可以抑制病菌的发生。贮藏过程中基本不用化学药物进行防腐处理，其贮藏环境中，气体成分与空气相似，不会使果蔬产生对人体有害的物质。在贮藏环境中，采用密封循环制冷系统调节温度。使用饮用水提高相对湿度，不会对果蔬产生任何污染，完全符合食品卫生要求。

3.1.2　气调保藏的历史

气调保藏技术的发展也是随着食品科学技术、包装材料技术、包装技术和包装设备的发展而不断发展的。

1. 气调保藏历史沿革

气调包装作为一种食品包装技术，已有较长的历史，早在 20 世纪 30 年代欧美已开始研究使用 CO_2 气体保存肉类产品；50 年代研究开发了 N_2 和 CO_2 气体置换牛肉罐头和奶酪罐中的空气，有效延长了保质期；60 年代由于各种气密性塑料包装材料的开发，很多食品如肉食品、水果、蔬菜、蛋糕、茶叶和乳制品等都成功地采用了气体置换包装技术；70 年代生鲜肉的充气包装在欧美各国广泛应用，从此气调包装在全世界蓬勃发展。

1851 年，现代制冷之父——澳大利亚的詹姆斯·哈里森设计并制造了世界上第一台制冷压缩机及其辅助设备，并用于果蔬保鲜，被认为是果蔬保鲜史上的第一次革命。其真正摆脱了利用自然冷源保鲜果蔬造成的季节性和地区性的限制，大大提高了贮藏温度控制的精确性，扩大了低温保鲜果蔬的地理和季节应用范围，改善了果蔬保鲜质量，并延长了贮藏期限，随之在商业上得到大量的应用。在控制低温的基础上，降低空气中 O_2 的浓度，提高 CO_2 的浓度，在很大程度上比单纯冷藏能更进一步地降低果蔬的呼吸代谢，且比冷藏延长贮藏期一倍以上。

1860 年英国建立了一座气密性较高的贮藏库，贮藏苹果库温不超过 1 ℃。试验结果表明苹果质量良好，但当时未被重视。

1916 年英国的 Kidd 和 West 两人对苹果进行气调贮藏。开始只调节空气成分，试验失败。而后在冷藏的基础上调节气体成分，试验成功。

1920 年英国的基德和韦斯特提出气调贮藏理论。

1927 年英国科学家首次进行经典苹果气调贮藏试验，并于 1927 年发表研究成果，为商用气调贮藏建立基础。

1929 年在英国建立了第一座气调库，贮藏苹果 30 t，库内气体含氧量为 3%～5%、二氧化碳为 10%。

英国经过十多年的研究于 1941 年发表报告，提供了气体成分和温度参考数据，以及气调库的建筑方法和气调库的操作等有关问题。

1957 年，Workman 和 Hummel 等同时发现，一些果蔬在冷藏的基础上再加上降低气压的条件，与常规气调相比可明显地延长其贮藏寿命。

1962 年美国研制成功燃料冲洗式气体发生器，用丙烷来燃烧，使空气中氧减少、二氧化碳增高。从此达到了真正的气调贮藏，使气调冷藏技术进入了一个新阶段。

1966 年，美国的 Burg 等提出了完整的减压贮藏理论和技术。此后，在许多国家相继开展了广泛的研究，试验范围也从最先试用的苹果迅速扩展到其他品种的果蔬。

1975 年起美国开始有供商业用的减压贮藏设备。

我国对气调贮藏研究始于 20 世纪 70 年代后期，于 1978 年在北京建成第一座 50 t 的试验性气调贮藏库，但在生产和商业中的应用是近几十年的事。

2. 气调保藏的发展和市场应用

食品的气调保藏走过了相当漫长的一段路，虽然目前气调包装食品在世界食品市场上的地位并不是十分显著，但它是欧洲和北美洲食品市场增长的重要组成部分。近些年来食品气调包装在国内也得到了较快的发展。由于气调包装和真空包装被认为是相同的包装技术，国外统计包装食品市场应用时包括真空包装在内。

1) 国外食品气调包装的市场应用

(1) 北美洲　美国和加拿大约 80% 牛肉销售由肉类包装生产商以分割肉真空包装形式供应给零售商、旅馆、餐馆。北美大约一半的新鲜家禽肉类等易腐的初加工食品采用气调包装供应给食品零售商。美国气调包装或真空包装熟家禽肉类和真空包装腌制家禽肉类的零售市场增长很快，而所有零售的加工肉类和奶酪都采用真空包装或充氮包装，熟食店的熟肉则采用真空包装，约 15% 的生菜和 80% 加利福尼亚草莓为气调包装，美国有约 500 个厂商采用类似 Sous Vide 包装的蒸煮冷却包装技术供应汤料和调味料。

(2) 欧洲　欧洲是食品气调包装市场应用最发达的地区。食品销售网点间距离短是货架期短的气调包装食品的有利条件。欧洲大型食品连锁零售链的销售方式使食品气调包装市场取得很大的成功。此外，大型食品连锁零售链向包装供应商规定了产品的质量和配送要求，从而保证了气调包装食品的质量和货架期。

2) 我国食品气调包装的市场应用

我国自 20 世纪 70 年代后期开发真空包装机以来，真空包装已广泛应用于新鲜肉类、茶叶、休闲食品等食品的防腐保鲜，在市场应用中取得很大成功。此外，封入吸氧剂和吸湿剂小包的气调包装也广泛应用于焙烤食品和休闲食品。在真空包装基础上的充氮包装也少量用于氧敏感食品和蔬菜包装。但这类包装的包装工艺都没有严格的规定或标准，如包装材料的阻隔性要求、包装内残氧率及货架期内的理化指标和微生物指标等，因而有的产品质量和货架期质量得不到保证。

随着我国大城市消费者对冷藏新鲜食品需求的增加，真空包装已不能满足各类食品保鲜包装要求。我国在20世纪90年代后期开始研究开发气调包装的设备和工艺，如上海海洋大学和江苏工学院（现江苏大学）先后研究开发了食品气调包装工艺和设备，上海肉类加工企业引进国外气调包装设备开发新鲜猪肉气调包装的市场，为我国食品气调包装市场打下坚实的基础。21世纪以来，食品气调包装的研究与市场应用进入一个快速发展时期，许多高等院校和研究单位在肉类、鱼类和果蔬等新鲜食品气调包装的工艺方面做了大量的理论研究和实践。国内的一些食品包装机械厂商根据市场的需求开发生产效率较高的气调包装机械，如成都市罗迪波尔机械设备有限公司自动盒式气调包装机等，为食品包装市场的开发提供了必要的条件。

目前我国农产品和食品加工业对食品气调包装的要求主要有以下三个方面：果蔬类保鲜，如杨梅、枇杷、荔枝、桂圆、各种菇类和净菜（即鲜切蔬菜）；新鲜肉类保鲜，主要是猪肉、牛肉和禽肉；熟食类保鲜，如菜肴、方便餐等。但是目前除了新鲜猪肉、新鲜果蔬和熟制肉品的气调保鲜包装有市场应用外，其他的食品气调包装较少，因此我国食品气调包装市场的应用前景十分广阔。

3）食品气调包装在日常生活中的具体应用

（1）生鲜鱼虾的气调包装　新鲜水产及海产鱼类的变质主要是细菌分解鱼肉蛋白，从而释放出有腐败味的三甲胺，同时还伴随着鱼肉脂肪的氧化酸败，鱼体内酶降解使鱼肉变软，鱼体表面细菌（需氧型大肠杆菌、厌氧型梭状芽孢杆菌）产生毒素等，进而危及人体健康。

用于生鲜鱼虾类气调包装的气体由 CO_2、O_2 和 N_2 组成。其中 CO_2 的浓度高于 50%，抑制需氧细菌、霉菌生长。O_2 浓度控制在 10%～15%，抑制厌氧菌的繁殖。鱼的鳃和内脏含有大量的细菌，在进行包装前需要进行清除、清洗及消毒处理。由于 CO_2 易渗出塑料薄膜，因此鱼类气调包装的包装材料需要使用对气体阻隔性较高的复合型塑料薄膜。一般情况下，在 0～4 ℃可保持 10～15 d。英国金枪鱼采用 35%～45% CO_2 和 55%～65% N_2 气体保鲜包装，货架期 6 d。

虾的变质主要由微生物引起。其内在酶的作用会导致虾变黑。采用气调包装可对虾进行保鲜。可先将虾浸泡在 100 mg/L 溶菌酶和 1.25% 亚硫酸氢钠的保鲜液中处理后，采用 40% CO_2 和 60% N_2 混合气体灌充至气调包装袋内，其保质期较对照样品延长 22 d，是对照样品保质期的6.5 倍。

（2）牛肉的气调包装　牛肉中的气调包装主要分为有氧包装和无氧包装，有氧包装气体组成中含有 O_2，其他为 N_2、CO_2 中的一种或两种；无氧包装气体组成为 N_2、CO_2、CO 中的一种、两种或三种。有氧包装按其氧气含量高低又分为高氧包装和低氧包装，高氧包装中氧气的含量一般为 80%，低氧包装中氧气的含量在 80% 以下，大部分为40%～60%。相关报道简述如下。

牛肉的有氧气调包装

牛肉的有氧气调包装中 O_2 对牛肉保持鲜红色泽和抑制厌氧微生物的生长繁殖等有较好的效果，但是 O_2 存在时也会使肉品氧化速度加快。黄壮霞报道通过预处理终温为 4 ℃，预处理压力为1 200 Pa，联合气调包装充入体积分数 40% O_2/25% CO_2 气体，通过感官评价、pH、色度、菌落总数的测定，说明牛肉气调包装保鲜效果较佳，可使牛肉货架期延长至 14 d 以上。胡长利等报道了不同比例组合的 CO_2、O_2、N_2 作为气调包装对低温保藏的新鲜牛臀肉品质的影响。以真空包装为对照，对保藏期间牛肉色泽、菌相变化、失重率、pH、挥发性盐基氮等参数进行分析。结果表明，气调组成为 45% O_2/45% CO_2/10% N_2 时，在 0～4 ℃条件下，牛臀肉可以保藏 20 d，并保持色泽稳定。M. G. O' Sullivan 报道采用不同气体组成对牛肉进行气调包装，然后置于 4 ℃条件下保存 15

d，通过检测脂质氧化、多汁性、嫩度、pH、色度、滴水损失和蒸煮损失的变化，结果表明气体组成为 $50\%O_2/20\%CO_2/30\%N_2$ 时，包装牛肉具有较好的感官品质。K. M. Murphy 报道了气体组成为（$80\%O_2/20\%CO_2$）时，气体体积与牛肉体积比 2 : 1、1 : 1、0.5 : 1 时对牛肉货架期的影响，通过检测 pH、肉色、质构和微生物指标的变化，结果表明气体与牛肉的体积比为 2 : 1、1 : 1 时感官品质和可接受性相似，包装袋大小和气体容量减少不会影响牛肉的品质和货架期。P. I. Zakrys-Waliwander 报道了高氧和低氧气调包装牛肉对牛肉感官品质的影响，通过检测贮藏过程中微生物指标、生化指标、感官指标的变化，结果表明市场上包装的牛肉及试验组牛肉在整个贮藏期间微生物没有超标，但是市场上包装牛肉比试验组牛肉乳酸菌的总数高。由此可见，当牛肉采用有氧气调包装时，至少可使牛肉的货架期延长至 14 d。

牛肉的无氧气调包装

牛肉的无氧气调包装中通过 CO 使牛肉保持较好的色泽，CO_2 的存在抑制需氧菌的生长繁殖，由于没有 O_2 的存在使得牛肉的货架期更长。戴瑞彤报道用 $0.5\%CO/60.4\%CO_2/39.1\%N_2$ 的气体组成包装冷却牛肉，在 1 ± 1 ℃下贮藏，通过检测 TVB-N 及细菌总数、乳酸菌数、热死环丝菌、假单胞菌在贮藏过程中的变化，表明在贮藏 28d 时牛肉在保持鲜红颜色的同时，鲜度仍在国标规定的范围内。比较气调包装（$69.6\%N_2/30\%CO_2/0.4\%CO$）和真空包装对碎牛肉色泽稳定性的影响，结果显示气调包装比真空包装碎牛肉具有更好的色泽稳定性。由此可见，无氧气调包装能够更好地保持牛肉的色泽和延长牛肉的货架期。

消费者对牛肉气调包装的接受程度

采用气调包装技术对牛肉进行包装，能否更好地受到广大消费者的喜爱，直接影响气调包装技术的应用；采用何种形式的气调包装更受消费者喜爱，为气调包装技术的研究提供现实依据。据调查丹麦、挪威、瑞典三个国家共 1 072 个消费者对有氧（$80\%O_2/20\%CO_2$）和无氧（$69.6\%N_2/30\%CO_2$、$0.4\%CO$ 或 $70\%N_2/30\%CO_2$）包装牛肉喜爱程度的影响，结果表明三个国家的消费者比较喜欢无氧包装的牛肉。由此可见，消费者倾向于购买能够为消费者提供具有更好感官品质和食用品质的商品。

综上所述，气调包装技术能够很好地提高冷鲜牛肉的食用品质和延长牛肉的货架期，具有很好的社会价值和经济价值。此外，也有相关报道将气调包装技术与其他保鲜技术如真空预处理技术、保鲜剂复合处理技术、紫外线、超声波等处理技术联合，进行牛肉的保鲜，也取得了较好的效果。

（3）畜禽生鲜肉类的气调包装 生鲜肉气调包装保鲜效果受多方面因素的影响，其主要因素有生鲜肉在包装前的预处理、食品质量、微生物环境、贮藏温度以及包装材料的选择。

生鲜肉在包装前的预处理：生猪屠宰后如果在 $0\sim4$ ℃下冷却 24 h，三磷酸腺苷（ATP）停止活动后便产生排酸的过程。食品及微生物中的各种生化反应的进行都有一定温度要求，各种生化反应速度与温度在一定的范围内成正比。当温度降低时食品及微生物中的生化反应明显减弱，新陈代谢水平降低。同时酶类活性显著降低，也使微生物所分泌到其周围的酶类活性明显降低，因而可以控制各种酶促反应。经过处理后的冷却肉，其营养和口感远比热鲜肉与速冻肉要好。此外，为了保证气调包装的保鲜效果，还必须控制好鲜肉在包装前的卫生指标，防止微生物的污染。

在肉类的气调保鲜包装中，使用高浓度的 O_2 可使鲜肉保持的鲜红色更加鲜艳，在缺氧的环境下，则肉质呈淡紫色，如果用 CO_2、N_2 等保鲜气体，肉的色泽呈淡紫色，保鲜期可达 30 d 左右。生鲜肉类包装材料也要求使用对气体有高阻隔性能的复合塑料包装材料。

（4）熟肉制品的气调保鲜包装 熟肉食品气调保鲜包装除了对原料有较严格的要求外，食品烹调加工达到巴氏杀菌标准和保持时间也很重要。如美国农业部熟牛肉包装的巴氏杀菌标准，要求食品的中心温度达到 71.1 ℃并保持 7.3 s。熟食品烹调后立即需要真空快速冷却和分切成薄片后包装，如果这阶段的加工卫生条件差，如空气有病原菌或刀具与操作人员消毒不足等，都会使食品再次受到污染，难以通过气调保鲜包装来延长货架期。熟食品气调保鲜包装是依靠 CO_2 抑制大多数需氧菌和真菌生长繁殖曲线的滞后期，而 CO_2 最有效抑制数很低（100～200 个/g），因此，熟食品包装前细菌污染数越少，气调保鲜包装抑菌效果越好，货架期越长。一般通过真空快速冷却，用 25％～35％ CO_2、35％～75％ N_2 气调保鲜包装，在超市冷藏陈列柜的货架期可达 40～60 d。

（5）烘烤食品与熟食制品的气调保鲜包装　烘烤食品包括糕点、蛋糕、饼干、面包等，主成分为淀粉，易由细菌、霉菌等引起腐败，脂肪氧化引起的酸败变质，淀粉分子结构老化硬变等现象所造成的食品变质。应用于这类食品气调保鲜包装的气体由 CO_2 和 N_2 组成。不含奶油的蛋糕在常温下保鲜 20～30 d，月饼、布丁、蛋糕采用高阻隔性复合膜常温下保鲜期可达 60～90 d。

微波菜肴、豆制品及畜禽熟肉制品充入 CO_2 和 N_2 能有效抑制大肠菌群繁殖。在 20～25 ℃下可保鲜 5～12 d，经 85～90 ℃调理杀菌后常温下保鲜 30 d 左右，在 0～4 ℃冷藏温度下保鲜 60～90 d。

（6）新鲜果蔬的气调保鲜包装　果蔬收获后，仍然能保持吸收 O_2 排出 CO_2 的新陈代谢作用，同时消耗营养。果蔬保鲜是通过降低环境中的 O_2 含量和低温贮藏降低呼吸强度，从而排出呼吸过程中产生的 CO_2，延缓成熟衰老，进而达到保鲜效果。果蔬的气调包装气体由 O_2、CO_2、N_2 组成，采用透气性包装材料薄膜包装，充入低浓度的 O_2 与高浓度的 CO_2 和混合气体置换后进行密封，使包装内的 O_2 含量低于空气而积累的 CO_2 浓度高于空气，通过薄膜进行气体交换，到达利于果蔬保鲜环境、保持微弱需氧呼吸的气调平衡。

大多数果蔬用 5％O_2、5％CO_2、90％N_2 混合比例包装，在 6～8 ℃低温下有较长的保鲜期。气调包装用于荔枝保藏保鲜，用 10％CO_2/90％N_2 及 20％CO_2/80％N_2 处理荔枝果实 24 h，既能达到保鲜目的，还能提高果实的好果率，保持果皮红色，且不影响营养成分，以高 CO_2 和低 O_2 条件结合臭氧处理（浓度 4.3 mg/m³）并采用可食性薄涂膜，可延长草莓货架期 8～10 d。美国科学家对杧果采用气调包装试验，将杧果剥皮、切块，分别采用 O_2 包装，混合气（86％N_2/10％CO_2/4％O_2）包装及真空包装，结果表明，混合气包装的杧果货架期最长，在贮存期间，杧果的色泽、质地等外观效果好，微生物造成的损害最小。

气调包装也适用于净菜保鲜。净菜又称作切割果蔬、半处理加工果蔬，是一种为迎合上班族的新兴食品加工产品，有安全、新鲜、营养、方便、快捷等众多特点，但大多数果蔬切割之后较易发生褐变现象。采用气调包装能降低 O_2 含量，从而能最大限度地延长货架期。例如美国的切丝莴苣，以 1％～3％O_2、5％～6％CO_2 和 90％N_2 来阻止褐变。气调保鲜包装还适用于去皮和切片的苹果、马铃薯、叶菜类蔬菜等果蔬保鲜。开发适合果蔬气调包装保鲜效果的包装膜是拓展果蔬保鲜途径的关键。

3.1.3　食品气调保藏原理

1. 气调保藏的基本原理

气调包装技术的保鲜机理是通过向包装容器内充入一定比例的混合气体置换出包装容器内的空气，调节贮藏所需要的环境，破坏或改变微生物赖以生存繁殖的条件，以减缓包装食品的生理生化变化，来达到保鲜防腐的目的。合理的气调包装不仅能保障食品的卫生质量、延长食品的货架期，还可改善食品的感官质量、提升食用品质。气调包装所用的气体通常为 O_2、CO_2 和 N_2，也有报道使用 CO。以下结合不同气体在气调保藏中的作用进一步阐明气调保藏机理。

1）CO_2

CO_2 是空气中常见的化合物，约占空气总量的 0.039％（体积分数）。常温下是一种无色、无味气体，密度比空气略大，微溶于水并生成碳酸。CO_2 是气调包装中关键的一种气体，对大多数需氧菌和霉菌的繁殖有较强的抑制作用，是气调包装的抑菌剂，但是对酵母菌与厌氧菌无作用。研究表明，CO_2 通过改变细菌细胞渗透性、抑制酶活、使菌体 pH 发生变化而起抑菌作用；也有学者提出 CO_2 通过影响微生物的酶法脱羧，进而阻碍微生物的新陈代谢，起到抑制微生物生长繁殖的目的。此外，由于 CO_2 可溶于肉中，降低肉的 pH，使有些不耐酸的微生物失去生存所必需的条件而起到抑菌的作用。同时由于 CO_2 对塑料包装薄膜有较高的透气性和易溶于肉中，而导致包装盒塌落，影响其产品的外观。因此，在选择气体组成时要充分考虑到这一点，合理选择气体比例以免影响产品的销售形态。

2）O_2

O_2 是空气的主要组分之一，约占了空气总量的 20.9%（体积分数）。在常温下是无色、无味、无臭的气体，不易溶于水。O_2 在气调包装中主要有两个作用：一是在一定时间内使肉品具有较好的色泽，这主要是因为肉表面的肌红蛋白与 O_2 结合生成氧合肌红蛋白，使肉呈现鲜艳的红色，使肉品具有较好的感官品质，易被消费者接受。混合气体中氧分压的大小对肌红蛋白的形式有很大影响，主要是因为氧合肌红蛋白转变为还原肌红蛋白时氧的分离曲线和氧合肌红蛋白转变为高铁肌红蛋白时的反应速度影响氧合肌红蛋白的数量，进而影响肉品的色泽，当混合气体中氧分压在 240 mm Hg，即氧的混合比例超过 30% 时，可使肉品保持较好的色泽。二是抑制鲜肉贮藏时厌氧菌的生长繁殖，主要是 O_2 破坏了厌氧菌的呼吸作用和新陈代谢，进而影响厌氧菌的生长。

3）N_2

N_2 是空气的主要组成成分之一，占大气总量的 78.12%（体积分数）。在常温下 N_2 是一种无色、无味、无臭、无毒的气体。在常温常压下，氮气在水里溶解度很小。N_2 的性质稳定，价格便宜，使用 N_2 主要是利用它来排出 O_2，制造缺氧的环境从而减缓食品氧化和呼吸作用，同时抑制需氧微生物的活动。N_2 对塑料包装材料的透气率很低，因而可以作为混合气体缓冲或是平衡气体，并可以防止因 CO_2 逸出包装盒受大气压的压塌，在气调包装系统中主要是作为充气材料。

4）CO

含碳元素的燃料燃烧时，如果氧气不足就会产生 CO。在常温下，CO 是无色、无味气体，微溶于水，溶于乙醇、苯、氯仿等有机溶剂。CO 易与

血液中的血红蛋白结合，造成生物缺氧死亡。CO 用于气调包装中，主要作用有：①使肉品呈现鲜艳的颜色。CO 能与肌红蛋白形成稳定的碳氧肌红蛋白，呈亮红色，对维持肉的色泽有显著作用。Sorheim 等研究了在 CO_2 与 N_2 中添加体积分数极小的 CO，可使肌红蛋白和 CO 结合形成比氧合肌红蛋白（MbO_2）更加稳定的 CO 肌红蛋白（MbCO），使冷鲜肉具有吸引人的樱桃红色。②起到抑菌、延长货架期的作用。Clerk 研究表明气调包装中混入 0.5%～10% CO 可以减慢嗜热微生物的生长速度，在 0～10 ℃下存放可以延长产品的保质期，因为 CO 会影响 O_2 与肌红蛋白的结合方式，从而影响需氧微生物的氧供给情况，而起到延长产品的货架期的目的。虽然 CO 可以保持肉品较好的色泽和延长货架期，但是由于 CO 对人体存在安全隐患，使得 CO 的应用受到限制。

5）其他气体

乙醇杀菌力强，但有可燃性和酒精味，需用其他气体稀释后使用，如用 CO_2 稀释后便不再起火，不会爆炸，食品也不会有酒精味，在食品的包装中用得多一些。

二氧化硫有良好的抑菌和杀菌作用，防虫、防霉效果极佳，另外它还有良好的抑制呼吸的作用，特别是能减弱新鲜果蔬的呼吸和代谢速度，延长果蔬的保存期并减少维生素的损失。但二氧化硫浓度过高会给食品带来异味并造成污染，溶于水后呈弱酸性，因此应严格控制其用量。

6）各种气体的安全性问题

以常用的 N_2、O_2、CO_2 和 CO 为主介绍其安全性。N_2、O_2、CO_2 广泛存在于空气中，是空气的重要组成成分。从各种气体的性质来看，O_2 是维持人体正常生命活动必需的气体；N_2 为化学性质不活泼气体，不参与人体生命活动；CO_2 是人体呼吸作用的代谢产物，对人体没有危害。总体来看，N_2、O_2、CO_2 对人体来说都是安全无害的。

CO 的安全性：CO 有毒，因为 CO 易与血液中的血红蛋白结合，且 CO 与血红蛋白的亲和力较 O_2 高约 240 倍，从而干扰体内 O_2 的正常供给，造成生物缺氧死亡，所以说 CO 在一定条件下可对人体造成危害。也有报道指出，当健康的成年人体

内 MbCO 的体积分数小于 5％时，并不会造成身体不适。关于在混合气体中使用 CO 的毒性问题，挪威肉类专家按照有毒气体检测的国际标准在对气调冷却肉中使用 CO 气体的毒性检测后，得出结论：低浓度 CO 混合气体（0.5％～1％）对消费者并不存在任何有毒危害。Luo 和 Srheim 报道在含有低浓度 CO 的气调包装内残留的 CO 体积分数非常小，含有极低量羧基肌红蛋白的肉类被消费者食用后，体内羧基血红蛋白的形成量可以忽略不计。而且经 CO 处理的冷却肉热加工后色泽变为褐色，有 85％ CO 被损失。所以挪威肉类工业使用含 0.3％～0.4％ CO 的混合气体进行气调包装来延长冷却肉货架期。因此，虽然 CO 对人体存在安全隐患，但是只要严格控制用量，并不会对人体造成危害。

2. 气调保藏对鲜活食品生理活动的影响

气调保藏对鲜活食品生理活动的影响主要包括三个方面：

1）抑制鲜活食品的呼吸

呼吸作用是生物体在细胞内将有机物氧化分解并产生能量的化学过程，是所有的动物和植物都进行的一项生命活动。生物的生命活动都需要消耗能量，这些能量来自生物体内糖类、脂类和蛋白质等有机物的氧化分解。生物体内有机物的氧化分解为生物提供了生命所需要的能量，具有十分重要的意义。

降低 O_2 和提高 CO_2 的浓度能降低果蔬的呼吸强度并推迟其呼吸高峰的出现。氧对呼吸强度的抑制必须达到 7％以下浓度时才起作用，但不宜低于 2％，否则易出现中毒现象。

CO_2 浓度越高对呼吸作用的抑制作用越强。贮藏环境中同时降低氧含量和提高 CO_2 浓度，对果蔬类呼吸抑制作用更为显著。不同 O_2 和 CO_2 浓度的组成对果蔬呼吸作用的抑制程度是不同的。在有呼吸高峰型的果蔬贮藏过程中，如降低 O_2 含量或提高 CO_2 浓度都可延迟其呼吸高峰的出现，并能降低呼吸高峰顶点的呼吸强度，甚至不出现呼吸高峰，低 O_2 和高 CO_2 同时作用会出现更明显的效果。

例如：5％ CO_2 浓度可使苹果呼吸强度下降到

70％，在 5％ O_2 和 5％ CO_2 浓度的组合中，苹果的呼吸强度会降低到 33％。

2）抑制鲜活食品的新陈代谢

机体与环境之间以及生物体内物质和能量的自我更新过程叫作新陈代谢。新陈代谢又分为同化作用和异化作用，根据生物体在同化作用过程中能不能利用无机物制造有机物，新陈代谢可以分为自养型、异养型和兼性营养型三种；根据生物体在异化作用过程中对氧的需求情况，新陈代谢可以分为需氧型、厌氧型和兼性厌氧型三种。根据新陈代谢的定义可知，我们可以通过控制环境中的气体组成来影响生鲜食品的新陈代谢。

鲜活食品呼吸代谢过程中的呼吸底物主要是其中的营养成分（如糖类、有机酸、蛋白质和脂肪等），经过一系列氧化还原反应而被逐步降解，并释放出大量的呼吸热。在有氧呼吸的情况下，呼吸底物被彻底氧化成 CO_2 和水；而在缺氧呼吸情况下，则被降解为 CO_2、乙醇、乙醛和乳酸等低分子物质。气调采取低氧和高 CO_2 的条件，抑制生物体内的活性，延缓了某些有机物质的分解过程。如 O_2 可以抑制叶绿素的降解；减缓抗坏血酸的损失；降低不溶性果胶物质的减少速度，增大食品的脆硬度。高 CO_2 可以降低蛋白质和色素的合成作用；抑制叶绿素的合成和果实的脱绿；减少挥发性物质的产生和果胶物质的分解，从而推迟成熟，延缓衰老。

3）抑制果蔬乙烯的生成与作用

乙烯是最简单的烯烃，少量存在于植物体内，是植物的一种代谢产物，促进叶落和果实成熟。

乙烯在植物体内是一种含量很低的生长激素，它能促进果实的生长和成熟，并能大大加快产品的成熟和衰老过程，固有"催熟激素"之称。抑制果蔬组织细胞中乙烯的生成或减弱乙烯对成熟的促进作用，可推迟果蔬呼吸高峰的出现，延缓果蔬的后熟及衰老。果蔬内乙烯的合成过程：甲硫氨酸（蛋氨酸，MET）→S-腺苷蛋氨酸（SAM）→1-氨基环丙烷-1-羧酸（ACC）→乙烯。低氧或缺氧情况下可以抑制 1-氨基环丙烷向乙烯的转化，还可减弱乙烯对新陈代谢的刺激作用。低浓度 CO_2 会促进

1-氨基环丙烷向乙烯的转化，而高浓度 CO_2 可抑制乙烯的形成，还可延缓乙烯对果蔬成熟的促进作用，干扰芳香类物质的合成及挥发。

3. 气调贮藏对食品成分变化的影响

食品中的主要成分是蛋白质、脂肪、糖类、矿物质和维生素。这些物质在贮藏过程中会受到环境的影响而发生相应的变化。其中以氧化反应最为显著。

食品中的脂肪在氧气作用下容易发生自动氧化作用，降解为醛、酮和残酸等低分子化合物，导致食品发生脂肪氧化酸败。而气调贮藏采用低氧充氮等方法，可抑制食品的脂肪氧化酸败，这不仅防止了食品因脂肪酸败所产生的异味，而且也防止了因"油烧"所产生的色泽改变，同时还减少了脂溶性维生素的损失。

氧气还可使食品中多种成分发生氧化反应，如抗坏血酸、半胱氨酸、芳香环等。食品成分的氧化不仅降低了食品的营养价值，还会产生氧化类脂物等有毒物质，同时还会使食品的色、香、味品质变差。而采用气调贮藏可以避免或减轻这些变化，并且有利于食品质量的稳定性。采用气调贮藏可以降低氧化反应的发生程度，避免或减轻食品的色、香、味品质的变化，并且有利于食品质量的稳定性。

对于生鲜肉制品的气调保藏而言，适量的 O_2 有利于肉品肉色的保持，但是 O_2 的增加也会引起肌肉蛋白质和脂肪的氧化，因此根据产品的特性和货架期合理选择气体组成对成品的品质有较大的影响。

3.2 食品气调保藏方法

气调保藏的方法较多，但总的来说，其原理都基于降低含氧量，提高 CO_2 或 N_2 的浓度，并根据食品的特性和货架期的不同要求，使气体成分保持在所希望的状况。食品的气调包装方法一般包括以下几种：自然气调法、置换气调法、MAP 和 CAP。

3.2.1 自然气调法

自然气调包装法是利用密封在塑料薄膜内果蔬的呼吸活动消耗包装内空气中的 O_2 和 CO_2，逐渐构成包装内的低氧与高 CO_2 的气调环境，并通过塑料薄膜与大气进行气调交换来维持包装内的气调环境。目前，新鲜果蔬保鲜包装普遍采用自然气调法的包装形式，如用保鲜薄膜包裹塑料浅盘包装的番茄和塑料薄膜包装的鲜切蔬菜，保鲜效果取决于塑料薄膜的透气率。

3.2.2 置换气调法

利用自然气调达到所需要求时，历时较长。若希望在短期内达到气调要求，则可利用人工空气置换的办法来加以实现。根据不同食品对象进行空气置换：CO_2 置换包装（30%～60% 的 CO_2 可抑制霉菌的生长）；氮气置换包装（防止食品氧化，容器内 O_2 浓度必须低于 2%）；氧气吸收剂封入包装（一般 2 h 内，氧气浓度就可以降低到 0.1% 以下）。

自然气调包装对果蔬呼吸速度与薄膜透气率的匹配要求较高，必须在果蔬不产生厌氧呼吸或过高 CO_2 浓度前建立气调。这种包装方法的优点是：包装成本低和操作简单。但是，无论是自然气调包装还是置换气调包装最终都可能建立气调平衡，只是建立气调平衡的快慢不同而已。置换气调法优点是：可以根据果蔬的呼吸特性充入释放的低氧与 CO_2 浓度的混合气体或封入吸收 O_2 或释放 CO_2 的小袋，立即建立所要求的气调环境。缺点是增加包装成本。果蔬采用自然气调包装法和置换气调包装法来达到包装内低氧与高 CO_2 气调平衡的时间不同，如果包装内要求平衡气调条件为 3% O_2 和 6% CO_2，置换气调一开始就可以达到所要求的气调环境，而自然气调内的 O_2 浓度从 21% 降到 3% 大约需要 10 d，而 CO_2 浓度从 0.03% 上升至 6% 大约需要 5 d。因此，果蔬的置换气调包装比自然气调包装在建立最佳气调条件的时间短得多，有利于果蔬的保鲜贮藏。

3.2.3 MAP

MAP 即改善气体包装，指采用理想气体组分一次性置换，或在气调系统中建立起预定的调节气体浓度，在随后的贮存期间不再受到人为的调整。理想气体组分的充入改善了包装内环境的气体组成，并在一定时间内保持相对稳定，从而抑制产品的变质过程，延长产品的保质期。MAP 适用于呼吸代谢强度较小的产品包装。表 3-1 为几种产品 MAP 使用的典型气体混合组成。

表 3-1 几种产品 MAP 使用的典型气体混合组成

产品	O_2 含量/%	CO_2 含量/%	N_2 含量/%
瘦肉	70	30	—
关节肉	80	20	—
片肉	69	20	11
白鱼	30	40	30
油性鱼	—	60	40
禽类	—	75	35
硬干酪	—	—	100
加工肉	—	—	100
烘烤产品	—	80	20
干面食品	—	—	100
番茄	4	4	92
苹果	2	1	97

冷却肉的 MAP 可获得良好的保鲜包装效果，图 3-2 为生鲜猪肉用 50％CO_2、25％O_2 和 25％N_2 组成的理想气体包装与单纯空气中在 1 ℃贮存条件下的对照结果，两周后 MAP 包装的生鲜冷却肉保持良好的原有气味和色泽，而空气中贮存的肉类开始腐败，二者菌落总数相差约 6 个数量级。经 MAP 包装贮存过的产品还具有一定程度的后抑菌效应。图 3-3 为猪肉经 50％CO_2 气体比例 MAP 包装在 1 ℃下贮存 4 d，打开包装贮存于 7 ℃条件下的抑菌效应。

MAP 包装材料必须能控制所选用的混合气体的渗透速率，同时应能控制蒸汽的渗透速率。一般而言，果蔬类产品的 MAP 应选用具较好透气性能的材料，并注意材料 O_2/CO_2 的透过之比〔适宜范围为 1：（8～10）〕。用于肉类食品和焙烤制品的 MAP 包装材料，应选用具有较高阻隔性的包装材料，以较长时间维持包装内部的理想环境。食品 MAP 后的贮藏温度对保鲜包装效果影响很大，一

般需在 0～4 ℃条件下贮藏和流通。

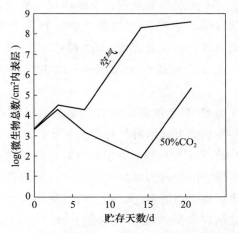

图 3-2 生鲜猪肉 MAP 的保鲜包装效果

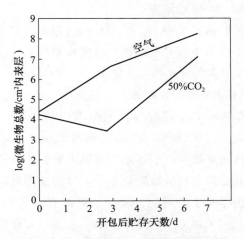

图 3-3 猪肉经 MAP 包装的后抑菌效果

3.2.4 CAP

CAP 即控制气体包装，指控制产品周围的全部气体环境，即在气调贮藏期间，选用的调节气体浓度一直受到保持稳定的管理或控制。主要特征是包装材料对包装内的环境状态有自动调节作用，这要求包装材料具有适合的气体可选择透过性，以适应内装产品的呼吸作用。在生鲜果蔬产品的包装保藏中应用较广。生鲜果蔬产品自身的呼吸特性要求包装材料具有气调功能，能保持稳定的理想气氛状态，以避免因呼吸而可能造成的包装缺氧和二氧化碳含量过高。

果蔬包装体系是一个典型的薄膜封闭气调系统，存在着呼吸作用和气体渗透控制作用，在这个动态系统中，产品呼吸代谢过程要放出 CO_2、乙

烯、蒸汽和其他挥发性气体，同时，这些气体会透过包装与外界发生受限制的交换作用。其中影响包装内部气体动态的因素主要包括：产品种类、品种、成熟度、质量及温度、O_2 和 CO_2 分压、乙烯浓度、光线、包装膜的渗透性、结构、厚度、面积等。

任何 CAP 系统都应该在低氧和高二氧化碳浓度条件下达到以这两种气体平衡为主体的状态，这时产品的呼吸速率基本等于气体对包装膜的进出速率，系统中的任何因素发生变化都将影响系统的平衡或建立稳定态所需的时间。对果蔬而言，包装膜对二氧化碳和氧气渗过系数的比例 O_2/CO_2 也应合理，以适应果蔬的呼吸速度并能维持包装体内一定的 O_2 和 CO_2 浓度。

按贮藏环境中 O_2 和 CO_2 的含量又可将 CA 分为四类：单指标 CA 贮藏、双指标 CA 贮藏、多指标 CA 贮藏和变指标 CA 贮藏。

1）单指标 CA 贮藏

单指标 CA 贮藏仅控制贮藏环境中某一种气体，如 O_2、CO_2 或 CO 等，而对其他气体不加调节；该法对被控制气体浓度的要求较低，管理较简单，但被调节气体浓度低于或超过规定的指标时有导致伤害发生的可能；属这一类的有：低 O_2 气调（<1.0%）；高 CO_2 气调：10%～30% CO_2 短时间处理后，再进行正常 CA 贮藏。

2）双指标 CA 贮藏

双指标 CA 贮藏指的是对常规气调成分的 O_2 和 CO_2 两种气体（也可能是其他两种气体成分）均加以调节和控制的一种气调贮藏方法。依据气调时 O_2 和 CO_2 浓度的不同又有 3 种情况：O_2＋CO_2＝21%，O_2＋CO_2＞21% 和 O_2＋CO_2＜21%。其中第三种情况是目前国内外广泛应用的气调贮藏方式，贮藏效果较好。我国习惯上把 O_2 和 CO_2 含量的总和在 2%～5% 称为低指标，5%～8% 称为中指标。其中，大多数食品都以低指标为最适宜，效果较好。但这种贮藏方式管理要求较高，设施也较为复杂。

3）多指标 CA 贮藏

多指标 CA 贮藏不仅控制贮藏环境中 O_2 和 CO_2，同时还对其他与贮藏效果有关的气体成分如

乙烯、CO 等进行调节。这种气调贮藏效果好，但调控气体成分的难度提高，需要在传统气调基础上增添相应的设备，投资增大。

4）变指标 CA 贮藏

变指标 CA 贮藏是指在贮藏过程中，贮藏环境气体浓度指标根据需要，从一个指标变为另一个指标。按工艺路线可将气调贮藏分为：快速降氧气调贮藏、高二氧化碳气调贮藏、动态气调贮藏、低氧或超低氧气调贮藏、低乙烯气调贮藏、双变动气调贮藏和减压气调贮藏七类。

（1）快速降氧气调贮藏　在短时间内将氧气浓度降至规定水平的一种气调贮藏方法。快速降氧气调贮藏的关键是掌握好入库降温速率，人工强制降氧：包括充氮法和气流法。

（2）高二氧化碳气调贮藏　高二氧化碳结合低氧处理可以有效抑制呼吸，降低呼吸代谢速率，因而有利于贮藏，但这种贮藏方法易引起生理病害和腐烂，使用时应十分慎重。

（3）动态气调贮藏　贮藏初期采用高二氧化碳和低氧处理，后期至于常规气调下贮藏的方法称为动态气调或机动气调，也叫变动气调。该法贮藏效果较好，尤其是入库前的预冷阶段采用高二氧化碳和低氧气处理，入库后采用正常气体指标贮藏，可显著抑制呼吸速率，延长贮藏期。

（4）低氧或超低氧气调贮藏　大部分水果和蔬菜气调贮藏的标准气体比例是 2%～3% 的氧气，但许多研究发现进一步降低氧气浓度（氧气浓度低于 1.0%）会更有利，并且低氧下贮藏的果实硬度和可滴定酸含量均高，贮藏效果好。但氧气浓度过低会使果实产生伤害，造成严重损失，在生产上需要特别注意。

（5）低乙烯气调贮藏　乙烯可以加快果实衰老，利用乙烯脱除剂清除环境中的乙烯，使其浓度保持在 1.0% 以下，可有效抑制后熟，延长贮藏期。但该法需专门的乙烯脱除剂及设备，成本较高，小范围处理可采用高锰酸钾和硅酸盐制剂以及乙烯抑制剂。

（6）双变动气调贮藏　在入贮初期采用高温（10 ℃）和高二氧化碳浓度（12%），以后逐步降低温度和二氧化碳浓度，可以有效保持果实品质

和果肉硬度，抑制果实中原果胶的水解、乙烯的生物合成和果实中 ACC 的积累，从而有效延长贮藏期。双变动气调由于在贮藏过程中变动了温度和二氧化碳两项指标，因而可大大节约能源，提高经济效益。

（7）减压气调贮藏 是通过真空泵将贮藏室内的一部分气体抽出，使室内的气体降压，同时将外界的新鲜空气经压力调节装置降压，通过加温装置提高温度后输入贮藏室。在贮藏期间，真空泵和输气装置应该保持连续运转以维持贮藏室内恒定的低压，使果蔬始终处于恒定的低压、低温和新鲜的气体环境中。

3.3 气调保藏设备

3.3.1 气调保藏库

气调保藏库以冷藏库为封闭体，主要用于大宗新鲜果蔬长期贮藏的大型气调贮藏系统。由于贮藏量大，所以一般自动化程度要求较高。一座完整的气调库由库体、调气系统、制冷系统和加温系统等构成。

气调贮藏库的库房结构和冷藏设备与机械冷藏库基本相同，除具备机械冷藏库的隔热防潮、控温、增湿性能外，还要保证库房气体密封性好，易于取样和观察，能脱除有害气体和自动控制等。

按气调方式气调库可分为充气式和循环式。充气式是利用制氮机将产生的氮气持续充入气调库内，并辅以其他方式，使库内 O_2 和 CO_2 达到预定指标。循环式是指将气调库内的气体通过循环式气体发生器处理，去掉 O_2，然后将处理过的气体重新输入库内。这种方式降 O_2 和增加 CO_2 的速度更快，贮藏期间可随时出库或观察。

按建筑结构可分为砌筑式和装配式气调库。砌筑式气调库的建筑结构与普通冷藏库相似，用传统的建筑保温材料砌筑而成，或将冷库改造而成，但在库体围护结构上增加一层气密层。装配式气调库使国内常见，它是采用工业生产的夹心库板，经过组合装配构成一个六面体或五面体的结构。这些夹心库板都具有相应的隔气层、隔热层和围护层功

效，并且具有一定的强度，可以满足整个库体的强度要求。

1. 气调库

气调库首先要有机械冷库的性能，还必须有密封的性能，以防止漏气，确保库内气体组成的稳定。图 3-4 是气调保鲜库的基本模式图。

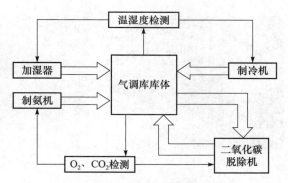

图 3-4 气调保鲜库的基本模式图

用预制隔热嵌板建库。两面：凹凸状的金属薄板；中间：聚苯乙烯泡沫塑料—隔热防潮，隔气层。地板塑料薄膜隔气层—预制隔热嵌板—钢筋混凝土。库门：如图 3-5 所示。一道门：既是保温门又是密封门。两道门：第一道是保温门，第二道是密封门。门上设观察窗和手洞，方便观察和检验取样。

图 3-5 气调保鲜库库门

2. 气调系统

气调贮藏具有专门的气调系统进行气体成分的贮存、混合、分配、测试和调整等。气调系统调节氧气、二氧化碳、氮气的比例并降低乙烯浓度。通

过制氮机制取浓度较高的氮气,从管道充入库内,同时将氧气从另一个管道放出,反复充放,使库内气体达到要求比例和浓度。气调系统主要包括三类设备:①贮备气设备。贮备气用的贮气罐、瓶,配气所需的减压阀流量计、调节控制阀、仪器和管道等。贮备气设备如图 3-6 所示。②调气设备。真空泵、制氮机、降氧气机、富氮气脱氧气机、二氧化碳脱除机、二氧化碳发生器、乙烯脱除装置。各装置图如图 3-7 所示。③分析检测仪器。设备采样泵、安全阀、控制阀、流量计、奥氏气体分析仪、温度记录仪、测氧气仪、测二氧化碳仪、气相色谱仪、计算机等。库气检测系统如图 3-8 所示。

图 3-6　贮备气设备

图 3-7　制氮机、二氧化碳脱除机、配气仪

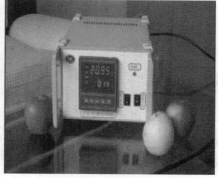

图 3-8　库气检测控制系统

3. 其他装置

1) 降氧装置

以铂为催化剂，将空气中的 O_2 和甲烷或丙烷燃烧而使 O_2 含量降低。但反应过程中会产生 CO_2 和水，并放出热量。因此，获得的 N_2 必须经过冷却装置降温及脱二氧化碳处理后才可送进气调库。

2) 二氧化碳脱除装置

又称为二氧化碳洗涤机，主要将多余的 CO_2 脱除。通过多次循环，将库内 CO_2 浓度控制在保鲜工艺所需范围。包括消石灰 CO_2 洗涤器、碳酸钾吸收器、活性炭 CO_2 吸附器、交换扩散式 CO_2 脱除器。

3) 乙烯脱除器

库内乙烯主要有两个来源：①果蔬本身新陈代谢的产物。②外源污染。可以采用高锰酸钾氧化法、高温催化法、纳米光催化乙烯脱除法。

4) 加湿器

如果贮藏环境中相对湿度偏低，就会使产品的水分蒸发加快，引起干缩。为了保持果蔬的新鲜度，在气调贮藏中，库内的相对湿度一般控制在 $90\% \sim 95\%$，因此必须进行加湿。

5) 压力调节器

气调库或集装箱在贮藏和运输过程中内部压力常变动，为了保证库内安全和气密性，必须安装压力调节器，包括气压平衡袋、安全阀和水封装置。

6) 检测系统

为了保证气调库的正常运转和产品保鲜质量，对库内气体成分和温湿度的检测十分重要。包括气体成分检测和温湿度检测。

3.3.2　薄膜封闭气调技术

1. 薄膜封闭气调技术概述

薄膜封闭气调法，就是利用塑料薄膜袋有一定透气性的特点，通过果蔬的呼吸作用，使袋内维持一定的 O_2 和 CO_2 比例，以进一步延长果蔬的贮藏寿命，并保持较好的品质。此方法也叫自发气调或限气贮藏，贮藏效果较好，简单方便，成本低廉，但贮藏期不是太久。

容器内的 O_2 逐渐减少而放出 CO_2，在一定的时间后，库内或容器内气体成分比例必然有所改变，氧逐渐减少，CO_2 逐渐增加，当这两者达到一定的比例时，即会造成一个抑制果蔬本身呼吸作用的气体环境，从而达到延长果蔬贮藏寿命的目的。

有硅窗的包装袋效果更好，由于硅窗（硅橡胶，即聚二甲基硅氧烷橡胶）具有特殊的透气性能，其对 CO_2 的渗透系数要比聚乙烯膜大 250 倍，比聚氯乙烯膜大 2 万多倍；对氧的渗透系数要比聚乙烯膜大 200 倍。硅橡胶膜的透气性还有高度选择性，它透过 CO_2 的速度是 O_2 的 6 倍，为 N_2 的 12 倍；对乙烯和一些芳香物质也有较大的透性。有硅窗的包装袋（或硅窗调节气体帐）配以适宜的贮藏温度，贮藏期比聚乙烯塑料袋长，贮藏效果好。

2. 薄膜封闭气调技术几种基本方法的介绍

该方法是利用薄膜的透气性，使膜内外气体的交换速率与产品和环境气体的交换速率平衡在一定的状态下，以延长产品的保鲜期。不同的产品气调贮藏期产生气体的量不同，因此应根据产品的这一特性选择具有相应透气性的薄膜。如呼吸强度大的果蔬应选用透气性好的薄膜；不产生大量气体的产品（如肉、禽、鱼等）应选用对被调气体阻隔性好的薄膜。薄膜封闭法包括垛封法、袋封法、硅窗法、涂膜气调法、催化燃烧降氧法、充气包装法，具有灵活、方便、成本低等优点。

1) 垛封法

主要用于果蔬保鲜贮藏，果蔬用通气的容器盛装、码垛，垛有衬底薄膜，其上放垫木。每一容器周围都应酌留通气间隙，然后用密封帐罩住，帐子和垫底膜的四边互相重叠卷起并埋入沟中。封闭垛码成长方体形，每垛贮藏量一般为 $500 \sim 1\,000\,kg$，也有 $5\,000\,kg$ 以上的，视产品种类、贮期长短等因素而定，垛封法适用于果蔬贮藏。薄膜用 $0.1 \sim 0.2\,mm$ 的聚乙烯或聚氯乙烯膜，一般没有透气性，没有自动调气功能。气调的实现通过气袖抽气、充气（氮气）补充气体。石灰用来吸收多余的 CO_2（一次性或每天加入）。如图 3-9 为果蔬的垛封法气调贮藏。

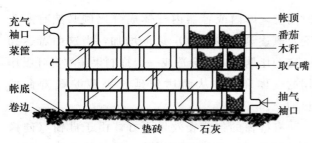

图 3-9　垛封法气调贮藏库

2）袋封法

将产品在塑料薄膜袋内，扎口封闭后放置于库房内。图 3-10 为采用袋封法包装的食品。

图 3-10　袋封法气调贮藏库

调节气体的方法有：

（1）定期调气或放风　用 0.06～0.08 mm 厚的聚乙烯薄膜做成袋子，将产品装满后入库，当袋内的 O_2 减少到底限或 CO_2 增加到高限时，将全部袋子打开放风，换入新鲜空气后再进行封口贮藏。

（2）自动调气　采用厚度 0.03～0.05 mm 的塑料薄膜做成小包装。形成并维持适当的低 O_2 高 CO_2 的气体成分。适用于短期贮藏、远途运输或零售的包装。可加硅橡胶膜后，实现自动调气。

注意问题：薄膜封闭贮藏时，一方面是帐（袋）内部湿度很高；另一方面产品仍有较明显的脱水现象。解决这一问题的关键在于力求库温保持稳定，尽量减小封闭帐（袋）内外的温差。

3）硅窗法

用的是一种厚而大的聚乙烯袋子，其上接有一定面积和透气性的硅橡胶体作为透气窗。硅橡胶薄膜的选择性透气率极高。硅窗的面积按硅橡胶的种类、特性和果蔬的呼吸强度等来确定。操作时，将

盛装果蔬的容器按一定方式码在垫板上，然后放入袋内孔口。

法国 CA-500 型硅窗聚乙烯膜集装箱封闭袋，硅窗面积 0.31 m²，用于贮藏金帅苹果 800 kg（0 ℃）、700 kg（2～3 ℃）、600 kg（5 ℃）、500 kg（10 ℃），均可使内部气体稳定在 3% 氧气，4%～5% 二氧化碳。硅橡胶面积/主封闭体面积确定因素：产品的种类、品种、成熟度，单位面积的贮量、贮温、要求的气体组成、窗膜厚度等。

硅橡胶薄膜对气体的透过性：其对氮气、氢气和二氧化碳的透性比为 1：2：12，对乙烯和一些芳香物质也有较大的透性。图 3-11 为基本的硅窗法气调包装模式图。

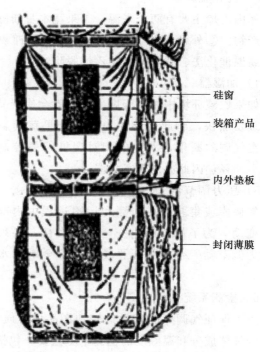

　　　　　　　　　　硅窗

　　　　　　　　　　装箱产品

　　　　　　　　　　内外垫板

　　　　　　　　　　封闭薄膜

图 3-11　硅窗法气调贮藏库模式图

3.3.3　真空预冷气调贮藏保鲜技术

普通气调是在大气压附近进行气调的，真空气调又称减压气调，使用真空泵产生低压状态，然后借助配气系统送入加湿气体来进行气调的。真空预冷指的是在正常大气压（101.325 kPa）下，水在 100 ℃ 蒸发，如果大气压为 610 Pa，水在 0 ℃ 就蒸发，水的沸点随着环境大气压的降低而下降。沸腾是快速地蒸发，会急速地吸收热量。

新鲜果蔬放在密闭的容器中，迅速抽出空气和蒸汽，随着压力的持续降低，果蔬会因不断地、快速地蒸发水分而冷却。

1. 真空预冷气调贮藏保鲜技术概述

1）真空冷却的基本原理

真空冷却的失水量一般在3%左右，不会引起果蔬萎软、失鲜。由于果蔬组织内外的压力差，组织内的有害气体和热量也随之被抽出，可以推迟果蔬跃变型呼吸高峰的到来。这样，在真空冷却情况下，冷却从组织内部到外表面同时进行，即均匀冷却，这是真空冷却所独有的，其他任何冷却方法都是从外表面到组织内部慢慢"渗透"冷却，因而保鲜时间长。

真空预冷设备是一种冷却加工设备，不是冷藏设备。它的用途只是让果蔬迅速冷却到设定的温度，然后就从设备中将物品取出，或放在空气中，或直接运输，或放入冷库。因果蔬处于休眠状态，其生命力的恢复需要时间过程，这一过程就是保鲜期。特别注意：真空预冷可以对雨天采收的果蔬表面去水，可以使果蔬表面的小创伤"愈合"减少微生物侵入的机会，这是目前为止真空预冷设备所独有的功能。

2）真空冷却方法特点

与其他冷却方法相比较，真空冷却方法具有如下特点：①保鲜时间长，无须进冷库就可以直接运输，而且中短途运输可以不用保温车；②冷却时间极快，一般只需20多分钟，而且凡有出气孔的包装均可；③对果蔬原有的感官和品质（色、香、味和营养成分）保持得最好；④能抑制或杀灭细菌及微生物；⑤具有"薄层干燥效应"——果蔬表面的一些小损伤能得到"医治"愈合或不会继续扩大；⑥对环境无任何污染；⑦运行成本低；⑧可以延长货架期，经真空预冷的叶菜，无须冷藏可以直接进高档次的超市。

3）真空预冷气调的特点

减压使二氧化碳浓度容易调整；产品内部的乙烯扩散加快，使库内乙烯迅速排出；蒸发和减压对产品影响小；可以保持库内高湿度条件；有利于抑制霉菌；结构较简单，设备成本较低。

2. 真空预冷气调保鲜系统

真空预冷气调保鲜系统主要包括 PRAC 用贮藏箱，真空系统，制冷系统，气调系统。如图 3-12 和图 3-13 所示。

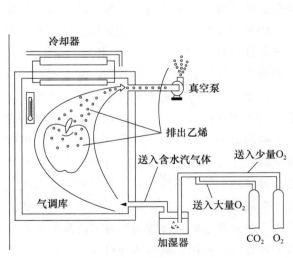

图 3-12 真空气调库示意图

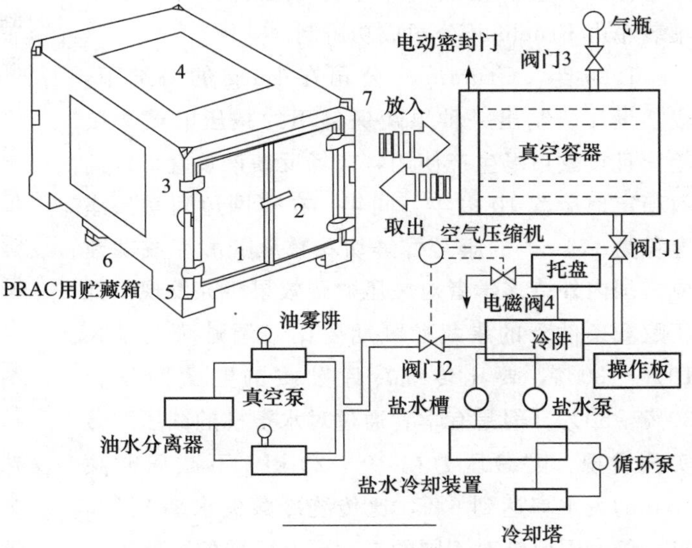

图 3-13 真空预冷气调保鲜系统示意图

适用于预冷新鲜食用菌、鲜切花、生鲜肉、米饭、蒸制品、熟食品等。尤其适宜冷却物品延长货架期。几种食品的生鲜果蔬真空预冷、气调包装和普通冷藏保质期对比，如表3-2所示。

表 3-2　生鲜果蔬真空预冷、气调包装和
普通冷藏保质期对比表　　　　　天

种类	普通冷库	真空预冷	真空预冷+气调包装
菠菜	7~10	40	50
蘑菇	2~3	10	16
草莓	5~7	9	15
芋头	—	25	32
芹菜	8	40	54
卷心菜	8	39	50
荷兰芹菜	4	40	52
黄花菜	—	27	35
鲜猪肉	7	12	15
青豌豆	4~7	30	38

3.3.4　真空预冷减压气调贮藏技术

1. 真空预冷减压气调贮藏技术的发展

早在 20 世纪 50 年代，Hummel 等就发现了将某些果蔬在传统的冷藏装置中将其内部空气压力降低，可以减缓果蔬的新陈代谢，抑制乙烯等有害气体的生成，从而达到延长果蔬贮藏周期的效果。1967 年，Burg 提出第一个减压贮藏专利并获得授权，其设计的装置由制冷系统、真空系统及加湿系统等设备组成，并且此专利列举出一些果蔬减压贮藏的保鲜工艺参数。1969 年世界上首台低压贮藏集装箱由 Fruehauf 公司成功研制。

1980 年，Grumman 公司在 Burg 的协助下，成功设计研制出一种果蔬保鲜用的减压贮藏集装箱，且投放市场生产使用，市场反馈该装置可以高效稳定地运营 10 多年。同年，在美国迈阿密一座容积为 174 m³ 的康乃馨鲜切花减压贮藏库成功建成。国内外诸多学者对减压贮藏效果研究发现，低压贮藏条件下的果蔬贮藏期要比气调贮藏期延长 10%~30%，要比传统冷库贮藏的贮藏期延长 30%~50%。但是有学者通过对水蜜桃的减压贮藏实验发现，贮藏压力在 10~20 kPa 下减压贮藏 10 d 的失水率达到 6%，比传统冷藏失水率 3% 高出一倍，因此针对不同的果蔬要有不同的贮藏工艺参数，才能达到最佳的贮藏效果。国外的一些学者的研究指出减压贮藏技术由于在实际运行时贮藏压力太低导致果蔬失水严重的问题，这在一定程度上阻碍了国内学者对减压贮藏技术的研究及应用。

在 20 世纪 80 年代，Burg 博士已经从技术和理论上解决了果蔬在减压贮藏阶段失水严重的问题，即巧妙地设计了一个加湿换气系统，但是常压空气不能直接送入真空室，必须在进入加湿系统前经过一个节流减压的过程，之后进入加湿罐完成一个低压洗气过程，以实现进入真空室的空气是饱和蒸汽，其次，要有超高精度要求的真空密封性，这些条件是减压贮藏技术缺一不可的。Burg 严格按照减压贮藏理论设计了加湿系统，并严格控制真空室泄漏率，装载率为 95% 的果蔬集装箱内果蔬的失水率极低，实验测得，在贮藏压力为 1.33 kPa 时，可将贮藏环境加湿到 97% 的相对湿度，贮藏压力大于 5.33 kPa 时相对湿度可达到 100%。减压贮藏方式比传统贮藏方式易失水的错误结论，究其根源在于减压贮藏装置性能不完善，尤其是真空系统和加湿系统。如果装置的真空舱泄漏率没有严格的控制范围，并且加湿系统设计不合理，将很难将贮藏环境的湿度加到接近饱和状态，导致贮藏结果不如其他的贮藏方式。

2009 年，Burg 指出减压贮藏技术在实验室领域存在的一些错误及解决方案。减压贮藏技术在实验室存在的错误阻碍了减压贮藏的商业化发展，当不饱和的空气由于泄漏直接进去真空室时就会发生剧烈膨胀，导致相对湿度急剧下降，因此在连续加湿换气的贮藏室中，由于进入贮藏室的空气未在低压环境中加湿而是错误地在常压下加湿后进入贮藏室，将导致果蔬等发生干燥而失水。Burg 经过大量实验研究发现，贮藏室压力越低，漏入真空室的空气膨胀越强烈，导致真空室膨胀的空气与低压潮湿空气的体积比越大，果蔬失水越严重；同时研究发现果蔬水分的蒸腾系数、贮藏室稀薄气体的扩散系数均随着压力的降低而增大。另外研究发现，当真空贮藏环境中温度不均匀时，真空室内壁最冷点就会与果蔬发生蒸发—冷凝循环，从而导致果蔬失水。为了避免减压贮藏过程因贮藏室的泄漏导致的果蔬失水过多，减压贮藏装置满载时的泄漏率应当控制在以下范围：减压贮藏的工作压力分别控制在 1.3、2.0、2.8、5.3 kPa 时，真空系统的泄漏率不应高于 0.6、1.0、1.5、5.0 kPa/h。通过减压贮藏的大量实验研究，贮藏压力只有低于 10 kPa

时果蔬的减压贮藏效果才明显，而且对于减压贮藏设备完善的装置，果蔬的贮藏期限将随着贮藏环境压力的降低而延长。

2. 真空预冷减压气调贮藏技术概述

1) 真空预冷减压气调贮藏技术的原理

真空预冷是现阶段新型的预冷方式，它是利用真空泵将果蔬所处环境压力降低，而在低压下水的沸点也降低，依据水的此物理性质，当预冷环境压力降到果蔬内水分蒸发所对应的压力时，果蔬表面水分将快速蒸发并带走自身大部分热量，从而果蔬达到快速降温的目的。其他的预冷方式则是果蔬表面与冷媒直接接触换热达到降温的目的。与传统预冷方法相比，真空预冷具有果蔬冷却速率快且均匀，不受堆垛方式的影响，且整个预冷过程清洁卫生，但是从装置的造价以及设备抗压条件考虑，目前我国真空预冷的方式并未得到普及，而在发达国家该预冷方式已得到普及应用。

冷藏作为继预冷环节后果蔬保鲜的又一重要环节，同时是果蔬冷链系统的重要环节。通过冷风机或者盘管等装置提供冷量并维持果蔬贮藏环境温度恒定的过程。较低温度的贮藏环境不仅在一定程度上抑制了果蔬的呼吸作用，减缓自身的新陈代谢，而且有效地抑制了微生物的繁殖，延长果蔬贮藏期。然而我国现有的冷藏技术手段对易腐等农产品的贮藏期限并不是很长，尤其是在远洋作业工作中将远远无法满足需求。为实现果蔬等农产品超长的贮藏期，依靠现有普通的冷藏方式无法达到长期贮藏目的，必须结合减压技术将果蔬在低于大气压的环境中保存，即在低温贮藏的条件下再将果蔬等农产品的贮藏环境压力降低，从而降低贮藏环境中氧气的百分含量，低压环境有效地抑制了乙烯等催熟物质的生成，并随抽气过程将有害物质及时排出贮藏环境，此贮藏方式即为现阶段新型的低压贮藏技术。

低压贮藏作为新型的保鲜技术，巧妙地结合了冷藏技术与真空技术。即使贮藏环境的压力很低，果蔬也不会造成低氧伤害，并且有效抑制霉菌等微生物的生成及繁殖。低压贮藏具有绿色无污染的特点，是新一代的果蔬物理保鲜技术，在技术上和理论上减压贮藏技术较传统冷藏技术有着突出的优

势，将在我国的果蔬冷链上发挥前所未有的作用，提升我国的国民生产总值。

2) 真空预冷减压气调贮藏的特点

缩短降温时间，有效地抑制呼吸作用；减压贮藏造成低氧气浓度条件；能促进植物组织气体成分向外扩散；从根本上消除二氧化碳中毒的可能性；抑制微生物的生长发育，减轻侵染性病害。

3) 真空预冷减压气调贮藏存在的问题

建造费用高。减压贮藏库建筑比普通冷库和气调贮藏库建造费用要高，目前制约了这种方法的应用，需进一步研究在保证耐压的情况下降低建造费用。

产品易失水。库内换气频繁，产品易失水萎蔫，故减压贮藏中特别要注意湿度控制，最好在通入的气体中增设加湿装置。

产品香味易降低。减压贮藏后，产品芳香物质损失较大，很易失去原有的香气和风味。但有些产品在常压下放置一段时间后，风味可稍有恢复。

3. 真空预冷减压气调贮藏技术的应用

果蔬产品每蒸发 1% 的水分大致可使自身温度下降 6 ℃，从 30 ℃冷却至 5 ℃，大约需要失水 4%，耗时 30 min。只要适当增湿就不会出现失水萎蔫的情况，风味品质也不会受影响。肉类抽真空降温，从 24 ℃降到 10 ℃约需 30 min，失重 4.8%。谷物类农产品品温在 30 min 内由室温降到 4～8 ℃，并能得到进一步干燥（脱水 6% 左右）。由此可见，在减压贮藏初期，特别是肉制品和谷物类农产品由于减压造成的蒸发失水可起到良好的预冷效果。

3.3.5 真空冷却红外线脱水保鲜技术

目前，半干产品的干燥处理仍靠日晒或冷风干燥。日晒方法受天气及日照时间长短的影响，且面临着被微生物侵染、氧化引起口味改变以及尘埃污染等问题；冷风干燥至少 3～4 h。因而，货架期极短而需备有冷冻或冷藏装置以延长货架期。此外，近年来由于分割肉、冷却肉的超市化规范销售日益普及对鲜肉、鲜鱼的保鲜包装技术提出更高的要求。为此，真空冷却红外线脱水保鲜技术应用而生。

1. 真空冷却红外线脱水技术装置

真空冷却红外线脱水机（vacuum cooling infrared-rays dryer，V-CID），用于保持生鲜物料的新鲜度和一定的形态，以顺利分送到消费者手中，而且能够缩短处理的时间。V-CID 实验装置见图 3-14。主要由真空处理罐、真空泵、控制盘、贮气罐、制 N_2（或 O_2）机等组成。真空处理罐其主要部件有不锈钢网架，架上有多层棒式远红外线加热器，罐内的不同方位配有一定数量喷嘴，可在 N_2 的环境中喷入浓度 75% 的酒精；真空处理罐可进入减菌处理及减压或真空脱水处理。V-CID 技术适用于处理各种鲜鱼、各类冷却分割鲜肉、各类水果和绿色蔬菜；其中，有些菜肴需冷处理来提高色泽及脱去一部分水分以延长货架期。因此，V-CID 技术具有广阔的应用前景。

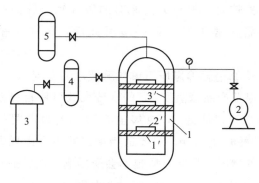

图 3-14　V-CID 实验装置

1. 真空处理罐（1'. 托盘；2'. 棒式红外线加热器；3'. 喷头）；
2. 真空泵；3. 制 N_2（或 O_2）机组；4. 贮气罐；5. 酒精罐

2. 真空冷却红外线脱水保鲜技术在金枪鱼生鱼片加工中的应用

生鱼片寿司对原料的鲜度要求十分严格。鲜鱼从海洋中捕获，如果要将其生鲜品运往异地，即使采用空运或高速公路运输方式，处于活体状态的鱼的鲜度仍会下降。特别是金枪鱼体重一般都在十余千克到上百千克，捕捞后的活鱼剧烈活动，一旦受到碰撞，碰撞部位淤血，肉色发暗，不可用来制作生鱼片。此外，金枪鱼大都生活在远洋的深海中，从捕捞后到上岸需要相当长的时间。因此，在一般情况下，金枪鱼捕捞后，在船上立即宰杀放血，超低温冷冻贮藏。金枪鱼作为高品质的生鱼片食用，必须具备以下三个条件：①肉质要维持其鲜艳的色泽。金枪鱼鲜红的肉色只有在高氧分压和超低温（金枪鱼－60℃）状态下才能得以维持。然而，从捕捞、贮藏、加工、运输到食用，高氧分压和超低温的贮运条件难以具备。目前市场上常采用一氧化碳熏制法、冰鲜法和超低温冷冻法进行保鲜。一氧化碳熏制的目的是保持肉色不变，由于一氧化碳会与肌红蛋白结合，肉色呈粉红色，且不随时间的延长而变色，这往往会误导消费者良莠不分，甚至造成食物中毒。日本 20 世纪 90 年代初已全面禁止使用此方法加工金枪鱼。冰鲜法只能在极短时间内达到保鲜效果。超低温冷冻法因国内运输车不具备超低温冷冻条件，一般餐馆和酒店又无超低温冰箱，因此，在固定的超低温冷库出库后不便操作。②带菌量必须限制在安全食用的范围内。即使生鱼片原料在低温状态下保存，但原料中的厌氧菌或好氧菌仍维持其逆境生存状态，一旦在流通领域中遇到合适的温度条件，细菌会快速繁殖，给生食的安全性带来威胁。③解冻后不能有过多的血水汁液渗出。冻结过程中，冰晶会破坏鱼肉组织的细胞膜，一旦解冻，细胞液会同血液从组织内部渗出。这不仅影响生鱼片感官形态，而且使营养成分大量流失。真空冷却红外线脱水保鲜技术通过减菌化、加氧和适度脱水等工艺处理，有效地解决了金枪鱼生鲜原料保鲜的难题。

1）真空冷却红外线脱水保鲜技术加工金枪鱼生鱼片的工作原理

真空冷却红外线脱水机是对生鱼片原料进行减菌化、加氧和真空脱水等工艺处理的必要装置。V-CID 主要由真空处理罐（内藏不锈钢网架和棒式远红外线加热器）、真空泵、空压机、贮气罐、氧气回收罐、电脑控制台等部分组成。

2）真空冷却红外线脱水保鲜技术加工金枪鱼生鱼片的工艺流程

食品物料→初加工→表面杀菌处理→V-CID 减菌和脱水处理→气体置换包装→成品（冷藏或冷冻）

V-CID 中的减菌化—脱水处理洗净的物料放置于承物网盘上，进而将网盘放进网盘架，置入真空处理罐。然后向计算机显示屏中输入处理条件。真空处理罐即先进行减菌处理后，进而根据需要除去产品中的部分自由水。

（1）减菌化处理 首先将处理罐的压力在 3 min 内减压至 13.33kPa 以下，以便除去空气和物料表面的部分水分，接着注入氮气，使压力复原。与此同时，罐内喷嘴向物料喷射食用酒精，随之不断地注入氮气增加压力。当压力达到 147.1～186.3 kPa 时，维持恒定压力数分钟，使酒精从产品表面进入内部组织，进行减菌处理。而对于处理金枪鱼等肉色鲜红的鱼类时，需要进行加氧处理，以便使肌红蛋白高度氧合，肉色变得更为鲜红。这一步骤结束以后，用真空泵自动抽出罐内的氮气或氧气，进入下一个阶段的脱水处理。

（2）脱水处理 鱼肉组织中的水分包括结合水和自由水。若将鲜鱼放置盘中或包入袋中，组织中的部分自由水便脱离组织而渗出。这不仅使物料中的营养成分随之流失，而且渗出的自由水既影响食品的感官形态，又是微生物繁殖的温床。利用 V-CID 脱去组织中的部分自由水或多余的血水，物料仍处于新鲜状态，但因水分活性降低，从而提高保鲜效果，延长货架期。此外，脱去部分自由水的物料即使在冷冻时，不会因冰晶过大而破坏组织结构，解冻后倾出液也大大减少。脱水是在减压或真空的状态下使水分蒸发。在减压蒸发过程中，物料的温度会急剧下降。为此，采用远红外线加热补充适当热量，使物料在脱水过程中温度维持在 10 ℃ 左右的条件下操作。抽出处理罐内所有的氮气或氧气后，10 min 内使压力降到 0.67～1.33 kPa。脱水终点是由 3 个因素决定的，即脱水时间、中心温度和含水率。当数据显示已达到设定值，处理过程自动停止，处理罐内的压力恢复到常压，脱水过程即结束。

（3）气体置换包装 气体置换包装生产车间、包装车间最好使用空气清洁器进行空间消毒。物料脱水结束以后，将物料转移到减菌化包装室内，装入高阻隔性的包装袋中，然后向袋内置换氮气或二氧化碳，或氮气与二氧化碳的混合气体，再密封。根据物料的含水量和对保质期的要求，采取冷藏或冷冻的方式贮运。

（4）贮藏 新鲜水产品需在冷藏或冷冻条件下保存。近年来，半冷冻法也广泛应用于水产品的保存。

半冷冻（部分冻结）：半冷冻法是处于冰藏和冷冻之间的一种形式。温度带划分新理论：一般冰箱分割为冷冻室（＜－18 ℃）和冷藏室（0～10 ℃）。近年来开发的新型冰箱又增加－3～0 ℃ 的半冷冻室。

冷冻：如果 V-CID 处理后的新鲜水产品需要保鲜更长时间，则需要进行冷冻。温度对鱼肉颜色的保存至关重要。金枪鱼的生鱼片不仅要味道鲜美，同时要色泽鲜艳。在多数情况下用于生鱼片的金枪鱼要在－60 ℃ 的条件下才能保持其鲜艳的色泽和鲜度。然而，从捕捞、运输到贮藏，－60 ℃ 的冷冻条件往往很难达到。用 V-CID 处理（包括加氧）后，在－20 ℃ 的冷冻条件下即可保鲜。

3. V-CID 加工产品的开发前景

V-CID 可加工开发各式各样的产品，包括鲜鱼、鲜贝、鲜虾等生鲜原料或鱼干等半干制品以及鱼糕、寿司鱼片等熟制品。利用 V-CID 技术有利于产品的增值，并且可以延长货架期。举例来说，传统的冷冻加工技术在加工冻虾时，须按规格要求进行分类。由于反复冷冻和解冻，鲜度下降。而利用 V-CID 技术在新鲜的状态下按大小分类后，去壳去头，经减菌、脱去部分水分后，直接加工成终端消费商品。再如，人工养殖的鱼一般以鲜活或冷冻的形式投放市场。而在养殖场将活鱼分割，进行适当的味汁浸渍处理，利用 V-CID 保鲜加工后，提高其附加值，直接供给酒店、宾馆、医院、配餐公司、批发商等，开拓产加销直通的新型市场。目前，原先过分集中于大中城市的食品加工企业，开始向原料产地转移，呈现产加一体化倾向。V-CID 是为了满足市场的日常需要和适合于在原料产地加工而开发出来的具有广泛应用价值的一种新的食品原料保鲜处理技术，已被市场与消费者广泛认可，将对新鲜水产品的贮运流通领域带来变革性影响。

思考题

1. 简述气调包装发展的历程。

2. 简述气调包装的原理及各种气体的作用。

3. 简述气调贮藏对食品成分变化的影响。

4. 气调包装的方法有哪些？并简要说明？

5. 分别阐述 MAP 和 CAP 的技术及其工作原理。

6. 气调保藏库的基本组成有哪些？各自发挥怎样的作用？

7. 介绍几种薄膜封闭气调技术的基本方法。

8. 简述真空预冷气调和减压气调保鲜技术的优缺点。

9. 简述真空冷却红外线脱水保鲜技术的原理和设备组成。

10. 结合冷鲜肉的特点，设计适宜于冷鲜肉保鲜的气调保鲜方法。

食品热处理与罐藏

【学习目的和要求】

1. 了解食品加工热处理的类型及作用，掌握加热对微生物和酶的影响，掌握微生物的耐热性指标及影响其耐热性的因素；

2. 了解常见的罐藏容器及其特性，熟悉罐头生产的基本工艺流程，了解金属罐和玻璃罐在使用前的清洗要求；

3. 了解金属罐二重卷边密封原理和技术标准，掌握罐头的排气方法和影响真空度的因素；

4. 掌握罐头杀菌时间的计算及合理杀菌工艺条件的确定方法，熟悉罐头常见的杀菌方法及杀菌设备。

【学习重点】

1. 食品热处理原理、金属罐、玻璃罐和蒸煮袋的种类和工艺特性；

2. 排气方法的比较、影响罐头真空度的因素、金属罐二重卷边密封原理和技术标准；

3. 微生物热力致死特性（D 值、Z 值、F 值及三者之间的关系）；

4. 罐头杀菌时间的计算及合理杀菌工艺条件的确定。

【学习难点】

1. 金属罐二重卷边密封原理和技术标准、罐头真空度的控制；

2. 罐头杀菌时间的计算及合理杀菌工艺条件的确定。

FOOD PRESERVATION

热处理（thermal processing）是采用加热的方式来改善食品品质、延长食品贮藏期及保障食品安全的一种方法，是食品加工与保藏中最重要的处理方法之一。热处理的主要作用是杀灭导致食品腐败变质的腐败菌及致病菌等有害微生物，同时钝化导致食品品质变化的酶的活性。热处理还能改善食品的品质与特性，如产生特别的色泽、风味和组织状态；提高食品中营养成分的可利用率、可消化性；破坏食品中不需要或有害的成分，如大豆中的胰蛋白酶抑制剂等。但同时热处理也会造成食品的色香味、质构等品质及营养成分的不良变化。因此，合理的热处理条件（温度和时间）应既能迅速有效地达到杀菌及钝化酶活性的目的，同时又能将加热对食品造成的损伤及品质变化控制在最小限度内。

罐藏（canning）是将经过预处理后的食品装入包装容器中，经密封和杀菌，使食品达到并保持商业无菌状态，进而在室温下长期保藏的食品保藏方法。凡使用罐藏方法加工的食品称为罐藏食品（俗称罐头，canned food）。罐头食品在经过生产加工后基本上能保持食品原有的风味和营养价值。有些罐头的风味（如菠萝罐头）甚至胜过新鲜品，且便于携带、运输和贮存，开罐即食，是一种非常方便的食品，深受消费者的喜爱。

4.1 食品热处理的类型和特点

4.1.1 工业烹饪

工业烹饪（industrial cooking）作为食品加工的一种前处理，通常是为了提高食品的感官品质而采取的一种处理手段。它包括煮、焖（炖）、烘（焙）、炸（煎）、烤等几种形式。一般煮、炖在沸水中进行；焙、烤则以干热形式加热，温度较高；而煎、炸在较高温度的油介质中进行。

烹饪处理能杀灭部分微生物、破坏酶，改善食品感官品质，提高食品可消化性，并破坏食品中不良成分（包括一些毒素等），提高食品安全性，也可提高食品耐贮性。但不适当的烘烤处理会给食品带来某些营养、安全方面的问题，如烧烤中的高温使油脂分解产生致癌物质。

4.1.2 热烫

热烫（blanching or scalding）又称漂烫、杀青、预煮。热烫的作用主要是破坏或钝化食品中导致食品质量变化的酶类，保持食品原有品质，防止或减少食品在加工和保藏中由酶引起的色、香、味的劣化和营养成分的损失。

热烫主要应用于蔬菜和某些水果，通常是果蔬冷冻、干燥或罐藏前的一道前处理工序。导致果蔬在加工和保藏过程中质量降低的酶类主要是氧化酶类和水解酶类，热处理是破坏或钝化酶活性的最主要和最有效的方法之一。

4.1.3 热挤压

挤压（extrusion）是将食品物料放入挤压机中，物料在螺杆的挤压下被压缩并形成熔融状态，然后在出料端通过模具出口被挤出。挤压是结合了混合、蒸煮、揉搓、剪切、成型等几种单元操作的过程。挤压可以使食品产生不同的形状、质地、色泽和风味，通过调整配料和挤压机的操作条件可以生产出满足消费者要求的各种挤压食品。挤压处理操作成本较低，在短时间内可完成多种单元操作，生产效率高，便于自动控制和连续化生产。

热挤压则是食品物料在挤压的过程中还被加热，热挤压也被称为挤压蒸（extrusion cooking）。热挤压是一种高温短时的热处理过程，能够减少食品中的微生物数量和钝化酶。

4.1.4 热杀菌

1. 巴氏消毒

巴氏消毒（pasteurization）是一种较温和的热杀菌方式，处理温度通常在 100 ℃ 以下，典型的巴氏消毒条件是 62.8 ℃，30 min。达到同样的巴氏消毒效果，可以有不同的温度与时间组合。巴氏消毒可以使食品中的酶失活，破坏食品中热敏性微生物和致病菌。巴氏消毒的目的及产品的贮藏期主要取决于杀菌条件、食品成分和包装情况。

2. 商业灭菌

商业灭菌（sterilization）是一种较强烈的热处理形式，通常是将食品加热到较高的温度并维持一定的时间以达到杀死所有致病菌、腐败菌和绝大部分微生物的目的，一般也能钝化酶。食品内允许残留有极少量的微生物或芽孢，但在常温无冷藏的商业贮运过程中，在货架期内不引起食品腐败变质，这种无菌程度被称为"商业无菌"。

这种杀菌效果只有在密封的容器内才能取得，将食品先密封于容器内再进行杀菌处理是罐藏食品的加工形式，通常对食品营养成分和品质的破坏比较大。而将经超高温瞬时杀菌（ultra high-temperature short time sterilization，UHT ST）后的食品在无菌的条件下进行包装，则是无菌包装，是液态食品生产通常采用的方式，也可以达到同样的商业无菌效果。

4.2　食品热处理保藏原理

4.2.1　加热对微生物的影响

1. 微生物的耐热性

不同微生物具有不同的生长温度范围，如温度过高，微生物的生长将会受到抑制甚至被杀灭。根据细菌的耐热性，可将其分为嗜热菌、中温菌、低温菌、嗜冷菌等四类，见表4-1。

表 4-1　细菌的耐热性

微生物种类	最低生长温度/℃	最适生长温度/℃	最高生长温度/℃
嗜热菌	30～40	50～70	70～90
中温菌	5～15	30～40	45～55
低温菌	−5～5	25～30	30～35
嗜冷菌	−10～−5	12～15	15～25

一般嗜冷菌对热最敏感，其次是低温菌和中温菌，而嗜热菌的耐热性最强。虽同样是嗜热微生物，其耐热性因种类不同也有明显差异。通常产芽孢细菌比非芽孢细菌更为耐热，而芽孢也比其营养细胞更耐热。比如，细菌营养细胞大多在 70 ℃下加热 30 min 会死亡，而其芽孢在 100 ℃下加热数分钟甚至更长时间也不死亡。

关于芽孢的耐热机理至今尚无公认的解释，目前比较有说服力的是渗透调节皮层膨胀学说。该学说认为，芽孢外层所包裹的疏水性蛋白（芽孢衣）对阳离子和水分的通透性较差，而皮层的离子强度很高，其产生极高的渗透压可掠夺核心区的水分，

使皮层吸水而膨胀。芽孢核心部分的细胞质却高度失水，使芽孢的耐热性增加。也有人认为孢子的耐热性与原生质的含水量（确切地说是游离水量）有很大的关系。上述带凝胶状物质的皮膜在营养细胞形成芽孢之际产生收缩，导致原生质脱水，从而增强了芽孢的耐热性。另外，芽孢菌生长时所处温度越高，所产孢子也更耐热。原生质中矿物质含量变化也会影响孢子的耐热性，但它们之间的关系尚无结论。

2. 影响微生物耐热性的因素

无论是微生物的营养细胞之间，还是营养细胞和芽孢之间，其耐热性都有显著差异。即使是耐热性很强的细菌芽孢，其耐热性的变化幅度也相当大。微生物耐热性是复杂的化学、物理以及形态方面的性质综合作用的结果。因此，微生物耐热性首先要受到其遗传性的影响；其次，与它所处的环境条件是分不开的。

1）菌株和菌种

微生物种类不同，其耐热性也不同。即使是同一菌种，其耐热性也因菌株不同而有所差异。正处于生长繁殖期的营养体的耐热性比它的芽孢弱。不同菌种芽孢的耐热性也不同，嗜热菌芽孢的耐热性最强，厌氧菌芽孢次之，需氧菌芽孢的耐热性最弱。同一种芽孢的耐热性也会因热处理前的菌龄、培养条件、贮存环境的不同而有所差异。

2）微生物的生理状态

微生物营养细胞的耐热性随其生理状态而变化。一般处于稳定期的微生物营养细胞比处于对数期者耐热性更强，刚进入缓慢生长期的细胞也具有较高耐热性，而进入对数期后，其耐热性将逐渐下降至最小。另外，细菌芽孢耐热性与其成熟度有关，成熟后的芽孢比未成熟的更为耐热。

3）培养温度

在一般情况下，不管是细菌的芽孢还是营养细胞，培养温度越高，所培养的细胞及芽孢耐热性就越强。枯草芽孢杆菌的耐热性随着培养温度的升高，其加热死亡时间也会延长，见表4-2。

表 4-2　培养温度对枯草芽孢杆菌芽孢耐热性的影响

培养温度/℃	100 ℃加热死亡时间/min
21～23	11
37	16
41	18

4）热处理温度

微生物生长温度以上的温度可以导致微生物的死亡，不同种类的微生物其最低热致死温度也不相同。对于规定种类、规定数量的微生物，在特定的热处理温度下，微生物的死亡就取决于在这一温度下所维持的时间。热处理温度越高，则所需时间就越短，如图4-1所示。炭疽杆菌芽孢在90℃下加热时的死亡率远远高于在80℃下加热时的死亡率。但是加热时间的延长有时并不能使杀菌效果提高。因此，在杀菌时，保证足够高的温度比延长杀菌时间更为重要。

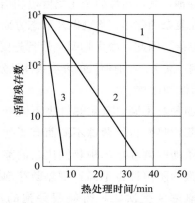

图4-1　不同温度下炭疽杆菌芽孢的活菌残存数曲线
1.80℃；2.85℃；3.90℃

5）初始污染量

微生物耐热性与一定容积内初始活菌数之间有很大关系。食品中的初始菌数越多（尤其是细菌的芽孢），杀菌时间就越长，所需温度就越高。例如，将一种从污染食品中分离的嗜热菌芽孢放在pH 6.0的玉米糊中，处理温度为120℃，其结果见表4-3。

表4-3　细菌芽孢数量与加热时间的关系

孢子浓度/（个/mL）	杀死芽孢需要时间/min
50 000	14
5 000	10
500	9
50	8

初始活菌数多之所以能增强细菌耐热性，原因可能是细菌细胞分泌出较多类似蛋白质的保护物质。因此，食品厂的卫生状况直接影响到杀菌条件的选择及产品的质量。

6）水分活度

水分活度或加热环境的相对湿度对微生物耐热性有显著影响。一般水分活度越低，微生物细胞的耐热性越强。其原因可能是蛋白质在潮湿状态下加热比在干燥状态下加热变性速度更快，从而使微生物更易于死亡。因此，在相同温度下湿热杀菌的效果要好于干热杀菌。

另外，水分活度对于细菌营养细胞及其芽孢以及不同细菌和芽孢的影响明显不同，如图4-2所示。随着水分活度增大，肉毒杆菌（E型）的芽孢迅速死亡，而嗜热脂肪芽孢杆菌芽孢的死亡速率所受影响小得多。

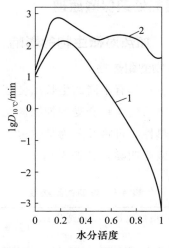

图4-2　细菌芽孢在110℃加热时死亡时间（D值）和水分活度的关系
1.肉毒杆菌（E型）；2.嗜热脂肪芽孢杆菌

7）pH

经研究表明，许多高耐热的微生物在中性或接近中性的环境中耐热性最强，而偏酸性或偏碱性的条件都会降低微生物的耐热性，尤其以酸性条件的影响最为强烈。比如，大多数芽孢杆菌在中性环境中有很强的耐热性，但在pH<5时，细菌芽孢的耐热性就很弱，如图4-3所示。比如，粪肠球菌在近中性的pH下具有最强的耐热性，而偏离此值的pH均会降低其耐热性，尤以酸性pH的影响更为显著，如图4-4所示。又如，肉毒杆菌的芽孢在中性磷酸盐缓冲液中的耐热性是在牛乳和蔬菜汁中的2～4倍。可见，pH越低的食品所需的杀菌温度越低或杀菌时间越短。在蔬菜及汤类食品加工时，常

添加柠檬酸、醋酸及乳酸等来提高食品酸度，以降低杀菌温度和减少杀菌时间，从而使食品原有品质和风味得以更好地保留。

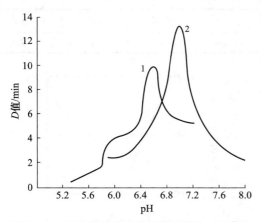

图4-3　pH 对粪肠球菌耐热性的影响（60 ℃）

1. 柠檬酸盐-磷酸盐缓冲溶液；2. 磷酸盐缓冲溶液

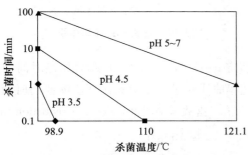

图4-4　pH 对芽孢耐热性的影响

8）脂肪

脂肪的存在可以增强细菌耐热性，这是因为食品中的脂肪会在微生物的表面形成凝结层，而凝结层既妨碍了水的渗透，又是热的不良导体，所以增加了微生物的耐热性。例如，大肠杆菌和沙门氏菌在水中加热到 60～65 ℃时即死亡了，而在油中加热到 100 ℃需经 30 min 才能死亡。大肠杆菌在不同含脂食物中的耐热性也不同，见表4-4。

表4-4　大肠杆菌在不同介质中的热致死温度
（加热时间为 10 min）

食品介质	热致死温度/℃
奶油	73
全乳	69
脱脂乳	65
乳清	63
肉汤	61

因此，对于脂肪含量高的食品，其杀菌强度要加大。增加食品介质含水量，可部分或基本消除脂肪的热保护作用。另外，对肉毒梭状杆菌的实验表明，长链脂肪酸比短链脂肪酸更能增强细菌的耐热性。

9）糖类

糖的存在对微生物耐热性有一定影响，这种影响与糖的种类及浓度有关。以蔗糖为例，当其浓度较低时，对微生物耐热性的影响很小；但浓度较高时，则会增强微生物的耐热性。其原因主要是高浓度糖类能降低食品水分活度。例如，酵母菌在蒸馏水中加热到 100 ℃，几乎立即杀灭，而在 43.8% 的糖液中需要 6 min，在 66.9% 的糖液中需要 28 min。并且，不同糖类即使在相同浓度下对微生物耐热性的影响也是不同的，这是因为它们所造成的水分活度不同。不同糖类对受热细菌的保护作用由强到弱的顺序是：蔗糖＞葡萄糖＞山梨糖醇＞果糖。

10）蛋白质

在加热时，食品介质中如有蛋白质（包括明胶、血清等）存在将对微生物起保护作用。据实验表明，蛋白胨、肉膏对产气荚膜杆菌的芽孢有保护作用，酵母膏对大肠埃希氏菌有保护作用，氨基酸、蛋白胨、大部分蛋白质等对鸭沙门菌有保护作用。例如，将某种芽孢放入 pH 6.9 的磷酸盐缓冲溶液中，含有 1%～2% 明胶的比不加明胶的耐热性要增加 2 倍。蛋白质对微生物保护作用的机理目前尚不十分清楚。可能的原因是蛋白质分子之间或蛋白质与氨基酸之间相互结合，从而提高了微生物蛋白质的稳定性。这种保护作用在微生物细胞表面及内部都可能存在。

11）盐类

食品中含有天然的无机盐种类很多，在生产上还常常加入食盐。盐类对细菌耐热性的影响是可变的，主要取决于盐的种类、浓度等因素。食盐是对细菌耐热性影响较显著的盐类。经研究表明，当食盐浓度低于 3%～4% 时，能增强细菌耐热性。食盐浓度超过 4% 时，随浓度增加，细菌耐热性明显下降。其他盐类如氯化钙、硝酸钠、亚硝酸钠等对细菌耐热性也有一定影响，但比食盐弱。青豆食品在 115 ℃杀菌时的细菌残存率试验结果见表4-5。

一般认为，低浓度盐可以使微生物细胞适量脱水而使蛋白质难以凝固，使微生物耐热性增强；而高浓度盐则可使微生物细胞大量脱水，加速蛋白质变性，导致微生物死亡。

表 4-5　青刀豆食品汤汁中食盐浓度与细菌残存率

食盐浓度/%	0	0.5	1.0	1.5	2.0	2.5	3.0	4.0
细菌残存率/%	15.0	37.8	86.7	73.3	75.6	78.9	40.0	13.0

12）植物杀菌素

有些植物汁液及提取物对微生物有抑制或杀灭作用，这类物质通常被称为植物杀菌素。食品中常含有植物杀菌素的原料，如葱、姜、蒜、辣椒、桂皮、芥末、豆蔻和胡椒等香辛料以及萝卜、番茄等。如果食品中含有这些原料，就可降低杀菌前食品中微生物的数量，则可减弱微生物的耐热性。但植物杀菌素因品种、器官部位、生长期等的不同，其杀菌效果相差很大。

13）其他因素

当微生物生存环境中含有防腐剂、杀菌剂时，微生物耐热性将会降低。另外，对牛奶培养基中的大肠埃希氏菌、鼠伤寒沙门氏菌分别进行常压加热和减压加热处理，无论哪一种菌，不管培养基的组成成分如何，采用多高的温度，真空下的 D 值都比常压下的小。

3. 微生物耐热性的表示方法

1）热力致死速率曲线、热力指数递减时间和 D 值

将微生物细胞或芽孢制成悬浮液，在一定温度下进行加热，每隔一定时间抽样测定残存的细胞或芽孢数。以横坐标表示一定温度下的加热时间，纵坐标（对数坐标）表示单位值（每毫升）内的微生物细胞或芽孢数，在半对数坐标上作图，所得曲线是一直线，为热力致死速率曲线（图 4-5）。热力致死速率曲线反映的是在一定温度下对数化处理后杀菌时间与残存芽孢数之间的关系。根据热力致死速率曲线可计算出满足某种特定杀菌需求的加热时间。

假如，某食品的初始活菌数 a，在杀菌结束时残存的活菌数为 b，热力致死速率曲线的斜率为 k，加热时间为 τ，则

$$\tau = \frac{1}{k}(\lg a - \lg b)$$

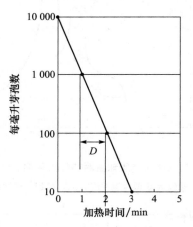

图 4-5　热力致死速率曲线

假定 $a = 10^n$，$b = 10^{n-1}$，此时加热时间为热力致死速率曲线越过一个对数循环所需的时间，定义为 D 值（指数递减时间，decimal reduction time）。

$$\tau = \frac{1}{k}(\lg 10^n - \lg 10^{n-1}) = \frac{1}{k}$$

D 值在数值上等于热力致死速率曲线斜率的倒数，指在一定的环境和一定的热力致死温度条件下，每杀死某对象菌原有活菌数的 90% 所需的时间（min）。例如，在 121.1 ℃下处理某对象菌，每杀死其原有活菌数的 90% 所需时间为 5 min，则该对象菌的 $D_{121.1℃} = 5$ min。

D 值除可从热力致死速率曲线图中求斜率得到以外，还可由以下公式进行计算得到：

$$D = \frac{\tau}{\lg a - \lg b}$$

【例】　已知某细菌的初始活菌数为 1×10^4，在 121.1 ℃下处理 3 min 后残存的活菌数为 1×10，求其 D 值。

【解】

$$D_{121.1℃} = \frac{3}{\lg 1 \times 10^4 - \lg 1 \times 10} = \frac{3}{4-1} = 1 \text{ min}$$

即该细菌的 $D_{121.1℃}$ 为 1 min。

D 值与微生物的死亡速率成反比，与微生物耐

热性强度成反比。不同微生物的耐热性强弱可以用相同温度下的 D 值大小进行比较。D 值越大，微生物的死亡速度越慢，该微生物的耐热性越强，反之，则越弱。D 值受热处理温度、菌种种类、营养体或芽孢所处悬浮液性质等因素的影响，与原始菌数无关。

热力指数递减时间（thermal reduction time，TRT）是指在任何热力致死温度条件下将细菌或芽孢数减少到原有残存活菌数的 $1/10^n$ 时所需的热处理时间（min）。指数 n 称为递减指数，TRT_1 为热力致死速率曲线横过一个对数循环时所需的热力处理时间，即 $\text{TRT}_1 = D$；TRT_n 为曲线横过 n 个对数循环时所需的热力处理时间，即 $\text{TRT}_n = \tau_n = nD$。$\text{TRT}_n$ 是 D 的扩大值，它和 D 值一样不受原始菌数的影响，同样受对 D 值有影响的因素所支配。

2）热力致死时间（thermal death time，TDT）曲线、Z 值和 F 值

将一定浓度的微生物细胞或芽孢制成悬浮液在不同温度下进行加热，分别测定微生物细胞或芽孢全部死亡需要的最短加热时间，即为该温度下的热力致死时间。以热力致死时间为纵坐标（对数坐标），加热温度为横坐标，在半对数坐标上作图，所得曲线同样是一条直线，为热力致死时间曲线（图 4-6）。热力致死时间随温度而异，它表示了不同热力致死温度下微生物（或芽孢）的相对耐热性。由于全部杀死微生物所需的时间因原始菌数的不同而有差异，因此，TDT 值随原始菌数的不同而

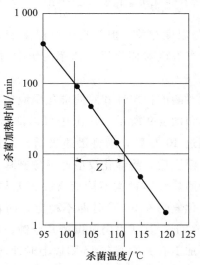

横坐标：杀菌温度/℃（95 100 105 110 115 120 125）
纵坐标：杀菌加热时间/min（1 10 100 1 000）

图 4-6 热力致死时间曲线

变化，需用试验方法加以确定，所得到的数据也只能在和试验时的原始菌数相一致时才适用。而实际上试验和生产实践中正确控制菌数（即将菌数保持一致）是很困难的。而 TRT 值不受原始菌数的影响，用 TRT 值作为确定杀菌工艺条件的依据，要比用 TDT 值更为有利。

在直线上任取两点 $(T、\lg\tau)$、$(T'、\lg\tau')$，设直线的斜率为 $1/Z$，则

$$\frac{\lg\tau - \lg\tau'}{T - T'} = -\frac{1}{Z}$$

同样地，假定 $\tau = 10^n$，$\tau' = 10^{n-1}$，即杀菌时间降低一个对数周期时，$\lg\tau - \lg\tau' = 1$，则 $Z = T' - T$。

也就是说，Z 值是热力致死时间曲线中纵坐标通过一个对数循环的温度差（℃），即杀菌时间降低一个对数周期（缩短 90%）所需要升高的温度。Z 值也是微生物耐热性特征值，能够反映微生物的耐热性强弱，Z 值越大，加热温度变化对微生物致死速度的影响越小；Z 值越小，加热温度的变化对微生物致死速度的影响越大。

F 值是在恒定的加热标准温度条件下（国内一般为 121.1 ℃）杀灭一定数量的对象菌或芽孢所需要的时间（min）。此时热力致死时间曲线可表示为

$$\frac{1}{Z} = \frac{\lg\tau - \lg F}{121.1 - T} \quad \text{或} \quad \lg\frac{\tau}{F} = \frac{121.1 - T}{Z}$$

根据前述 TRT 概念，对于 $\tau = D(\lg a - \lg b)$ 时，$\tau_n = \text{TRT}_n = D(\lg a - \lg b) = nD$，如果 $\tau = \tau_n = nD$，则上式可变为

$$\lg\frac{nD}{F} = \frac{121.1 - T}{Z}$$

$$Z = \frac{121.1 - T}{\lg\dfrac{nD}{F}} \quad \text{或} \quad D = \frac{F}{n}10^{\frac{121.1 - T}{Z}} \quad \text{或} \quad F = nD\,10^{-\frac{121.1 - T}{Z}}$$

当 $T = 121.1$ ℃时，$F = nD$。

F 值可以用来对比 Z 值相同的对象菌的耐热性，在相同的 Z 值情况下，F 值越大，微生物耐热性越强。D 值本身并不代表全部杀菌时间，不能根据 D 值制定杀菌的工艺条件。F 值与微生物的种类、菌种及微生物细胞或芽孢的原始浓度有关，F 值代表全部杀菌时间，可以根据 F 值制定杀菌的工艺条件。

在半对数坐标系中，以 D 值为纵坐标，加热温度为横坐标作图，得到的一条直线称为仿热力致

死时间曲线。在直线上任取两点（T_1，$\lg D_1$）、（T_2，$\lg D_2$），则有

$$\lg D_2 - \lg D_1 = \lg \frac{D_2}{D_1} = \frac{T_1 - T_2}{Z}$$

假如 $\lg D_2 - \lg D_1 = 1$，则该直线的斜率为 Z 值的倒数，即

$$\tan a = \frac{\lg D_2 - \lg D_1}{Z} = \frac{1}{Z}$$

$$D_2 = D_1 \cdot 10^{\frac{T_1 - T_2}{Z}}$$

在稳定加热条件下，若已知微生物在标准温度下的 D 值和 Z 值，可计算任意温度下所需的杀菌时间。

【例】 已知肉毒杆菌在 121.1 ℃时的 D 值为 0.26 min，Z 值为 10 ℃。若要把芽孢数从 10^7 减少到 10^5，求在 115 ℃下所需的加热时间。

【解】 由 $D_2 = D_1 \cdot 10^{\frac{T_1 - T_2}{Z}}$ 得 $D_{115℃} = 0.26 \times 10^{\frac{121.1 - 115}{10}} = 0.26 \times 3.98 = 1.0$ min

则 $\tau_{115℃} = nD_{115℃} = 2 \times 1.0 = 2.0$ min

4.2.2 加热对酶的影响

温度对酶促反应的影响很大，表现为双重作用。

（1）与非酶化学反应相同，当温度升高，活化分子数增多，酶促反应速度加快。对许多酶来说，温度系数（temperature coefficient）Q_{10} 多为 2~3，也就是说反应温度每增高 10 ℃，酶反应速度增加 2~3 倍。

（2）由于酶是蛋白质，随着温度升高而使酶逐步变性，酶反应速度也随之降低。通常大多数酶在 30~40 ℃显示出最大活性，而高于此温度将使酶失活。而酶失活速率的 Q_{10} 在临界温度范围内可达 100。因此，随着温度提高，酶催化反应速率和失活速率同时增大。但是由于它们在临界温度范围内，后者较大，因此，在某一特定温度下，酶失活速率将超过酶催化反应速率，此时的温度即酶活性的最适温度。不过需要指出的是，任何酶的最适温度都不是固定的，而是受到 pH、共存盐类等因素的影响。

与细菌热力致死时间曲线相似，也可以作出酶热失活时间曲线。因此，同样可以用 D 值、F 值及 Z 值来表示酶的耐热性。其中 D 值表示在某个恒定温度下使酶失去其原有活性的 90% 时所需要的时间。Z 值是指酶热失活时间增加至原来的 10

倍或缩短至原来的 1/10 所需改变的温度。F 值是指在某个特定温度和不变环境条件下使某种酶活性完全丧失所需时间。过氧化酶的热失活时间曲线如图 4-7 所示，从图中可以看出，过氧化酶的 Z 值大于细菌芽孢的 Z 值，这表明升高温度对酶活性的损害比对细菌芽孢的损害更轻。

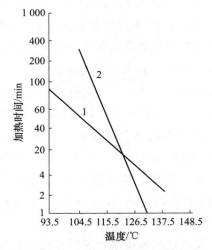

图 4-7 过氧化酶的热失活时间曲线
1. 过氧化酶；2. 细菌芽孢

另外，对于温度与酶催化反应速率之间的关系，还可用 Arrhenius 方程来定量地描述：

$$k = Ae^{\frac{E_a}{RT}}$$

式中：k 为反应速率常数；E_a 为活化能；A 为频率因子或 Arrhenius 因子。

上式两边取对数即得：

$$\lg k = \lg A - \frac{E_a}{2.3RT}$$

尽管 E_a 与温度有关，但是在一个温度变化较小的范围内考察温度对催化反应速率的影响时，$\lg k$ 与 $1/T$ 呈直线关系。

温度对酶的稳定性和对酶催化反应速率的影响如图 4-8 和图 4-9 所示，从图中可以清楚地看出，当温度超过 40 ℃后，酶将迅速失活。另外，温度超过最适温度后，酶催化反应速率急剧降低。

酶的耐热性因种类不同而有较大差异。比如，牛肝过氧化氢酶在 35 ℃时即不稳定，而核糖核酸酶在 100 ℃下，其活力仍可保持几分钟。虽然大多数与食品加工有关的酶在 45 ℃以上时即逐渐失活，但乳碱性磷酸酶和植物过氧化物酶在 pH 中性条件

下相当耐热。在加热处理时，其他酶和微生物大都在这两种酶失活前就已被破坏，因此，在乳品工业和果蔬加工中常根据这两种酶是否失活来判断巴氏杀菌和热烫是否充分。

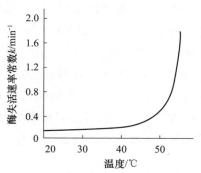

图4-8 温度对酶稳定性的影响
（须山三千三，水产食品学，1992）

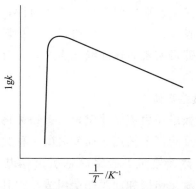

图4-9 温度对酶催化反应速率常数的影响
（菲尼马，食品化学，1991）

某些酶类在热钝化后的一段时间内，其活性可部分再生，如过氧化酶、催化酶、碱性磷酸酶和脂酶等，这种酶活性再生是由于酶的活性部分从变性蛋白质中分离出来。为了防止活性再生，可以采用更高的加热温度或延长热处理时间。

4.3 食品罐藏容器

罐藏容器是保持罐藏食品品质的重要手段，密封的罐藏容器可使罐藏食品与外界隔绝，避免其受到外界微生物的二次污染和发生氧化变质，从而达到长期保藏的目的。罐藏容器的种类很多，按制罐材料可分为金属罐、玻璃罐和软包装蒸煮袋（又叫塑料复合薄膜袋）。

4.3.1 罐藏容器的性能和要求

由于其独特的杀菌工艺，罐藏食品对罐藏容器

有较高的要求。为了使罐藏食品在容器里保存时间较长，并保持一定的色、香、味和营养价值，同时又适应工业化生产，对罐藏容器的性能有如下要求：

（1）对人体无毒害 在生产、贮藏、销售和消费过程中，罐藏容器都与罐内食品直接接触，因此，制作罐藏容器的材料必须无毒无害，才能保证食品安全可靠，符合卫生规范。此外，罐藏食品中含有糖、蛋白质、脂肪、有机酸和食盐等成分在长期贮藏过程中，罐藏容器还应该不与食品中的成分发生化学反应，以免导致食品败坏，甚至反应物危害人体健康。

（2）良好的密封性能 罐藏容器良好的密封性能使罐内食品与外界隔绝，使罐藏食品处于密封状态，防止外界微生物的再次污染，确保食品得以长期贮存。

（3）良好的耐腐蚀性能 由于罐头食品含有的有机酸、蛋白质和盐类等在罐藏食品工业生产及贮藏过程中会发生一些化学变化，释放出具有一定腐蚀性的物质，使金属容器出现腐蚀。而罐头食品中的某些物质在长期贮存过程中与容器接触也会发生缓慢的变化使罐藏容器出现腐蚀。这些腐蚀的出现一方面会使罐藏食品的颜色、质地和风味发生改变，另一方面腐蚀严重时会导致穿孔，引起内容物变质和腐败。因此，罐藏食品容器必须具有良好的抗腐蚀性能，保证食品长期贮藏而不发生败坏。

（4）适应工业化的生产 随着罐头工业的不断发展，罐藏容器的需求量与日俱增，罐藏容器能适应工厂机械化和自动化大规模生产的要求的同时，又要求其质量稳定，在生产过程中能够承受各种机械加工，且材料资源丰富、成本低廉。

（5）良好的商品价值 罐藏容器还应具有良好的商品价值，即造型美观、开启方便、便于携带和取食、适应运输和销售的要求。

4.3.2 金属罐

金属罐按制作材料的不同主要有镀锡板罐（俗称马口铁罐）、镀铬板罐和铝罐等。按制罐方式可分为三片罐和二片罐。三片罐由罐盖、罐底和罐身三部分组成，罐身有接缝，因此又叫接缝罐。二片

罐由罐盖和罐桶两部分组成，其中罐桶是罐底和罐身一体冲压成型的，故二片罐又叫冲底罐。按罐型不同金属罐又可分为圆罐、方罐、马蹄形罐、椭圆形罐和梯形罐等，除圆罐外其他形状的金属罐都泛称异型罐。本书主要从制作材料的不同来介绍不同类别的金属罐。

1. 镀锡板罐（马口铁罐）

镀锡板罐是由表面经过镀锡处理的低碳薄钢板轧制而成。钢基本身非常坚固可以很好地避免罐头食品在贮藏和运输过程中发生破裂。同时，锡层良好的延展性使得它在轧制过程中不会开裂，镀锡处理可以很好地保护钢基不被腐蚀，即使微量的锡元素溶入食品中也不会对人体产生毒害作用。因此，镀锡薄钢板是最常用的制罐材料，镀锡板罐也是罐头食品生产中最常用的容器。

如图 4-10 所示，镀锡薄钢板的中心为钢基层，上下层各分布着合金层、镀锡层、氧化膜和油膜等结构。

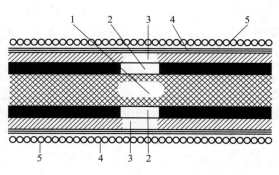

图 4-10　镀锡薄钢板的构造
1. 钢基；2. 合金层；3. 锡层；4. 氧化膜；5. 油膜

钢基的品质很大程度上决定了镀锡薄钢板的质量。国际标准 ISO 对钢种不做规定，但各国对商品用钢基板的成分大多规定了最低标准。日本工业标准（JIS）对钢种的化学成分不做规定，但提供三种代表性钢种（D 型、L 型、MR 型）。美国材料协会（ASTM）标准 ASTM A 623—2011 对这三种钢基的成分提出了明确要求：D 型钢属于铝镇静钢，具有超深冲耐时效的特点，要用于易发生吕德斯花纹的加工；L 型钢的非金属杂质少，在食品中的残留元素较低，所以常用于高耐腐蚀性食品容器；MR 型钢相对于其他两种钢型使用限制较少，常规元素和残留元素含量很低，在常规食品的容器

制造中应用最为广泛。

镀锡薄钢板的耐腐蚀性能受镀锡层的厚度、均匀性和镀锡方式的影响。镀锡层的厚度即镀锡量用每平方米镀锡量（g）来表示。我国对钢板及钢带的镀锡量代号、公称镀锡量及最小平均镀锡量做了明确规定（国家标准 GB/T 2520—2017）。镀锡的方式主要有两种：热浸镀锡和电镀锡。热浸镀锡所镀锡层不均匀，厚度较大，耗锡量也较大，成本较高。电镀锡所产生的锡层厚薄均匀，不易产生孔隙，既节约成本又可以获得耐腐蚀性很好的锡层，故电镀锡已逐渐取代热浸镀锡成为普遍使用的镀锡方式。

镀锡板罐作为最常用的制罐材料，具有以下优点：①对人体无毒无害；②有良好的抗腐蚀能力；③经过焊接工艺后能保持良好的密封性；④质地较为轻便并且可以承受一定的机械外力；⑤便于印刷和包装；⑥可实现高速连续化生产，符合现代化生产的需求。

2. 镀铬板罐

镀铬板罐是由镀铬薄钢板（镀铬无锡钢板）轧制而成，是为了节约用锡而发展的一种镀锡板代用材料，简称镀铬板。镀铬薄钢板由钢基、金属铬层、水合氧化铬层和油膜四层组成。因其主要部分都为钢基板，所以镀铬薄板的机械性能基本上和镀锡薄板一致，镀铬工艺也相同。另外，镀铬薄板的钢基成分和规格尺寸等也按照镀锡薄板的标准执行。

相较于镀锡薄板，镀铬薄板的造价低，但外观光泽度不如镀锡板好，制罐时不能焊锡，只能采用粘接和电阻焊的方法。镀铬薄板耐高温，一般在 5 000 ℃时颜色和硬度不发生明显变化，达到 7 000 ℃时才会开始变软。镀铬薄板的抗腐蚀性能比镀锡薄板差，并且镀铬层薄容易出现孔隙，韧性差，制罐时易破裂，使用时需要内外涂料，对有机涂料的附着力特别好。

3. 铝罐

金属铝的强度和硬度都低，不能达到使用要求。纯铝在熔融状态下添加其他金属会提高其强度和硬度，其中最常添加的其他金属是镁和锰。因此，铝罐主要是由铝镁、铝锰等合金铸造

成的铝合金薄板制成的。添加其他金属后的铝合金薄板具有良好的金属延展性，质量轻，导热性好，不容易被腐蚀，可回收利用，适用于生产冲拔罐和扁平冲底罐，尤其适合用来制作易拉罐。虽然镁的加入增加了铝合金的强度，但是抗酸碱腐蚀的性能有所下降。

铝合金薄板必须涂料后才能使用，一般在涂料前还需要进行钝化处理。钝化的方法有重铬酸处理和硫酸处理两种。铝合金薄板在生产过程中不能使用焊锡法接缝，罐身强度小，价格较贵，在运输和贮藏过程中容易发生变形和破损，所以目前铝罐在饮料和啤酒行业应用较为广泛，罐头行业尚未普遍使用。

4. 罐藏容器涂料

用镀锡板罐作食品罐藏容器时，多数罐头食品均要求罐内涂料，一是保护钢基板不受食品的腐蚀，二是保护食品不被包装材料污染进而影响食品的品质或营养价值。对于镀铬板罐和铝罐，为了提高耐腐蚀性，内壁也需涂料。根据使用范围的不同，罐内涂料大致可分为抗硫涂料、抗酸涂料、防粘涂料、冲拔罐涂料和外印铁涂料等。在实际生产过程中，因焊接受热使得接缝涂料受到破坏，所以要进行补涂，这时，接缝补涂涂料就发挥着极其重要的作用。

涂料本身要满足以下条件：涂料成膜后无毒害作用、不影响食品的风味和色泽、能有效防止内容物对罐壁的腐蚀、涂料膜不易软化脱落、贮藏稳定性优良。

根据罐头内容物的不同，选择的涂料种类也不同，总结来说有以下几点原则：①富含蛋白质的罐头食品要采用抗硫涂料，例如，水产、家禽等，因为高温使蛋白质降解释放出硫，易造成硫化腐蚀形成硫化斑等。抗硫涂料常用环氧酚醛树脂。②酸性较强的食品要采用抗酸涂料，如番茄酱等，较常用的是油性树脂涂料。③黏度较大的食品采用含有防黏剂的涂料。④冲拔罐和水产品罐头类需选用冲拔罐涂料。⑤罐装饮料对铁离子含量很敏感，制罐后需要喷涂细腻致密的涂料，防止铁离子的渗入从而影响饮料的风味和颜色。⑥含花青素丰富的水果需要加大涂料的厚度或者多次补涂，例如，蓝莓、樱桃和杨梅等。因为锡的还原作用会使水果褪色，罐壁被花青素腐蚀形成胖听。

4.3.3 玻璃罐（瓶）

玻璃罐是由石英砂、纯碱和石灰石等组分按照一定比例配合后经过 1 000 ℃以上的高温熔融后冷却成型而成的。一般石英砂占 55%～70%，纯碱占 5%～25%，石灰石占 15%～25%，玻璃本身是由 SiO_2、Na_2O 和 CaO 构成，此外还含有 4%～8% 的氧化铝、氧化铁和氧化镁等氧化物，在冷却成型过程中使用不同的模具即可制成不同形状的玻璃容器。

玻璃罐的生产流程为：原料磨细→过筛→配料→混合→加热熔融→冷却成型→退火→检查→成品。

玻璃罐化学性质稳定，在贮藏期间不会增加重金属等有害物质，能较好地保持食品原有的风味；瓶身透明，可以看到罐内食品的状态和色泽，且价格便宜、可回收利用。但玻璃瓶重量大、不方便携带，在运输贮藏等过程中易破损，热稳定性差，内容物易变色或褪色。

1. 卷封式玻璃罐

卷封式玻璃罐的罐盖用镀锡薄板或涂料铁制成，罐盖盖边上嵌有橡胶密封圈，如图4-11所示。在封罐时，在封罐机滚轮的推压作用下，罐盖内的橡胶圈刚好可以压紧在瓶口边缘形成卷封结构。这种玻璃罐的特点是密封性较好，可以承受杀菌过程中的压力，但罐盖开启较困难。

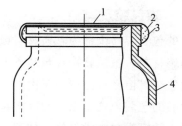

图 4-11　卷封式玻璃罐
1. 罐盖；2. 罐口边突缘；3. 胶圈；4. 玻璃罐身

2. 螺旋式玻璃罐

螺旋式玻璃罐又称为旋开式玻璃罐或回旋式玻璃罐，罐盖用镀锡薄板冲制而成，盖内胶圈采用热塑性塑料溶胶。如图4-12所示，这种玻璃罐颈部有螺纹线，罐盖底边内侧有盖爪。在旋盖时，盖爪和螺纹相互吻合，盖内胶圈刚好压紧在瓶口。螺旋式玻璃罐根据盖爪（或螺纹线）的数量不同又可以分为三旋式、四旋式和六旋式，其中四旋式使用最广泛。四旋式玻璃罐瓶颈有四条螺纹线，罐盖有四个盖爪，在旋盖时需要旋 1/4 圈。

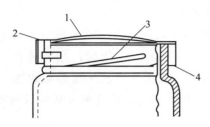

图 4-12　四旋式玻璃罐
1. 罐盖；2. 胶圈；3. 罐口突环；4. 盖爪

3. 压入式玻璃罐

压入式玻璃罐又称为撬开式玻璃罐，罐盖由镀锡薄板制成，罐盖底边向内弯曲，并嵌有橡胶圈垫，封压时先用蒸汽喷射顶隙形成真空，然后用压盖机将盖子直接盖在罐口上，这样罐盖会紧紧卡住橡胶圈垫形成密封。在开罐时只需撬开紧挨瓶口的凸缘即可。

4. 热塑螺纹式玻璃罐

热塑螺纹式玻璃罐使用的是热塑螺纹盖。盖内有塑料溶胶形成的垫片，玻璃罐口外侧有螺纹，盖边无螺纹，盖内的塑料垫片在真空封装过程中会慢慢接触瓶颈形成同样的螺纹以达到密封效果。这种玻璃罐开启非常方便，只需拧开罐盖即可。

4.3.4　软包装及其他

软罐头的包装容器全部为软质材料或至少一部分使用软包装材料。虽然软罐头包装不及金属罐和玻璃罐历史悠久，但已广泛应用于肉类、液体类和蔬果类等食品的包装，这是因为软罐头包装具有独特的优点：①软罐头包装重量轻、体积小、便于携带，能有效节省存贮空间和运输成本；②封口、成型等加工过程简便，易开启；③耐高温杀菌，且杀菌时传热速度快，可缩短杀菌时间；④气密性好，不透光，能较好地保持食品的色香味，在常温下可较长时间（6～12 个月）贮藏，质量稳定。但是软罐头包装最大的使用限制为抗穿透强度低，在运输和贮藏过程中容易发生破损。

常用的软罐头包装形式有蒸煮袋、蒸煮盒（盘或罐）和结扎灌肠三种。

1. 蒸煮袋

蒸煮袋是由多层复合材料借助胶黏剂，通过复合工艺制成的具有一定尺寸的包装容器，这种复合薄膜一般是 3～5 层，多的可达到 9 层。蒸煮袋的制袋材料必须要有极其优良的耐热性、防水性和高阻隔性，在热塑封口或者加热杀菌过程中，蒸煮袋各层薄膜之间不能发生粘连，整体外形不发生明显变化。

根据是否含有铝箔，蒸煮袋可以分为带铝箔的不透明蒸煮袋和不带铝箔的透明蒸煮袋。按其耐热性可分为普通蒸煮袋、高温杀菌蒸煮袋和超高温杀菌蒸煮袋。按包装形状可分为平袋和立袋。本书主要从是否含有铝箔来介绍不同类型的蒸煮袋。

1）透明蒸煮袋　透明蒸煮袋又可分为普通型和隔绝型。透明普通型蒸煮袋一般是由外层的聚对苯二甲酸乙二酯（polyethylene terephthalate，PET）或聚酰胺（polyamide，PA）和内层的聚乙烯（polyethylene，PE）或聚丙烯（polypropylene，PP）复合的二层薄膜制成。PET 透明度好，机械强度大，具有优良的耐热性和耐酸性，水、蒸汽和气体很难透过，适合作蒸煮袋的外层材料，但其不耐强碱。PA 耐热性好又能耐低温，有较大的抗张强度和延伸率，PP 的耐热性比 PE 好，适宜作密封层。普通型透明蒸煮袋的耐热性约为 110 ℃，需要用特殊聚丙烯作为密封层来提高其耐热性。

对于蛋白质和脂肪含量较高的罐头食品，对氧气的透过率要求严格，需要在普通型蒸煮袋两层材料中间加入阻隔层来更好地隔绝气体。具有高隔绝性的聚偏二氯乙烯（polyvinylidene chloride，PVDC）是一种理想的阻隔材料，氧气透过量在杀菌前和 120 ℃、130 ℃ 杀菌后差别甚微。

2）不透明蒸煮袋　不透明蒸煮袋又称铝箔蒸煮袋，它是由外层的 PET、中间的铝箔和内层的聚烯烃复合而成的三层结构蒸煮袋（图 4-13）。铝箔质量轻、无毒、导热性好、有较好的机械加工性能，能较好地阻隔气体、蒸汽和油脂等，这种蒸煮袋一般能耐受 120 ℃ 以上的温度。有些罐头在加工或流通过程中对蒸煮袋的温度和强度有更高的要求，这就会用到四层结构的蒸煮袋，也就是在三层结构的铝箔内面或外面加入一层 PA，可耐受135 ℃的高温杀菌。

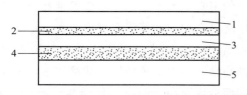

图 4-13　三层铝箔蒸煮袋薄膜各层叠合示意图

1. 聚酯薄膜；2. 外层黏合剂；

3. 铝箔（中层）；4. 内层黏合剂；5. 聚烯烃薄膜

2. 蒸煮盒（盘或罐）

蒸煮盒（盘或罐）是由一个刚性或者半刚性的底盘和一个密封盖组成，既具有良好的阻隔性又可以适应高温杀菌时的压力变化。这类包装材料可在微波炉中加热，且生产成本较低，故目前广为使用。这类包装依赖于热成型、冷冲压成型和共挤技术的快速发展。热成型是将热塑性塑料片材加工成各种制品的一种较特殊的塑料加工方法，片材夹在框架上加热到软化状态，在外力作用下，使其紧贴模具的型面，以取得与型面相仿的形状后冷却定型。冷冲压是指在常温下，利用冲压模在压力机上对材料施加压力，使其产生塑性变形从而获得所需形状的一种压力加工方法。

蒸煮盒可分为单层塑料盒、复合塑料盒和塑铝复合盘等类型。单层塑料盒由单层聚丙烯（PP）薄片制成，厚度为 $350\sim450\ \mu m$。复合塑料盒由未拉伸聚丙烯（PP）薄膜和聚偏二氯乙烯（PVDC）复合而成，隔绝层为高阻隔性 PVDC 薄膜，其上下层都为 PVDC 薄膜，厚度约为 $430\ \mu m$。复合塑料盒比单层塑料盒的透氧度要小很多。塑铝复合盘是将铝箔材料或其他金属材料和 PP 薄膜复合而成，这种容器机械性能好，耐高温，质量轻，易开启，可循环使用。

蒸煮罐有铝塑复合罐和注塑罐两种。铝塑复合罐的罐身由 PP 和铝箔复合而成，罐底用相同材料作衬注塑成型，封罐必须有专门的封口机，罐盖易开启，可耐 130 ℃的高温。注塑罐由多层塑料注塑而成，具有良好的抗压性，可用金属罐封口机完成

封口。

3. 结扎灌肠

结扎灌肠采用 PVDC 薄膜做肠衣，它可以很好地阻隔蒸汽和氧气，有一定的收缩性，在 $130\sim140$ ℃高温杀菌后可以保持较好的外观紧密性。PVDC 薄膜的收缩张力需采用高频热封技术对肠体的折叠缝进行熔接。

4.4　食品装罐、排气与密封

罐头食品的原料经预处理后，还要经历装罐、加灌注液和排气等工序才能封罐，这些工序直接影响到最后罐头的品质，均需严格控制。

4.4.1　装罐前的准备

根据原料的种类和特性、加工方法、产品规格以及品质要求，选择合适的罐藏容器，使用前要先检查空罐的完好性。金属罐要求罐型整齐、缝线标准、焊缝完整均匀、罐口和罐盖边缘无缺口或变形、罐壁无锈斑和脱锡现象、涂料均匀完整；玻璃罐要求形状整齐、罐口平整光滑、无缺口、罐口正圆、厚度均匀、罐壁内无气泡等。此外，在空罐的生产过程中，由于工序较多，容器壁上会被灰尘、微生物以及残留的焊接药水、锡珠、油脂及其他污染物污染。因此，在装罐前还必须对空罐进行清洗和消毒，保证容器清洁卫生、提高杀菌效果，确保罐头食品的质量。

1. 金属罐的清洗和消毒

在小型企业中多采用人工清洗和消毒罐藏容器，将空罐放在沸水中浸泡 $30\sim60$ s，取出倒置沥干水分。人工清洗劳动强度大、效率低。大型罐头厂一般采用机械设备进行清洗和消毒。常见的洗罐机有以下几种。

1）链带式洗罐机

采用链带移动金属罐，进罐一端采用喷头从链带下面向罐内喷射热水进行冲洗，末端则用蒸汽喷头向金属罐喷射蒸汽消毒，取出后倒置沥干。

2）滑动式洗罐机

机身内装有金属条构成的滑道，金属罐在滑道中借本身重力向前移动。罐身先横卧滚动，随着滑道结构的改向，逐渐使金属罐倒立滑动，同时开始

用喷头冲洗和消毒，然后又随着滑道的改向逐渐再转变成横卧移动滚出洗罐机。

3）旋转式洗罐机

机身由两个并列连接的圆筒组成，圆筒内各有一个带动金属罐前进的星形轮，两个星形轮旋转方向相反，由于星形轮的带动，金属罐在筒内呈"S"形向前移动，金属罐入口处设有控制器，可以随时控制金属罐的进入，并能控制热水及蒸汽喷头的开关。金属罐进入第一个圆筒后，就由筒内的星形轮带动向前移动，并由喷头向罐内喷射热水进行清洗，待转到两圆筒接合处，金属罐即由第二个星形轮带动前进，此时由蒸汽喷头向罐内喷射蒸汽进行消毒，待金属罐转至第二个星形轮下部时，由出口处滑出。

2. 玻璃罐的清洗和消毒

新玻璃罐罐壁上的油脂和污物常采用带毛刷的洗瓶机刷洗，或用高压水喷洗。先将玻璃罐浸泡于温水中，然后逐个用转动的毛刷刷洗罐的内外部，再放入万分之一的氯水中浸泡，取出后再用清水洗涤数次，沥干水分后倒置备用。

回收的旧瓶罐常粘有食品碎屑和油脂，先用热碱液进行浸泡，除去脂肪和贴商标的胶水后用水反复冲洗，以清除残余碱液。一般用2%～3%的氢氧化钠溶液在40～50℃条件下浸泡5～10 min，在污物难去除时可将氢氧化钠浓度提高至5%，也可用无水碳酸钠、磷酸氢钠等热溶液进行清洗。目前有一种用70℃的1%～4%氢氧化钠、1.5%磷酸三钠和2%～2.5%水玻璃（硅酸钠）组成的混合液，放在其中浸洗8～10 min，效果极好。洗净的玻璃瓶在使用前需用95～100℃蒸汽或沸水消毒10～15 min，倒置沥干备用。

玻璃罐盖内的密封胶圈需经水浸泡脱硫后使用。罐盖使用前用沸水消毒3～5 min，沥干水分，或用75%的酒精消毒。

4.4.2 装罐和预封

1. 装罐

1）装罐的一般要求

食品原料经预处理、整理后，应和辅料一起迅速装罐。在装罐时要按产品的规格和标准进行，必须整齐、清洁和精确，因此，在装罐过程中应注意以下问题。

（1）进行合理的分级或搭配　一个罐内的食品，其内容物质量应该在同一个级别，不能有所差异。装罐时要注意质量的分级和合理搭配，使罐头内容物的形态、大小、色泽、成熟度和个数基本一致，使之符合相应的等级和规格。

食品原料因各种原因往往存在不同程度的差异。植物性原料因生长环境、栽培技术、采收季节等不同而造成大小、形态、色泽和成熟度的差异。在生产果蔬罐头时，可根据大小进行分级，如蚕豆、青豆、李子等，在装罐时应保证大小均匀，不可大小混杂装罐，否则不但影响美观，更会造成在预煮过程中品质的差异；也可根据色泽进行分级，如菠萝，在装罐时应根据罐型的不同，按照色泽和成熟度均匀一致的要求装入不同直径的圆片和碎块。各种肉、禽类，因饲养条件、取用部位不同，其质量也不相同，在装罐时必须进行合理搭配，避免出现肥瘦不均和骨肉不均，以提高原料利用率、降低成本。

若产品是混合原料装罐，除上述同罐各原料质量等级一致外，还应注意各原料之间的比例和混合的均匀度。

（2）符合规定的分量　在装罐时必须保证所装食品符合规定的分量，过少不符合规格，过多则会增加原料的消耗，甚至引起后续加工或贮藏过程中的质量问题，如假胖听现象。一般允许所装食品稍超过标准，但不能低于标准。

对分量的要求一般有数量和重量两种。一些大型水果在装罐时多为全果、半果或大型瓣状，可以做数量上的要求，如黄桃、苹果、梨、李、橘子等。在生产过程中经分级、去核、切分等预处理工序后，在装罐时保证大小一致、数量相同，则最终重量也相近。一些没有特定形状的原料或产品，则需要以重量作为衡量标准，大部分的罐头食品要求净重和固形物重量符合要求。净重是指罐头食品重量减去容器重量后所得的重量，包括液态食品（汤汁）和固态食品，固形物重量是指罐内固态食品的重量。值得注意的是，肉类罐头食品的固形物还应包括油脂在内。食品装入量因产品种类和罐型大小而异，但其净重和固形物含量（占罐头理论净重的百分比）必须按标准装罐，一般固形物含量在50％～60％。在装罐时必须保证称量准确，误差控制在质量标准所允许的范围内。一般每罐净含量允许公差为±3％，有的出口产品要求允许公差仅为±1％，但整批不得为负公差，即整批净重平均值≥标准净重。此外，在杀菌和贮藏过程中，罐头总的净重不会发生变化，但由于受热后组织结构中汁液的流出以及贮藏过程中由于渗透压的作用导致水分子发生迁移，都会使罐头中固形物的重量稍有变化，所以在装罐时应适当多装点。为使重量符合要求，保证称量准确，还必须经常校对台秤，定期复称。

（3）保持适当的顶隙　顶隙是指罐内食品（包括汤汁）的表面与罐盖内表面之间的距离。顶隙的大小直接影响排气效果、罐内真空度、卷边密封性和罐头质量等。对于大多数罐头来说，装罐时均需保持适度的顶隙。顶隙的大小应视原料、产品种类和罐型大小等而定，一般控制在3～8 mm。顶隙过小，则内容物装得多，罐内食物和气体在高温杀菌时膨胀，罐内压力增大，造成卷边松弛、容器变形或凸盖，甚至产生爆节（杀菌时由于罐内压力过高所导致的罐身接缝爆裂）和跳盖（玻璃瓶盖与瓶脱离）现象，同时内容物装得过多还会造成原料的浪费。顶隙过大，则食品装量不足，杀菌冷却后罐内压力大减，在外界压力作用下容易造成瘪罐。当排气不充分时，顶隙内滞留空气较多会促进罐内壁的腐蚀或产生氧化圈，引起食品发生变色、变味等败坏。有少数罐头产品在装罐时不留顶隙，如午餐肉，为防止顶隙滞留的空气引起表面油脂氧化发黄，基本不留顶隙；再如，热罐装蘑菇酱、果酱在装罐时也不留顶隙，但是经封罐、杀菌和冷却后，内容物收缩会出现较小的顶隙，形成一定的真空度。

（4）装罐要迅速　经处理的半成品要尽快装罐、排气、密封和杀菌，不应在工序间积压。积压时间过长对产品品质有以下几个方面的不良影响：①微生物大量繁殖，影响杀菌效果，甚至使半成品发生败坏；②热灌装产品若不及时装罐，温度降低后影响排气效果，降低罐内真空度，同样影响杀菌效果；③积压使半成品的品温升高，对于某些产品，当品温高于其工艺要求时成品易出现质量问题。如午餐肉罐头生产时要求装罐时肉糜温度不超过13 ℃，否则易出现脂肪和胶冻析出的问题。④果蔬罐头积压容易发生变色，影响产品质量，如糖水荔枝罐头要求前后工序之间停留不超过10 min。

（5）重视清洁卫生　装罐时应保持罐口的清洁，防止黏附的内容物引起微生物大量繁殖和影响封罐质量。罐头食品中不应出现任何杂质，因此应十分重视装罐环境和操作人员的清洁卫生，防止杂物混入罐内。

2）装罐方法

装罐的方法一般可分为人工装罐和机械装罐，采用哪种装罐方式，基本上取决于食品类型和装罐要求。

（1）人工装罐　一般肉类、禽类、水产和水果等块状固体的装罐，大多是人工操作。这些罐头食品原料形态各异、大小不一、色泽有差异以及成熟度不同、肥瘦不同等，在装罐时需要进行挑选和合理搭配。有的产品要求内容物在罐内有一定的排列形式（如红烧肉罐头、凤尾鱼罐头等），也会采用人工装罐的方式。

人工装罐一般在装罐台上进行，也可配置输送带输送物料、空罐和实罐。基本操作流程是按罐型大小和固体与汁液的比例进行称量后装罐，而后压紧，加灌注液，送往下一工序。人工装罐有操作简单、适应性广泛和能选料装罐等优点，但缺点有装量偏差大、劳动强度大、生产效率低、清洁卫生条件较差、生产过程连续性较差。

（2）机械装罐　机械装罐主要用于颗粒状、粉末状、半固体和液体状食品的装罐。如青豆、甜玉米、午餐肉、番茄酱、果汁、调味汁等。装罐机能够控制装罐量，保证产品清洁，可分为半自动和全自动两类。国内目前使用较普遍的有午餐肉自动充填机、蚕豆自动装罐机、果汁自动灌装机、自动加汁机等。机械装罐的优点是劳动生产率高、劳动强度低、能保证食品卫生、适于连续化生产，因此，除必须采用人工装罐的产品外，应尽量采用机械装罐。但机械装罐也有其自身的缺点，如不能满足式样装罐的要求、适应性小。

机械装罐使用到的设备种类很多，如用于豆类、玉米等果蔬产品的转筒式装罐机；用于青刀豆、青豆等的回转式容量筒装罐机；用于灌注汤类、果汁、糖浆等的活塞式加汁机；用于香肠、肉糜等产品的灌肠填充机以及用于生产糖水菠萝、番茄酱、午餐肉等产品时使用的特制自动装罐机等。

2. 预封

在进入排气箱或真空封罐机之前，罐头产品要先进行预封。预封是将罐盖与罐身经封罐机滚轮作用使罐盖的盖钩卷入到罐子身钩的下面，让两者弯曲相互勾连，其松紧程度以能让罐盖沿罐身自由回转而不脱落为限。罐头经预封后，罐身、罐盖钩初步勾连，卷边外形呈光滑圆弧状，这可提高封口质量。

预封便于罐头在排气或真空封罐时罐内空气、蒸汽及其他气体自由溢出。对于加热排气来说，预封可防止排气时排气箱顶上蒸汽黏结性冷凝落入罐内污染食品，亦可防止排气后冷空气的侵入，从而保持顶隙内的温度，提高罐头的真空度，还可防止罐头在排气过程中因食品过度膨胀导致的汁液外溢现象。

一般采用滚轮回转式预封机进行预封，若采用压头或罐身自转式预封机，转速应较缓慢。常见的有手扳式、阿斯托利亚型和 J 型。玻璃罐不需要预封。

4.4.3 排气和密封

1. 排气

排气是食品装罐后、密封前将罐头顶隙间、装罐时带入的和原料组织细胞内未排净的空气尽量从罐内排除，从而使密封后罐头顶隙内形成部分真空的过程。排气是罐头食品生产中一道十分重要的工序，只有排除罐内的气体，才能在密封之后形成一定的真空度，因此，排气效果的好坏会直接影响食品的质量、贮存期和罐形的状态。

1）排气的目的

（1）抑制好气性微生物的生长繁殖 排除顶隙及内容物中的空气，可抑制好气性芽孢菌、酵母及霉菌的生长发育，防止罐头食品中由于好气性微生物的生长而导致的腐败变质，同时可减轻杀菌负

担，提高杀菌效果。

（2）防止或减轻金属罐头容器的内壁腐蚀 马口铁罐外层镀锡，而锡的腐蚀主要是电化学阴极反应。在有氧气存在的情况下，锡的阴极反应强烈，从而会促进阳极反应，也就是加快了锡的腐蚀。因此，排除空气中的氧气可防止或减轻铁罐内壁的氧化腐蚀，延长保存期限。

（3）减轻加热杀菌时因空气膨胀而使金属容器变形或损坏以及防止玻璃罐跳盖 由于杀菌温度高于排气温度，尤其是高压杀菌，罐内食品和空气受热膨胀，水分子汽化成蒸汽，都会使杀菌时罐头的内压增大，若罐内没有适度真空，内压增大会使玻璃罐跳盖、铁皮罐膨胀变形甚至爆罐，影响罐头卷边和缝线的密封性。反之，排气后形成适度的真空，可有效防止上述现象的发生。

（4）防止罐头内容物的氧化，保持食品的色香味和营养成分 罐头食品中含有丰富的营养物质，与氧气接触后容易发生氧化反应，引起色香味和营养成分发生变化，如脂肪的氧化酸败、果蔬的酶促褐变、维生素的氧化分解等。若通过排气降低罐内氧气含量，则可防止或减轻内容物氧化变质，延长罐头食品的货架期。

（5）有助于识别罐头状态 排气使罐头内保持一定的真空状态，罐头的底盖维持一种平坦或向内凹陷的状态，这是正常罐头的外部特征，便于成品检查。

（6）提高杀菌效率 罐头容器内含有较多空气时，空气的热传导系数远小于水，传热效果差，加热杀菌过程中的传热就会受阻，所以排气可加速杀菌时热的传递，提高杀菌效果。

2）排气的方法

目前常用的排气方法主要有热力排气法、真空排气法和蒸汽喷射排气法三种，具体选择哪种视产品类型及要求而定。

（1）热力排气法 热力排气法的原理是利用空气、蒸汽和内容物受热膨胀的原理，将罐内空气排除，随即封罐形成一定的真空度。目前常见的热力排气法有热灌装排气和排气箱加热排气两种。

① 热罐装排气。先将物料加热至一定温度（70～75 ℃），趁热装罐、密封并及时杀菌。这种

方法适用于本身空气含量不多的高酸性或高糖度的流体或半流体食品，如番茄汁、番茄酱等。或者将预热的食品装入罐内后立即加入一定温度的热汤汁（90 ℃以上），使其平衡后温度达到70～75 ℃或以上，立即封罐。在采用热灌装排气时，应注意内容物初温不能太低、装罐要迅速、密封和杀菌要及时、产品不积压，才能保证真空度和防止微生物生长繁殖。

② 排气箱加热排气法。内容物装罐、加覆罐盖后预封或不预封，送入以蒸汽或热水加热的排气箱内，在预定的排气温度（通常82～96 ℃，有的达100 ℃）下经一定时间（10 min 左右）的热处理，使罐内中心温度达到75～85 ℃，罐内和食品组织中空气充分外逸，即刻封罐。排气箱温度和排气时间视原料性质、罐头容积和内容物含量、装罐方式和罐头食品初温而定，一般以罐中心温度达到规定要求为原则。

此方法设备简单，对许多罐头食品都适用。加热排气的温度越高、时间越长，罐内及食品组织中的空气被排除的越多，所得真空度越高。此外，加热排气法还能起到一定的预杀菌作用，对水产品罐头还有某种程度的脱臭作用。但过高的排气温度和过长的排气时间容易引起果蔬组织软烂、糖液溢出，同时造成密封后真空度过高，形成瘪罐。加热排气通常适用于液态或半液态食品以及注入糖水或盐水等容易获得加热效果的食品，对固态食品排气效果不理想。

目前广泛采用的设备有链带式和齿盘式排气箱。罐头从排气箱一端进入，箱底有蒸汽喷射管，可由阀门调节蒸汽量，维持一定的温度。罐头通过的速度即排气时间由电机、链条、齿带轮和变速箱来调节控制。链条式结构简单、制造方便、造价低廉，适于多种罐形，使用时依次前进，不易发生故障，但蒸汽损耗大，受热不及齿盘式均匀。齿盘式排气箱容量大、蒸汽损耗少、罐头受热均匀，但结构复杂、体积大，适于大型罐头的生产。

（2）真空排气法　真空排气法是利用专门的真空封罐机，在真空条件下进行抽空排气、密封的方法。这种方法适用于小型罐藏容器的排气和密封。真空封罐时，先利用真空泵将密封室内的空气抽出，形成一定的真空度（一般在 46.7～53.3 kPa），预封罐头通过密封阀门送入真空室时，罐内部分空气在真空条件下被迅速抽出，随后立即封罐，并通过另一密封阀门送出。

罐头真空度与密封室真空度和食品温度呈正相关。密封室内真空度越高，罐内所形成的真空度也越高，但密封室真空度过高会导致罐头食品中液体爆沸出现外溢现象，因此，一般会将真空排气封罐和加热排气相结合使用。尤其是真空封罐机性能不好，达不到真空度要求时，或者某些真空膨胀系数（在真空环境中食品组织间隙内的空气膨胀，导致食品体积扩张，真空封口时食品体积的增加量在原食品体积中所占的百分比即为真空膨胀系数）高和真空吸收（真空密封好的罐头静置20～30 min 后，其真空度与刚封好时的真空度相比有所降低的现象）程度高的食品，需要在真空排气密封时补充加热，以防止汤汁外溢，同时达到合适的罐内真空度。

真空排气法生产效率高，设备体积小占地少，适用于汤汁少、空气含量较多和加热排气时热传导慢的食品。排气可用常温或稍加热的方法进行，对热敏性食品很友好，结合装罐前的抽空处理或加注热糖液等方法，提高或弥补封罐机真空度达不到要求的缺陷，能很好地保持食品的色香味和营养成分。但食品组织内部和罐头中下部空隙的空气不能很好地加以排除，且真空度过高时容易产生暴溢现象，污染罐身，引起罐头净重不足，严重时导致瘪罐。

（3）蒸汽喷射排气法　蒸汽喷射排气法是用机械装置将内容物压实到预定的高度，以保证一定的顶隙，然后向罐头顶隙喷射蒸汽，由蒸汽取代顶隙中的空气后立即封罐，依靠顶隙内蒸汽的冷凝而获取真空度的一种排气方法。在使用此排气方法时，喷射出的蒸汽应能有效地将顶隙内的空气排除，并在罐体和罐盖接合处周围维持一个大气压的蒸汽，以防空气窜入罐内。此外，预留的顶隙大小合适，才能在封罐后获得合理的真空度。由于蒸汽喷射时间短，仅食品表面受到轻微加热，无法将食品组织和间隙的空气排除，因此，该方法不适宜含气量多、块型较大或不规则导致块状间隙大以及干装的食品。

2. 密封

罐头食品能够长期保藏的原因主要有两个：一是杀菌过程充分杀死了罐内的致病菌和腐败菌；二是通过密封使食品与外界隔绝，不会受到空气和微生物的二次污染。为了保持这种高度密封的状态，必须采用封罐机将罐身和罐盖的边缘紧密卷合，这就是罐头的密封，称为封罐。严格控制密封操作在封罐过程中是非常重要的。罐藏容器不同，封罐的方法也不同。

1）金属罐的密封

（1）封罐机的类型和主要部件　金属容器罐头的密封是借助于封罐机进行的，封罐机的性能和操作的准确性决定了罐头容器的密封性。马口铁罐、铝罐等金属容器的罐体与底或盖之间的密封采用的是二重卷边法。封罐机的种类有很多，大致可以分为手扳封罐机、半自动封罐机、自动封罐机、真空封罐机和蒸汽喷射封罐机等。

二重卷边法封罐主要依靠压头、托盘、头道滚轮和二道滚轮四大部件的协同作用完成（图4-14）。①压头。压头用来固定和稳定罐头，防止其在封罐时发生滑动，以保证卷边质量。压头须由耐磨的优质钢材制造，才能经受滚轮压槽的挤压力。压头的尺寸有严格的要求，误差不能超过 $25.4\ \mu m$。压头突缘的厚度必须与罐头的埋头度吻合，压头的中心线需与突缘面呈直角，压头的直径随罐头大小而异。②托盘。托盘又叫下压盘、升降板，其作用是托起罐头使压头嵌入罐盖内，并与压头协作固定稳住罐头，避免罐头滑动影响卷边质量。③滚轮。滚轮包括头道滚轮和二道滚轮，均为由坚硬耐磨的优质钢材制成的圆形小轮，但二者的结构和作用均有所不同。头道滚轮转压槽的槽构窄而深，且上部曲率半径较大下部曲率半径较小，其作用是将罐盖的圆边卷入罐身翻边下并相互卷合在一起形成头道卷边结构。二道滚轮转压槽槽构宽而浅，上部曲率半径较小而下部曲率半径较大，其作用是将头道滚轮已卷好的卷边压紧并保证卷边达到所要求的形状。

（2）二重卷边的原理及形成过程　二重卷边是以橡胶或树脂作填充材料，将罐体与底或盖叠合后通过头道滚轮与二道滚轮的滚动运动，先后顺序地使罐体与底或盖的边缘弯曲变形、钩合压紧，形成

密封的罐边（图4-15）。

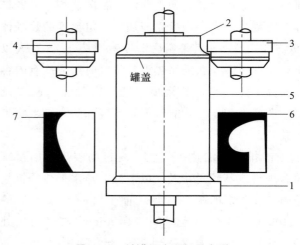

图 4-14　封罐机主要工作部件
1. 托盘；2. 压头；3. 头道滚轮；4. 二道滚轮；
5. 罐头；6. 头道滚轮形状；7. 二道滚轮形状

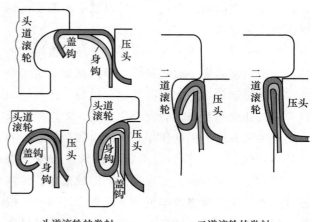

头道滚轮的卷封　　二道滚轮的卷封
图 4-15　二重卷边的形成过程

在封口时，罐头进入封罐机托盘，托盘上升使压头嵌入罐盖内，两者联合固定住罐头。头道滚轮围绕罐身做圆周运动和自转运动，同时作径向运动逐渐向罐盖边靠拢紧压，将罐盖盖钩和罐身翻边卷合在一起形成头道卷边结构，即行退回。紧接着二道滚轮围绕罐身做圆周运动，同时做径向运动逐渐向罐盖边靠拢紧压，将头道滚轮完成的卷边压紧，随即退出。在滚轮滚动形成二重卷边的过程中，除了上述罐头自身不转动滚轮做圆周运动完成卷封的形式以外，还有一种是罐头作自身旋转，滚轮只作径向运动。

（3）二重卷边的结构及技术标准　①二重卷边的结构。如图4-16所示，二重卷边由三层盖铁和二层身铁组成，内嵌密封胶。

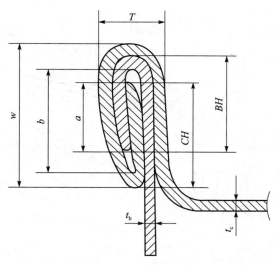

图 4-16 二重卷边结构

T. 卷边厚度；*a*. 叠接长度；*b*. 理论叠接长度；*w*. 卷边宽度；
CH. 盖钩宽度；*BH*. 身钩宽度；t_b. 罐身镀锡版厚度；
t_c. 罐盖镀锡版厚度

② 二重卷边的技术标准。罐头二重卷边质量对罐头密封性有重要影响，为了确保卷边具有良好的密封性，需要对头道和二道卷边进行检测，包括目检和计量检测两大部分。二重卷边检测的技术标准包括卷边外部技术标准和卷边内部技术标准。

A. 二重卷边外部技术标准。除表 4-6 所列各项标准外，卷边外部技术标准还应包括：卷边顶部平滑，顶部内侧不能有缺口、起筋、快口或轧裂等缺陷；卷边下缘不能有被滚轮轧成的双边、边唇（牙齿）、舌头、皱纹和被滚轮轧伤的痕迹等；卷边轮廓应是卷曲适当，不能被卷成半圆形。

表 4-6 二重卷边外部规格标准

名　称	头道卷边/mm	二道卷边/mm
卷边宽度	2.54～2.77	2.80～3.50
卷边厚度	1.82～2.36	1.30～1.75
埋头（深）度	3.00～3.18	3.10～3.25

B. 卷边内部技术标准。卷边内部技术标准除横断面技术标准应符合表 4-7 要求外，还需检查卷边的叠接率或重合率（*OL*）、紧密度（*TR*）和完整率（*JR*）等。

表 4-7 二重卷边内部规格标准

名　称	头道卷边/mm	二道卷边/mm
罐身身钩	1.83～1.96	1.90～2.16
盖钩	1.65～1.78	1.90～2.16
身钩空隙（间隙）		＜0.25
盖钩空隙（间隙）		＜0.40
顶部空隙（间隙）		无

卷边叠接率或重合率（*OL*）是指卷边内部身钩和盖钩重叠的程度，是身钩、盖钩实际叠接长度与理论叠接长度（图 4-16）之比，用百分数表示。

$$OL = \frac{实际叠接长度}{理论叠接长度} \times 100\%$$

叠接率越大，卷边密封性越高，要求卷边叠接率大于 50%。

卷边的紧密度（*TR*）是指卷边内部盖钩上平服部分占整个盖钩宽度的百分比，是表示卷边内部身钩和盖钩紧密接合程度的指标。紧密度一般用盖钩皱纹度来衡量。卷边内部解体后，盖钩边缘上肉眼可见的凹凸不平的皱纹程度称为皱纹度。盖钩的皱纹度（*WR*）由盖钩上皱纹延伸程度占整个盖钩长度的比例而定。紧密度与皱纹度的关系如图 4-17 所示。

$$WR = \frac{皱纹长度}{盖钩长度} \times 100\%$$

$$TR = 100\% - WR$$

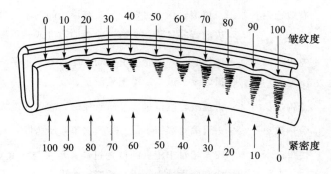

图 4-17 紧密度与皱纹度的关系

为保证卷边的密封性，要求卷边紧密度大于 50%。一般将卷边紧密度分为 0、1、2、3 四个等级（表 4-8）。皱纹延伸越长，等级越高，则卷边越松离、越易裂漏。一般情况下，板材越薄，罐径越小，越容易产生皱纹。产生皱纹的主要原因包括滚轮压力不足、滚轮沟槽磨损、浇胶量过多等。

$$ID = \frac{内垂唇宽度}{盖钩宽度} \times 100\%$$

$$JR = 100\% - ID$$

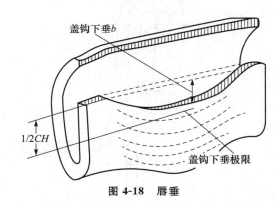

图 4-18 唇垂

表 4-8 盖钩的皱纹度 (WR)

等级	皱纹长度	密封性能
0 级	基本上没有皱纹	密封性能可靠
1 级	皱纹延伸长度为盖钩宽度的 1/4 以下	一般没有问题
2 级	皱纹延伸长度为盖钩宽度的 1/4～1/2	卷边较松
3 级	皱纹延伸长度为盖钩宽度的 1/2 以上	易漏气

二重卷边解体后从卷边内侧观察，所见到的垂唇称为内垂唇（图 4-18）。接缝盖钩完整率（JR）是指卷边解体后观察盖钩发生内垂唇后的有效盖钩占整个盖钩宽度的比例。接缝盖钩完整率可通过测定内部垂唇度（ID）来计算。

接缝盖钩完整率反映了卷边接缝处内部结构因存在内垂唇而造成盖钩宽度不足的现象，表示其有效盖钩的程度。盖钩完整率越高，罐头密封性能就越好，要求盖钩完整率大于 50%。

（4）封罐时常见的质量问题及预防措施 在封罐过程中常见的卷边质量问题和预防措施如表 4-9 所示。

表 4-9 常见卷边质量问题及预防措施

卷边缺陷	引起的原因	预防措施
卷边过宽	头道滚轮滚压不足，二道滚轮滚压过紧或滚轮磨损，托盘压力过大或压头与托盘的间距太小	调整压头，更换滚轮
卷边过窄	头道滚轮滚压过紧，二道滚轮滚压不足或转压槽构过窄，托盘压力过小或压头与托盘的间距太大	调整压头，更换滚轮
卷边松弛	二道滚轮压力过弱，压头与滚轮间的距离过大，盖钩钩边前弯曲过甚，头道滚轮卷曲过度或转压槽构磨损	调节封罐机，更换二道滚轮
卷边不均匀	滚轮磨损，滚轮上下摆动，压头不呈水平，内部螺纹磨损以及头道、二道滚轮滚压过度	调整压头，更换滚轮
盖钩过长	头道滚轮滚压过度，压头较薄，罐盖凹度太浅	调整压头，更换滚轮
盖钩过短	头道滚轮滚压不足，钩槽太窄，压头厚，直径大	调节封罐机，更换滚轮、压头
快口	滚轮相对于压头的位置过高；压头与托底盘间距过小；托盘压力过大；压头或滚轮磨损	调节封罐机，更换滚轮、压头
边唇	头道滚轮滚压不足；二道滚轮滚压过度；托盘压力较弱；罐身翻边过宽	调整托盘，更换滚轮
跳封	二道滚轮弹簧压力过小或失灵；卷边速度太快；接缝处焊接过度	调整封罐机速度，更换滚轮

2）玻璃罐的密封

玻璃罐罐口边缘造型不同，罐盖形式多种多样，所以其封口方法也不同，主要分为卷边密封法、旋转式密封法、揿压式密封法和爪式密封法几种。

（1）卷边式密封法　这种密封方法与金属罐的密封方法类似，主要依靠封罐机来完成封口，多用于500 mL玻璃罐的密封。其特点是密封性能好，但开启困难，应用范围在逐渐缩小。

（2）旋转式密封法　旋开式玻璃瓶的密封多采用这种方法，这种玻璃瓶瓶口周围有三条、四条或六条突出倾斜的螺纹线，每条螺纹线尾端和第二条螺纹线的始端交错衔接。根据瓶颈上的斜线条数，旋转式密封法又有三旋、四旋、六旋和全螺旋密封法之分，其中使用较多的为四旋式密封法。为了保证玻璃罐的密封性，需要在盖内垫橡胶圈或注封口胶垫，然后依靠盖爪扣紧在螺纹线上形成密封。装罐后，由旋盖机将罐盖旋紧，当盖爪和螺纹正确配合时，每个盖爪上的受力一致，开启就十分方便。这种玻璃罐可以重复使用，广泛应用于花生酱、番茄酱等罐头的使用。

在实际生产应用过程中，需要对罐盖是否正确密封进行检查。检查的方法有两种：①对拧紧位置的检查，属于非破坏性检查。拧紧位置是盖爪起始边与罐颈直缝间的距离，在罐口上有两根相距180°的直缝，但罐颈直缝和身缝不一定处在同一根直线上，如图4-19所示。测量时首先找到罐颈直缝，测从这一垂线到位于和它最近的盖钩起始边间的距离，以毫米为单位，盖爪在右边为正值（＋），在左边为负值（－），大多数情况下为＋6 mm。②密封安全性检查，属破坏性检查。检查应在封盖、杀菌和冷却后进行，这是判断罐盖是否密封良好的可靠测定值。检查步骤如下：A. 在罐盖上做一根垂直线和罐身上连续画一条直线；B. 逆时针方向旋转罐盖直至破坏真空；C. 重新封盖直至垫圈和罐口接触且盖爪和螺纹线咬紧；D. 测定两条直线的距离则为密封安全值，以毫米为单位。盖上的线在罐身线的右侧为正值，在左侧则为负值。

（3）揿压式密封法　揿压式密封法是依靠预先嵌在罐盖边缘上的密封胶圈，用揿压机压在罐口凸缘线的下缘而得到密封，这种方式使得罐口较易开启，多应用于小瓶装蘑菇罐头等。

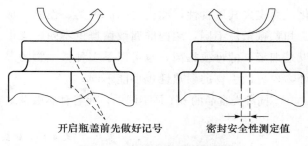

开启瓶盖前先做好记号　　密封安全性测定值

图4-19　密封安全值测量图解

3）蒸煮袋的密封

蒸煮袋即软罐头，一般采用真空包装机进行热熔密封。依靠内层的聚丙烯材料在加热时熔合成一体而达到密封的目的。封口效果取决于蒸煮袋的材料性能，热熔时的温度、压力和时间以及封边处是否有附着物等因素。

封口质量直接影响软罐头的品质。要求热熔合后内层的封口表面完全结合为一体，软罐头封边宽度为8～10 mm，肉眼观察封口无皱纹、无污染，用两手将内容物挤向封边并施加一定压力，封边无裂缝和渗漏。生产过程中还要进行破裂试验和拉力试验，以检验密封质量。

4.5　罐头的杀菌与冷却

罐头经排气和密封后，并未杀死罐内微生物，仅仅是排除罐内部分空气和防止外界微生物再次侵染。杀菌的目的是杀死罐头中所污染的致病菌、产毒菌以及能引起罐内食品变质的腐败菌，破坏食品内源酶的活性，使密封在罐内的食品达到商业无菌状态，而在一般贮藏条件下能长期保存。同时需要注意的是除了实现商业无菌的目的外，还应尽可能保持食品原有的色泽、风味、组织结构和营养价值，甚至还应利于改善食品品质。因此，杀菌是罐藏工艺的一道关键工序，它关系到罐头生产的成败和罐头品质的好劣。一般来说，杀菌是指罐头由初温升到杀菌所要求的温度，并在此温度下保持一定的时间，达到杀菌目的。

4.5.1　罐藏食品中的微生物

罐藏食品发生腐败是由于杀菌强度不够，未能杀死罐内的腐败菌，或密封不严，导致食品的感官品质、营养成分甚至卫生安全品质等发生不良变

化，而丧失其可食性。罐内食品的种类、性质、加工和贮藏条件不同，罐内的腐败菌群也不同，既可以是细菌、酵母或霉菌，也可以是多种微生物的混合物，故微生物的耐热性也可能不同。

不同种类食品的 pH 是不同的，而各种腐败菌对环境的适应性不同，所以出现在各食品中的腐败菌也不同。根据腐败菌对不同 pH 值的适应情况及其耐热性，可按照 pH 值将罐头食品分为 4 类，具体见表 4-10。

罐头中腐败菌的种类不同，罐头的腐败变质现象也各不相同，具体见表 4-11。

表 4-10　罐头按 pH 值的分类

酸度级别	pH	食品品种	常见腐败菌
低酸性	pH＞5.0	虾、蟹、贝类、禽、牛肉、猪肉、火腿、羊肉、蘑菇、青豆、青刀豆、笋等	嗜热菌、嗜温厌氧菌、嗜温兼性厌氧菌
中酸性	pH 4.6～5.0	蔬菜肉类混合制品、汤类、面条、沙司制品、无花果等	嗜热菌、嗜温厌氧菌、嗜温兼性厌氧菌
酸性	pH 3.7～4.6	荔枝、龙眼、桃、樱桃、李、苹果、枇杷、梨、草莓、番茄、什锦水果、番茄酱、各类果汁等	非芽孢耐酸菌、耐酸芽孢菌
高酸性	pH 3.7 以下	菠萝、杏、葡萄、柠檬、果酱、果冻、酸泡菜、柠檬汁、酸渍食品等	酵母、霉菌、酶

表 4-11　按 pH 分类的罐头中常见腐败菌

pH 范围	腐败菌温度习性	腐败菌类型	罐头腐败类型	腐败特征	抗热性能	常见腐败对象
低酸性和中酸性食品（pH＞4.6）	嗜热菌	嗜热脂肪地芽孢杆菌	平盖酸败	产酸（乳酸、甲酸、醋酸），不产气或微量产气，不胀罐，食品有酸味	$D_{121.1℃}=4.0～50$ min，$Z=10$ ℃	青豆、青刀豆、芦笋、蘑菇、红烧肉、猪肝酱、卤猪舌
		嗜热解糖梭状芽孢杆菌	高温缺氧发酵	CO_2 和 H_2，不产 H_2S，胀罐，产酸（酪酸），食品有酪酸味。	$D_{121.1℃}=30～40$ min（偶尔达 50 min）	芦笋、蘑菇、蛤
		致黑梭状芽孢杆菌	致黑（或硫臭）腐败	产 H_2S，平盖或轻胖，有硫臭味，食品和罐壁有黑色沉淀物	$D_{121.1℃}=20～30$ min	青豆、玉米
	嗜温菌	肉毒杆菌 A 型和 B 型	缺氧腐败	产毒素，产酸（酪酸），产 H_2S，胀罐，食品有酪酸味	$D_{121.1℃}=6～12$ s（或 0.1～0.2 min）	肉类、肠制品、油鱼、青刀豆、芦笋、青豆、蘑菇
		产芽孢梭状芽孢杆菌（P. A. 3679）		不产毒素，产酸，产 H_2S，明显胀罐，有臭味	$D_{121.1℃}=6～40$ s（或 0.1～1.5 min）	肉类、鱼类（不常见）
酸性食品（pH 3.7～4.6）	嗜温菌	耐热芽孢杆菌（或凝结芽孢杆菌）	平盖酸败	产酸（乳酸），不产气，不胀罐，变味	$D_{121.1℃}=1～4$ s（或 0.01～0.07 min）	番茄及番茄制品（番茄汁）

续表 4-11

pH 范围	腐败菌温度习性	腐败菌类型	罐头腐败类型	腐败特征	抗热性能	常见腐败对象
		巴氏固氮梭状芽孢杆菌、酪酸梭状芽孢杆菌	缺氧发酵	产酸（酪酸）、产 CO_2 和 H_2，胀罐、有酪酸味	$D_{100℃} = 6 \sim 30\ s$（或 $0.1 \sim 0.5\ min$）	菠萝、番茄
		多黏芽孢杆菌、软化芽孢杆菌	发酵变质	产酸，产气，产丙酮和酒精，胀罐	$D_{100℃} = 6 \sim 30\ s$（或 $0.1 \sim 0.5\ min$）	水果及其制品（桃、番茄）
高酸性食品（pH<3.7）	非芽孢嗜温菌	乳酸菌明串珠菌		产酸（乳酸）、产气（CO_2）、胀罐	$D_{65.5℃} \approx 0.5 \sim 1.0\ min$	水果、梨、水果（黏质）
		酵母		产酒精、产气（CO_2），有的食品表面形成膜状物		果汁、糖渍食品
		霉菌（一般）	发酵变质	食品表面上长霉		果酱、糖浆水果
		纯黄丝衣霉、雪白丝衣霉		分解果胶至果实裂解，发酵产 CO_2，胀罐	$D_{90℃} = 1 \sim 2\ min$	水果

4.5.2　罐内食品的传热

罐内食品在加热杀菌和冷却中，热量的传递方式和传热速度对杀菌效果有很大的影响。杀菌时，外界加热介质温度最高，热量依次向罐内中央传递。在同一条件下，传热效果好，罐头中心温度达到规定温度所需的时间就短，杀菌效果也就好。冷却时，外界介质温度下降迅速，罐内内容物温度高，下降慢，热量则从罐中央向罐外冷却介质（水或空气）传递。如果在冷却过程中传热效果好，罐内中心温度就下降得快，由于热作用导致罐内食品品质的下降和营养成分的损失程度也就低。

1. 罐内食品的传热方式

罐内食品的传热方式因食品的性质和性状的不同而不同，主要有传导、对流、对流传导相结合等3种方式。罐内食品在加热和冷却过程中，由于各部分受热温度不同，分子所产生的振动能量也不同，依靠分子间的相互碰撞，导致热量从高能量分子向邻近低能量分子依次传递的方式称为传导。在热传导过程中，罐头内壁与罐内几何中心之间会出现温度梯度，在该温度梯度作用下，热量从高温处传向低温处。加热或冷却最缓慢的点一般在罐头几何中心处，称为冷点。在加热时，该点为罐内温度最低点，在冷却时则为温度最高点。传导型食品的

冷点在罐的几何中心，对流型食品的冷点在罐中心轴上离罐底2～4 cm处，罐越大越靠上（图4-20）。传导对流型食品的冷点在罐几何中心和对流型冷点之间，根据液体和固形物比例估算。

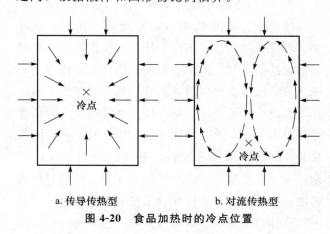

a.传导传热型　　　　b.对流传热型
图 4-20　食品加热时的冷点位置

1）传导

由于食品的导热性较差，因此，以传导方式传热的食品在加热杀菌时，冷点温度的变化比较缓慢，因此热力杀菌需要较长的时间。以导热方式传热的罐头食品主要是固态及黏稠度高的食品。

2）对流

对流是指借助于液体或气体的流动进行热量传递的方式，即流体各部位的质点发生相对位移而产生的热交换。对流传热速度明显快于传导传热。因

此，对流传热型食品在进行热力杀菌时所需的加热或冷却时间相对来说比较短。对流传热一般多出现在多汁液或低黏度的罐头中。

3）对流传导相结合

大多数情况下，罐内食品的传热并不是单纯的传导或对流传热，而是二者同时存在，或者先后产生，这种对流传导相结合的传热情况是比较复杂的。一般来说，糖水或盐水的颗粒状果蔬罐头中，液体是对流传热，固体是传导传热，属于对流和传导同时存在。糊状玉米等含淀粉较多的食品是先对流传热，加热后由于淀粉糊化，黏度增大，流动性下降，则由对流转为传导传热，冷却时因为淀粉糊化的不可逆性，也属于传导传热。苹果沙司等有较多沉积固体的食品，则是先传导后对流。在实际生产中，为了加快传热速度，对于某些对流性较差的罐藏食品采用机械转动或其他方式使之产生对流，这种传热方式称为诱导型传热。比如使用回转式杀菌锅，使罐头在杀菌和冷却过程中产生适当的转动，以促进传热。

2. 影响罐内食品传热的因素

1）罐内食品的物理特性

罐内食品的种类不同，其比热、比重、热导率、黏度等物理性质不同，传热速度也不同，主要包括食品的形状、大小、浓度、密度和黏度等。一般来说，液体食品以对流方式传热，且浓度、密度和黏度越小，流动性越好，传热速度越快。固体食品则基本上是导热，传热速度很慢。对于固液混装食品，属传导和对流结合型传热，相对来说较复杂，食品的块型、大小和装罐方式都会影响到传热速度。小颗粒、条、块状食品在加热杀菌时，其罐内的液体容易流动，以对流传热为主，传热速度比大的粒、条、块状食品快。竖条装食品液体可上下流动，传热速度较层片装快。

2）罐藏容器材料的物理性质、厚度和几何尺寸

罐头在加热杀菌时热量由罐外向罐内传递，首先要克服罐壁的热阻。而热阻与壁厚成正比，与材料的热导率成反比。在常见的罐藏容器中，蒸煮袋传热速度最快，马口铁罐次之，玻璃罐最慢。在其他条件相同的情况下，加热杀菌时间与罐高和罐径成正比，即与罐头容积成正比。

3）罐头的初温

罐头的初温是指杀菌刚刚开始时，罐内食品冷点的平均温度。对传导型罐头来说，罐头初温对传热影响较大，初温与杀菌温度之间的差值越小，罐头中心加热到杀菌温度所需要的时间越短。因此，对于传导型食品，热装罐比冷装罐更有利于缩短加热杀菌时间。对流传热型食品的初温则对加热时间影响较小。

4）杀菌锅的形式和罐头在杀菌锅中的位置

罐头工业中常用的杀菌锅有静置式、回转式或旋转式等类型。回转式或旋转式杀菌锅在杀菌过程中处于不断转动的状态，容易形成对流，故传热效果要好于静置式。对于加快传导与对流结合型传热的食品及流动性差的食品的传热，回转式杀菌锅尤其有效。

在静置式杀菌锅中，罐头所处位置对于食品的传热效果也有影响。一般来说，罐头离蒸气喷嘴越远，传热就越慢。如果杀菌锅内的空气未排除干净，存在空气袋，那么处于空气袋内的罐头传热效果就更差，因此，静置式杀菌锅必须充分排净其中的空气，使杀菌锅内温度分布均匀，以保证杀菌效果。

5）其他

杀菌锅内的传热介质的种类、介质在锅内的循环速度、热量分布情况等，对传热效果也有不同程度的影响。

4.5.3 罐头杀菌条件的确定

1. 罐头的杀菌规程

罐头杀菌工艺条件主要是指杀菌温度、杀菌时间和反压三个重要参数，也叫杀菌规程。一般用杀菌式表示对杀菌工艺的要求：

$$\frac{t_1 - t_2 - t_3}{T} \text{ 或} \frac{t_1 - t_2}{T}, P$$

式中：T 为要求达到的杀菌温度，℃；t_1 为升温时间，是罐头由初温升高到杀菌温度 T 所需要的时间，min；t_2 为恒温时间，是罐头在杀菌温度 T 保持的时间，min；t_3 为降温时间，是罐头由杀菌温度降至出锅温度所需要的时间，min；P 为加热或冷却时杀菌锅所用的反压，kPa。

罐头杀菌过程主要包括升温阶段、恒温阶段和

降温阶段三个过程。升温阶段是将杀菌锅内空气排除干净，避免出现空气袋以保证恒温杀菌时蒸汽压和温度充分一致，同时将杀菌锅内温度提高到杀菌式规定的杀菌温度。升温时间不宜过短，否则达不到排气要求。恒温阶段是保持杀菌锅温度在规定杀菌温度的阶段。值得注意的是，在杀菌锅温度升高到杀菌温度时，食品还处于加热升温阶段，应等其温度升至规定杀菌温度再计时。降温阶段是停止蒸汽加热，并用冷却介质进行冷却，同时也是杀菌锅放气降压的阶段。对保持食品品质和营养成分而言，冷却过程越快越好，但要防止由于杀菌锅内降温过快而罐内温度下降缓慢，导致罐头内压较高、外压突然降低而出现爆罐现象。因此，在冷却阶段一般需要使用反压，如不加反压，则应减缓放气速度，使锅内和罐内压力差不致过大。

杀菌温度升高，微生物的死亡速率加快，酶活性的钝化速率也加快，保证罐头安全性所需的杀菌时间可缩短。但在杀菌温度升高的同时，罐内各种化学反应速率也会加快，食品品质快速下降，罐壁腐蚀速度加快。因此，正确合理的杀菌规程应是既能杀灭罐内的致病菌和通常温度下能在罐内繁殖的腐败菌，使酶失活，又能最大限度地保持食品的原有品质。换句话说，应在保证食品安全性的基础上，尽可能地缩短杀菌时间，以减少热力对食品品质的影响。要说明的是，杀菌规程中恒温杀菌时的温度是指杀菌锅内介质的温度。对于沸水杀菌方式来说，还应该考虑当地的海拔高度。水的沸点和大气压力有关，海拔越高，其大气压力比海平面的大气压低，沸点也低。一般来说，采用沸水杀菌时，水的沸点每降低 1 ℃，杀菌时间应延长 3～3.5 min。

2. 罐头杀菌条件确定的流程

罐头杀菌条件的确定应以杀菌和抑制酶的活性为目的，充分考虑罐内微生物和酶的耐热性以及影响传热和杀菌效果的各种因素，确定最小热处理强度。一般罐头 pH＞3.7 时，选取抗热性最强的微生物作为对象菌制定杀菌工艺，而当 pH＜3.7 时，高酸性环境下微生物的耐热性急骤下降，此时应考虑以钝化酶活的条件作为杀菌条件，具体确定流程如图 4-21 所示。

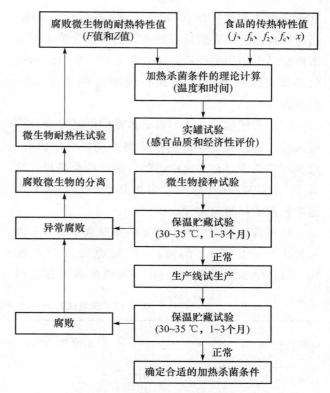

图 4-21　确定罐头热杀菌条件的流程

1）实罐试验

以满足理论计算的杀菌值（F_0）为目标会有各种不同杀菌温度与时间的组合，实罐试验的目的就是根据罐头食品的种类、质量要求和生产能力等综合选取合适的杀菌条件。使加热杀菌既能达到罐头食品商业无菌的要求，又能维持产品的高品质，同时在经济投入上也最为合理。

2）实罐接种的杀菌试验

通过实罐试验选定合理的杀菌温度—时间的组合后，为确保所确定（理论性）杀菌条件的合理性，往往还要进行实罐接种的杀菌试验。常将耐热性强的腐败菌接种于数量较少的罐内进行杀菌试验，借以确证杀菌条件的安全程度。如实罐接种杀菌试验结果与理论计算结果很接近，则说明所选定的杀菌条件较为合理和安全。此外，对那些用其他方法无法确定杀菌工艺条件的罐头也可用此法确定其合适的杀菌条件。

（1）试验用微生物　低（中）酸性食品一般选用产芽孢梭状芽孢杆菌（*Clostridium sporogenses*，P. A. 3679）芽孢作为杀菌对象。酸性食品选用巴氏固氮梭状芽孢杆菌（*Clostridium pasteurianum*）

芽孢或凝结芽孢杆菌（*Bacillus coagulans*）芽孢。高酸性食品选用乳酸菌或酵母，但大部分情况下高酸性食品中酶的耐热性比腐败菌更强，所以酶的钝化是该类罐头食品杀菌条件要考虑的更重要的问题。

（2）实罐接种方法 对流传热的产品可接种在罐内任何处，而传导传热产品则不同。根据研究，这类产品的冷点在几何中心处，冷点的受热程度约低 10%，因此在计算时要考虑到这一点，总的芽孢数根据实际测定结果而确定。

接种菌液通常用当天配置的芽孢悬浮液（蒸馏水或 8.5 g/L NaCl 溶液），按每罐加入芽孢数 $10^4 \sim 10^5$/mL 的接种液 1 mL。对流产品可在装料后未加盐水或糖水前，滴加接种液。浆状食品则在装罐前先接种，并搅拌混合。块状食品要尽可能接种在冷点位置或冷点与罐底之间，其接种方法可以是先加部分产品，然后滴加接种菌液，最后装满，也可用长针头将接种液注入罐内，位置依要求而定。

（3）试验罐数 参照保温试验时必要试样量和可能检出腐败率之间的关系（表 4-12），如每组取试验罐 50 只（一般使用大罐），则正确率为 95% 时，可求得最小腐败率 5%～6%。最好每组取试验罐 100 只或更多，这样可求得更小的腐败率。另外应有空白对照样、品质鉴评样、传热测定可取 25～50 罐。

表 4-12 保温试验时必要试样量和可能检出腐败率的关系

腐败率/%	正确率/%		腐败率/%	正确率/%		腐败率/%	正确率/%	
	95	99		95	99		95	99
0.5	597	919	8	36	55	16	17	26
1	298	458	9	32	49	17	16	25
2	148	228	10	28	44	18	15	23
3	99	151	11	26	40	19	14	22
4	74	131	12	24	36	20	13	21
5	58	90	13	22	33	21	10	16
6	48	74	14	20	31			
7	41	64	15	18	28			

（4）试验分组 根据杀菌条件的理论计算，按杀菌时间的长短至少分为 5 组，其中一组为杀菌时间最短，试样腐败率达到 100%；另一组为杀菌时间最长，预计可达 0% 的腐败率；其余 3 组的杀菌时间将出现不同的腐败率，通常杀菌时间在 30～100 min，每隔 5 min 为 1 组，比较理想的是根据 F 值随温度提高时按对数规律递减情况，F 值可按 0.5、1.0、2.0、4.0、6.0 来确定不同加热时间加以分组。每次试验要控制为 5 组，如果罐数太多，封罐前后停留时间过长，将影响试验结果。因此，试验要求在一天内完成，并用同一材料。

对照组的罐头也应有 3～5 组，以便核对自然污染微生物的耐热性，同时用来检查核对二重卷边是否良好，罐内净重、沥干重和顶隙度等。还将用 6～12 罐供测定冷点温度用。

（5）试验记录 依据要求做好记录。

3）保温贮藏试验

（1）保温温度 接种实罐试验后要在恒温条件下进行保温贮藏试验，试验菌种类不同培养温度不一样。一般霉菌 21.1～26.7 ℃、结芽孢杆菌 35.0～43.2 ℃、嗜温菌和酵母 26.7～32.2 ℃、嗜热菌 50.0～57.2 ℃。

（2）保温时间 P. A. 3679 菌的保温时间为至少 3 个月，在最后 1 个月中尚未胀罐的罐头不取出，继续保温，也有保温 1 年以上的。梭状厌氧菌、酵母或乳（酪）酸菌至少保温 1 个月，如一周内全部胀罐，可不再继续培养。霉菌生长周期慢，要 2～3 周，也可能要 3 个月或更长时间。嗜热菌要 10～215 d，高温培养时间不宜过长，因可能加剧腐蚀而影响产品质量。嗜热脂肪地芽孢杆菌的芽孢如在其生长温度以下存放较长时间，可能导致其自行死亡，因此必须在杀菌试验后尽早进行保温培养。

保温试验样品应每天观察其容器外观有无变化，当罐头胀罐后即取出，并存放在冰箱中。保温试验完成后，将罐头在室温下放置冷却过夜，然后观察其容器外观、罐底盖是否膨胀，是否低真空，然后对全部试验罐进行开罐检验，观察其形态、色泽、pH和黏稠性等，并一一记录结果。接种肉毒杆菌试样要做毒性试验，也可能有的罐头产毒而不产气。当发现容器外观和内容物性状与原接种试验菌所应出现的症状有差异时，可能是漏罐污染或污染了耐热性更强的微生物所造成，这就要进行腐败原因菌的分离试验。

4）生产线上实罐试验接种

实罐试验和保温试验结果都正常的加热杀菌条件，可以进入生产线的实罐试验做最后验证。试样量至少100罐以上，试验依据要求进行测定并做好记录。

生产线实罐试样也要经历保温试验，保温1～3个月。当保温试样开罐后检验结果显示内容物全部正常，即可将此杀菌条件应用于实际生产。如果发现试样中有腐败菌，则要进行腐败原因的分离实验，重新制定杀菌条件。

3. 罐头杀菌时间及 F 值的计算

罐头在加热和冷却过程中，罐内的温度随时间的延长不断升高，一旦温度超过微生物的致死温度时就会有微生物死亡，温度不同，微生物的死亡量不同。罐头在某一杀菌温度下保持多长时间才能达到商业无菌并保持其品质，这关乎杀菌时间的计算。目前有多种方法可以用来计算罐头食品的杀菌时间，1920年比奇洛（Bigelow）根据微生物致死率和罐头食品传热曲线创建了罐头食品杀菌理论，称为基本推算法（the general method）；1923年鲍尔（Ball）根据加热杀菌过程中罐头中心受热效果研究出用积分计算杀菌时间的方法，称为公式计算法；1939年奥尔森（Olson）和史蒂文（Stevens）建立图解法；1948年斯顿博（Stumbno）在罐头食品杀菌理论 F 值基础上提出了把微生物数量影响考虑在内的计算杀菌时间的方法。目前，广泛应用的是以 Ball 的计算法为基础，把微生物数量影响考虑在内的最新计算法。通过理论计算，可以寻求较合理的杀菌时间和 F 值，在保证食品安全性的前提下，尽量保持食品原有色香味，节约能源。

1）F 值的计算

确定杀菌 F 值首先需要确定常引起该罐头变质的微生物种类和数量，然后确定微生物的耐热性（Z 值、D 值），选取耐热性最强的微生物计算出安全 F 值。测定罐头在实际杀菌过程中的罐头中心温度，再根据中心温度计算出实际杀菌 F 值，并与安全 F 值进行比较，判断实际杀菌工艺条件的合理性，从而确定罐头的杀菌时间。

（1）安全杀菌 F 值的计算 通过对罐内食品微生物进行检验后得出该类罐头被污染的腐败菌种类和数量，选择耐热性最强的或对人体有毒性的微生物作为对象菌，计算其 F 值，称为安全杀菌 F 值。国外一般采用肉毒杆菌或 P. A. 3679 作为对象菌，其中以肉毒杆菌最为常用。

经过微生物检测确定对象菌以后，知道罐内食品所污染对象菌的数量和耐热性参数 D 值，可按下式计算安全杀菌 F 值：

$$F_{安} = D(\lg b - \lg a)$$

式中：a 为罐头杀菌前对象菌的数量；b 为罐头的允许腐败率（按原轻工部对各类成品罐头合格率的要求而定）。

（2）实际杀菌条件下 F 值的计算

由 $\lg \dfrac{\tau}{F} = \dfrac{T_0 - T_m}{Z}$ 得 $F = \tau \, 10^{-\frac{T_0 - T_m}{Z}} = \tau \, 10^{\frac{T_m - T_0}{z}}$，设 $L_m = 10^{\frac{T_m - T_0}{z}}$，则 $F = \tau L_m$

式中：T_m、T_0 分别为杀菌温度和标准温度，℃；τ 为罐头中心温度 T_m 下的加热致死时间，min；L_m 为罐头中心温度 T_m 下微生物的致死率，表示各个温度下的杀菌效率换算系数，即罐头在温度 T_m 下的杀菌效率值，相当于在标准杀菌温度 121.1 ℃下的杀菌效率值的倍数。

低酸性罐头食品的杀菌对象菌为肉毒杆菌或 P. A. 3679，$Z = 10$ ℃，$T_0 = 121.1$ ℃，则

$$L_m = 10^{\frac{T_m - 121.1}{10}}$$

当 T_m 等于 121.1 ℃时，$L_m = 1$；当 T_m 大于

121.1 ℃时，$L_m>1$；当 T_m 小于 21 ℃时，$L_m<1$。

在一个很小的时间间隔内，罐头的中心温度可以看成是恒定的，对应的微小杀菌效率值为

$$dF=d(\tau L_m)=L_m d\tau$$

将罐头中心温度下所有 dF 相加即可得出杀菌过程的总杀菌效率值 F：

$$F=\int_0^\tau L_m d\tau=\Delta\tau(L_{m1}+L_{m2}+\cdots+L_{mn})$$
$$=\Delta\tau\sum L_{mn}, n=1,2,3,\cdots,n$$

式中：$\Delta\tau$ 为各温度下持续的时间间隔。若 $F>$ $F_安$，说明杀菌过度；若 $F=F_安$，说明杀菌合适；若 $F<F_安$，说明杀菌不足。

【例】 已知嗜热脂肪地芽孢杆菌的 $D_{121.1℃}=4.0$ min，现生产一批 425 g 蘑菇罐头，在杀菌前罐头内容物含有的嗜热脂肪地芽孢杆菌不超过 2 个/g，要求经 121.1 ℃杀菌后，允许的腐败率为万分之五以下。杀菌规程为 $\dfrac{10'-23'-10'}{121.1}$，罐头的传热数据如表 4-13 所示，试计算在 121.1 ℃杀菌时所需的安全 F 值和实际 F 值并判断该杀菌规程是否合理。

表 4-13　蘑菇罐头杀菌过程中传热情况

时间/min	罐内中心温度/℃	致死率 L	时间/min	罐内中心温度/℃	致死率 L
0	47.9	0	24	121	1.0
3	84.5	0	27	120	0.794 3
6	104.7	0.023	30	120.5	0.891
9	119	0.630 9	33	121	1.0
12	120	0.784	36	115	0.251 2
15	121	1.0	39	108	0.050 1
18	1.0	1.0	42	99	0.006 3
21	1.049	1.049	45	80	0

【解】 已知 $D_{121.1℃}=4.0$ min，$a=425\times2=850$ 个/罐，$b=5/10\ 000=5\times10^{-4}$

$$F_安=D_{121.1℃}(\lg b-\lg a)=4\times[\lg850-\lg(5\times10^{-4})]=24.92\ \text{min}$$

$$F=\Delta\tau\sum L_{mn}$$
$$=3\times(0+0+0.023+0.630\ 9+0.784\ 3+1+1+1.049+1+0.794\ 3+0.891+1+0.251\ 2+0.050\ 1+0.006\ 3+0)$$
$$=25.5\ \text{min}>F_安=24.92\ \text{min}$$

因此该杀菌规程合理。

2) 杀菌时间的计算

(1) 比洛奇基本推算法　比奇洛基本推算法推算杀菌时间的基本理论就是根据罐头食品对传热曲线和各温度下微生物热力致死时间的关系，推算达到理论上完全无菌程度时某温度下需要的加热和冷却时间。

罐头内某对象菌在 T℃下的 TDT 值为 τ min，加热 t min，则在该加热时间内该对象菌的杀菌程度为 t/τ，称为部分杀菌量或致死量，用 A 表示，即 $A=t/\tau$。

例如，115 ℃时某微生物的 TDT 值为 20 min，如果该微生物在 115 ℃处理 8 min，则该加热时间内致死量为：$A=t/\tau=8/20=0.4$，这表明在 115 ℃下加热杀菌 8 min 该微生物可被杀死 40%。

基于以上分析，总的致死量是各个很小温度区间内致死量的总和，即 $A=A_1+A_2+\cdots+A_n$ 或 $A=\int_0^t\dfrac{1}{\tau}dt$。

因此，可以根据罐头在加热和冷却过程中经历各温度时的部分杀菌量或致死量的总和推算出合理的杀菌时间。当 $A=1$ 时，说明杀菌时间正好合适；当 $A<1$ 时，说明杀菌不充分，产品未能达到商业无菌的要求；当 $A>1$ 时，说明杀菌过长，一方面会降低设备的利用率和造成能源的浪费，另一方面会降低食品品质。

把罐头热力杀菌的传热过程和微生物致死时间绘成加热曲线和致死时间曲线，如图 4-22 所示，以此为基础来推算杀菌时间。图 4-22a 曲线上的点代表罐头中心温度，横坐标表示加热时间，

图 4-22b 上横坐标表示致死率，下横坐标表示致死时间。如果以加热时间为横坐标、致死率为纵坐标，则得到致死率曲线图（图 4-23）。用积分法求出致死率曲线所包含的面积，即为致死量。

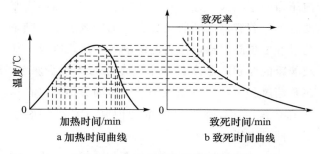

图 4-22 加热曲线与致死时间曲线

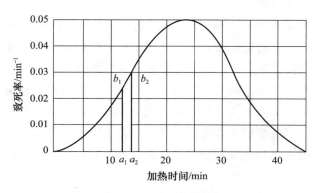

图 4-23 致死率曲线

计算加热致死率曲线下所包含的面积方法有图解法和近似计算法两种，图解法相当烦琐，这里不做赘述。近似计算法是根据加热间隔时间，把致死率曲线相应地分成若干小区间，每个小区间包含的面积就是该加热时间内的杀菌效率值。利用梯形求面积公式计算各个小面积值，其总和就是总的杀菌量或致死量。

$$A_{i,n} = \frac{L_{i,n} + L_{i,n+1}}{2} \Delta \tau_{i,n}$$
$$A = \sum A_{i,n}, n = 1, 2, 3, \cdots, n$$

（2）现用杀菌时间推算法 比奇洛杀菌时间的推算法，对象菌致死量须根据一定罐型、杀菌温度及内容物初温等条件下得到的传热曲线才能进行推算，因此不能比较不同杀菌条件下的加热效果。比如 121.1 ℃下杀菌 70 min 和 115 ℃杀菌 85 min，无法进行直接比较哪个杀菌效果更好。为了弥补这一缺陷，Ball 提出了杀菌值或致死值的概念，就是将各温度下的致死率转换成标准温度（121.1 ℃）

的加热时间，也即 F 值。

根据 $\lg \frac{\tau}{F} = \frac{121.1 - T}{Z}$

当 $T = 121$ ℃时，$\lg \frac{\tau}{F} = 0$，则 $\tau = F$。假设 TDT 曲线通过 121 ℃时 $F = 1$ min，则上式变为

$$\lg \tau = \frac{121.1 - T}{Z}，从而 \tau = 10^{\frac{121.1 - T}{Z}}$$

上式中 τ 表示任何温度下达到相当于在标准杀菌条件（121.1 ℃）下处理 1 min 的杀菌效果所需要的时间，min。则相应的致死率（L）为

$$L = \frac{1}{\tau} = 10^{\frac{T - 121.1}{Z}}$$

L 表示在任何温度下处理 1 min 所取得的杀菌效果，相当于标准杀菌条件（121.1 ℃）下处理 1 min 的杀菌效果的效率值。根据上式就可以计算出在 $F = 1$ min 条件下其他各温度相应的 L_i 值。

4.5.4 罐头的压力及真空度

1. 杀菌时罐内外压力的平衡

罐头食品在杀菌时随着罐温升高，所装内容物将受热膨胀、体积增大，罐内的顶隙容积则相应缩小，罐头顶隙内由空气和蒸汽共同造成的气压也会随之增高，故罐头在加热杀菌时内压会增高。当内压超过一定限度时，容器的完整性和密封性就会遭到破坏，铁罐易发生变形或爆裂，玻璃罐则出现跳盖的现象，甚至因过度膨胀而爆碎。

1）加热杀菌时罐内压力的计算

在加热杀菌过程中，罐头内压实际上是顶隙内蒸汽压力和空气压力之和。在进行罐内压力计算之前，要先掌握容器体积膨胀度（X）和食品膨胀度（Y）两个概念。

$$X = \frac{V''_{罐}}{V'_{罐}} = \frac{V'_{罐} + (V''_{罐} - V'_{罐})}{V'_{罐}} = \frac{V'_{罐} + \Delta V}{V'_{罐}}$$

式中：$V''_{罐}$ 为杀菌温度时罐头容器的体积，m^3；$V'_{罐}$ 为密封温度时罐头容器的体积，m^3；ΔV 为杀菌温度时空罐体积的增量，m^3。

镀锡薄板罐 X 值的变化范围大概在 1.034～1.127，而玻璃罐由于在加热中容积变化很小，X 可近似认为是 1。

$$Y = \frac{V''_{食}}{V'_{食}} = \frac{m/\rho''}{m/\rho'} = \frac{\rho'}{\rho''}$$

式中：$V''_食$ 为杀菌温度时罐内食品的体积，m^3；$V'_食$ 为密封温度时罐内食品的体积，m^3；ρ'' 为杀菌温度时罐内食品的密度，kg/m^3；ρ' 为密封温度时罐内食品的密度，kg/m^3。

$$P_2 = P''_蒸 + P''_空 = P''_蒸 + (P_1 - P'_蒸)\left(\frac{1 - f_1}{X - Yf_1} \cdot \frac{T_2}{T_1}\right)$$

式中：P_2 为杀菌时罐内绝对压力，kPa；$P''_蒸$ 为杀菌时罐内饱和蒸汽的绝对压力，kPa；P_1 为密封后罐内压力，kPa；$P'_蒸$ 为罐头密封后罐内顶隙中蒸汽分压，kPa；X 为加热杀菌时罐头容器体积膨胀度；Y 为加热杀菌时罐内食品的体积膨胀度；f_1 为罐内食品装填度，装满时 $f_1 = 1$；T_1 和 T_2 分别为罐头食品的初温和杀菌温度，K。

对于玻璃罐，$X = 1$，故上式可改写成

$$P_2 = P''_蒸 + P''_空 = P''_蒸 + (P_1 - P'_蒸)\left(\frac{1 - f_1}{1 - Yf_1} \cdot \frac{T_2}{T_1}\right)$$

2）影响罐头杀菌时罐内压力变化的因素

（1）罐头容器的性质　在加热杀菌时，空罐也会由于受热膨胀而出现体积增加的现象，罐藏材料和受热温度不同，空罐体积的增量不同。金属罐体积的增加还受容器尺寸、罐盖形状和厚度、罐盖或罐底膨胀圈形式以及罐内外压力差的影响。在罐内外压力差相同的条件下，空罐体积增量随罐径的增大而增大；在罐径相同时，罐内外压力差越大，空罐体积增量越大。玻璃罐热膨胀系数很小，因此，在杀菌时容积变化很小，加上玻璃罐密封处的强度较铁罐的二重卷边小，在加热杀菌时容易发生跳盖。

（2）罐头的性质和温度　罐内食品在加热时膨胀，体积增大，不同种类的食品膨胀系数不同，杀菌时体积增加不同，则罐内压力不同。干物质含量多的食品，因受热膨胀引起的体积增加较干物质少的食品更多，故压力增加更多。食品组织内的空气含量也会影响到罐内压力的变化。食品中空气含量越多，受热膨胀越厉害，所产生的压力增加也越明显。

杀菌温度越高，罐内食品体积膨胀越大，罐内压力增加也越多。提高罐头食品装罐的初温，减小初温和杀菌温度之间的差值，可有效降低杀菌过程中食品的膨胀程度，从而减缓罐内压力的增大。

（3）罐内顶隙的大小　在加热杀菌时罐内压力的变化还与罐头顶隙的大小有一定的关系。罐头顶隙的大小和罐内食品的装填度有关，而食品的装填度是根据产品要求和食品的性质预先制定的，一般产品的装填度为 $0.85 \sim 0.95$。装填度越大，顶隙越小，加热杀菌时罐内压力也越大。罐头顶隙对罐内压力的影响大小还与食品的膨胀度和容器的膨胀度有关，若容器的膨胀度比食品的膨胀度小，则杀菌过程中顶隙对罐内压力的影响大，反之则反。如玻璃罐的体积膨胀度总是小于食品的体积膨胀度，在杀菌过程中顶隙逐渐减小，内压随着增高。在这种情况下，只有在许可的范围内降低食品的装填度，使罐内压力不致过高。

（4）杀菌和冷却过程　杀菌和冷却过程中的罐内压力都会发生变化。在升温阶段，杀菌锅的压力和罐头的压力同时上升，故二者之间的压力差不大；在恒温阶段，杀菌锅内的压力维持稳定，而罐内压力随着温度的继续升高和内容物的膨胀持续上升，二者之间的压力差不断增大；冷却阶段，杀菌锅内压力迅速下降，罐内压力下降缓慢，罐内外压力差急骤增大，当罐内外压力差大于容器所能承受的范围时，罐头会发生变形，严重时爆裂，玻璃罐则会跳盖。针对这种情况，有效的解决方法就是采用反压冷却。

3）反压力的计算

罐头在加热杀菌和冷却过程中由于罐内压力增大，导致罐内和杀菌锅内出现压力差。当这个压力差达到某一程度时会使铁罐发生变形、玻璃罐出现跳盖，这一开始形成变形或跳盖的罐内外压力差称为临界压力差（$\Delta P_临$）。导致铁罐变形的临界压力差与铁罐的直径、铁皮厚度、底盖形式有关，导致玻璃罐跳盖的临界压力差与 25 ℃下密封和杀菌时胶圈的性质有关。当罐内和杀菌锅之间的压力差大于临界压力差时，会导致变形、跳盖，严重时引起爆裂或破瓶；当罐内和杀菌锅之间的压力差小于临界压力差时，不会出现这些现象。为保证杀菌时罐头不发生变形或跳盖现象所允许的罐内和杀菌锅间压力差称为允许压力差（$\Delta P_允$）。同样地，影响铁罐允许压力差的因素包括铁罐的直径、铁皮厚度和底盖形式等，而玻璃罐的允许压力差为零，但是即使在杀菌的恒温阶段，罐内存留的空气也使得罐内压力大于罐外。为防止罐内外压差过大引起铁罐变

形或玻璃罐跳盖，需增加杀菌锅内的压力，即利用空气或杀菌锅内水所形成的补充压力来抵消罐内的空气压力，这种为抵消罐内的空气压力而人为向杀菌锅内补充的空气或水的压力称为反压力。

杀菌锅内反压力的大小应使杀菌锅内总压力（蒸汽压力和补充压力之和）等于或稍大于罐内压力与允许压力差之间的差值，即

$$P_{锅} = P_{蒸} + P_{反} \geqslant P_2 - \Delta P_{允}$$

则杀菌锅内应补充的空气或水的压力为

$$P_{反} \geqslant P_2 - P_{蒸} - \Delta P_{允}$$

反压冷却时反压力应使杀菌锅内压力保持恒定，直到冷却至铁罐内压力降低到 1 atm $+ \Delta P_{允}$，玻璃罐降到常压也就是 1 atm 时，才可停止供给压缩空气或冷却水。

2. 罐头的真空度

密封后罐内残留的空气压力和罐外大气压力之间的压力差就是罐头的真空度。罐头经排气、密封后，形成合适的真空度，才能保持罐头食品的品质。真空度过小，无法达到排气目的，罐头易败坏；真空度过大，会造成罐头物理性瘪罐，影响产品外观。正常情况下，罐头封罐时真空度为 350～450 mmHg，冷却后正常罐头真空度为 180～380 mmHg。

1）影响真空度的因素

罐头真空度随大气压和罐内残留空气的变化而变化。一般来说，只要不是海拔跨度很大的地区之间进行运输和销售，大气压基本不变，所以罐头真空度大小主要由罐内残留空气所决定，罐内残留空气越多，所产生的气压越大，真空度越小，反之则反。罐内残留空气受多种因素的影响，如食品原料的种类、新鲜度、酸度、食品组织内空气量、装罐情况、顶隙大小、排气方式、排气封罐温度等。

（1）排气封罐温度 封罐温度是影响冷却后罐头真空度的主要因素，封罐温度又与排气温度直接相关。适当提高排气温度可加快罐内食品升温，罐内空气和食品充分受热膨胀后将罐内残留气体排出，排气后立即进行密封，这样罐内食品温度不会有很大降低，冷却后罐头内真空度就高。排气封罐温度越高，罐内残留空气越少，真空度越大。如若排气后未及时密封，罐内温度下降过大，并会有部

分冷空气进入，罐内温度就会降低，真空度下降。相同排气温度和封罐温度下，大型罐头密封冷却后形成的真空度大，反之，小型罐头真空度小。

（2）顶隙大小 对热力排气来说，由于排气是在常压下进行，排气温度低于 100 ℃，故总有部分空气残留下来。因而同一排气和密封温度下，在一定的顶隙范围内，顶隙越大，残留空气越多，真空度越小，反之，真空度越大。不过这种情况只适于空气含量少的液体食品，对于空气含量多的罐头食品并不完全按照这一规律变化。对于蒸汽喷射排气和真空排气来说，顶隙大，则真空度大，但顶隙超过一定体积范围真空度无明显增长。

（3）食品原料的种类、新鲜度和杀菌温度 食品原料的种类不同，其组织结构紧密度不同，组织内所含空气量不同，空气排出也有难易之别。原料的含气量越高，或组织内气体排出越困难，真空度下降程度越大。肉、禽罐头因骨头中含有大量空气，若排气温度和时间不适当，杀菌时的骨内空气大量释放，使冷却后罐内真空度大大下降，甚至出现凸盖现象；果蔬组织内部也有大量空气存在，特别是成熟度低的果蔬，组织坚硬，气体排出困难，也会使罐头真空度下降。采用真空排气和蒸汽喷射排气时，原料组织内的空气不易排除，杀菌冷却后物料组织中残存的空气在贮藏过程中会逐渐释放出来，使罐头的真空度下降。

原料的新鲜程度也会影响罐头的真空度。不新鲜的食品在败坏过程中由于组分分解产生各种气体，如含蛋白质的食品分解放出 H_2S、NH_3，果蔬类食品呼吸作用产生 CO_2 等，后序的高温杀菌会促进这些物质的分解和气体的释放，使罐内压力增大，真空度降低。在同一密封温度下，杀菌温度越高，冷却后形成的真空度越低。

（4）食品的酸度 高酸度的食品易对罐内壁产生腐蚀，并产生氢气，使罐内压力增加，真空度下降，严重时可形成"氢胀罐"。因此，酸度高的食品应采用涂料罐并保证涂料的完整性，以防止酸对罐内壁的腐蚀，保证罐头真空度。

（5）气温、气压和海拔高度 随着外界气温升高，罐外大气压变化甚微，但罐内蒸汽和残存空气膨胀，所产生的压力随之增强，罐头真空度

降低。

罐头的真空度还受大气压力的影响，大气压越低真空度也越低。而大气压对真空度的影响实质上是海拔高度对真空度的影响。海拔越高，气压越低，罐内外压力差缩小，真空度就越低。一般来说，海拔高度每升高 100 m，真空度就会下降 1 066～1 200 Pa。需要注意的是由于海拔变化引起的这种真空度下降或消失并不影响罐头质量。

2）检测罐头真空度的方法

通过检测罐头的真空度可以判断罐头排气是否彻底、是否发生腐败、密封性是否完整等，还可以协助判断罐头在生产过程中装罐、排气、密封和杀菌工艺是否合理并对其进行调整。罐头真空度的检测方法包括破坏性检测和非破坏性检测两类。

（1）破坏性检测　破坏性检测是指用真空度检测计测定罐头的真空度，这种检测计下端带有尖针，尖针后部有橡胶垫密封以防止外界空气进入。测定时尖针插透罐盖，罐内压力通至表内，由于大气压与罐内压力的差异使表内隔膜移动而测得罐头的真空度，由真空表读数。用真空度检测计测得的真空度读数与罐内实际真空度有一定的误差，其大小受仪器内部通道空隙大小的影响，空隙越大误差越大。这种方法常用于检验部门进行检测。

（2）非破坏性检测

非破坏性检测又有"打检"法、罐头真空度自动测定仪和 Toptone 真空检测器三种。

"打检"法是用特制的小棒如胶木打检锤、铁丸打检棒等敲击罐头底盖，根据棒击时所发出声音的清浊度来判断罐内真空度的大小。罐头的品种、固形物和汁液的多少、罐头马口铁皮的厚度等因素都会影响声音的判断。一般来说，糖水和汁类罐头声音越清脆表明罐内真空度越高，有鼓音、破哑音和浊音的，真空度低。咸牛、羊肉、午餐肉类、半固体类和果酱类罐头，坚实、发出闷音的真空度高，响亮、空虚音的真空度低。"打检"法判断罐头的真空度基本能与实际测得的真空度相吻合，一般生产实践经验特别丰富的工人会使用棒击法来快速判断真空度，经验不足会影响结果的判断。

罐头真空度自动测定仪实质上是一种光电技术检测仪。正常的具有一定真空度的罐头底盖会呈一

定的凹面，当一平行光束自凹面发生反射时，反射光将按凹面镜原理聚焦于某一已知点，在该聚集点安装光电池测定聚焦光点的光亮度。光亮度与凹面的曲率相关，曲率则与真空度有关，因此可由光亮度反映罐头的真空度。真空度低的罐头曲率半径大，测得的光亮度值低，若罐内无真空度，则不会聚焦（图 4-24）。真空度自动测定仪主要用于罐头工厂进行真空度的检测，当光亮度读数低于某一设定值时，自动检测仪控制的机械手会将该罐头推出传送带，从而实现真空度的连续自动检测。需要注意的是，真空度自动测定仪只适用于罐盖表面平滑的情况，罐盖表面有膨胀圈或硬印等，会影响结果的准确性。

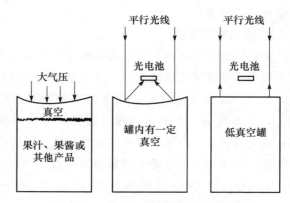

图 4-24　非破坏性光电检测器检测

Toptone 真空检测器则是利用声学原理检查单个罐头或封在纸盒里的罐头及包装食品的真空度。

4.5.5　罐头的杀菌方法与装置

1. 罐头的杀菌方法

罐头的杀菌主要采用热力杀菌。按杀菌温度可分为低温杀菌、高温杀菌和高温短时杀菌；按杀菌压力可分为常压杀菌和加压杀菌；按容器在杀菌过程中的运动状况可分为静置式杀菌和回转式杀菌；按进罐方式可分为间歇式杀菌和连续式杀菌。随着研究的不断进行，一些新型的杀菌方式也逐渐出现并应用到实际生产过程中，如含气调理杀菌技术、微波杀菌技术、欧姆杀菌技术、冷杀菌技术等。

1）传统热力杀菌方法

（1）常压杀菌　通常常压杀菌的温度不超过

100 ℃，它是一种较温和的杀菌方式。在合适的杀菌温度和杀菌时间组合下可使酶失活，杀灭致病菌和腐败菌，但不能完全杀死芽孢。产品的贮藏期受杀菌条件、食品种类和包装情况的影响。常压杀菌主要用于 pH<4.6 的酸性食品或低温贮藏的食品。

（2）高温高压杀菌　由于低温杀菌不能将微生物全部杀死，特别是芽孢，所以需要低温保藏，但保质期最多也只有 3 个月。为了延长保质期，罐头食品要采用高温高压杀菌，杀菌温度一般采用 121.1 ℃，这种杀菌方式能将保藏期延长至 2 年。无菌灌装的软罐头还可采用高温短时（pH<4.6）和超高温瞬时（pH>4.6）杀菌。高温短时杀菌常用的杀菌温度为 104～121.1 ℃，保持几秒到几十秒，超高温瞬时杀菌通常采用 130～150 ℃的杀菌温度保持几秒至几十秒。比如，番茄酱的杀菌条件可为 121.1 ℃下保持 42 s，奶油玉米糊的杀菌条件可为 135 ℃下保持 29 s。

利用高温、高压杀菌的产品要求其包装材料有较高的隔断性和一定的耐蒸煮强度，如马口铁、铝箔袋、PVDC 薄膜等。

2）其他杀菌技术

（1）含气调理杀菌技术　含气调理杀菌技术是针对高温、高压杀菌和真空包装等常规加工技术存在产品营养和口味变化而开发出的一项适合于蔬菜、肉类、水产品及熟食等的食品加工新技术。含气调理杀菌技术的工作原理是在对食品原材料预处理后，经过抽真空充氮气换气包装再密封，再将其送入含气调理杀菌锅中进行多阶段升温和两阶段急速冷却。杀菌期的高温域比较窄，从而改善了蒸汽灭菌锅因一次性升温及加温加压时间过长对食品口感和营养成分造成的损伤。

（2）微波杀菌技术　微波杀菌加热时间短、升温速度快、杀菌均匀，既有利于保持食品功能成分的生理活性，又有利于保持原料的色、香、味及营养成分，而且无化学物质残留，安全性能高。微波杀菌是微波热效应和生物效应共同作用的结果，由于生物效应的杀菌效果尚未被准确地量化，为保证加工食品的微生物学安全性，所以通常只考虑微波的热效应，此技术已经应用于糖水荔枝罐头的杀菌。

（3）欧姆杀菌技术　欧姆杀菌技术也叫作直接电阻加热技术，是借助于通入电流使食品内部产生热量来达到杀菌目的的一种杀菌方法。酸性、低酸性食品或带颗粒的罐头食品采用此加热杀菌技术能够减少加工时间并且达到十分良好的杀菌效果。由于需要依靠食品的导电性进行加热，限制了这种技术在较大尺寸食品颗粒上的应用。欧姆技术主要应用于水果蔬菜等罐头食品，而一些脂肪、油、酒精、骨、纯净水或晶体结构（如冰）等非离子化的食品则不适用此方法。

（4）冷杀菌技术　相对于传统热杀菌食品，冷杀菌不仅能杀死微生物，还能更好地保持食品的天然营养成分、质地、颜色和新鲜度。目前，我国主要冷杀菌技术有超高压杀菌、超高压脉冲电场杀菌、脉冲强光杀菌、辐射杀菌、紫外杀菌等。而只有超高压杀菌已广泛应用于果汁类罐头杀菌中，其他冷杀菌技术大多还处于实验室研究阶段。

超高压杀菌是在高压下将水强制浸透入微生物体内后，瞬间解除周围压力，浸入细胞内水分的绝热膨胀增大，把微生物的细胞膜从内侧向外侧压出。当绝热膨胀力超过细胞膜的承受能力时，细胞膜被破坏，造成微生物死亡。

2. 罐头的杀菌装置

罐头工业中杀菌设备多种多样，根据杀菌温度（或压力）不同分为常压杀菌设备和加压杀菌设备；根据操作方式不同可分为间歇操作杀菌设备和连续操作杀菌设备，其中间歇操作杀菌设备包括立式杀菌锅、卧式杀菌锅和回转杀菌锅等，连续操作杀菌设备包括常压连续式、水静压连续式和水封连续式杀菌设备等；根据杀菌设备所用热源不同可分为直接蒸汽加热杀菌设备、热水加热杀菌设备、火焰连续加热杀菌设备和照射杀菌设备等；根据杀菌设备的形态不同可分为板式杀菌设备、管式杀菌设备和釜式杀菌设备。本书就普遍使用的立式杀菌锅和卧式杀菌锅做简单的介绍。

1）立式杀菌锅

立式杀菌锅是一种静止间歇式的杀菌设备，可适用于不同包装、不同食物种类的常压或加压杀菌，具有操作简便、运作成本低廉的优势。它是工业化食品生产中最通用的杀菌设备，尤其适用于批

量少、品种多的小型食品企业。

如图4-25所示，立式杀菌锅由锅体、锅盖、锅盖锁紧机构、冷却水管、蒸汽喷射管、压缩空气系统、给排水系统和温控系统等组成。锅盖门在上方。具有两个杀菌篮，球形上锅盖铰接于锅体后部上缘，上盖周边均匀地分布着6～8个槽孔，锅体的上周边铰接于上盖槽孔对应的螺栓，使上盖和锅体密封，密封垫圈嵌入锅口边缘凹槽内，锅盖可借助平衡锤开启。锅底部装有"十"字形蒸汽分布管以送入蒸汽，喷气小孔开在分布管的两侧和底部，以避免蒸汽直接喷向罐头。锅内的两个杀菌篮用来放罐头，罐头和杀菌篮一起由电动葫芦吊进吊出，上盖内盘管的小孔用来喷淋冷却水，小孔不能直接对准罐头，以免骤冷使罐头破裂。

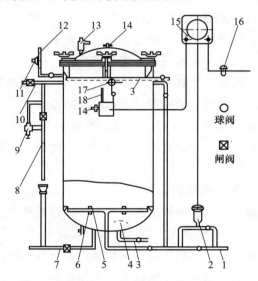

图4-25 立式杀菌锅总体结构

1. 蒸汽管；2. 蒸汽阀；3. 进水管；4. 进水缓冲板；
5. 蒸汽喷射管；6. 杀菌篮支架；7. 排出管；8. 溢水管；
9. 保险阀；10. 排气管；11. 减压阀；12. 压缩空气管；
13. 安全阀；14. 泄气阀；15. 温度记录控制器；
16. 空气减压过滤器；17. 压力表；18. 温度计

立式杀菌锅的加热介质为蒸汽或热水，为保证杀菌锅内传热均匀，蒸汽喷射装置应位于杀菌锅底部，一般是十字形的四通管或直型管，喷气孔应沿着管子两侧对称分布（图4-26）。冷却水在杀菌循环结束时引入杀菌锅，在水喷雾杀菌锅中也可以使用其他的水加热和循环方法。还有一种类型的系统是使用位于杀菌锅顶部的水分布系统，对水加热或冷却，从上而下对容器进行喷淋，空气作为过压

源，水通过外部的热交换器进行加热，并在此系统中用泵进行循环，当杀菌完成后，杀菌热水通过外部的热交换器进行冷却，作为冷却水。

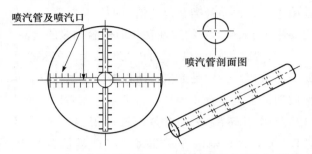

图4-26 立式杀菌锅的蒸汽喷射管

2）卧式杀菌锅

卧式杀菌锅也是静止间歇式杀菌设备，相较于立式杀菌锅，卧式杀菌锅的容量较大，一般大中型罐头厂用于肉类和蔬菜罐头的高压杀菌。卧式杀菌锅的总体结构如图4-27所示，锅体为钢板制成的卧式圆柱形，一端为椭圆封口，另一端铰接锅盖，锅内底部装有两根供装载罐头的杀菌车进、出的平行轨道，蒸汽从底部进入锅内两根平行的开有若干小孔的蒸汽分布管，蒸汽管位于轨道下面。蒸汽管上以不对称方式开两排或三排喷气孔，应沿着管子顶部90°范围内分布，即在管子顶部中心线两侧各45°范围内均匀分布于蒸汽管上，但孔一般不对称（图4-28）。卧式杀菌锅的一部分是位于车间的地面以下，只有在轨道与地平面呈水平状态时，杀菌车才能平稳地进出杀菌锅。

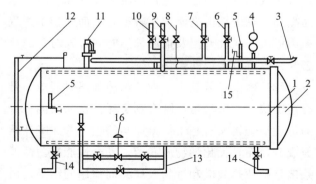

图4-27 卧式杀菌锅总体结构

1. 锅体蒸汽管；2. 锅门；3. 溢水管；4. 压力表；5. 温度计；
6. 回水管；7. 排气管；8. 压缩空气管；9. 冷水管；10. 热水管；
11. 安全阀；12. 水位表；13. 蒸汽管；14. 排水管；
15. 泄气阀；16. 薄膜阀

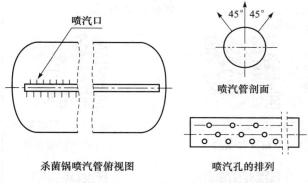

图4-28 卧式杀菌锅的蒸汽喷射管

卧式杀菌锅还配有蒸汽加热自动控制系统、蒸汽杀菌排气系统、可上进水也可下进水的冷却系统、可用于玻璃瓶杀菌的热水循环系统、温度显示和自动记录仪表以及压缩空气供给系统等，管路布置详情见图4-29。

与立式杀菌锅不同的是，卧式杀菌锅可以是一面开门，也可以是两面开门。锅盖门为椭圆形封头，铰接于锅体上，向一侧转动开闭，锅盖门外颈较锅体口稍大，锅体口端面有圆圈凹槽，槽内嵌有弹性且耐高温的橡皮圈，门和锅体的铰接采用自锁楔形块锁紧装置，门关闭后，转动转环，楔合块就能互相咬紧而压紧橡胶圈，实现锁紧和密封，反向转动转环，楔合块分离，门即打开。单开门卧式杀菌锅只需考虑一端的密封件，在使用时，因为食品的进出只有一个门，故已杀菌和未杀菌的产品都会聚集在杀菌锅门口，容易造成交叉混错。双开门卧式杀菌锅需要考虑两端的密封件，制造成本相应地增加，但从企业的品管来看，杀菌前杀菌车从一端进，杀菌后从另一端出，不容易搞混，更为合理。

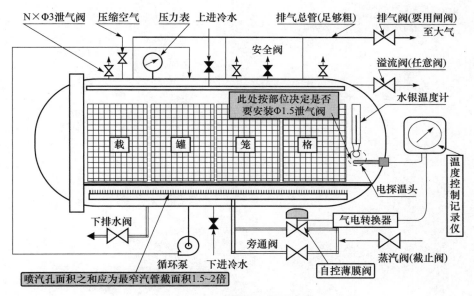

图4-29 卧式杀菌锅主要部件配置

罐头静止加热杀菌时热量通常以热传导方式从罐壁向罐中心传递。有一定顶隙、固液比适当的罐头回转加热杀菌时，热量将以对流—传导结合的方式进行传递，可显著提高传热速度。因此在上述静止式不回转卧式杀菌锅的基础上增设回转网篮，即为回转的卧式杀菌锅。网篮装满罐头并压紧后，网篮回转，使罐头在杀菌时作上、下打筋斗运动。网篮回转速度应调节适当，使液体的重量在径向分力和离心力相等，这样罐的顶隙能保持在中心部位，对内容物进行搅拌，从而获得较快的传热效果。

思考题

1. 对食品进行热处理可以起到哪些作用？

2. 食品热处理的类型及特点是什么？

3. 什么是商业无菌？

4. 影响微生物耐热性的因素有哪些？

5. 什么是 D 值、Z 值、F 值？三者之间有什么关系？

6. 对罐头容器有哪些要求？其原因有哪些？

7. 罐藏容器依使用材料的分类、特点及适用范围如何？

8. 什么叫预封？预封的作用是什么？

9. 罐头为什么需要排气？常见的排气方法有哪些？

10. 二重卷边常见的质量问题有哪些？怎么预防？

11. 罐头的传热有几种类型？影响罐头传热的因素有哪些？

12. 罐藏食品按照 pH 可以分为几类？主要有哪些罐头品种？其杀菌工艺条件有何不同？

13. 影响罐头真空度的因素有哪些？

14. 罐头食品常用的杀菌方法和杀菌设备有哪些？

食品干燥保藏

【学习目的和要求】

1. 学习食品干燥保藏的原理；干燥保藏的设备；
2. 干燥保藏的基本工艺及关键技术。

【学习重点】

食品干燥保藏的原理、食品干燥设备。

【学习难点】

1. 食品干燥过程中食品的变化及干燥时间的计算；
2. 不同食品所采取的不同干燥方法及原理。

5.1 食品干燥基础

食品干燥是指利用自然条件或人工控制的方法除去食品中一定数量的水分以抑制食品中微生物的生长繁殖、酶的活性和食品理化成分的变化，增长食品贮藏性能的保藏方法。干燥方法主要有自然干燥、热风干燥、真空干燥、渗透干燥和冷冻干燥等。干燥后的食品具有水分活度低、保质期长、质量减轻、体积缩小、节省包装和运输费用、便于携带、有利于商品流通等特点。

5.1.1 食品中水分的状态和水分活度

水是食品的基本成分，也是微生物生存、成长的必要条件之一，控制水的含量能够保证产品的保质期，抑制有害微生物的生存发展，并且能够优化产品的生产加工过程，对产品工艺具有指导性的意义。

1. 水分的状态

食品中的水分有着多种存在状态，一般可将食品中的水分分为自由水和结合水。其中结合水又称束缚水或固定水，可根据被结合的牢固程度，细分为化合水、邻近水、多层水；自由水又称游离水或体相水，根据这部分水在食品中的物理作用方式可细分为滞化水、毛细管水、自由流动水。

2. 水分活度

在食品中，水分活度（A_w）反映水与各种非水成分缔合的强度。A_w 比水分含量能更可靠地预示食品的稳定性、安全性和其他性质。A_w 的定义下式表示：

$$A_w = \frac{p}{p_0} = \frac{ERH}{100} \quad (5-1)$$

式中：p 为某种食品在密闭容器中达到平衡状态时的蒸汽分压；p_0 为在同一温度下纯水的饱和蒸汽压；ERH（equilibrium relative humidity）为食品样品周围的空气平衡相对湿度。

严格地说，式（5-1）仅适用于理想溶液和热力学平衡体系。然而，食品体系一般与理想溶液和热力学平衡体系是有一定差别的，因此，式（5-1）应看为一个近似值，更确切的表示是 $A_w \approx p/p_0$，

由于 p/p_0 项是可以测定的，所以常测定 p/p_0 值近似表示水分活度。一般来说，当物质溶于水后，该溶液的蒸汽压总要低于纯水的蒸汽压，所以食品中的 A_w 值为 0～1。

5.1.2 干燥介质的特性

在食品干燥过程中，常用热空气作干燥介质，热空气在干燥过程中既是载热体又是载湿体。湿空气中蒸汽不断变化，绝干空气质量恒定，计算热空气各项参数以单位质量的绝干空气为基准。

1. 湿度

1）绝对湿度

单位质量绝干空气中所含的蒸汽质量

$$H = \frac{M_v n_v}{M_g n_g} = \frac{18 n_v}{29 n_g} \quad (5-2)$$

式中：H 为空气绝对湿度，kg/kg；M_g 为绝干空气摩尔质量，kg/kmol；M_v 为蒸汽摩尔质量，kg/kmol；n_g 为绝干空气物质的量，kmol；n_v 为蒸汽黏结性物质的量，kmol。

由分压定律：理想气体混合物中各组分的摩尔比等于分压比。

$$H = \frac{18 P_w}{29(P - P_w)} = 0.622 \frac{P_w}{P - P_w} \quad (5-3)$$

式中：P 为湿空气总压，Pa；P_w 为湿空气中蒸汽分压，Pa。

因此，湿空气的湿度与总压及其中蒸汽分压有关。当总压一定时，湿度仅由蒸汽黏结性分压所决定的。

2）相对湿度

在一定总压下，湿空气中水蒸气分压与同温度下纯水饱和蒸汽压之比，被称为相对湿度。

$$\varphi = \frac{P_w}{P_s} \quad (5-4)$$

式中：φ 为空气相对湿度；P_s 为同温度下纯水的饱和蒸汽压；φ 为衡量湿空气的不饱和程度。$\varphi = 1$，空气饱和，不能再接纳水分。φ 值越小，越不饱和，可接纳水分越多，干燥能力越大。

$$H = 0.622 \frac{\varphi P_s}{P - P_s \varphi} \quad (5-5)$$

总压一定，由湿空气温度和湿度即可表示出相对湿度空气达到饱和状态时，绝对湿度 H_s：

$$H_s = 0.622 \frac{P_s}{P - P_s} \qquad (5-6)$$

式中：P 为湿空气总压，Pa；P_s 为湿空气中水蒸气分压，Pa。

3）饱和湿度

饱和湿度是指在一定温度下，单位体积空气所能容纳的最大蒸汽量或蒸汽所具有的最大压力。空气的饱和湿度也称水分的饱和蒸汽压，温度升高，饱和湿度增大，即饱和蒸汽压增大。

4）饱和湿度差

空气的饱和湿度与同一温度下空气的绝对湿度之差为空气的饱和湿度差。饱和湿度差越大，则空气要达到饱和状态所能容纳的蒸汽量就越多，反之越少。因此，饱和湿度差是决定食品水分蒸发量的一个很重要的因素。饱和湿度差大则食品水分蒸发量就大，反之蒸发量就少。

2. 温度

温度对干制速度和干制品的质量有明显的影响。用空气作为干燥介质时，提高空气温度，干燥加快。由于温度提高，传热介质和食品间的温度上升，热量向食品传递的速率加快，水分外溢速率则加速。由于一定湿度的空气，随着温度的提高，空气相对饱和湿度下降，这会使水分从食品表面蒸发的驱动力更大。另外，温度升高，使水分扩散速率加快，内部干燥也加速。湿空气的温度可用干球温度和湿球温度表示。

用普通温度计测得的湿空气实际温度即为干球温度 θ。在普通温度计的感温部分包以湿纱布，湿纱布的一部分浸入水中，使它经常保持润湿状态就构成了湿球温度计，如图 5-1 所示。将湿球温度计置于一定温度和湿度的湿空气流中，达到平衡或稳定时的温度称为该空气的湿球温度 θ_w。图 5-2 所示为湿球温度计测量的机理。

湿球温度计所指示的平衡温度，实质是湿纱布中水分的温度，该温度由湿空气干球温度 θ 及湿度 H 所决定。$\theta_w = f(H, \theta)$，当湿空气的温度 θ 一定时，若其湿度 H 越高，则湿球温度 θ 也越高；当湿空气达饱和时，则湿球温度和干球温度相等。不饱和空气的湿球温度低于其干球温度，测得空气的干、湿球温度后，就可以用下式推导出空气的湿含量。

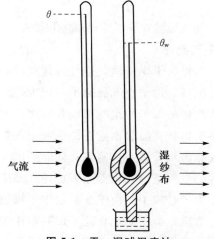

图 5-1　干、湿球温度计

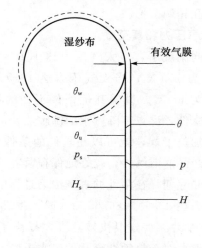

图 5-2　湿球温度计测定原理

1）在单位时间内空气传向湿纱布的热量

$$Q = \alpha A (\theta - \theta_w) \qquad (5-7)$$

式中：Q 为单位时间内，空气传给湿纱布的热量，即传热速率，kW；α 为空气与湿纱布之间的对流传热系数，kW/(m² · K)；A 为湿纱布与空气的接触面积，m²；θ 为空气的干球温度，℃；θ_w 为空气的湿球温度，℃。

2）在单位时间内，湿纱布表面水分的汽化量

$$N = k_h A (H_w - H) \qquad (5-8)$$

式中：N 为单位时间内，水分的汽化量，kg/s；k_h 为以湿度差为动力的传质系数，kg/(m² · s)；H_w 为空气的湿度，kg 水/kg 绝干空气；H 为 θ 时空气的饱和湿度，kg 水/kg 绝干空气。当达到热平衡时，空气传给湿纱布的热量等于水分汽化所需的热量，即

$$Q = r_w N \qquad (5\text{-}9)$$

式中：r_w 为水在湿球温度 θ 时的汽化潜热，kJ/kg。

3. 空气流速

以空气作为干燥介质，空气流速加快，食品干燥速率也提高。加快空气流速不仅因为热空气所能容纳的蒸汽量将高于冷空气而吸收较多的水分，还能及时将聚集在食品表面附近的饱和空气带走，以免阻止食品内水分进一步蒸发；同时还因为与食品表面接触的空气量增加，而显著加速食品中水分的蒸发。在生产过程中，由于食品脱水干燥过程有恒速和降速阶段，为了避免食品干燥过程中形成湿度梯度，影响干燥质量，空气流速与空气温度在干燥过程中要互相调节控制。

4. 大气压力和真空度

在相同温度下，当大气压力达 101.8 kPa 时，水的沸点为 100 ℃；当大气压力达 19.9 kPa 时，水的沸点为 60 ℃。说明其他条件不变的情况下，大气压力降低，沸点下降，水的沸腾蒸发加快。在真空室内加热干燥，就可以在较低的条件下进行，同时提高产品的溶解性，较好地保存营养价值，增长产品的储存期。在牛乳的真空浓缩过程中，当真空室的压力在 82.65～86.65 kPa 时，牛乳在 45～55 ℃便会沸腾，水分很快被蒸发，提高了浓缩效率和溶解性。对于热敏性食品的脱水干燥，低温加热和缩短干燥时间对制品的品质极为重要。

5.1.3 食品与干燥介质的平衡关系

1. 水分活度与空气相对湿度

食品的水分活度与空气的平衡相对湿度是不同的两个概念，它们分别表明食品与空气在达到平衡后双方各自的状态。如果食品与相对湿度值比它的水分活度值大的空气相接触，由于蒸汽压差的作用，则食品将从空气中吸收水分，直至达到平衡，这种现象称为吸湿现象。如果食品与相对湿度值比它的水分活度值小的空气相接触，则食品将向空气中逸出水分，直至达到平衡，这种现象称为去湿现象。上述过程是食品与空气中的水分始终处于一个动态的相互平衡的过程。

2. 平衡水分

由于食品表面的蒸汽分压与介质的蒸汽分压的压差作用，使二者之间的水分不断地进行传递，经

过一段时间后，食品表面的蒸汽分压与空气中的蒸汽分压将会相等，食品与空气的水分达到动态平衡，此时食品中所含的水分为该介质条件下食品的平衡水分。平衡水分因食品种类的不同而有很大的差别，同一种食品的平衡水分也因介质条件的不同而变化。当空气的相对湿度为零时，任何食品的平衡水分均为零，即只有使食品与相对湿度为零的空气相接触，才有可能获得绝干的食品。若食品与一定湿度的空气进行接触，食品中总有一部分水分不能被除去，这部分水分就是平衡水分，它表示在该空气状态下食品能被干燥的限度。图 5-3 所示为一种食品在温度 50 ℃ 时的平衡水分等温线。

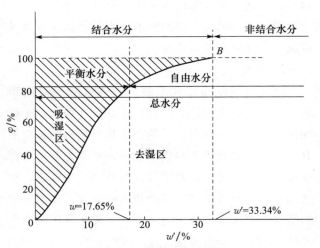

图 5-3 平衡水分等温曲线

在食品干燥过程中，被除去的水分包括结合水和非结合水。所有能被介质空气带走的水分称为自由水分。结合水与非结合水，平衡水分与自由水分是不同范畴的概念。水的结合与否是食品自身的性质，与空气状态无关；而平衡水分与自由水分除受食品的性质限制外，还与空气的状态有着极其密切的关系。

5.1.4 干燥特征曲线

食品干燥环境条件可分为恒速干燥和变速干燥。恒速干燥是指食品干燥时各参数保持稳定，如热风干燥时空气的温度、相对湿度及流速保持不变，食品表面各处的空气状况基本相同；真空干燥时真空度不波动及保持导热或辐射传热的条件恒定。在工业生产上，干燥条件多属于变动干燥条

件，但当干燥情况变化不大时，仍可按恒定干燥情况处理。一般间歇操作较连续操作易保持干燥条件恒定。食品干燥过程的特性可以由干燥曲线、干燥速率曲线及温度曲线来表达，而这些曲线是在恒定的干燥条件下进行绘制的。

1. 干燥曲线

在食品干燥过程中，随着干燥时间的延续，水分被不断汽化，湿食品的质量不断减少，直至食品质量达到平衡含水量。由食品的瞬时质量计算出食品的瞬时湿含量为：

$$w' = \frac{m - m_c}{m_c} \times 100\% \quad (5\text{-}10)$$

式中：m 为食品瞬时质量，kg；m_c 为食品的绝干质量，kg；w' 为食品的干基湿含量，%。

根据食品的平均干基湿含量 w' 与时间 t 的关系绘图，得典型的干燥曲线；将干燥过程中食品表面温度 θ 随时间 t 的变化关系绘图，得温度曲线，如图 5-4 所示。

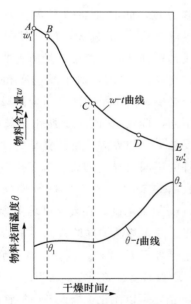

图 5-4　干燥曲线和干燥温度曲线

食品的干燥速率是单位时间内、单位干燥面积上汽化水分的质量。

$$u = \frac{dN}{A\,dt} \quad (5\text{-}11)$$

式中：u 为干燥速率，又称干燥通量，kg/(m² · s)；A 为干燥面积，m²；N 为汽化水分量，kg；t 为干燥时间，s。

$$dN = -m_c\,dw' \quad (5\text{-}12)$$

式中负号表示 w' 随时间增加而减少。

式（5-11）可改写为：

$$u = -\frac{m_c\,dw'}{A\,dt} \quad (5\text{-}13)$$

式（5-11）、式（5-13）即为干燥速率的微分表达式。式（5-13）中 m_c 和 A 可由实验测得，为干燥曲线的斜率，图 5-5 所示为恒定条件下的干燥速率曲线。

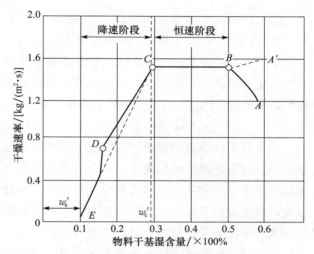

图 5-5　恒定条件下的干燥速率曲线
C. 临界点；w'_c. 临界湿含量；E. 平衡点；w'_e. 平衡湿含量

2. 食品干燥过程分析

食品干燥过程的特性曲线，因食品种类的不同而有差异。一般将干燥过程分为两个阶段：图 5-5 中 ABC 段为第一阶段，其中 BC 段内干燥速率保持恒定，即基本上不随食品湿含量而变化，故称为恒速干燥阶段。而 AB 段为食品的预热阶段，它与食品的大小、厚薄及初始温度有关。此阶段所需的时间极短，一般并入 BC 段内考虑。干燥的第二阶段是 CDE 段，在此阶段内干燥速率随食品湿含量的减小而降低，故称为降速干燥阶段。两个干燥阶段之间的交点 C 称为临界点。与该点对应的食品湿含量称为临界湿含量，以 v_0 表示。与点 E 对应的食品湿含量为操作条件下的平衡水分，此点的干燥速率为零。恒速阶段与降速阶段的干燥机理及影响因素各不相同。

1）恒速阶段

在恒速干燥阶段，食品的表面非常润湿，即表面有充足的非结合水分。食品表面的状况与湿球温度计中湿纱布表面的状况相似，如此时的干燥条件空气温度湿度、速度及气固的接触方式一定，食品表面的温度等于该空气的湿球温度 θ_w，而当 θ_w 为定值时，食品上方空气的湿含量 H_w 也为定值。故可将式（5-5）、式（5-6）改写为：

$$\frac{dQ}{dt} = \alpha A(\theta - \theta_w) \tag{5-14}$$

$$\frac{dN}{dt} = k_h A(H_w - H) \tag{5-15}$$

如上讨论，干燥是在恒定的空气条件下进行，随空气条件而变的 α 和 k_h 值均保持恒定不变，$(\theta - \theta_w)$ 及 $(H_w - H)$ 也为定值，湿食品与空气间的传热速率和传质速率均保持不变，即食品水分在恒定温度下进行汽化，汽化的热量全部来自空气：

$$dQ = r_w dN \tag{5-16}$$

应予指出，在整个恒速干燥阶段中，水分从湿食品内部向其表面传递的速率与水分自食品表面汽化的速率平衡，食品表面始终处在润湿状态。一般来说，此阶段的汽化水分为非结合水分，与自由水分的汽化情况无异。显然，恒速干燥阶段的干燥速率的大小取决于食品表面水分的汽化速率，即决定于食品外部的干燥条件，所以恒速干燥阶段又称表面汽化控制阶段。

2）降速阶段

在干燥操作中，当食品的湿含量降至临界湿含量，以后便转入降速干燥阶段。在此干燥阶段中，水分自食品内部向表面汽化的速率低于食品表面水分的汽化速率，湿食品表面逐渐变干，汽化表面向食品内部移动，温度也不断上升。随着食品内部湿含量的减少，水分由食品内部向表面传递的速率慢慢下降，干燥速率也就越来越低。降速干燥阶段中干燥速率的大小主要取决于食品本身的结构、形状和尺寸，而与外在的干燥条件关系不大，所以降速干燥阶段又称为食品内部迁移控制阶段。

实际汽化表面减小随着干燥的进行，水分趋于不均匀分布，局部表面的非结合水分已先除去而成为"干区"。尽管此时食品表面的平衡蒸汽压未变，$(H_w - H)$ 未变，k_h 也未变，但实际汽化面积减小，以食品全部外表面计算的干燥速率下降。对于多孔性食品表面，孔径大小不等，在干燥过程中水分会发生迁移，小孔则借毛细管力自大孔中吸取水分，因而首先在大孔处出现干区。由局部干区而引起的干燥速率下降（图 5-5 中 CD 段）称为第一降速阶段汽移，当食品全部表面都成为干区后，水分的汽化表面逐渐向食品内部移动。食品内部此时的热、质传递途径加长，造成干燥速率下降（图 5-5 中 DE 段），称为第二降速阶段。平衡蒸汽压下降当食品中非结合水已被除尽，将汽化各种形式的结合水时平衡蒸汽压将逐渐下降，使传质推动力减小，干燥速率也随之降低。食品内部水分的扩散受阻，某些食品如面包等，在加热过程中很快表面硬化，失去了汽化外表面。水分开始在食品内部扩散，该扩散速率极慢，且随含水量的减少而不断下降。此时干燥速率与汽化速率无关，与表面气-固两相的传质系数 k_h 无关。有理论推导表明，此时水分的扩散速率与食品厚度的平方成反比，因此降低食品厚度将有助于提高干燥速率。

3）临界湿含量

食品在干燥过程中的恒速阶段与降速阶段的转折点称为临界点，此时食品的湿含量为临界湿含量。若临界湿含量 w_c' 值越大，便会较早地转入降速干燥阶段，达到食品平衡湿含量所需的干燥时间越长。确定食品的 w_c' 值，对干燥速率和干燥时间的计算十分必要。由于影响两个干燥阶段的干燥速率的因素不同，确定 w_c' 值对于强化具体的干燥过程也有重要意义。临界湿含量随食品的性质、厚度及干燥条件的不同而异。例如，非多孔性食品的值比多孔性食品的 w_c' 大。在一定的干燥条件下，食品层越厚，w_c' 值也越高，在食品平均湿含量较高的情况下就开始进入降速干燥阶段。了解影响 w_c' 值的因素，便于控制干燥过程。例如，减小食品厚度、料层厚度，增强对食品的搅动，既可增大干燥面积，又可减小 w_c' 值，所以流化干燥设备中的食品的 w_c' 值一般较低。食品的临界湿含量通常由实验来确定的，若无实测数据时，也可查有关手册参考。

5.2　食品在干燥过程中的主要变化

食品在干燥过程中，由于温度的升高，水分的去除，必然要发生一系列的变化，这些变化主要是食品内部组织结构的物理变化，以及食品组成成分的化学变化。这些变化直接关系到干燥制品的质量和对贮藏条件的要求，而且不同的干燥工艺变化程度也有差别。

5.2.1　物理变化

1. 干缩

任何脱水过程几乎都会造成食品的收缩现象，原因在于水的去除使食品的内压降低。一般来讲，未失去活性的细胞，细胞中水分充盈则内部膨胀压较大，脱水后细胞壁受力严重，干缩明显；而失去活性的细胞已去除部分水分，其细胞壁渗透性有所改变，则内部膨胀压降低，脱水后细胞壁受力较轻，干缩也较小。在理想的干燥过程中，食品发生的干缩应为线性收缩，即食品大小均匀地按比例缩小。实际上，食品的内部环境十分复杂，各个部位、各个方向的膨胀压并不一致，同时外界干燥环境对食品各部位的脱水也不尽相同，很难达到完全均匀的干缩。不同的食品干缩的差异更大。食品的干缩程度及均匀性对其复水性有很大的影响，干缩程度小、收缩均匀的复水性较好，反之较差。食品在干燥过程中，除发生永久的收缩变形外，还会出现组织干裂或破碎等现象。另外，在食品不同部位上所产生的不等收缩，又往往会造成食品奇形怪状的翘曲。

2. 表面硬化

在干燥过程中，食品造成表面硬化的原因主要是两个方面：一是食品内部的溶质随水分向食品表面的不断移动而移动，即在表面积累产生结晶硬化现象，如含糖较高的水果及腌制品的干燥；二是由于干燥初期的食品与介质间温差和湿差过大，致使表面温度急骤升高，水分蒸发过于强烈，而使表面迅速达到绝干状态，形成一层干燥的薄膜，造成表面的硬化。食品表面出现的硬膜是热的不良导体，渗透性差，又阻碍了内部水分的蒸发，使大部分水分封闭在内部，致使干燥速率急剧下降，对进一步干燥造成困难。避免食品表面发生硬化的方法是调节干燥初期水分的外逸速度，保持水分蒸发的通畅性。一般是在干燥初期采用高温含湿较大的介质进行脱水，使食品表层附近的湿度不致变化太快。

3. 内部多孔性

食品内部多孔的产生是由于食品中的水分在干燥进程中被去除，原来被水分所占据的空间由空气填充，而成为空穴，干制品组织内部就形成一定的孔隙，而具有多孔性。干制品孔隙的大小及均匀程度对其口感，复水性等有重要影响。固体食品的加压干燥和减压干燥，水分外逸迅速，内部能形成均匀的水分外逸通道和孔穴，从而形成较好的多孔状态；而由于水分的去除完全依赖加热蒸发常压干燥，易于造成食品受热不均匀，形成表面硬化和不均匀的蒸发通道，出现大量的裂缝和孔洞，所以常压脱水对工艺条件及过程的要求非常严格。液体和浆状食品的干燥多利用搅拌产生泡沫以及使食品微粒化来控制其多孔的形成。泡沫的均匀程度、体积的膨胀程度以及微粒的大小决定了食品多孔性的优劣。

4. 热塑性

热塑性是指在食品干燥过程中，温度升高时食品会软化甚至有流动性，而冷却时会变硬的现象。糖分及果肉成分高的果蔬汁就属于这类食品。高糖分食品的质构特征是一种无定型物质，类似玻璃，缺乏晶体所固有的特点。在较高温度下，食品具有流体的特征：黏稠但却容易流散。随着温度降低，黏度增大，食品滞厚而呈塑性，继续降低温度，物态固化，形成无定型固体，其组织结构大多呈光滑致密状态。糖浆或橙汁等高糖分食品通常在平锅或输送带上干燥，水分排出后，其固体物质呈热塑性黏质状态，黏结在干燥器上难以取下，当冷却后，它会硬化成结晶体或无定型玻璃状而脆化，此时容易取下。据此特性，目前大多数输送带式干燥设备内常设有冷却区，以利于食品的转移。

5.2.2　化学变化

1. 食品营养成分

1）蛋白质的变化

通常食品较长时间暴露在 71 ℃以上的热空气中，对蛋白质有一些破坏作用。另外，氨基酸中以赖氨酸最不耐热。

2）脂肪的变化

在脱水过程中，食品中的油脂，特别是不饱和脂肪极易发生氧化。干燥温度升高，脂肪就会氧化严重。

3）维生素的变化

在脱水过程中，各种维生素的破坏和损失是非常值得注意的问题，这直接关系脱水食品的营养价值。总体来讲，高温对食品中的维生素均有不同程度的破

坏。抗坏血酸极易氧化损失；硫胺素对热十分敏感；未经酶钝化处理的蔬菜，在脱水时胡萝卜素的损耗量高达 80%。如果脱水方法选择适当，可下降至 5%。

4）碳水化合物

果蔬含有较丰富的碳水化合物，而蛋白质和脂肪含量相对较少。果蔬中的果糖和葡萄糖在高温加工情况下易于分解损失，且在高温条件下，碳水化合物含量高的食品，极易焦化；而缓解晒干过程中初期的呼吸作用也会导致糖分分解。在高温和贮藏过程中，还原糖还会和氨基酸发生美拉德反应而产生褐变。因此，碳水化合物的变化会引起果蔬变质和成分损耗。

2. 食品色泽

在干制过程中，由于高温作用，食品原有的色泽会发生变化。碳水化合物参与的酶促褐变与非酶促褐变反应，这是干制食品变成黄色、褐色或黑色的主要原因。酶促褐变可通过钝化酶活性和减少氧气供给来防止，如氧化酶在 71.0～73.5 ℃ 的温度下、过氧化酶在 90～100 ℃ 的温度下，即可被破坏，所以对原料一般进行热烫处理或硫处理，以及盐水浸泡等。而非酶引起的褐变包括美拉德反应、焦糖化反应以及单宁类物质与铁作用生成黑色化合物单宁酸铁。另外，单宁与锡长时间加热生成玫瑰色化合物。其他色素在干燥过程中也会发生或多或少的变化。温度越高，处理时间越长，色素变化量越多。如叶绿素在受热条件下，失去一部分镁原子转化成脱镁叶绿素，呈橄榄绿。通常采用微碱条件控制镁的流失，来改善食品的品质。

3. 食品风味

脱水干制通常会使食品失去挥发性风味成分，如牛乳中的低级脂肪酸的挥发，特别是微量成分硫化甲基的损失，会使产品失去鲜奶的风味。牛乳中的乳清蛋白不耐高温，在加热 70 ℃ 时，β-乳球蛋白和脂肪球膜蛋白发生热变性而产生巯基，出现"蒸煮味"。防止食品在干燥过程中风味物质的损失

具有一定的难度。通常可以从干燥设备中回收或冷凝处理外逸的蒸汽，再加回到干制食品中，以尽可能保持其原有风味。此外，也可通过添加该食品风味剂，或干燥前在某些液体食品中添加树胶和其他包埋物质，将风味物质微胶囊化，以防止或减少风味损失。因此，食品脱水干燥设备的设计应当根据前述各种情况加以考虑，尽可能做到在干制速率最高、食品品质损耗最小、干制成本最低的情况下，找出最合理的干燥工艺条件。

5.2.3 食品干燥贮藏所需的最低水分

1. 粮谷类和豆类

植物种子在成熟过程虽然会减少水分含量，但采收时的水分活度仍较高，如带壳鲜花生仍超过 0.90，若不迅速将其降低到水分活度 0.85 以下，就易受到霉菌的侵害而引起变质。某些耐旱霉菌的水分活度还需降至 0.70 以下。主要的耐旱产毒霉菌为棕曲霉，其最低生长水分活度限值为 0.76，产生青霉素酸和棕曲霉素的最低水分活度分别为 0.80 和 0.85。在花生等食品上也容易产生黄曲霉毒素。黄曲霉在 0.78 以下不能生长，在 0.83 以上会产生黄曲霉毒素，故对干燥品的水分活度控制极为重要。一般种子类的水分活度为 0.60～0.80，其水分变化曲线的斜率很平，1% 水分变化可引起水分活度 0.04～0.08 的变化。但个别产品则有特殊情况，水分活度随水分变化很大。从控制微生物腐败来说，规定水分含量指标则很容易造成失误，因为在贮藏过程中环境条件的影响更为重要。槐豆荚的水分活度在 0.75（75%ERH）时可贮藏 1 个月，水分活度在 0.70（70%ERH）时贮藏 5 个月，水分活度在 0.65（65%ERH）以下可贮藏 2 年。可见，这类食品的贮藏控制其贮藏环境的相对湿度更为重要。

表 5-1 是谷物收获和安全贮存所要求的水分含量。若温暖地区贮藏，则安全贮存水分含量取下限或低于下限，反之水分含量可取上限。

表 5-1　谷物收获和安全贮存所要求的水分含量　　　　　　　　　　　%

谷物	收获时		收获后	安全贮存要求水分含量	
	最高水分含量	最适宜水分含量	一般水分含水量	1 年	5 年
大麦	30	18～20	10～18	13	11
玉米	35	28～32	14～30	13	10～11
燕麦	32	15～20	10～18	14	11

续表5-1

谷物	收获时		收获后	安全贮存要求水分含量	
	最高水分含量	最适宜水分含量	一般水分含水量	1年	5年
大米	30	25～27	16～25	12～14	10～12
黑麦	25	16～20	12～18	13	11
高粱	25	30～35	10～20	12～13	10～11
小麦	38	18～20	9～17	13～14	11～12

2. 鱼干、肉干类

仅依靠降低水分活度常难以达到鱼、肉类干制品的长期常温保藏。干燥到较低水分含量的肉制品虽有较好的保藏性，但会带来食用品质问题。因此，这类制品的干制过程，常结合其他保藏工艺，如盐腌、烟熏、热处理、浸糖、降低 pH、添加亚硝酸盐等，以达到一定保质期而又能保持其优良食用品质。

3. 乳制品

干乳制品如全脂、脱脂乳粉，通常干燥至水分活度 A_w 为 0.2 左右。贮藏过程发生的变质腐败主要是产品吸湿所致。我国国家标准要求全脂乳粉水分小于 2.5%～2.75%，脱脂乳粉水分小于 4.0%～4.5%，调制乳粉小于 2.5%～3.0%，脱盐乳清粉小于 2.5%。由于乳粉易吸湿，发生乳糖结晶而结块，故其最高水分不宜超过 5%。另一种脱水乳制品甜炼乳，其糖含量可达到 45.5%，其水分活度为 0.85～0.89。这种水分活度范围仍不能完全抑制霉菌及某些耐渗酵母生长，因此甜炼乳生产过程的热处理及卫生条件将是决定制品贮藏期的重要因素。干酪的品种比较复杂，其水分活度一般为 0.92～0.93，这种水分活度只在贮藏初期有一些抑制作用，但其表面将会受到霉菌的袭击。因此这类制品

需在加工过程中进行涂蜡包装控制以及冷藏。

4. 干制蔬菜

洋葱、豌豆和青豆等最终残留水分 5%～10%，相当于水分活度为 0.10～0.35，这种干制品只有在贮藏过程吸湿才造成变质，采用合适包装一般有较长的贮藏稳定性。蔬菜原料通常携带较多的微生物，尤其是芽孢细菌，因此干燥前的预处理是保证制品微生物指标的重要环节，有效的预处理可杀灭 99.9% 的微生物。

5. 干制水果

多数干制水果的水分活度 A_w 为 0.60～0.65。在不损害干制品品质的前提下，干果的含水量越小，保存性越好。干果果肉较厚、韧，可溶性固形物含量多，干燥后含水量较蔬菜高，通常达 14%～24%。为了加强保藏性，要掌握好预处理条件。碱液去皮或浸洗可减少水果表面微生物量；许多水果熏硫却显得更重要。不经硫化处理的水果若不降低水分活度或采用其他防腐措施，则会引起微生物的腐败变质，如梅干、葡萄干。各种干燥食品的最终水分活度要求，常由食品成分、加工工艺、贮藏条件等来决定。表 5-2 是一些无包装食品在 20 ℃ 贮藏时最高许可的水分活度。

表 5-2　一些无包装食品在 20 ℃ 贮藏最高许可水分活度

食品	A_w 值	食品	A_w 值	食品	A_w 值
苹果干	0.70	杏干	0.65	全脂乳粉	0.20～0.30
苏打饼	0.43	焙烤苏打	0.45	枣干	0.60
蛋粉	0.30	脱脂乳粉	0.30	汤料	0.60
明胶	0.43～0.45	纯糊精	0.89	烤咖啡	0.10～0.30
硬糖	0.25～0.30	纯蔗糖	0.85	可溶性咖啡	0.45
橙汁粉	0.60	山梨糖醇	0.92	淀粉	0.60
桃干	0.70	干肉制品	0.55～0.65	牛奶巧克力	0.68
面粉	0.65	脱水蔬菜	0.72	面粉制品（面条、粉通心粉等）	0.60
燕麦片	0.12～0.25	豌豆	0.25～0.45		
李干	0.65	青豆	0.08～0.12	牛肉干（粒）	0.35
纯果粉	0.63	纯巧克力	0.73	炸马铃薯片	0.11

5.2.4 评价干制品品质的指标

评价干制品品质的指标主要有物理指标和化学指标。物理指标主要包括形状、质地、色泽、密度、复水性和速溶性。化学指标主要是指各种营养成分。

1. 复原性和复水性

块片及颗粒状的蔬菜类干制品一般都在复水后才食用。干制品复水后恢复原来新鲜状态的程度是衡量干制品品质的重要指标。干制品的复原性就是干制品重新吸收水分后在质量、大小和形状、质地、颜色、风味、成分、结构以及其他可见因素等各个方面恢复原来新鲜状态的程度。在这些衡量品质的因素中，有些可用数量来衡量，而另一些只能用定性方法来表示。干制品复水性就是新鲜食品干制后能重新吸回水分的程度，常用干制品吸水增重的程度来衡量，这在一定程度上也是干制过程中某些品质变化的反映。为此，干制品复水性也成为干制过程中控制干制品品质的重要指标。干制品的复水并不是干燥历程的简单反复。这是因干燥过程中所发生的某些变化并非可逆，如胡萝卜干制时的温度采用 93 ℃，则它的复水速度和最高复水量就会下降，而且高温下干燥时间越长，复水性就越差。复水率（R）是复水后沥干重（m_F）和干制品试样重（m_g）的比值。复水时干制品常会有部分糖分和可溶性物质流失而失重，它的流失重虽然并不少，一般都不再予以考虑，否则就需要进行广泛的试验和仔细地进行复杂的质量平衡计算。复重系数（K）就是复水后制品的沥干量（m_F）和同样干制品试样量在干制前的相应原料重（m）之比。

$$R = \frac{m_F}{m_g} \qquad (5\text{-}17)$$

$$K = \frac{m_F}{m} \qquad (5\text{-}18)$$

蔬菜干制品的复水率与品种、成熟度、干燥方法有关，一般在 1∶(6.5~7.5)，胡萝卜在 1∶(3.5~4.5)。复水用水量应当适量，过量可以使花青素、黄酮类色素等水溶性色素溶出而损失。复水方法是把脱水蔬菜浸入 12~16 倍质量的冷水中，经半小时，再迅速煮沸 5~7 min 即可。方便食品的复水性主要与原料成分和加工方法有关，表 5-3 为鱼糜的含量对鱼糜方便面复水特性影响。

表 5-3 鱼糜的含量对鱼糜方便面复水特性的影响

鱼糜添加量/%	复水时间/min	口感及断条情况	鱼糜添加量/%	复水时间/min	口感及断条情况
0	3~4	吃劲不足，偏软，断条少	10	8~10	口感硬，柔软性很差，断条较多
5	4~6	有嚼劲，柔软性不够，断条较少	15	>10	口感僵硬，断条多
8	6~8	口感较硬，柔软性差，断条较多	20	>10	口感僵硬，断条多

干燥方法不同，干制品复水性差别很大。在一般情况下，快速干燥制品的复水性比慢速干燥的制品好，冷冻干燥制品的复水性比其他干燥方法制得的制品复水性好，如图 5-6 所示。

干燥过程中的工艺参数对制品的复水性也有较大影响，加热温度越高，复水率越低。为了加速低水分果干复水的速度，现在出现了不少有效的处理方法，这些方法常为速化复水处理。其中之一就是压片法。水分低于 5% 的颗粒状果干经过相距为 0.025 mm 的转辊（300 r/min）轧制。因制品具有弹性并有部分恢复原态趋势，制成一定形状的制品，厚度达 0.25 mm。如果需要较厚的制品，则可增大轧辊间的间距以便制成厚 0.254~1.5 mm

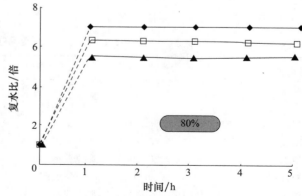

图 5-6 干燥方法对芫荽复水性的影响
—◆— 冷冻干燥；—□— 真空干燥；—▲— 热风干燥

而直径为 6~19 mm 的呈圆形或椭圆形薄片。薄片只受到挤压，它们的细胞结构未遭到破坏，故复水后能迅速恢复原来大小和形状。薄果片复水比普通制品迅速得多，而且薄片的复水速率可通过调节制品厚度进行控制。

2. 速溶性

评价干燥后粉末类食品的一个重要指标是速溶性，特别是固体饮料。这类食品主要包括各类乳粉、各类果蔬粉、各类保健固体饮料、各类咖啡饮品、各种方便茶饮料等。评价速溶性主要有两个方面：一方面是粉末在水中形成均匀分散相的时间；一方面是粉末在水中形成分散相的量。影响粉末类干制品速溶性的主要因素有粉末的成分、结构。可

溶性成分含量大，粉末微细的易溶；结构疏松、多孔，则易溶。表 5-4 表示红茶浸提工艺对速溶茶粉速溶性的影响。浸提次数对产品溶解性的影响也很大，很明显第 1 次浸提产品的溶解性好，10 ℃冷却的在 30 s 之内立即全部溶解，25 ℃冷却的也能在 60 s 之内全部溶解；而第 2 次浸提产品的溶解性差，25 ℃冷却的 5 min 之后仍有部分不溶物，10 ℃冷却的也还有少量不溶物。提高粉末类食品速溶性的方法有两方面：一方面改进加工工艺，例如，采用喷雾干燥造粒的方法，将粉末制成多孔小颗粒；另一方面添加各种促进溶解的成分。

表 5-4　红茶浸提工艺对速溶茶粉速溶性的影响

处理方式	溶解性	处理方式	溶解性
第一次浸提 25 ℃冷却	60 s 之内全部溶解	第一次浸提 10 ℃冷却	30 s 之内全部溶解
第二次浸提 25 ℃冷却	5 min 后仍有部分不溶物	第二次浸提 10 ℃冷却	5 min 后有少量不溶物

注：冲泡方法为 0.8 g 速溶红茶溶于 200 mL 70 ℃的蒸馏水中。

5.3　食品干燥方法及设备

干燥是借助水分蒸发或升华排除食品中水分的一种过程。当食品受热干燥时，相继发生以下两个过程：热量从周围环境传递到食品表面使其表面水分蒸发，称为表面汽化；同时食品内部水分传递到食品表面，称为内部扩散。使食品干燥时水分先通过内部扩散到达食品表面，然后通过表面汽化被周围环境带走，从而除去食品中部分水分。在干燥中，水分的内部扩散和表面汽化是同时进行的，在不同阶段其速率不同，而整个干燥过程是较慢的一个阶段控制。食品干燥设备可分为外热性干燥设备和内热性干燥设备两大类。

5.3.1　对流干燥及设备

对流干燥也叫空气对流干燥，是最常见的食品干燥方法。它是利用空气作为干燥介质，通过对流将热量传递给食品，食品中的水分受热蒸发而除去，从而获得干燥。对流干燥设备的必要组成部分有风机、空气过滤器、空气加热器和干燥室等。风机用来强制空气流动和输送新鲜空气，空气过滤器用来净化空气，空气加热器的作用是将新鲜空气加热成热风，干燥室则是食品干燥的场所。包括隧道

式干燥、带式干燥、泡沫层干燥、气流干燥、流化床干燥和喷雾干燥等。

1. 自然干燥

自然干燥是一种最为简便易行的对流干燥方法，它是利用自然条件，把食品平铺或悬挂在晒席、晒架上，直接暴露于阳光和空气中，食品获得辐射能后，自身温度随之上升，其内部水分因受热而向它表面的周围空气蒸发，因而形成水蒸气分压差和温度差，促使食品水分在空气自然对流中向空气中扩散，直到它的水分含量降低到和空气温度及其相对湿度相适应的平衡水分为止。显然，炎热和通风是自然干燥最适宜的气候条件。自然干燥，方法简单，费用低廉，不受场地局限。我国广大农户多用于粮食谷物的晒干和菜干、果干的制作。由于这种干制品长时间在自然状态下受到干燥和其他各种因素的作用，物理化学性质发生了变化，以致生成了具有特殊风味的制品。我国许多有名的传统土特产品都是用这种方法制成的，如干枣、柿饼、腊肉、火腿等。自然干燥的缺点是干燥时间长；制品容易变色，维生素类破坏较大；受气候条件限制，如遇阴雨易于微生物繁殖；容易被灰尘、蝇、鼠等污染。

2. 厢式干燥

厢式干燥设备由框架结构组成，四壁及顶底部

都封有绝热材料以防止热量散失。厢内有多层框架，其上放置料盘，也有将湿食品放在框架小车上推入厢内的。厢式干燥根据传热形式不同又可分为真空厢式干燥和对流厢式干燥。真空厢式干燥多为间接加热或辐射加热，适用于干燥热敏性食品、易氧化食品或大气压下水分难以蒸发的食品，以及需要回收溶剂的食品。而对流厢式干燥，主要是以热风通过湿食品表面，达到干燥的目的。热风沿湿食品表面平行通过的称为并流厢式干燥；热风垂直通过湿食品表面的称为穿流厢式干燥。厢式干燥器的排风口上可以安装调节风门，用以控制一部分废气排出，而另一部分废气经与新鲜空气混合后，进行再循环，以节约热能消耗。为了使食品干燥均匀，还可采用气流换向措施，以提高干品质量。

1）并流厢式干燥

图 5-7 所示为典型并流厢式干燥器结构示意图。新鲜空气由鼓风机吸入干燥室内，经排管加热和滤筛清除灰尘后，流经载有食品的料盘，直接和食品接触，再由排气孔道向外排出。

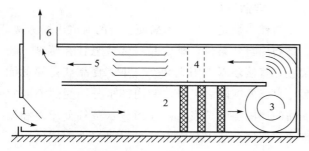

图 5-7 并流厢式干燥器结构

1. 新鲜空气进口；2. 排管加热器；3. 鼓风机；
4. 滤筛；5. 料盘；6. 排气口

2）穿流箱式干燥

如图 5-8 所示，穿流箱式干燥器的整体结构和主要组成部分与并流式相同，区别在于这种干燥器的底部由金属网或多孔板组成。每层食品盘之间插入斜放的挡风板，引导热风自下而上（或自上而下）均匀地通过食品层。

厢式干燥器属间歇性干燥设备，多用于固体食品的干燥。热风速度、食品层的间隔和厚度、风机风量以及是否多次加热空气和废气再利用，对厢式干燥器的热效率影响较大。提高热风速度，传热速率加快有利于缩短干燥时间，但是风速又必须小于

能把食品带走的速度。根据食品物性和形状可在 0.5～3.0 m/s 内选取。果蔬干燥的经验数据为 2.0～2.7 m/s。食品层的厚度和间隔食品层的厚度是传热传质的阻力因素，直接影响干品质量和干燥时间，因此，食品层厚度最好通过试验确定，一般为 20～50 mm。食品层的间隔，决定了热风流向，影响风速的大小和热风在食品层的分配关系，也应认真考虑。支架间的距离一般为 100～150 mm，料盘高度多为 40～100 mm。风机的风量是选择风机的依据，也是提供有效供热的保证。风量值要根据理论计算，并考虑厢体结构和泄漏等因素。

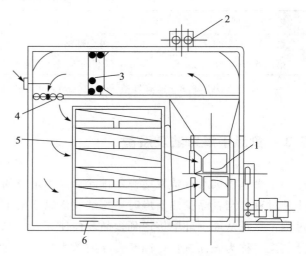

图 5-8 穿流厢式干燥器结构

1. 风机；2. 排风口；3. 空气加热器；4. 整流板；
5. 料盘；6. 台车固定件

3. 隧道式干燥

厢式干燥器只能间歇操作，生产能力受到一定限制。隧道式干燥器是把厢式干燥器的厢体扩展为长方形通道，其他结构基本不变。这样就增大了食品处理量，生产成本降低，小车可以连续或间歇地进出通道，实现了连续的或半连续的操作。被干燥食品装入带网眼的料盘，有序地摆放在小车的搁架上，然后进入干燥室沿通道向前运动，并只经过通道次。食品在小车上处于静止状态，加热空气均匀地通过食品表面。高温低湿空气进入的一端称为热端，低温高湿空气离开的一端称为冷端；湿食品进入的端称为湿端，而干制品离开的一端称为干端。按物流与气流运动的方向，隧道式干燥器可分为顺

流式、逆流式、顺逆流组合式和横流式。

1）顺流式隧道干燥器

顺流式隧道干燥器如图5-9所示，物流与气流方向一致，它的热端是湿端，冷端为干端。其湿端处，湿食品与高温低湿空气相遇，此时食品水分蒸发迅速，空气温度也会急剧降低，因此，即使入口处使用较高温度的空气，食品也不至于产生过热焦

化。但此时食品水分汽化过速，食品内部湿度梯度增大，食品外层会出现轻微收缩现象。在进一步干燥时，食品的内部容易开裂，并形成多孔性。在干端处，将干食品与低温高湿空气相处，水分蒸发极其缓慢，干制品的平衡水分也将相应增加，即使延长干燥通道，也难以使干制品水分降到10%以下。因此，吸湿性较强的食品不宜选用顺流式干燥方法。

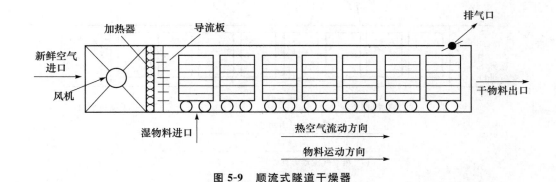

图 5-9　顺流式隧道干燥器

2）逆流式隧道干燥器

逆流式隧道干燥器如图5-10所示，物料与气流方向恰好相反，它的湿端为冷端，干端则为热端。在湿端处，湿食品与低温高湿空气相遇，水分蒸发速度比较缓慢，但此时食品含有最高水分，尚能大量蒸发。食品内部湿度梯度也比较小，因此不易出现表面硬化和收缩现象，而中心又能保持湿润状态。这对干制软质水果非常适宜，不会产生于裂流汁。干端处，食品与高温低湿空气相处，可加速

水分蒸发，但食品接近干燥。在66～77℃的温度下，停留时间过长，食品容易产生焦化。在高温低湿的空气条件下，干制品的平衡水分也将相应降低，可低于5%。逆流干燥，湿食品载量不宜过多。因为在干燥初期，水分蒸发速度比较缓慢，如若低温的湿食品载量过多，就会长时间与接近饱和的低温高湿空气相处，就有可能出现食品增湿现象而促进细菌迅速生长，造成食品腐败变质，甚至发酸发臭。设计和操作时，应该重视这个问题。

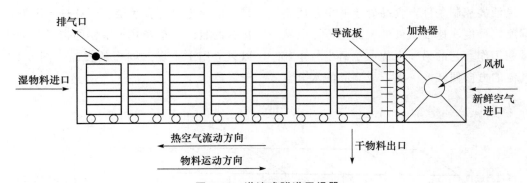

图 5-10　逆流式隧道干燥器

3）顺逆流组合式隧道干燥器

这种方式吸取了顺流式湿端水分蒸发速率高和逆流式后期干燥能力强的两个优点，组成了湿端顺流和干端逆流的两段组合方式，如图5-11所示。两段的长

度可以相等，但一般情况下湿端顺流段的长度比干端逆流段短。它有两个热空气入口，分布在干湿两端，各干燥段的温度可以分别调节。废气由中央部位排出。尽管在排气口附近的空气流速难以控制，但整个

过程均匀一致，传热传质速率稳定，干品质量好。与等长的单一式隧道干燥器相比，生产能提高，干燥时间缩短，因此食品工业生产普遍采用这种组合方式，但投资和操作费用高于单一式隧道干燥器。

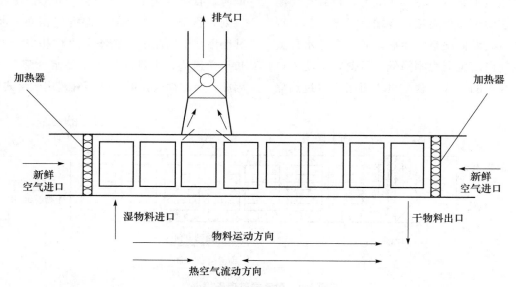

图 5-11　逆顺流组合式隧道干燥器

4）横流式隧道干燥器

上述三种方式的隧道干燥器，热空气均为纵向水平流动，还有一种横向水平流动的方式，如图 5-12 所示，干燥器每一端的隔板是活动的。在料车进出的时候隔板打开让料车通过，而在干燥时，隔板切断纵向通路，靠换向装置构成各段之间曲折的气流通路。在马蹄形的换向处设加热器，可以独立控制该处气流温度。在换向处还经常安装独立控制气流再循环的装置。由此可见，这种干燥器提供了极为灵活的控制条件，食品处于几乎是所要求的任何温度、湿度、速度条件的气流之下，故特别适用于试验工作。它的另一个优点是每当料车前进一步，气流的方向便转换一次，故制品的水分含量更加均匀。但是这种设备结构复杂、造价高、维修不便，工业应用受到一定限制。

4. 输送带式干燥

输送带式干燥设备除载料系统由输送环带取代装有料盘的小车外，其余部分基本上和隧道式干燥设备相同。操作可连续化、自动化，特别适用于单一品种规模化工业生产。环带常用不锈钢材料制成网带或多孔板铰链带。设备可分为单带式和多带式，图 5-13 为单带式干燥器。在干燥时，热风从带子的上方穿过食品层和网孔进入下方，达到穿流接触的目的。单带式干燥器的带子不可能很长，所以只适用于干燥时间短的食品。图 5-14 为双带式干燥器。

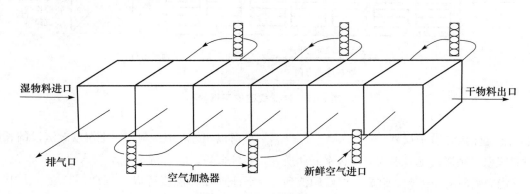

图 5-12　横流式隧道干燥器

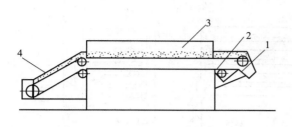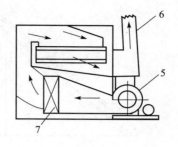

图 5-13　单带式干燥器

1. 排料口；2. 网带水洗装置；3. 输送带；4. 加料口；5. 风机；6. 排气管；7. 加热器

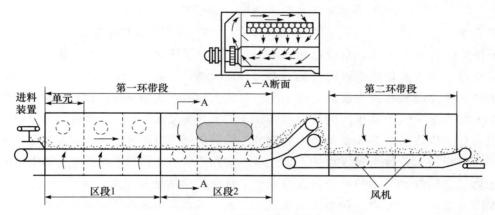

图 5-14　双带式干燥器

设备主体的两端有输送带外伸，以便装卸食品并为输送带重返干燥室提供方便。通常流经输送带网眼和堆积其上的食品层的热空气，在前一区段内自下向上流动，在下一区段内则自上向下流动。有时设备内的气流也可以设计成向上和向下轮换交替流动，借以改善厚层湿食品干燥的均匀性。但最后一、二区段内的气流则宜自上而下流动，以免将轻质干料吹走。空气的输送常用离心式风机，安装在输送带的侧方，从带子上方或下方送气，排气的一方有一热空气联厢，为几台风机所共用。上下穿流的空气大部分进行循环，经风门改道进入下一个区域，不足部分由加热的新鲜空气来补充。分区交叉穿流，可以使不同区域内的空气的温度、湿度和速度都可以单独进行控制，为提高制品品质提供了方便。两条输送带串联组成，因而半干食品从第一输送带末端向着其下方的另一输送带上卸落时，食品不但混合了一次，而且还进行了重新堆积。食品的混合将改善干燥的均匀性，在食品容积因干燥而不断收缩的情况下，重新堆积还可大量节省原来需要的载料面积。例如，堆积在输送带上厚度为 10 cm 的条状马

铃薯层，待第一阶段干燥结束时，厚度仅为 5 cm。如食品重新堆积到 25～30 cm 厚，那么在第二条输送带上所占的面积仅有以前的 1/5 或更少些就够了。

为了减少带式干燥设备的总长度，节约设备的占地面积，可将多条输送带上下平行放置做成多带式干燥器。这种干燥器不仅使食品多次翻转维持了通气性，还增加了堆积厚度，增大了比表面积，提高了降速阶段的干燥速率，如图 5-15 所示。湿食品从最上层带子加入，随着带子的移动，依次落入下一条带子，最后干食品从下部卸出。由图 5-15 可见，相邻两条带子的运动方向必须相反，各带子的速度可以相等也可以不等。干燥介质从设备的下方引入，自下而上从带子的侧方进入带子上方，并穿流而下，然后排出。为了使干燥介质同时分配到各带，干燥设备必须有适当的挡风板。输送带式干燥的特点是有较大的食品表面暴露于干燥介质中，食品内部水分移出的路径较短，并且食品与空气有紧密的接触，所以干燥速率很高。但是被干燥的湿食品必须事先制成分散的状态，以便减小阻力，使空气顺利穿过带子上的食品层。

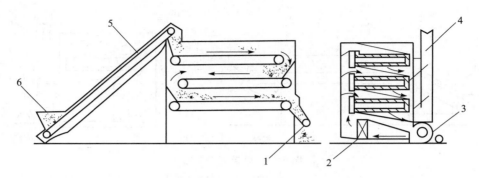

图 5-15 多带式干燥器

1. 卸料装置；2. 热空气加热器；3. 风机；4. 排气管；5. 输送机；6. 加料口

5. 流化床干燥

流化床干燥又称沸腾床干燥，是流态化原理在干燥器中的应用。利用流化床干燥的食品在热气流中上下翻动，彼此碰撞和充分混合，表面更新机会增多，大大强化了气固两相间的传热和传质。虽然两相间对流传热系数并非很高，但单位体积干燥器传热面积很大，故干燥强度大。流化床中的气固运动状态很像沸腾着的液体，并且在许多方面表现出类似液体的性质。利用流化床这种类似液体的特性，可以设计出气固接触方式不同的流化床。在食品工业常用的有单层流化床、多层流化床、卧式多室流化床、喷动流化床、振动流化床等流化床干燥器。

1）单层流化床干燥器

单层流化床结构简单，床层内颗粒静止高度不能太高，一般为 300～400 mm，否则气流压力将增大。由于床层单一，食品容易返混合短路，会造成部分食品未经完全干燥就离开干燥器，而部分食品又因停留时间过长而产生干燥过度现象。因此它适用于较易干燥对产品要求又不太高的食品。主要优点是食品处理量大，生产能力高。如图 5-16 所示，湿食品由输送机和加料器送入干燥器，空气经过滤后由风机送入加热器，加热后的气体进入流化床底部的分布板进行传热传质过程。干制品经溢流口由卸料管排出，干燥后空气中夹带的干料经旋风分离器分离后回收。

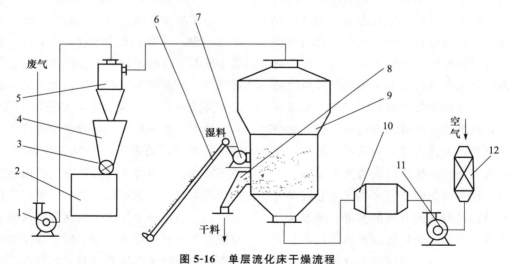

图 5-16 单层流化床干燥流程

1. 风机；2. 制品仓；3. 星形下料器；4. 集料斗；5. 旋风分离器；6. 带式输送机；7. 加料器；8. 卸料管；9. 流化床；10. 空气加热器；11. 风机；12. 空气过滤器

2）多层流化床干燥器

（1）溢流管式多层流化床干燥器　如图 5-17 所示，由两层构成，食品由上部加入第一层，经溢流管到第二层；热气体由底部送入，经第二层及第一层与食品接触后从器顶排出。食品在每层内可以自由混合，但层与层之间没有混合。热气流分布比较均匀，热量利用率高，所得制品含水量低。层数多时，可将最上层作预热食品用。

溢流管干燥器具有逆流干燥特性。用它干燥小麦粉时，若粉粒粒径为 0.07 mm，水分含量 13.6%，热风温度为 130 ℃，静止床层高度为 0.36 m，每层料重为 15 kg，则所得制品含水量为 2.4%，生产能力为 350 kg/h。

（2）穿流板式流化床干燥器　如图 5-18 所示，食品直接从筛板孔由上而下地流动，同时热气体则通过筛板孔由下而上运动，在每块筛板上形成流化床，故比溢流管式结构简单，但操作控制更为严格。主要问题是如何定量地控制食品转入下一层，操作不当会破坏沸腾床层。为使食品能顺利地从筛板孔流下来，筛板孔径应比食品粒径大 5～10 倍，一般孔径为 10～20 mm，开孔率为 30%～45%。颗粒粒径在 0.5～5.0 mm。这种干燥器一般每平方米床层截面可干燥 1 000～5 000 kg/h 的食品。多层干燥器结构复杂，流体阻力也大。

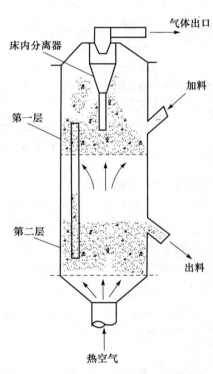

图 5-17　多层流化床干燥器

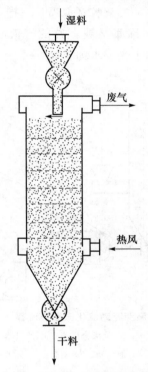

图 5-18　穿流板式流化床干燥器

3）卧式多室流化床干燥器

如图 5-19 所示，干燥器的横截面为长方形，底部为多孔筛板，筛板开孔率一般为 4%～13%，孔径为 1.5～2.0 mm。筛板上方有垂直挡板把干燥器分隔成多室，一般为 4～8 室，挡板可上下移动，以调节其与筛板的间隙。间距一般取床中静止食品高度的 1/4～1/2。操作时，连续加料于第一室，食品然后沿挡板与筛板的间隙逐室通过，干燥后由卸料口卸出。热空气分别由进气支管通入各室，因此各室的空气温度、湿度和流量均可调节。例如，第一室中食品较湿，热空气流量可大些，最后一室可通入冷空气以冷却干燥产品，以便于包装和贮存。

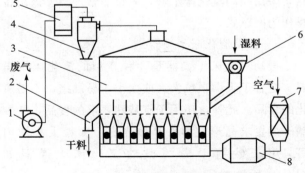

图 5-19　卧式多室流化床干燥流程

1. 风机；2. 卸料管；3. 干燥器；4. 旋风分离器；
5. 袋滤器；6. 加料器；7. 空气过滤器；8. 空气加热器

卧式多室流化床干燥器对食品的适应性较大，食品工业常用来干燥汤粉、果汁颗粒、干酪素、人造肉等。另外，还可调节食品在不同室内的停留时间。与多层干燥器相比，干燥比较均匀，操作稳定可靠，流体阻力较低，但热效率不高。

4）喷动流化床干燥器

水分含量高的粗颗粒和易黏结的食品，其流动性能差，可采用喷动流化床干燥法。图 5-20 为玉米胚芽喷动流化床干燥流程示意图，干燥器底部为圆锥形，上部为圆筒形。热气体以 70 m/s 的高速从锥底进入，夹带一部分固体颗粒向上运动，形成中心通道。在床层顶部的颗粒好似喷泉一样，从中心向四周散落，落到锥底又被上升的气流喷射上去，如此循环以达到干燥要求为止。

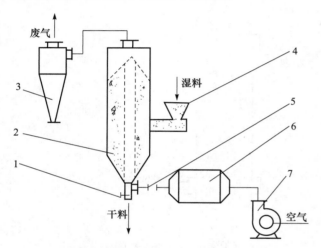

图 5-20　玉米胚芽喷动流化床干燥流程
1. 放料阀；2. 喷动床；3. 旋风分离器；4. 加料器；
5. 蝶阀；6. 加热器；7. 风机

湿玉米胚芽水分含量高达 70%，且易自行黏结，采用喷动流化床干燥，效果非常理想。该设备操作为间歇式。

5）振动流化床干燥器

振动流化床干燥器是一种新型的流化床干燥器，适合于干燥颗粒太大或太小、易黏结、不易流化的食品。此外，还用于有特殊要求的食品，如砂糖干燥要求晶形完整、晶体光亮、颗粒大小均匀等。用于砂糖干燥的振动流化床干燥器如图 5-21 所示。

干燥器由分配段、流化段和筛选段三部分组成。在分配段和流化段下面都有热空气进入。含水 4%～6% 的湿砂糖，由加料器送入分配段，在平板振动的作用下，食品均匀地进入流化段，湿砂糖在

流化段停留 12 s，就可达到干燥要求，产品含水量为 0.02%～0.04%。在干燥后，食品离开流化段进入筛选段，筛选段分别安装不同网目的筛网，将糖粉和糖块筛选掉，中间的为合格产品。干燥器宽为 1 m、长为 13 m，其中分配段长为 1.2 m，流化段长为 1.8 m，筛选段长为 10 m，砂糖在干燥器内总停留时间为 70～80 s，生产能力为 7.6 t/h。

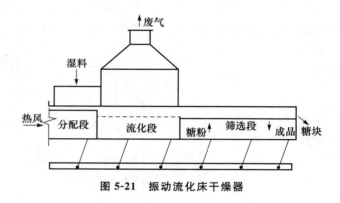

图 5-21　振动流化床干燥器

6. 气流干燥

气流干燥是一种连续高效的固体流态化干燥方法。它是把湿食品送入热气流中，食品一边呈悬浮状态与气流并流输送，一边进行干燥。显然，这种干燥方法只适用于潮湿状态下仍能在气体中自由流动的颗粒、粉状、片状或块状食品，如葡萄糖、味精、鱼粉、肉丁、薯丁等。图 5-22 所示为气流干燥流程。

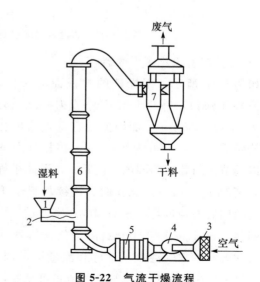

图 5-22　气流干燥流程
1. 料斗；2. 螺旋加料器；3. 空气过滤器；
4. 风机；5. 加热器；6. 干燥管；7. 旋风分离器

气流干燥器的主体是一根直立的圆筒，湿食品经加料器进入干燥管，与进入管内的热空气相遇，由于热气体作高速向上运动，使食品颗粒分散并悬浮在气流中。热气流与食品充分接触，并做激烈的相对运动进行传热和传质使食品得以干燥，并随气流进入旋风分离器经分离后由底部排出，废气由顶部放空。气流干燥器稳定操作的关键是连续而均匀地加料，并将食品分散于气流中。图 5-23 所示为几种常见的固体加料器。

按进料方式，气流干燥可分为三种，如图 5-24 所示。直接进料式适用于湿食品分散性能良好和只除去表面水分的场合，如面粉、淀粉、汤粉。若湿食品含水量较高，在加料时，则容易结团，所以可以将一部分干燥的成品返回到加料器中与湿食品混合，这样利于干燥；装有分散器的目的是打散食品，所以这种干燥器适合处理离心机、过滤机的滤饼以及咖啡渣、玉米渣等；装有粉碎机的进料方式，可使湿食品进一步粉碎，减小粒径，增加表面积，强化干燥。另外，粉碎机可使食品与热风强烈搅拌，故体积传热系数极大，在粉碎机中就有可能使 50%～80% 的水分蒸发，因此，可采用较高的进气温度以获得大的生产能力和高的传热效率。

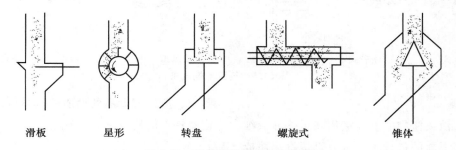

滑板　　星形　　转盘　　螺旋式　　锥体

图 5-23　几种常见的固体加料器

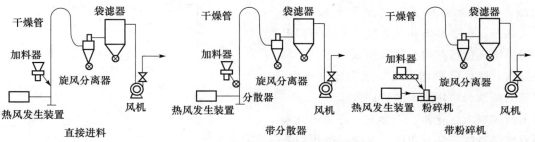

直接进料　　　　　　　带分散器　　　　　　　带粉碎机

图 5-24　几种不同进料方式的气流干燥流程

气流干燥有如下几种新型设备，如图 5-25 所示。倒锥式气流干燥器干燥管呈倒锥形，上大下小，气流速度由下而上逐渐降低，不同粒度的颗粒分别在管内不同的高度中悬浮，互相撞击直至干燥程度达到要求时被气流带出干燥器。颗粒在管内停留时间较长，可降低干燥管的高度。套管式气流干燥器干燥管分内管和外管，食品和气流一起由内管下部进入，颗粒在内管加速运动至终了时，由顶部导入内外管的环隙内，然后食品颗粒以较小的速度下降而排出。这种形式可以节约热量。脉冲式气流干燥器采用直径交替缩小和扩大的脉冲管代替直管。食品首先进入管径小的干燥管中，气流速度较高，颗粒产生加速运动，当加速运动终了时，干燥管直径突然扩大，由于颗粒运动的惯性作用，此时的颗粒速度大于气流速度；当颗粒在运动过程中逐渐减速后，干燥管直径又突然缩小，便又被气流加速。如此交替地进行上述过程，永远不进入等速运动阶段，从而强化了传热和传质过程。旋风气流干燥器气流夹带食品从切线方向进入器内，在干燥器的内管和外管之间产生旋转运动，使颗粒处于悬浮和旋转运动状态。由于离心加速作用，气固间的相对速度增大，即使在雷诺数较低的情况下，也能使颗粒周围的气体边界层处于高度湍流状态，因而强化了干燥过程。颗粒在旋转时容易被粉碎，所以此类干燥器适用于不怕磨损的热敏性散粒状食品。环形气流干燥器根据气流干燥混相流动中传热、传质

的机理对设备进行了很多改进，出现了形状复杂的气流干燥器。环形气流干燥器就是其中的一种。干燥管设计成环状主要目的是延长颗粒在干燥管内的停留时间。

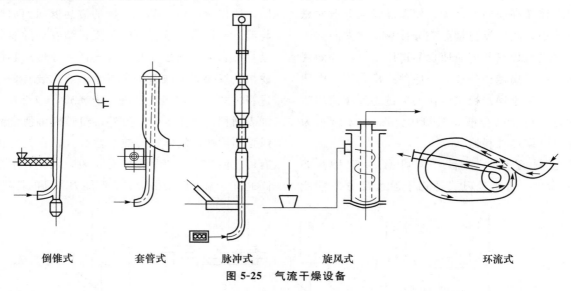

| 倒锥式 | 套管式 | 脉冲式 | 旋风式 | 环流式 |

图 5-25 气流干燥设备

7. 喷雾干燥

将溶液、浆液或微粒的悬浮液用热风喷雾成细小的液滴，在其下落的过程中，水分迅速汽化而成为粉末状或颗粒状的产品，称为喷雾干燥。喷雾干燥原理如图 5-26 所示。料液由泵送至干燥塔顶，并同时导入热风。料液经雾化装置喷成液滴与高温热风在容器内迅速进行热量交换和质量传递。干制品从塔底卸料，热风降温增湿后，成为废气排出。废气中夹带的细微粉粒用分离装置回收。

喷雾干燥装置由雾化器、干燥室、产品回收系统、供料及热风系统等部分组成。雾化器的作用是将料液喷洒成直径为 $0\sim60~\mu m$ 的细滴，以获得很大的汽化表面，因此合理选择雾化器是喷雾干燥的关键环节。它不仅直接影响到产品品质，而且也在相当程度上影响干燥的技术经济指标。对热敏性食品的干燥，料液的雾化情况显得更为重要。常用的雾化器有压力式、离心式、气流式三种。食品工业多选择压力喷雾和离心喷雾。选型时，应根据生产要求、所处理食品的性质等具体情况而定。三种雾化器特点的比较见表 5-5。

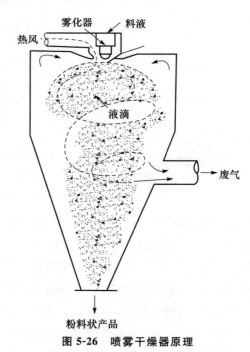

图 5-26 喷雾干燥器原理

表 5-5 雾化器的特点比较

形成	优点	缺点
离心式	①操作简单，对食品性质适应性较强，适宜于高浓度、高黏度食品的喷雾。②操作弹性大，在液量变化±25%时，对产品质量和粒度分布均无多大影响。③不易堵塞，操作压力低。④产品粒子呈球形，粒子外表规则、整齐。	①喷雾器结构复杂，造价高，安装要求高。②仅适用于立式干燥机，且并流操作。③干燥机直径大。④制品密度小。

续表 5-5

形成	优点	缺点
压力式	①喷嘴结构简单，维修方便。②可采用多喷嘴（1～12 个），提高设备生产能力。③可用于并流、逆流、卧式或立式干燥机。④动力消耗低。⑤制品密度大。⑥塔径较小。	①喷嘴易堵塞、腐蚀和磨损。②不适宜处理高黏度食品。③操作弹性小。
气流式	①可制粒径 5 μm 以下产品。可处理高黏度食品。②塔径小。③并流、逆流操作均适宜。	①动力消耗大。②不适宜于大型设备。③粒子均匀性差。

1）喷雾干燥的特点

蒸发面积大料液被雾化后，液体的表面积非常大。例如，1 L 的料液可雾化成直径 50 μm 的液滴 146 亿个，总表面积可达 5 400 m²。这样大的表面积与高温热空气接触，瞬时就可蒸发 95%～98% 的水分。因此完成干燥时间很短，一般只需 5～40 s。干燥过程液滴的温度较低，虽然采用较高温度范围的干燥介质（80～800 ℃），但其排气温度不会很高。因为液滴存在大量水分时，其温度不会超过热空气的湿球温度。对乳粉干燥为 50～60 ℃，因此非常适合热敏性食品的干燥，能保持制品的营养、色泽、香味以及良好的分散性和溶解性。由于干燥是在密闭的容器中进行的，故不会混入杂质和污染，制品纯度高。根据工艺要求选择适当的雾化器，可使产品制成粉状或保持与液滴相近的球状，故制品的分散性、疏松性好，可以在水中迅速溶解。过程简单、操作方便，适宜于连续化生产喷雾干燥通常适用于湿含量 40%～60% 的溶液，特殊食品即使含水量高达 90%，也可不经浓缩，同样一次干燥成粉状制品。大部分制品，干燥后不需要粉碎和筛选，简化了生产工艺过程。对于制品的粒度、密度松散度及含水量等质量指标，可通过改变操作条件进行调整，且控制管理都很方便。干燥后的制品连续排料，结合冷却器和气力输送，可形成连续生产线，有利于实现大规模自动化生产。喷雾干燥的主要缺点是：单位产品耗热量大，设备的热效率低。在进风温度不高时，一般热效率为 30%～40%。介质消耗量大，如用蒸汽加热空气，每蒸发 1 kg 水分需要 2～3 kg 蒸汽。

2）按气流方向分类

按喷雾和气体的流动方向分类，干燥器可分为并流式、逆流式和混流式，其工作原理如图 5-27 至图 5-29 所示。

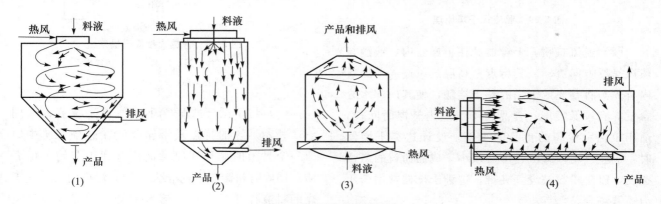

图 5-27 并流式干燥原理

（1）并流式喷雾干燥器 在干燥器内，液滴与热风呈同方向流动。由于热风进入干燥室内立即与喷雾液滴接触，室内温度急剧下降，不会使干燥食品受热过度，因此适宜于热敏性食品的干燥。目前，乳粉、蛋粉、果汁粉的生产，绝大多数都采用并流操作。在图 5-27 中（1）、（2）为垂直下降并流型，这种形式塔壁粘粉比较少。图 5-27（3）为垂直上升并流型，这种形式要求干燥塔截面风速大于干燥食品的悬浮速度，以保证干料能被带走。由于在干燥室内细粒停留时间短，粗粒停留时间长，因此干燥比较均匀。但这种形式动力消耗较大。

图 5-27（4）为水平并流型，热风在干燥室内运动的轨迹呈螺旋状，以便与液滴均匀混合，并延长干燥时间。

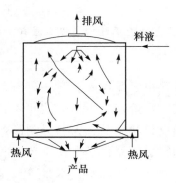

图 5-28 逆流式干燥原理

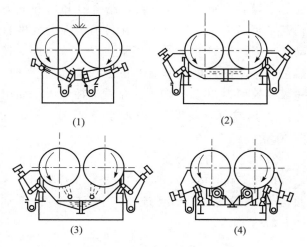

（1）　　　　（2）

（3）　　　　（4）

图 5-29 混流式干燥原理

（2）逆流式喷雾干燥器　在干燥器内，液滴与热风呈反方向流动。其特点是高温热风进入干燥室内首先与将要完成干燥的粒子接触，使其内部水分含量降到较低程度；食品在干燥室内悬浮时间长，适用于含水量高的食品的干燥。设计这类干燥器时，应注意塔内气流速度必须小于成品粉粒的悬浮速度，以防粉粒被废气夹带。这种干燥器常用于压力喷雾场合。

（3）混流式喷雾干燥器　在干燥器内，液滴与热风呈混合交错流动。其干燥特性介于并流和逆流之间。它的特点是液滴运动轨迹较长，适用于不易干燥的食品，在食品工业中也有应用。但如果干燥器设计得不好，容易造成气流分布不均匀及内壁局部粘粉严重的现象。

3）按生产流程分类

喷雾干燥也有多种形式，其中最基本的形式是开放系统，采用也最为普遍。此外，为了满足食品性质、制品品质以及防止公害等要求，还有封闭循环式喷雾干燥系统、自惰循环式喷雾干燥系统、喷雾沸腾干燥系统和喷雾干燥与附聚造粒系统。

（1）开放式喷雾干燥　系统是指干燥介质在这个系统中只使用一次就排入大气，不再循环使用。图 5-30 所示为开放式喷雾干燥系统流程示意图。为了使干燥塔内保持一定的负压（98～294 Pa），防止粉尘外扬，系统中采用了两台风机。在风机入口处（或出口处）一般都装有调节阀，以便调整塔内压差。在食品工业上，乳粉、蛋粉、汤粉和其他许多粉末制品的生产都采用这种系统。开放式喷雾干燥系统的特点是，设备结构简单，适用性强，不论压力喷雾、离心喷雾、气流喷雾都能使用。主要缺点是干燥介质消耗量比较大。

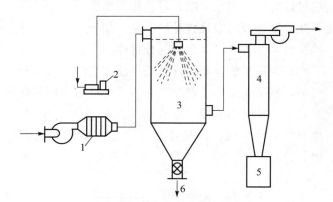

图 5-30 开放式喷雾干燥系统
1. 空气加热器；2. 料泵；3. 干燥塔；
4. 旋风分离器；5. 成品罐；6. 成品

（2）封闭循环式喷雾干燥　该系统流程如图 5-31 所示。它的特点是干燥介质在这个系统中组成一个封闭的循环回路，这样有利于节约干燥介质，回收有机溶剂，防止毒性物质污染大气。被干燥的料液往往是含有机溶剂的食品，或者是易氧化、易燃、易爆的食品，也适用于有毒的食品。因此，干燥介质大多使用惰性气体，如氮、CO_2 等。从干燥塔排出的废气，经旋风分离器除去细微粒子，然后进入冷凝器。冷凝器的作用是将废气中的溶剂（或水分）冷凝下来。冷凝温度必须在溶剂最高允许浓度的露点以下，以保证冷凝效果。除去溶剂的气体经风机升压后，进入间接加热器加热后又变为热风，如此反复循环使用。

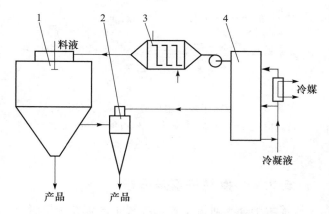

图 5-31　封闭循环式喷雾干燥系统

1. 干燥塔；2. 旋风分离器；3. 加热器；4. 冷凝器

（3）自惰循环式喷雾干燥　系统如图 5-32 所示，该系统是封闭系统改进后的变形，在这个系统中有一个自制惰性气体的装置。通过这个装置使可燃气体燃烧，除去空气中的氧气，将余下的氮和二氧化碳气体用作干燥介质，其中残留的氧量很少，一般不超过 4%。从干燥室出来的废气送入冷凝器，除去其中的大部分水分。由于具有自惰过程，系统中必然产生过多气体，导致系统的压力升高。为了使系统中的压力能够平衡，在风机的出口风道处必须安装一个放气减压缓冲装置，以便压力增高到一定值时，将部分气体排入大气。

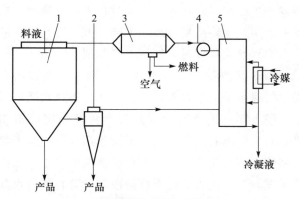

图 5-32　自惰循环式喷雾干燥系统

1. 干燥塔；2. 旋风分离器；3. 燃烧器；4. 旁通出口；5. 冷凝器

该系统适用于下述情况的料液干燥：干燥制品只能与含氧低的空气接触，以免引起氧化或粉尘爆炸；从干燥系统出来的废气量要尽可能少，而且必须净化，以防止空气污染。

（4）喷雾沸腾干燥　这种系统是喷雾干燥与流化床干燥的结合。它利用雾化器将溶液雾化，喷入到颗粒做激烈运动的流化床内，借助干燥介质和流化介质的热量，使水分蒸发、溶质结晶和干燥等工序一次完成。溶液雾化以后，尚未碰到流化床内原有颗粒以前，已部分蒸发结晶，形成了新的晶种，而另一部分在雾化过程中尚未蒸发的溶液，便与床中原有结晶颗粒接触而涂布于其表面，使颗粒长大，并进一步得到干燥，形成粒状制品。这种干燥方法适用于能够喷雾的浓溶液或稀薄溶液。

图 5-33 所示为用于干燥乳粉的喷雾沸腾干燥系统，其生产过程如下：浓缩后的乳液由离心泵送至保温缸，高压泵将乳液送入压力式喷嘴中进行雾化压力为（120～15 000 kPa）。新鲜空气经过滤后大部分由鼓风机送去与热风炉中的燃气进行热交换，变成 200～210 ℃的热空气，然后将热空气分成两路：一路从干燥塔顶部进塔，作为喷雾的干燥介质；另一路与辅助风机引进的补充冷风混合后从塔底进入，作为流化介质使用。干燥后的乳粉则从塔的中部卸出，进入旋风分离器，分离出来的乳粉落入收集桶。这种系统具有体积小、生产效率高等优点。

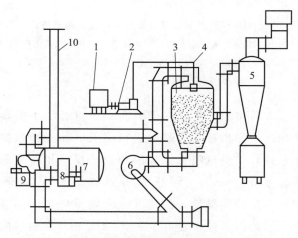

图 5-33　喷雾沸腾干燥系统

1. 保温缸；2. 高压泵；3. 干燥塔；4. 雾化器；5. 旋风分离器；6. 辅助风机；7. 热风炉；8. 风机；9. 燃料供给装置；10. 烟囱

（5）喷雾干燥与附聚造粒　通常系统为了使分散且不均匀的粉粒能快速溶解是通过附聚作用，制成组织疏松的大颗粒速溶制品，如速溶咖啡。附聚的方法有两种：一种是直通法；另一种是再湿法。所谓再湿法是使已干燥的粉粒（基粉），通过与喷入的湿热空气（或蒸汽）或料液雾滴接触，使之逐渐附聚成为较大的颗粒，然后再度干燥而成为干制品。如图 5-34 所示，把要附聚的细粉送入干燥器上方的附聚管内，用湿空气（或蒸汽）沿切线方向进入附聚管旋转冷凝，使细粉表面润湿发黏而附聚，这被称为"表面附聚"再湿法；如用离心式雾化器所产生料液雾滴与附聚管内的细粉接触，使细粉与雾滴黏结而附聚，这被称为"液滴附聚"再湿法。附聚后的颗粒进入干燥室进行热风干燥，然后进入振动流化床冷却成为制品。流化床中和干燥器内达不到要求的细粉需汇入基粉重新附聚。再湿法是目前改善干燥粉粒复水性能最为有效、使用最为广泛的一种方法。

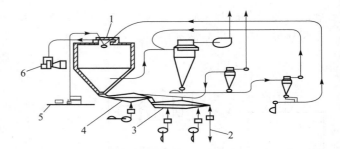

图 5-35　喷雾干燥与附聚造粒系统（直通法）

1. 雾化器；2. 成品；3. 冷却流化床；4. 热风流化床；
5. 进料装置；6. 空气加热器

5.3.2　接触干燥及设备

接触干燥与对流干燥法的根本区别在于前者是加热金属壁面，通过导热方式将热量传递给与之接触的食品并使之干燥，而后者则是通过对流方式将热量传递给食品并使之干燥。接触干燥法按其操作压力可分为常压接触干燥和真空接触干燥。

1. 常压滚筒干燥

滚筒干燥器一般由一个或两个中空的金属圆筒组成，圆筒随水平轴转动，其内部由蒸汽或热水或其他载热体加热。当滚筒部分浸没在料浆中，或将料浆喷洒到滚筒表面时，因滚筒的缓慢旋转使食品呈薄膜状附在滚筒的外表面。筒体与料膜间壁传热的热阻，使其形成一定的温度梯度，筒内的热量传导至料膜，使料膜内的水分向外转移，当料膜表面的蒸汽压力超过环境空气中的蒸汽分压时，即产生蒸发和扩散作用。在连续转动过程中，滚筒的传热传质作用，始终由里至外，向同一方向进行。食品在干燥到预期程度时，用刮刀将其刮下。

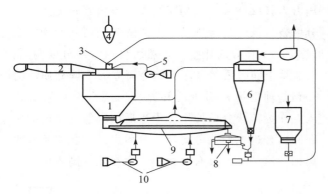

图 5-34　喷雾干燥与附聚造粒系统（再湿法）

1. 干燥塔；2. 空气加热器；3. 附聚管；4. 离心式雾化器；
5. 湿热空气；6. 旋风分离器；7. 基粉缸；8. 成品收集器；
9. 振动流化床；10. 冷空气

直通法的工艺流程见图 5-35。直通法不需要使用已干燥粉粒作为基粉进行附聚，而是调整操作条件，使经过喷雾干燥的粉粒，保持相对高的湿含量 6%～8%（湿基），在这种情况下，细粉表面自身的热黏性，促使其发生附聚作用。用直通法附聚的颗粒直径可达 300～400 m。附聚后的颗粒进入下方的两段振动流化床。第一段为热风流化床干燥，使其水分达到所要求的含量。第二段为流化冷却床，将颗粒冷却成为附聚良好、颗粒均匀的制品。在输送过程中，细的粉末以及附聚物破裂后产生的细粉，与干燥器主旋风分离器收集的细颗粒一起，返回到干燥室，重新进行湿润、附聚、造粒，使其有机会再次成为符合要求的大颗粒。

图 5-36 所示为常压双滚筒干燥生产流程示意图。料膜干燥的全过程可分为预热、等速和降速三个阶段。料液成膜时为预热段，蒸发作用尚不明显。料膜脱离料液主体后，干燥作用开始，膜表面维持恒定的汽化速度。当膜内扩散速度小于表面汽化速度时，即进入降速干燥阶段。随着料膜内水分含量的降低，汽化速度大幅度下降。降速段的干燥时间占总时间的 80%～98%。

滚筒干燥为筒壁传导加热干燥，滚筒直径一般为 0.5～1.5 m，长度为 1～3 m，转速为 1～5 r/min，滚筒表面薄膜厚度为 0.1～1.0 mm。处理食品含水量范围为 10%～80%，一般可干燥到 3%～4%，最低可达 0.5% 左右。由于干燥时可直接利用蒸汽潜热，故热效率较高，可达 70%～90%。单位加热蒸汽耗用量为 1.2～1.5 kg 蒸汽/kg 水。

常压滚筒干燥器，设备结构简单，热能利用经济，但要实现快速干燥，只有提高滚筒表面温度，

因此，要求被干燥食品在短时间内能够承受高温。滚筒干燥器与喷雾干燥器相比，具有动力消耗低、投资少、维修费用省、干燥温度和时间容易调节等优点，但在生产能力、劳动强度和操作环境等方面则不如喷雾干燥器。

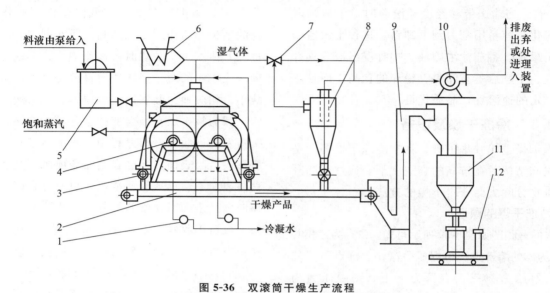

图 5-36　双滚筒干燥生产流程

1. 疏水器；2. 皮带输送机；3. 螺旋输送机；4. 滚筒；5. 料液高位槽；6. 湿空气加热器；7. 切换阀；8. 捕集器；
9. 提升机；10. 风机；11. 成品贮斗；12. 包装计量

2. 真空滚筒干燥

为了处理热敏性较强的食品，可将滚筒密闭在真空室内，使其干燥过程处在真空条件下，即构成真空滚筒干燥器，如图 5-37 所示。

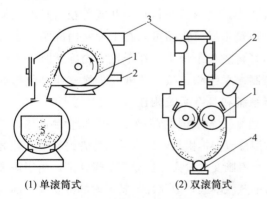

(1) 单滚筒式　(2) 双滚筒式

图 5-37　真空滚筒干燥器结构

1. 滚筒；2. 加料口；3. 通冷凝真空系统；4. 卸料阀；5. 贮藏槽

真空滚筒干燥器也有单滚筒和双滚筒之分。真空滚筒干燥器的进料、卸料和刮料等操作都必须在干燥室外部来控制，因此，这类干燥成本比较高。对于在高温下会熔化发黏，干燥后很难刮下，即使

刮下也难以粉碎的食品，可使用刮料前先行冷却，使之成为较脆薄层的带式真空滚筒干燥器，如图 5-38 所示。

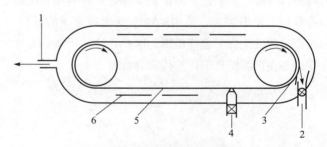

图 5-38　带式真空滚筒干燥器

1. 通真空冷凝系统；2. 成品出口；3. 刮刀；4. 进料装置；
5. 输送带；6. 辐射加热单元

干燥器的左端与真空系统相连接，器内的不锈钢输送带由两只空心滚筒支撑着并按顺时针方向转动。位于左边的滚筒为加热滚筒，有蒸汽通入内部，并以传导方式将移经该滚筒的输送带加热。位于右边的滚筒为冷却滚筒，有流动水通入内部进行循环，将移经该滚筒的输送带冷却。上下层输送带的侧部都装有红外线热源。供料装置连续不断地将

料液涂布在下层输送带的底表面上，形成薄膜层。输送带从红外线接收辐射热后，以传导方式与料膜层进行热交换，使膜内部产生蒸汽，汽化成多孔性状态后，由输送带移经加热滚筒传导加热，然后由红外线进一步辐射加热而迅速干燥，食品水分降至 2% 左右。当输送带移经冷却滚筒时，干料则因冷却而脆化，容易用刮刀刮下卸料。这种干燥器非常适用于果汁、番茄汁浓缩液、咖啡浸出液等具有热黏接性、干燥后不易卸料、粉碎的食品，而且制品具有一定的速溶性，品质优良。

5.3.3 冷冻干燥及设备

冷冻干燥也叫升华干燥、真空冷冻干燥等，是将食品先冻结然后在较高的真空度下，通过冰晶升华作用将水分除去而获得干燥的方法。

1. 冷冻干燥的原理

由水的三相图如图 5-39 所示可知，O 点为三相共点，OA 为冰的溶解点。根据压力减小、沸点下降的原理，只要压力在三相点压力之下（图中压力为 646.5 Pa 以下，温度 0℃ 以下），食品中的水分则可从水不经过液相而直接升华为水汽。根据这个原理，就可以先将食品的湿原料冻结至冰点之下，使原料中的水分变为固态冰，然后在适当的真空环境下，将冰直接转化为蒸汽而除去，再用真空系统中的水汽凝结器将蒸汽冷凝，从而使食品得到干燥。这种利用真空冷冻获得干燥的方法，是水的物态变化和移动的过程，这个过程发生在低温低压下，因此，冷冻干燥的基本原理是在低温低压下传热传质的机理。

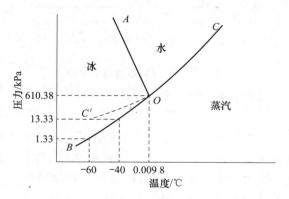

图 5-39 水的相平衡关系

2. 冷冻干燥的特点

冷冻干燥可最大限度地保存食品的色、香、味，如蔬菜的天然色素保持不变，各种芳香物质的损失可减少到最低限度；冷冻干燥对保存含蛋白质食品要比普通冷冻保存的好；对热敏性物质特别适合，可以使热敏性的食品干燥后保留热敏成分；能保存食品中的各级营养成分，尤其对维生素 C，能保存 90% 以上。在真空和低温条件下操作，微生物的生长和酶作用受到抑制。脱水彻底，干制品重量轻，体积小，贮藏时占地面积少，运输方便；各种冷冻干燥的蔬菜经压块重量减轻显著。由于体积减小，相应地包装费用也少得多。复水快，食用方便。因为被干燥食品含有的水分是在冻结状态下直接蒸发的，故在干燥过程中，水汽不带动可溶性物质移向食品表面，不会在食品表面沉积盐类，即食品表面不会形成硬质薄皮，也不存在因中心水分移向食品表面时对细胞或纤维产生张力，不会使食品干燥后因收缩引起变形，故极易吸水恢复原状。在真空条件下操作，氧气极少，一些易氧化的物质（如油脂类）得到了保护。而且冷冻干燥法能排出 95%～99% 的水分，产品能长期保存而不变质。

3. 冷冻干燥设备

1）冷冻干燥设备的基本组成

冷冻干燥设备的基本组成包括干燥室、制冷系统、真空系统、冷凝系统及加热系统等部分。干燥室有多种形式，如箱式、圆筒式等，大型冷冻干燥设备的干燥室多为圆筒式，干燥室内设有加热板或辐射装置，食品装在料盘中并放置在料盘架或加热板上加热干燥。食品可以在干燥室内冻结，也可先冻结好再放入干燥室。在干燥室内冻结时，干燥室需与制冷系统相连接。此外，干燥室还必须与低温冷凝系统和真空系统相连接。

制冷系统的作用有两个：一是将食品冻结；二是为低温冷凝器提供足够的冷量。前者的冷负荷较为稳定，后者则变化较大。在冷冻干燥初期，由于需要使大量的蒸汽凝固，因此，需要很大的冷负荷，而随着升华过程的不断进行，所需冷负荷将不断减少。真空系统的作用首先是保持干燥室内必要的真空度，以保证升华干燥的正常运行。其次是将干燥室内的不凝性气体抽走，以保证低温冷凝效果。低温冷凝器是为了迅速排除升华产生的蒸汽而设的，低温冷凝器的温度必须低于待干食品的温度，使食品表面的蒸汽压大于低温冷凝器表面的水蒸气分压。通常低温冷凝器的温度为$-50 \sim -40$ ℃。加热系统的作用是供给冰晶升华潜热。加热系统所供给的热量应与升华潜热相当，如果过多，就会使食品升温并导致冰晶的融化；如果过少，则会降低升华的速率。

2）冷冻干燥设备的形式

冷冻干燥设备的形式有间歇式和连续式之分，前者具有适合许多食品生产的特点，因此，成为目前冷冻干燥设备的主要形式。

（1）间歇式冷冻干燥设备 图5-40所示是常见的间歇式冷冻干燥设备。该设备的特点是预冻、抽气、加热干燥以及低温冷凝器的融霜等操作都是间歇的；食品预冻和水蒸气凝聚成霜由各自独立的制冷系统完成。在干燥时，将待干食品放在料盘中并放入干燥室，用图5-38中右侧的制冷系统进行预冻。预冻结束后，关闭制冷系统，同时向加热板供热，并与低温冷凝器接通，开启真空泵和左侧制冷系统，进行冷冻干燥操作。有些设备中也将低温冷凝器纳入干燥室做成一套制冷系统，在预冻时充当蒸发器而在干燥时充当低温冷凝器。

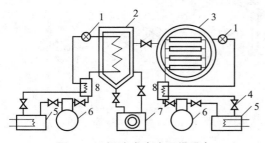

图5-40 间歇式冷冻干燥设备

1. 膨胀阀；2. 低温冷凝器；3. 干燥室；4. 阀门；
5. 冷凝器；6. 压缩机；7. 真空泵；8. 热交换器

间歇式设备的优点：①适合多品种小批量的生产，特别是适合季节性强的食品的生产；②单机操作，如一台设备发生故障，不会影响其他设备正常运行；③设备制造及维修保养较简便；④易于控制食品干燥时不同阶段的加热温度和真空度。间歇式设备的缺点：①装料、卸料、启动等操作占用时间较多，设备利用率较低；②要满足较大批量生产的要求，往往需要多台单机，因此，设备的投资费用和操作费用较大。

（2）连续式冷冻干燥设备 对于小批量、多品种的食品干燥，间歇式干燥设备很适用，但对于品

种单一而产量较大的食品干燥，连续式冷冻干燥设备则更为优越，这是因为连续式干燥设备不仅使整个生产过程连续进行，生产效率较高，而且升华干燥条件较单一，便于调控，降低了劳动强度，简化了管理工作。连续式设备尤其适合浆液装和颗粒状食品的干燥。

图5-41是一种旋转式连续干燥设备。它的主要特点是干燥管的断面为多边形，食品经过真空闭风器（也叫作进料闭风器）进入加料斜槽，并进入旋转料筒的底部，加料速率应能使筒内保持一定的料层（料层顶部要高于转筒底部干燥管的下缘）。每当干燥管旋转到圆筒底部时，其上的加料螺旋便埋进料层，并因转动而将食品带进干燥管。通过控制加料螺旋的螺距、转轴转速及进料流量等就可使干燥管内保持一定的食品量。

进入干燥管中的食品随着圆筒的转动，从多边形的一个侧面滚动到另一个侧面，食品本身也不断翻转，使食品的各个表面均有机会与干燥面均匀接触进行升华干燥。为了使食品达到干燥要求，干燥管长度通常要比它的直径长$10 \sim 25$倍。此外，还需要在干燥管的出口处安装挡料装置，以保持干燥管内$1/3 \sim 2/3$高度的料层和防止食品不受限制地排出，影响干燥效果。

图5-42所示为隧道式连续冷冻干燥设备。它的干燥室由长圆筒干燥段和扩大室两个部分组成。干燥室与进口、出口及冷凝室的连续均需通过隔离阀门。在操作时，先打开左侧端盖，将装好冻结食品的小车推入进口闭风室。关闭端盖，打开进口侧的真空泵抽气。当进口闭风室的压力与干燥室的压力相等时，打开隔离阀，料车即自动沿导轨进入干燥室。关闭隔离阀，并关上真空泵，打开通大气阀，使进口闭风室处于大气压之下。料车在干燥室中逐渐向出口处移动，食品则不断升华干燥。在此过程中，右侧的冷凝系统和真空泵均处于工作状态。待靠近出口端的料车上的食品干燥好后，即打开出口处的真空泵，使出口闭风室的压力降到与干燥室压力相等，打开隔离阀，料车自动卸出到出口闭风室，关闭隔离阀，通入大气，然后打开端盖，卸出干燥好的食品。再重复进行上述操作，将新料车装入干燥室和卸出已干燥好的料车。

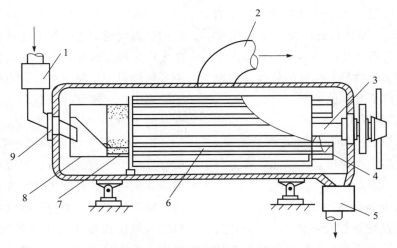

图 5-41　旋转式连续干燥设备

1. 真空闭风器；2. 接真空系统；3. 转轴；4. 卸料管和卸料螺旋；5. 卸料闭风器；

6. 干燥管；7. 加料管和加料螺旋；8. 旋转料筒；9. 静密封

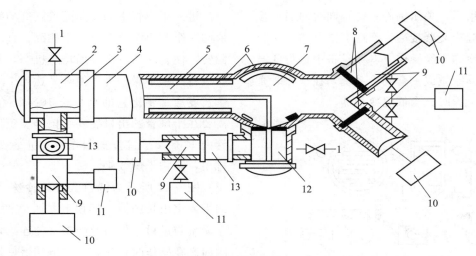

图 5-42　隧道式连续冷冻干燥设备

1. 通大气阀；2. 进口闭风室；3. 隔离阀；4. 长圆筒容器；5. 中央干燥室；6. 辐射板；7. 扩大室；8. 隔离阀；

9. 冷凝室；10. 真空泵；11. 压缩机；12. 出口闭风室；13. 阀门

5.3.4　红外干燥及设备

以辐射能为热源的加热方法，在食品的解冻、焙烤、杀菌和干燥生产中使用广泛。所谓辐射热是物体（辐射源）受热升温后，在其表面发射出不同波长的电磁波。这些电磁波一部分被制品吸收而转化为热能，使制品升温并产生必要的物理、化学和生物学变化。辐射干燥就是使食品水分逸出的物理变化过程。食品吸收、反射和被辐射线透过的能力与食品的性质、种类、表面状况及射线的波长等因素有关。对于一定性质和种类的食品，则主要取决于辐射线的波长。红外线干燥就是辐射干燥的一种。

1. 红外干燥原理

构成物质的分子总以自己固有的频率在振动着，若入射的红外线频率与分子本身固有的振动频率相等，则该物质就具有吸收红外线的能力。红外线被吸收后，就产生共振现象，引起原子、分子的振动和转动，从而产生热，使物质温度升高。水、有机物和高分子物质具有较强的吸收红外线的能力，特别是水，因此，用红外线进行含水食品的干燥是非常合适的。食品中的很多成分在 $3\sim 10\,\mu m$ 的远红外区有强烈的吸收，所以食品干燥往往选择远红外线进行加热。

图 5-43 为远红外干燥器示意图。干燥器的壳体和输送装置与一般干燥设备差别不大，主要区别是加热元件不同。

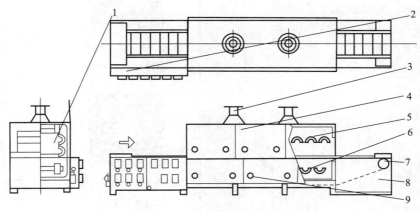

图 5-43　输送带远红外干燥器

1. 侧面加热器；2. 控制箱；3. 排气口；4. 铰链式上侧板；5. 顶部加热器；6. 底部加热器；

7. 链式输送带；8. 驱动变速装置；9. 插入式下侧板

2. 红外干燥设备

远红外加热元件是辐射干燥器的关键部件，虽然种类很多，但一般都由三部分组成：金属或陶瓷的基体、基体表面发射远红外线的涂层以及使基体涂层发热的热源。由热源发生的热量通过基体传导到表面涂层，然后由表面涂层发射远红外线。热源可以是电加热器，也可以是煤气加热器或其他热源。远红外加热元件按形状可分为灯状、管状和板状，如图 5-44 所示。食品行业主要采用金属管和碳化硅板加热元件。

1）金属管状加热元件

如图 5-44（1）所示，管中央为一根绕线的电阻丝。管中间填有绝缘的氧化镁粉，管表面涂有反射远红外线的物质。电阻丝通电后，管表面温度升高，即

发射远红外线，管内也可以不用电阻丝而用煤气加热。

2）碳化硅板加热元件

如图 5-44（2）所示，碳化硅是一种很好的远红外线辐射材料，故可直接制作发射源，无表面涂敷。但纯碳化硅材料不易加工，往往需要掺入助黏剂，而这样又影响碳化硅的性能。如果再在其表面涂一层高辐射材料，则加热效果就更好。

远红外线加热具有加热迅速、吸收均一、加热效率高、化学分解作用小、食品原料不易变性等优点。远红外线加热已用于蔬菜、水产品、面食制品的干燥，产品的营养成分保存率比一般的干燥方法有显著提高，并且时间大大缩短。另外，远红外干燥还兼有杀菌和降低酶活性的作用，产品的货架期可以明显延长。

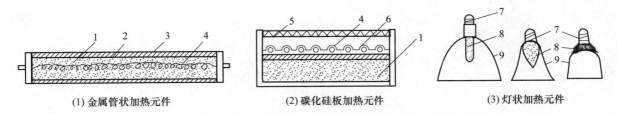

(1) 金属管状加热元件　(2) 碳化硅板加热元件　(3) 灯状加热元件

图 5-44　远红外加热元件

1. 绝缘填充料；2. 表面涂层；3. 金属管；4. 电阻丝；5. 高辐射材料；

6. 低辐射材料；7. 灯头；8. 辐射体；9. 反射罩

思考题

1. 简述食品干燥的机制。
2. 简述食品干制的过程特性。
3. 如果想要缩短干燥时间，该如何控制干燥过程？
4. 食品干燥过程中有哪些变化？
5. 简述食品不同干燥设备的特点。

知识延展与补充

二维码 5-1　食品中结合水
和自由水的性质

二维码 5-2　气流干燥
的特点

二维码 5-3　滚筒干燥器
的加料方式

二维码 5-4　微波干燥

二维码 5-5　干制品的包装贮藏

CHAPTER 6

食品腌渍、烟熏和发酵保藏

【学习目的和要求】

1. 了解食品腌渍保藏、烟熏保藏和发酵保藏的历史及应用；
2. 掌握其基本原理。

【学习重点】

3 种保藏方式的原理及所需的控制条件。

【学习难点】

腌渍保藏、烟熏保藏和发酵保藏的作用和原理。

FOOD PRESERVATION

利用腌渍、烟熏和发酵的方法保存食品是经典的食品保藏技术。这种技术操作简便，使用起来经济实惠，也可用于改善产品风味，开发新产品。这种保藏技术仍是现代食品加工业的重要组成部分。

腌渍是利用食盐或糖的扩散或渗透作用，渗入食品组织，降低水分活度，提高其渗透压，以抑制有害微生物的生长，防止食品腐败和变质，进而延长食品的保质期；烟熏是利用木屑等各种材料的不完全燃烧所产生的烟气或人工烟气熏制食品，从而延长食品的保质期，同时获得特有的烟熏味；发酵则是利用微生物的代谢活动将食品中的有机物质分解为代谢产物，从而使食品向着有利于改善风味和耐藏的方向发展。在处理食品的过程中，这些方法并非单一进行，经常会同时发生。如在腌制发酵性腌制品时，添加较低的食盐，会同时伴随乳酸发酵，因此，烟熏肉在加工前必须预先腌制。

6.1　食品的腌渍保藏

将食盐或糖渗入食品组织，降低其水分活度，提高其渗透压，抑制腐败菌生长，防止食品腐败和变质，并获得更好的感官品质，从而延长保质期的贮藏方法称之为腌渍保藏。盐腌的过程称之为腌制，例如，腌肉、腌菜等；加糖腌制食品的过程称之为糖渍，例如，果蔬糖渍。

我国腌渍食品历史悠久，起源于周朝。在《周礼》中就记载了："醯人掌共五齐七菹"。在《诗经·小雅·信南山》中也有："田有庐，疆场有瓜，是剥是菹"的记载，其中的"菹者酸菜"，即腌菜。在《齐民要术》中也有关于制酱、制腌菜的记载。在《札记》中则记载了："枣、栗、饴蜜以甘之"，即利用饴蜜浸渍枣、栗，使其味道甜美，这是我国最早有关蜜饯的文字记载。长期以来，经过劳动人民的不断实践、改进，腌渍食品的方法和品种越来越丰富，满足了不同消费者的口味需求，腌渍从简单的保存手段变成了具有独特风味果蔬产品的加工技术。

6.1.1　食品腌渍保藏的基本原理

在食品腌渍过程中，食盐或食糖首先形成溶液，才能通过其扩散和渗透作用进入食品组织内部，从而降低食品的游离水分，提高其结合水分和渗透压，以此抑制微生物及酶的活动。因此，溶液的浓度、扩散及渗透是影响腌渍过程的重要因素。

1. 溶液浓度与微生物的关系

1）溶液的浓度

单位体积溶液中所溶解物质（溶质）的质量，即为溶液的浓度。它可以用体积、质量或物质的量浓度来表示。在一般工业生产中，腌渍液的浓度常用比重计测定。其中，盐水的浓度通常用波美比重计（Baume 或 Bé）测定，糖水浓度可用糖度计（Saccharimeter）测定。

2）溶液浓度与微生物的关系

实际上，微生物细胞是由细胞壁保护，原生质膜包围的胶体状原生浆质体，其细胞壁为全透性，其原生质膜为半透性。它们的渗透性随微生物的种类、菌龄、细胞内组成成分、温度、pH、表面张力的性质和大小等的变化而变化。根据微生物细胞所处环境中溶液浓度的不同，环境溶液分为 3 种类型：等渗溶液（Isotonic）、低渗溶液（Hypotonic）和高渗溶液（Hypertonic）。

（1）等渗溶液和微生物的关系　等渗溶液指该溶液的渗透压与微生物细胞的渗透压相等，此时细胞处于水分平衡状态，例如，0.9％的生理盐水溶液就是等渗溶液。只有等渗溶液才能适宜微生物的生长，此时的微生物细胞保持原形，若其他条件也适宜，微生物即可迅速生长并繁殖。

（2）低渗溶液和微生物的关系　低渗溶液就是微生物所处溶液的渗透压低于微生物细胞的渗透压。在低渗溶液中，水可从溶液中穿过细胞壁并通过原生质膜向细胞内渗透，引起细胞膨胀。但如果内压过大，就会引起细胞破裂。

（3）高渗溶液和微生物的关系　高渗溶液是指外界环境的渗透压大于微生物细胞的渗透压。在这种环境下，对于一般微生物来说，细胞内的水分通过原生质膜从低浓度的细胞质向外界溶液渗透，造成细胞脱水而形成质壁分离（Plasmolysis），从而使细胞变形，抑制微生物的生长。当细胞脱水严重时可导致微生物死亡。腌渍就是利用高渗溶液的原理来实现保藏食品的目的。在高渗透压环境下，微生物的种类决定了它们的稳定性，而其原生质的渗透性决定了质壁分离的程度。如果原生质的通透性较高，微生物细胞内、外的渗透压可迅速达到平衡，这样就不会出现质壁分离的现象。

2. 扩散

实际上，食品的腌渍就是腌渍液的溶质扩散到食品组织内的过程。扩散是分子或微粒在不规则的热运动下，浓度趋向均匀化的过程。由于浓度差，扩散的推动力总是由高浓度向着低浓度进行，因此，扩散的过程较为缓慢。在扩散的过程中，物质的扩散量与扩散所通过的面积和浓度梯度成正比。其扩散方程式为：

$$dQ = -DA(dc/dx)dt \qquad (6-1)$$

式中：Q 为物质扩散量；D 为扩散系数，指单位浓度梯度影响下，单位时间内通过单位扩散面积的溶质量；A 为物质扩散所通过的面积；dc/dx 为浓度梯度（c 为浓度，x 为间距），t 为扩散时间。其中，扩散系数 D 可根据爱因斯坦假设（扩散物质的粒子是球形）来计算，其公式如下：

$$D = RT/(6N\pi r\eta) \qquad (6-2)$$

式中：D 为扩散系数；R 为气体常数 8.314 J/(mol·K)；T 为热力学温度，K；N 为阿伏伽德罗常数，6.023×10^{23}；r 则为溶质微粒直径，m（应比溶剂分子大）；η 为介质黏度，Pa·s。

上述公式表明，在食品腌渍过程中，当浓度梯度和扩散通过的面积一定时，扩散速率和扩散量与扩散系数呈正比，这就意味着物质扩散速率、扩散量与腌制温度（T）、腌制剂微粒直径（r）及介质黏度（η）有关。因此，食盐和糖在腌渍过程中的扩散速率、扩散量各不相同。

3. 渗透

渗透是指水分子或溶剂分子从低浓度溶液一侧通过半透膜进入高浓度溶液的过程。其中，半透膜是一种允许溶剂或小分子化合物通过而阻止溶质或大分子通过的膜。细胞膜就是一种半透膜，其通透性具有选择性。它可选择性通过水、糖、氨基酸和各种离子等。但在不同的细胞中及其他不同的条件下，细胞膜对不同物质的通透性不同。但相较于其他物质，水分子通过细胞膜的速率最高，这主要是由于它们通过细胞膜的输运机制不同。

在食品腌渍过程中，食盐或者糖的溶液渗入细胞内部使呈胶体状的蛋白发生变性，而其中的水分

也会向外渗出，因而腌渍不仅阻碍微生物对营养物质的吸收和利用，还会使微生物脱水，抑制其正常的生理活动。

食品腌渍的快慢主要取决于其渗透压，而渗透压实际上是受溶质的浓度影响而形成的，与溶液数量无关。Van't Hoff 推导出稀溶液的渗透压计算公式如下：

$$\prod = cRT \qquad (6-3)$$

式中：$\prod$ 表示稀溶液的渗透压，MPa；c 为溶质摩尔浓度，mol/L；R 为气体常数，8.314 J/(mol·K)；T 为热力学温度，K。

如果溶液中溶质的浓度较大，特别是含有多种物质时，如 NaCl 可离解成离子时，可将公式（6-3）改为：

$$\prod = icRT \qquad (6-4)$$

式中：i 为包含物质离解因素在内的等渗系数（全部离解时 i 为 2）。

而后 БУПП 依据溶剂和溶质的某些特性进一步将上述公式改为：

$$\prod = [\rho/(100M)]cRT \qquad (6-5)$$

式中：ρ 为溶剂密度，g/L；c 为溶液浓度，mol/L；M 为溶质的相对分子质量。

从上述公式可看出，渗透压与温度和溶液浓度成正比。渗透速度还与溶剂密度（ρ）及溶质的相对分子质量（M）相关。不过，由于腌渍食品时，一般以水作为溶剂，所以溶剂密度对腌渍过程影响不大。然而溶质的相对分子质量对腌渍过程影响较大，这是因为建立相同的渗透压时，溶质的 M 值越高，所需溶质的质量也就越大。这就解释了为什么利用食盐和糖腌渍食品时，要达到相同的渗透压，所需糖液浓度要大于食盐浓度。

实质上，食品腌渍就是扩散与渗透相结合的过程，是一个动态平衡过程，其根本动力是浓度差的存在。食品外部的腌渍液和内部的溶液浓度借助溶剂的渗透和溶质的扩散使其达到平衡，从而导致食品组织细胞失水，浓度升高，水分活度下降，渗透压升高，进而抑制微生物的生命活动，防止腐败和变质，达到延长保质期的目的。

研究表明，死细胞的细胞膜的通透性明显增强，可大大提高其腌渍速度。例如，在蜜饯类制品

加工中采用预煮或硫处理来改变细胞通透性,以加快糖渍速度。

6.1.2 腌渍剂及其作用

常用的腌渍剂主要是食盐和糖。

1. 食盐

1) 食盐的防腐机理

食盐是腌制剂最重要的成分,它在果蔬及肉制品的腌制中不仅起着调味作用,还发挥着重要的防腐功能。

(1) 食盐溶液对微生物细胞的脱水作用 食盐的主要成分为氯化钠,其在溶液中可完全电离,从而使得食盐溶液的渗透压很高。1%的食盐溶液可产生 61.7 kPa(0.61 大气压)的渗透压,而通常大多数微生物细胞的渗透压只有 30.7~61.5 kPa。因此,在食盐溶液渗透压的影响下,微生物细胞质和细胞膜分离,从而产生强烈的脱水作用。需要注意的是,食盐的防腐功能不仅仅是脱水作用的结果。若仅是由脱水起到防腐效果,那么硫酸钠(脱水能力强于食盐)的防腐作用应强于食盐,然而事实并非如此。

(2) 食盐溶液对微生物的生理毒害作用 氯化钠溶解于水后会完全电离,生成 Na^+ 和 Cl^-。Na^+ 能和细胞原生质中的阴离子结合,对微生物产生一定的毒害作用,而且这种毒害作用会随溶液酸度的上升而加强。因此,在利用氯化钠抑制微生物活动时,如果加入了酸或利用发酵产酸,就应减少食盐的用量。此外,Cl^- 也可能与细胞原生质结合,引起细胞死亡,以致对微生物产生生理毒害作用。

(3) 食盐溶液对微生物环境水分活度的影响 氯化钠溶于水后会解离生成 Na^+ 和 Cl^-,且在每一离子周围都聚集着一群水分子,形成水化离子 $[Na(H_2O)_n]^+$ 和 $[Cl(H_2O)_m]^-$。食盐浓度越高,水化离子周围聚集的水分子就越多,这些水分子由自由状态转换为结合状态,从而导致水分活度降低。一般认为,微生物在饱和食盐水中不能生长的主要原因是微生物得不到自由水分。

(4) 食盐溶液对酶活力的影响 微生物无法直接吸收食品中的大分子营养物质或不溶于水的物质。这些大分子营养物质或不溶于水的物质必须在微生物酶的作用下,降解生成可溶性的小分子物质后才能被吸收利用。而微生物分泌的酶在低浓度的食盐环境下就会遭到破坏,使其失去催化活性。斯莫罗金茨认为盐分结合了蛋白酶分子的肽键后破坏了微生物蛋白酶分解蛋白质的能力。例如,在 3%的食盐溶液中,变形菌(*Proteus*)就已失去分解血清的能力。

(5) 食盐溶液对氧气浓度的影响 在食品腌制过程中,如果使用的盐水或渗入食品组织中形成的盐液浓度较大,就会导致氧气难以溶解,形成缺氧环境,使一些好氧菌难以生长,从而降低微生物的破坏作用。

2) 微生物对食盐溶液的抗性

微生物种类不同,其原生质膜的通透性不同,其原生质液的渗透压也不尽相同,所以它们所要求的等渗溶液也不相同。另外,不同微生物对环境溶液的高渗透压的适应性也不一样。一般来说,微生物所要求的等渗溶液渗透压越高,其所能承受盐液的浓度就越大,反之越小。当盐溶液浓度小于1%时,微生物的生理活动不会受到任何影响。当盐液浓度为1%~3%时,大多数微生物会受到暂时性抑制。大肠杆菌、肉毒杆菌和沙门氏菌在6%~8%的盐液中便停止生长;大部分杆菌在盐液浓度达到10%以上时便不再生长。当盐液浓度达到15%时,可抑制球菌的生长。不过,葡萄球菌则需在盐浓度达到20%以上,方可被杀死;酵母菌在10%盐液中仍然能够生长,盐液浓度必须达到20%~25%才能抑制霉菌生长。

不同微生物所能耐受的最高食盐溶液的浓度并不相同,现将各种不同微生物所耐受的最高盐液浓度列于表 6-1。

表 6-1 几种细菌和真菌耐受食盐的最高浓度 %

菌种名称	食盐的最高浓度	菌种名称	食盐的最高浓度
乳酸菌	8~13	腐败球菌	15
变形杆菌	10	醭酵母	10
肉毒杆菌	6	酵母菌	25
大肠杆菌	6	黑曲菌	17
丁酸菌	8	青霉菌	20

需要注意的是,某些乳酸菌、酵母菌和霉菌需

要盐液浓度高达 20%～30% 才能抑制其活性。其中，在酵母中，抗盐能力最强的是圆酵母（*Torula*），而多数有害细菌，如厌氧芽孢菌和需氧芽孢菌等耐受食盐能力较差，而且其生长会受到在腌制过程中乳酸菌产生的乳酸的抑制。另外，虽然多数细菌不能在浓盐液中生长，但如果仅仅经过短时间盐液处理，那么当其再次遇到适宜的生长环境时仍能恢复正常的生理活动。

3）食盐质量与腌制食品的关系

我国的盐业资源极其丰富（海盐、池盐、岩盐、土盐、井盐等），分布于全国各地。食盐的主要成分为 NaCl，也含有钡、镁、铁、钙、硫酸盐以及沙土和部分有机物等。其中盐类杂质溶解度较大，且随着温度升高而升高。由表 6-2 可知，$CaCl_2$、$MgCl_2$ 和 $FeCl_3$ 的溶解度远高于 NaCl 的溶解度。因此，如果食盐中含有这三种杂质，就会降低 NaCl 的溶解度。此外，$CaCl_2$、$MgCl_2$ 具有苦味。当食盐中的含量为 0.6% 时，即可察觉到苦味。

表 6-2　不同温度下几种盐的溶解度　g/100 g

温度/℃	NaCl	$CaCl_2$	$MgCl_2$	$FeCl_3$	$MgSO_4$
0	35.5	49.6	52.8	74.4	26.9
5	35.6	54.0	—	—	29.3
10	35.7	60.0	53.5	81.9	31.5
20	35.9	74.0	54.5	91.8	36.2

注："—"代表未检测。

食盐中的杂质还可能有钾盐，其会产生刺激喉咙的味道，若其含量高还会引起恶心、头痛等症状出现。一般钾盐在岩盐中含量稍微多一些，海盐中较少。

综上可知，食盐中含有的一些杂质可导致腌制食品的味感发生变化。因此，腌制食品需要考虑食盐的品质及杂质含量。我国《食用盐国家标准》（GB 5461—2000）将食盐分为：精制盐、粉碎洗涤盐和日晒盐。该标准并将其分为优级、一级和二级，其指标见表 6-3。作为食用盐，其卫生指标必须满足以下条件：铅（以 Pb 计）≤1.0 mg/kg，砷（As）≤0.5 mg/kg，氟（F）≤5.0 mg/kg，钡（Ba）≤15.0 mg/kg。作为加入碘强化剂的食用盐，其碘含量的平均水平（以碘元素计）为 20.0～50.0 mg/kg。

表 6-3　食用盐指标（湿基）

指标		精制盐			粉碎洗涤盐		日晒盐	
		优级	一级	二级	一级	二级	一级	二级
物理指标	白度/°	≥80	≥75	≥67	≥55		≥55	≥45
	粒度/mm	0.15～0.85			0.5～2.5		0.5～2.5	1.0～3.5
	占比例/%	≥85	≥80	≥75	≥80		≥85	≥70
化学指标（湿基）/%	NaCl	≥99.1	≥98.5	≥97.00	≥97.00	≥95.5	≥93.2	≥91.00
	水分	≤0.30	≤0.50	≤0.80	≤2.10	≤3.20	≤5.10	≤6.40
	水不溶物	≤0.05	≤0.10	≤0.20	≤0.10	≤0.20	≤0.10	≤0.20
	水溶性杂质	—	—	≤2.00	≤0.80	≤1.10	≤1.60	≤2.40
卫生指标/（mg/kg）	铅（Pb）	≤1.0						
	砷（As）	≤0.5						
	氟（F）	≤5.0						
	钡（Ba）	≤15.0						
碘酸钾/（mg/kg）	碘（I）	20.0～50.0						
抗结剂/（mg/kg）	亚铁氰化钾	≤10.0						

注："—"代表不应含有此物质。

2. 糖在食品保藏中的作用

1）糖的防腐机理

在食品糖渍过程中，糖是主要原料。糖也是一种调味品。糖本身对微生物并无毒害作用，但可通过其降低介质水分活度，减少微生物生长所需的自由水分，并利用高渗透压导致细胞质和细胞壁分离来抑制微生物的生命活动。因此，糖也具有一定的防腐功能，具体如下。

（1）高渗透压的产生　砂糖的主要成分是蔗糖（含量高达99％以上），其在水中的溶解度很大，当温度为25℃时，饱和溶液的浓度为67.5％。可产生高渗透压，足以使微生物脱水，严重抑制微生物的生长繁殖，这是蔗糖水溶液能够防腐的主要原因。

（2）水分活度的降低　蔗糖是亲水性化合物，分子中含有许多氧桥和羟基，它们可以与水分子相互作用形成氢键，进而降低溶液中的自由水分，使水分活度相应地降低。浓度为67.5％的饱和蔗糖溶液，水分活度能降到≤0.85，这样就使食品在腌渍过程中，那些入侵的微生物因没有足够的自由水分，而使其正常生理活动受到抑制。

（3）氧气浓度的降低　与食盐溶液类似，溶液中随着糖的加入也会导致氧气浓度降低。因此，高浓度的糖溶液有利于防止氧的作用：一方面，可防止维生素C的氧化；另一方面，也可抑制有害的好氧微生物的活动。此外，糖的加入对于肉制品的腌渍也有一定的作用，它能为硝酸盐还原菌提供能源，加速硝酸盐转变为亚硝酸盐，形成一氧化氮，使发色效果更佳，而且所含还原糖也能吸收氧以阻止肉制品变色，具有助色功能。

2）微生物对糖溶液的抗性

糖溶液的种类和浓度的不同决定了其对微生物生长的加速或抑制作用。浓度为1％～10％的糖溶液对多数微生物的生长有促进作用，糖液浓度达到50％时，大多数细菌的生长受到抑制，只有当糖液浓度达到65％～85％时，才可抑制酵母和霉菌的生长。一般为达到食品保藏的目的，糖的浓度至少要达到65％～75％，其中，以糖的浓度为72％～75％时最适宜。对于不同种类的糖来说，在同一浓度下，葡萄糖、果糖溶液的抑菌效果要优于乳糖溶液和蔗糖溶液，这主要是由于糖的抑菌能力随相对分子质量增加而降低所致。例如，在抑制食品中，葡萄球菌所需的葡萄糖浓度为40％～50％，而所需蔗糖浓度则为60％～70％。

3）食糖质量与糖渍食品的关系

蔗糖和甜菜糖是我国食糖的主要来源，经提取纯化得到的食糖中经常混有微生物。虽然精制糖已除去大部分微生物，但仍然存在解糖细菌。尤其是当糖液浓度为20％～30％时，残存的细菌可促使

某些食品腐败变质。《食品安全国家标准　食糖》（GB 13104—2014）规定了原糖、白砂糖、绵白糖、赤砂糖、红糖、方糖和冰糖的卫生标准，其中，总砷（以As计）不高于0.5 mg/kg，铅（Pb）不高于0.5 mg/kg。食糖应具有产品应有的色泽，味甜、无异味、无异嗅，无潮解，无正常视力可见外来异物，不得检出螨等。

6.1.3　食品的腌渍方法

1. 食品的腌制

食品的腌制又称为盐腌、盐藏，使用的腌制剂以食盐为主。在腌制肉制品时，除了添加食盐外，还可添加糖、硝酸钠及亚硝酸钠、抗坏血酸盐或异抗坏血酸盐等以改善肉类色泽、风味，提高持水性等。其中，除了上述功能外，硝酸钠、亚硝酸钠还有抑制微生物的作用，特别是肉毒杆菌。不过近年来的研究表明，亚硝酸钠有致癌危险，因此，需严格控制用量。请参照《食品安全国家标准　食品添加剂使用标准》（GB 2760—2014）。

食品腌制的方法很多，根据用盐方式的不同，可将其分为干腌、湿腌、注射、真空、滚揉、超声和混合腌制等。其中，干腌、湿腌为两类基本方法。

1）干腌法

干腌法又称为撒盐腌制法，它是利用干盐（结晶盐）或混合盐或盐腌剂涂擦在食品原料表面，利用食盐产生的高渗透压使原料出现汁液外渗的现象，然后层堆在腌制架上或者层装于腌制容器内，各层间均匀撒上食盐，压实，可外加压力，也可不加，依靠外渗汁液形成盐液进行腌制。在开始腌制时，仅仅加了干盐，不加水，故称之为干腌法。腌制剂在通过外渗汁液形成的盐液中扩散，向食品内部渗透，比较均匀地分布于食品内部。但是由于盐水形成较慢，盐分向食品组织内部渗透较慢，所以干腌法的腌制时间较长，但腌制品风味较好。我国名产火腿、鲜肉和烟熏肋肉及鱼类，甚至各类蔬菜等被腌制时常使用此法。

干腌法的优点是不仅设备简单易行，操作简便，用盐量较少，腌制品含水量低，贮藏方便，而且蛋白质和浸出物等营养成分流失较别的方法少。其缺点是如果食盐涂抹不均匀，则会影响盐分在食品内部的分布，从而导致食品的减重多、味太咸。另外，由于盐卤不能完全浸没原料，在一定程度

上，肉、禽、鱼的味道和营养价值就会降低，而蔬菜则会出现长膜、生花和发霉等劣变。

2）湿腌法

湿腌法又称盐水腌制法，它是将食品原料浸没在盛有一定浓度食盐溶液的容器内，并通过溶质的扩散和水分的渗透，促使腌制剂均匀地渗入食品组织内部，直到原料组织内、外的溶液达到动态平衡。所用腌制盐液的浓度和腌制温度决定其腌制时间。湿腌法常用于分割肉、鱼类和蔬菜的腌制。另外，水果中的橄榄、梅子、李子等加工凉果所采用的胚料也可采用此法。需要注意的是，配制盐液所用的水必须高度纯洁，宜用冷水。

湿腌法的优点是原料可完全浸没在浓度均匀的食盐溶液中，渗透速度快且腌制均匀，还能有效避免油烧现象，使用剂量准确，盐液也可反复使用。其缺点是湿腌制品的风味和色泽均不及干腌制品，腌制时间比较长，劳动量大，制品含水量高，蛋白质流失严重，不宜贮藏和移动，尤其是肉制品在湿腌时，蛋白质和其他营养物质流失严重，导致其营养及风味丧失，而且流失的水分、营养物质和风味物质又会转移到腌制液中，从而改变腌制剂的浓度和成分。因此，在肉类进行湿腌时，采用反复使用过多次的卤水（老卤水）进行腌制以减少肉制品中营养和风味的流失。但是随着卤水使用次数的增加，会导致其盐分降低，还会滋生一些特殊的微生物，所以在使用老卤水时，应及时补充食盐及硝酸盐并进行去污和加温处理，来达到洁净和杀菌消毒的目的。

3）注射腌制法

注射腌制法是进一步改善湿腌法的一种方法，它主要用于肉类的腌制。这种方法可加速腌制时盐液的扩散过程，缩短腌制时间。

（1）动脉注射腌制法　动脉注射腌制法是利用泵将盐液或腌制液经动脉血管压送到分割肉或腿肉的腌制方法。这是一种散布盐液的最好方法。一般在分割胴体时并不考虑原来动脉系统的完整性，因此，该法仅用于腌制完整的前、后腿。在动脉注射时，用单一针头先插入前、后腿股动脉的切口内，再将盐液或腌制液压入腿内的各部位，使其增重8%～10%，甚至增至20%左右。在动脉注射时，所用的腌料与干腌的腌料大致相同，在水里加入食

盐、糖、硝酸钠或亚硝酸钠（后两者可同时采用）。

动脉注射的优点是腌制速度快、出货迅速、产品得率高。若要进一步提高产品得率，还可添加碱性磷酸盐。其缺点是只能用来腌制前、后腿；在胴体进行分割时，要注意保证动态系统的完整性。另外，腌制所得产品易发生腐败和变质，需冷藏运输。

（2）肌内注射腌制法　肌内注射腌制法是利用针头将腌制液注入肌肉。该法可分为单针头注射法和多针头注射法。肌内注射用的针头多数为多孔，以便腌制液向四面射出。单针头注射法可用于各种肉块制品的腌制，与动脉系统无关。多针头注射法比较适合于形状整齐且不带骨的肉类，尤其用于腹部肉和肋条肉的腌制。

在利用肌内注射腌制肌肉时，会出现盐液过多地聚集在注射部位的周围，在短时间内很难散开。因此，注射需要较长的时间，以便使盐液得到充分扩散。另外，在注射后也会采用嫩化机、滚揉机对肌肉组织进行破坏，打开肌肉束腱，以加速盐液的渗透与扩散。在利用单针头注射时，一般每针盐液注射量是85 g左右，其注射量较小，比较适合于试验、小批量生产等。多针头注射法的操作与单针头注射法的操作类似，其注射密度大，操作简便，适合工厂企业生产使用。

肌内注射的优点是无须经过动脉系统，可直接将盐液或腌制液通过针头注入肌肉，尤其是利用多针头注射可大大缩短操作时间，提高生产效率，且利用盐液注射腌制可提高产品得率，降低成本。其缺点是腌制所得的肉制品的品质不及干腌制品，风味较差，且因腌制品被煮熟后其收缩程度较大。

4）真空腌制法

真空腌制法主要是利用压差引起的流体动力学机理和变形、松弛现象来提高腌制效率。在肉腌制过程中，利用真空、低温环境促使组织细胞内的液体蒸发。在物料内部形成很多压力较低的泡孔，进而在细胞内、外压差和毛细管效应的共同作用下，使得外部液体更易渗入物料组织内部。此外，食品物料在真空条件下会产生一定的膨胀，使得细胞间距增大，即变形、松弛现象，这有利于盐液更快地渗入物料内部，提高腌制效率。

真空腌制法的优点是它可以提高产品质量，这主要是由于在真空条件下，食品组织中的氧气被排

除，有效地防止了褐变。真空腌制法处理腌制品的温度较低，保护了原料的颜色、风味、香味及热敏营养组分。真空腌制法还可减少细胞破裂和物料塌陷，降低物料的汁液损失，也有抑制和杀菌的作用，并能创造低氧环境，保障食品的卫生安全。

5）滚揉腌制法

滚揉腌制法是将预先适当腌制的肉料或肉料与腌制剂混合放入滚揉机内连续或间歇滚揉，时间一般控制在 5~24 h，温度为 2~5 ℃，转速为 3.5 r/min，这是肉类快速腌制的一种方法。

滚揉腌制法的优点是肉块在滚揉机内翻滚可促进盐液的渗透和盐溶蛋白的提取，并起到破坏肉块表面组织结构的作用，从而缩短腌制周期，提高黏结性和保水性。该方法常与湿腌法及肌内注射法结合使用。

6）超声波腌制法

超声波腌制法是在肉腌制过程中，运用超声波以提高腌制速率的方法。经超声波腌制处理后，肉样有较高的食盐扩散系数，且与超声波强度呈指数增长趋势。

超声波腌制法的优点是适宜频率和强度的超声波腌制既可提高腌制剂的扩散与渗透速率，又可改变肌肉组织的微观结构，从而达到提高保水性和产品质地的目的。另外，超声波可提高腌制速率和腌制的均匀性，因此，使用超声波腌制法对开发低盐肉制品具有重要意义。其缺点是在使用超声波腌制时，一定要选择适合的频率和强度。若超声波强度过高，会造成肌肉蛋白变性而降低肉制品品质；若超声波强度过低，又难以达到预期的促进盐液扩散和改善品质的目的。

7）混合腌制法

混合腌制法就是采用 2 种及以上的腌制方法相结合的腌制技术。在肉类腌制时，常把干腌和湿腌相结合，如先干腌 3 d，再湿腌半个月；又如，注射法和干腌法或湿腌法相结合，先行注射盐液，再干腌或湿腌。

混合腌制法的优点是肉制品能提高产品色泽，减少营养流失（蛋白流失量为 0.6%），口感适中，而且由于干盐及时溶解在外渗水中，可有效避免因湿腌水分外渗而降低盐液浓度；果蔬制品的风味独特，咸、酸、甜均有，保水性较好。其缺点是生产

工艺较为复杂，腌制周期较长。

2. 食品的糖渍

食品的糖渍就是利用糖液对食品原料进行处理，使之扩散和渗透到组织内部，降低水分活度，以提高渗透压，达到延长保质期、改善风味并丰富食品种类的目的。用于糖渍的果蔬原料应选择适宜糖渍加工的品种，且有合适的成熟度，加工所用水应符合国家饮用水标准。在糖渍前，还要对原料进行预处理。糖制品按照加工方法及产品形态的不同可分为果脯蜜饯类和果酱类。

1）果脯蜜饯类

经预处理后的果蔬类原料加糖液煮制或蜜制而成的产品即为果脯蜜饯类。在果脯蜜饯加工过程中，可一定程度地保持原料的组织结构，产品形态的完整饱满，糖分充分渗入组织内部，本色或染色，透明或半透明，质地较柔软，具有本品种原有的风味。为保持果实或果块的原本形态，糖分充分渗透的难易程度成为糖渍加工中需要考虑的重要问题之一。果脯蜜饯类的糖渍一般分为糖煮、糖腌和糖渍。

2）果酱类

果酱类的加工需破坏食品原料的组织形态，利用果胶质的凝胶特性，加糖熬煮和浓缩使其形成黏稠状或胶冻状的高糖、高酸食品。其主要产品有果酱、果冻、果泥等。在糖渍过程中，糖煮和浓缩是果酱类生产的关键工序。它要求果品原料中含有 1% 左右的果胶质和 1% 以上的果酸。在糖煮和浓缩时，还要根据产品种类及要求加入不同比例的砂糖，促使果浆形成凝胶，以便成型和干燥。

由于越来越多的消费者意识到高糖食品可危害某些人群的健康，故作为糖渍类食品，尤其是蜜饯食品正面临着如何降低制品含糖量的问题。

6.2 食品的烟熏保藏

食品的烟熏是在腌制的基础上利用木材不完全燃烧产生的烟气来熏制，使其具有独特风味，并以此来提高产品品质，延长保质期的方法。食品的烟熏主要用于动物性食品的加工，其在国内外已有悠久的历史，最早可追溯至公元前。某些植物性制品也可采用烟熏，如豆制品（熏干）和干果（乌枣）。

6.2.1 熏烟的主要成分和作用

熏烟是由蒸汽、气体、液体和固体微粒组合而成的混合物。熏烟的成分复杂（从木材产生的熏烟中已分离出300多种化合物）。它常因燃烧温度、燃烧条件、形成化合物的氧化及其许多因素的变化而有差异。另外，烟雾中的许多成分对食品风味和保藏所起的作用微乎其微。一般认为熏烟中的酚、醇、有机酸、羰基化合物和烃类等化学成分可直接关系到食品的风味、营养、货架期以及有效成分。

1. 酚类物质

从木材熏烟中，分离并鉴定的酚类已有20多种，它们均是酚的各种取代物，如愈创木酚、邻位甲酚、对位甲酚、间位甲酚及甲氧基取代物等，它们对熏烟中"熏香"风味的形成具有重要作用。酚及其衍生物主要是由木质素裂解生成。木质素分解最强烈的温度大概为400℃。

在肉制品的腌制中，酚类化合物主要起到以下作用：①抗氧化；②形成特有的"熏香"味；③抑菌和防腐；④对产品的呈色作用。其中，酚能有效防止肉制品氧化最为重要。大部分的熏烟集中在烟熏肉的表面层，但也会部分内渗。其渗透的程度可用总酚向制品内部扩散的浓度和深度进行估测。需要注意的是，由于各种酚所呈现的色泽及其带来的风味并不一样，总酚含量也不能完全反映各种酚的组成，所以用总酚量来衡量熏肉制品风味，不可能得出与感官评价完全相一致的结论。

2. 醇类物质

木材熏烟中含有多种醇类，其中，甲醇（木醇）是最简单和最常见的。它是木材分解和蒸馏中的主要产物之一。除此之外，熏烟中还包括伯醇、仲醇、叔醇等，不过它们常被氧化成相应的酸类。

在熏烟中，醇类的主要作用是作为挥发性物质的载体来使用。其对产品的色、香、味并不起任何主要作用。由于醇类在熏烟中含量较低，因此，它的杀菌作用也极弱。

3. 有机酸

在熏烟的组成成分中还含有碳数低于10的简单有机酸。其中，含1~4个碳的有机酸，如蚁酸、乙酸、丙酸、丁酸和异丁酸等。它们主要存在于熏烟的蒸汽相中，而链较长的有机酸（含有5~10个碳），如戊酸、异戊酸、己酸、庚酸、辛酸、壬酸和癸酸等则附着于熏烟的微粒。

有机酸对烟熏制品的风味影响甚微，几乎无直接作用。但是其可聚集在制品表面，表现出微弱的防腐能力。经研究发现，酸可促进肉制品表面蛋白质的凝固，这对提升肉制品的品质十分重要，尤其是在生产无皮西式香肠时，肠衣易剥除。虽然加热也可促进蛋白质凝结，但酸对其形成良好的外皮颇有好处。因此，在烟熏时，相较于单纯烟熏，利用酸液腌渍或喷涂更能迅速达到形成良好外皮的目的。

4. 羰基化合物

熏烟中存在着大量的羰基化合物，它们与有机酸相似，并分布在蒸汽相和固体微粒中。目前，已确定的羰基化合物有20多种，但它们在熏烟中的含量差异很大，主要包括2-戊酮、戊醛、丁醛、2-丁酮等。其中，在蒸汽相中存在着的一些短链的醛酮化合物具有非常典型的烟熏风味和芳香味。羰基化合物还可与肉中的蛋白质、氨基酸发生美拉德反应，产生烟熏色泽。因此，羰基化合物对熏烟色泽、风味和芳香味的形成极为重要。

5. 烃类

从烟熏食品中可分离出多种多苯环烃类，它们是木材被燃烧后分解的产物，数量达25种以上。其包括苯并（a）蒽、二苯并（a，h）蒽、苯并（a）芘及4-甲基等。其中，二苯并（a，h）蒽和苯并（a）芘，已被证实是致癌物质。目前，这两种致癌物质是在熏烟食品中被要求安全控制的重要物质指标。

在烟熏制品中，尚未发现其他的多环烃具有致癌性。但多环烃与烟熏制品的防腐和风味无关，它主要附着于熏烟的固相颗粒，因而可过滤除去。目前，降低二苯并（a，h）蒽和苯并（a）芘的方法主要有以下几种。

1）控制生烟温度

二苯并蒽和苯并芘的生成需要较高温度。当燃烧温度为400℃以下时，生成量极少；当燃烧温度高于400℃时，它会随温度升高而急剧升高。因此，只要适当控制燃烧温度（400℃以下），可有效降低这类物质的生成。

2）除去多环芳香烃

多环芳烃相对分子质量较大，多分布于固相颗粒

上。因此，可通过过滤（棉花）或淋水的方法除去。

3）采用烟熏液

可选用不含二苯并（a，h）蒽和苯并（a）芘等的液体烟熏剂，避免食品因烟熏而含有致癌物质。

4）食用时去外皮

一般来说，动物肠衣和人造纤维肠衣对苯并芘均有不同程度的阻隔作用，使其含量的80%留在表皮，因此，食用前可除去肠衣，以减少这类物质的摄入量。

6.2.2 烟熏的目的

起初，烟熏主要是为了延长食品的保质期。而随着低温保藏技术的发展，赋予食品独特的烟熏风味成为食品烟熏的首要目的。烟熏的主要目的包括以下几方面。

1. 烟熏的呈味作用

香气和滋味是评定烟熏制品好坏的重要指标。在烟熏过程中发生的一系列复杂的物理、化学及微生物的变化赋予了制品特有的香气和滋味。

1）烟熏过程形成的风味

肉制品在烟熏过程中因加热和烧烤可生成诱人的香气，产生多种化合物混合组成的复合香味。经研究发现，主要的呈香物质有醛、酮、呋喃、内酯、吡嗪和含硫化合物等。这些物质的前体主要为肉的水溶性抽提物中的氨基酸、多肽、核酸、脂质和糖类等。它们在加热过程中会发生多种反应，主要包括脂质的自氧化、脱水、脱羧及水解反应；糖类、蛋白质的分解、氧化及糖与氨基酸产生的美拉德反应。通过这些反应可生成许多挥发和不挥发的物质，这些物质又发生相互作用，最终形成一系列香气成分。

2）吸附熏烟中的香气物质

熏烟中的酚类、醛类、有机酸（甲酸和乙酸）、乙醇和酯类等，尤其是酚类中的愈创木酚和4-甲基愈创木酚是最重要的呈味物质，即所谓的"熏香"。在烟熏加工时，制品可通过吸附作用吸附熏烟中的"熏香"成分，再加上自身反应形成的香气成分，最终获得了烟熏制品特有的风味。

2. 烟熏的发色作用

食品的色泽与滋味、香气一样重要，良好的色泽也可增进人们的食欲。烟熏制品呈现出的棕色和金黄色主要是由羰基化合物与氨基酸发生美拉德反应而产生的结果。其中，羰基化合物主要来自熏烟，而氨基酸主要来自食品原料的蛋白质或其他氨基化合物等。产品的色泽还与木材种类、烟气浓度、树脂含量、熏制温度及肉品表面水分等相关。如以山毛榉为燃料，肉呈金黄色；而以赤杨、栎树为燃料，则肉呈深黄或棕色。若肠制品先加热再烟熏，则肠制品表面色彩均匀而鲜明，而脂肪外渗也可为烟熏制品带来光泽。又如，肉表面干燥、温度较低时色淡；肉表面潮湿、温度又较高时则色深。

由于烟熏是在腌制基础上进行的，肉在进行腌制时经常要加入发色剂、硝酸盐和亚硝酸盐。它们在酸性条件下会被细菌或无须细菌分解形成亚硝酸，而亚硝酸可进一步分解生成 NO，NO 可与肌红蛋白或高铁肌红蛋白结合，进而生成鲜红色的亚硝基肌红蛋白或亚硝基血红蛋白。它们在一定程度上改善肉制品的色泽，提高其外观美感。

3. 烟熏的防腐作用

烟熏的重要作用之一是杀菌防腐。其中，起防腐作用的物质主要是熏烟成分中的有机酸、醛类和酚类物质。有机酸可降低食品表面的 pH，其对微生物有一定的抑制作用，还可降低微生物的抗性，使得其在加热时更易杀死制品表面的腐败菌。醛类物质，尤其是甲醛不但自身具有很强的杀菌作用，还可以通过与蛋白质或氨基酸中的游离氨基结合，削弱其碱性，增强其酸性，进而加强防腐效果；酚类物质也有一定的杀菌防腐作用，但效果较弱。

一般烟熏制品先经过腌渍，使其水分散失，抑制其微生物生理活动，再经过烟熏及热处理，制品表面的蛋白与烟气相互作用而发生凝固形成蛋白质变性薄膜。这样可防止制品内部水分的蒸发和风味物质的逸出，也可防止被微生物二次污染。

4. 烟熏的抗氧化作用

熏烟中的酚类和水溶性物质，如丙二醇具有抗氧化特性，尤其是苯酚中的邻苯二酚和邻苯三酚及其衍生物最为显著，它们可防止制品酸败。例如，在烟熏脂肪时，这些物质可较好地保护脂溶性维生素不受到破坏，又能削弱脂肪的氧化作用，从而产生高度、稳定的抗氧化性能。

6.2.3 烟熏的方法及控制

1. 烟熏的方法

传统的烟熏方法是在烟熏室内用火燃烧木柴或

锯末进行熏制的。随着科技的进步，不断涌现出新的烟熏方法，使烟熏制品更加健康，操作过程也更加简便。按照在烟熏过程中加热温度的不同，烟熏法分为冷熏法、热熏法、电熏法和液熏法。

1）冷熏法

制品进行熏烟和空气混合的温度不超过 22 ℃ 的烟熏过程称为冷熏。冷熏的熏制过程较长，一般为 4～7 d，制品采用冷熏法时，因水分损失多，可待其充分干燥和成熟，以此增强制品风味，提高制品中盐含量和烟熏成分，使保藏期延长。冷熏法主要用于制造不进行加热的制品，如干制香肠，尤其是烟熏生香肠，也可用于带骨火腿或培根的熏制。

2）热熏法

制品周围熏烟和空气混合的温度超过 22 ℃ 的烟熏过程称为热熏。一般采用 2 种温度：30～50 ℃ 和 50～80 ℃。其中，当烟熏温度控制为 30～50 ℃ 时，称为温熏。温熏法的熏制条件可使脂肪快速游离，这就导致了烟熏制品质地较硬，且温度条件适于微生物生长，故烟熏时间不宜太长，一般为 5～6 h，在低温下可熏制 1～2 d。此类制品风味好，但水分含量较高，贮藏性差。该法适合于熏制脱骨火腿、通脊火腿和培根等。当烟熏温度控制为 50～80 ℃ 时，称为热熏。常用温度为 60 ℃ 左右，这个温度可有效抑制微生物生长。因热熏的温度较高，故烟熏时间较短，为 4～6 h。生产烟熏熟制品时，所用温度应为 60～110 ℃。在热熏时，蛋白会迅速凝固，制品表面很快形成干膜，制品内水分的外渗受到阻碍，干燥过程被延缓，同时它也阻碍了熏烟成分向制品内部的渗透。因此，制品的含水量较高（50%～60%），盐分和熏烟成分含量较低，且脂肪易融化，不利于贮藏。

3）电熏法

电熏法是利用静电进行烟熏的一种新型方法。在烟熏室内配上电线，电线上吊挂原料，通以 1 万～2 万 V 的直流电或交流电进行熏制。

电熏法的优点是熏烟带上电荷，可提高烟熏速度，且熏烟成分能更深入地渗透到制品的组织中，从而起到了提高制品风味，延长保质期的作用。其缺点是制品中的甲醛含量相对较高，烟熏不均匀，产品尖端部分的沉积物较多，而且设备费用昂贵。因此，这种方法几乎不再采用。

4）液熏法

利用液态烟熏制剂代替传统烟熏的方法被称为液熏法，又被称为湿熏法或无烟熏法。该法利用木材干馏生成的木醋液或者其他方法制成的与烟气成分相同的无毒液体，来浸泡食品或喷涂食品表面，国内外已逐步开始使用。与传统烟熏方法相比，液熏法有以下优点：一是不再需要熏烟发生装置，可节省大量的投资费用；二是液态烟熏制剂成分比较稳定，促使烟熏过程有较好的重现性，便于实现机械化和连续化；三是制得的烟熏制剂已除去固相物质及吸附的烃类，从而降低了致癌的危险系数；四是操作简便、熏制时间短、降低劳动强度、不污染环境。

目前，一些国家已配制出烟熏液的系列产品，用于熏制腊肉、火腿、家禽肉制品、鱼类制品、干酪及点心类等。如美国有 90% 的烟熏制品是采用液熏法加工的。其每年烟熏液用量高达 1 000 t。日本的烟熏液用量也达到 700 t。我国烟熏液的研究始于 1984 年，1987 年被允许使用，现在国内烟熏液潜在需求量为每年 200 t 左右。

不过，采用液熏法制得的食品的风味、色泽以及保藏性能均不及传统的烟熏制品，因而仍有待进一步探索和改进。但总体来说，基于液熏法的优点，这种方法将会成为食品烟熏方法的发展趋势，所以烟熏液的使用有着光明的前途。

2. 熏烟的产生

1）材料

烟熏可采用各种燃料，但其所产生的成分有差别。一般来说，烟熏材料应选择树脂少、香气好的木材，常采用阔叶树的硬木木材，如柞、桦、槲、榛、核桃、胡桃、樱桃、法国梧桐、白杨、苹果和李等。其中，胡桃木为优质烟熏肉的标准燃料。烟熏材料不采用针叶树的木材，如松、杉、枞、柏等及桧、桐等软木。因为针叶树木的木材树脂含量高，在发烟时，易生成大量的碳化固体颗粒，影响食品的色泽，并伴有苦味。但若采用液态烟熏法，则上述木材均可使用。我国烟熏食品多采用木炭加阔叶树的木屑、玉米棒子和谷壳等作为发烟材料。

2）设备

起初所用的烟熏炉是用砖砌成的。燃料用木块、木屑或两者混合使用。在冷熏时，需分开发烟装置和

烟熏室，熏烟经自然冷却后再进入烟熏室。这种空气调节方式属于自然空气循环式。现在国外已使用空气调节或强制通风式烟熏装置来调节烟熏室的温度、相对湿度及熏烟流速，以更准确地控制烟熏过程，特别是控制烟熏蒸煮的温度和成品的干缩度。

现在已经有专供火腿、香肠制品的连续自动烟熏装置。这种装置可对加工的时间、温度和相对湿度进行控制。这种自动烟熏设备的一台烟雾发生器把一个甚至几个烟熏室串接起来。送入烟熏室的熏烟按要求对温度、湿度及风量进行调整和程序组合，并按照步骤自动控制烟熏时间。烟熏可与蒸煮同时进行，成品连续出炉。

3. 烟熏过程的控制

1）熏烟产生的温度

熏烟是由植物性材料缓慢燃烧或不完全氧化所产生的，这就要求控制较低的燃烧温度和适宜的空气供应量。

（1）当木材缓慢燃烧或不完全氧化时　这时先发生脱水现象。在脱水过程中，木材外表面的温度略高于 100 ℃，发生氧化反应，而内部则进行着水分的扩散和蒸发，其温度低于 100 ℃，这时会产生一氧化碳、二氧化碳和挥发性短链有机酸等产物。

（2）当燃料内部水分接近零时　这时温度迅速上升至 300~400 ℃，此时燃料中的组分会发生热分解，并产生熏烟。大多数的木材在温度为 200~260 ℃时，已发生熏烟；当温度达到 260~310 ℃时，可生成焦木液和一些焦油；当温度再上升至 310 ℃以上时，木质素可裂解产生酚及其衍生物。而苯并蒽和苯并芘等致癌物多在温度上升至 400~1 000 ℃时产生。

因此，在正常的烟熏情况下，一般温度控制在 200~400 ℃，这样的温度既可以产生高质量的熏烟，也可避免过多地产生致癌物质。

2）熏烟的浓度

在烟熏过程中，烟熏房中熏烟的浓度可用 40 W 的电灯来确定，如果离开 7 m，仍然能够看见物体，则表明熏烟不浓；而离开 0.6 m，就不可见，则说明熏烟很浓。

（1）熏烟的方法　在对高档产品、非加热制品熏制时，最好采用冷熏法。而在热熏肉制品时，则以不发生脂肪熔融为宜。

（2）熏烟程度的判断　判断熏烟程度的主要依据是烟熏的上色程度。烟熏上色程度可通过化学分析方法以测定肉制品中所含的酚醛量来确定。具体做法是从肉制品表面到一定深度（5 或 10 mm）采样分析，以 μg/g 表示。

6.3　食品的发酵保藏

在自然界中，微生物的种类繁多，它们存在于任何有生命的地方。在自然循环中，绿色植物利用自身的光合作用合成人类维持生命活动所必需的能源物质。而微生物却承担着将光合作用的产物进行分解的角色，由其分解后的产物继续回到自然环境中进行再循环。在我们生活的周围环境中存在着各种各样的微生物，其生命力非常顽强，只要环境和营养物质适宜便会迅速繁殖。

微生物与人类的生活、生产密切相关。一方面，微生物在适宜条件下可引起食品的腐败和变质、动植物和人类的病害等，如天气炎热时，鱼肉极易腐败发臭，牛乳易变质等；另一方面，经长期的观察发现，微生物可引发食品的自然发酵，而这些发酵并不完全有害。经研究证明，有些是有益的。因此，在 4 000 年前，人类还未发现微生物是导致食品腐败和变质的主要因素，却已经掌握了酿酒、酸乳、腌酸菜、豆豉、甜酱、面包发酵及干酪等生产技术。这就表明微生物可用于食品生产，并已成为现代食品保藏必不可少的一部分，即发酵保藏。这种方法的特点是利用环境中的各种因素促进某种或某些有益微生物的生长，建立起不利于有害微生物生长的环境，以预防食品腐败和变质，并改善食品原有营养成分和风味，增添食品的花色和品种。

6.3.1　发酵的概念

尽管在数千年前人们已经掌握了酿酒、生产调味品及制作面包等技术，但对微生物的作用和原理并未有深刻认识。"发酵"最初是指轻度发泡或沸腾的状态，在 1 000 多年前，它用来表示酿酒的过程，当时对反应的原理并不清楚，仅仅知道发泡是由糖转化时形成的气体所致。经 Joseph Louis 和 Gay-Lussac 的研究后，人们才意识到发酵就是糖转化成乙醇和 CO_2 的过程。化学家和微生物学家也曾经激烈争论过"发酵究竟是微生物引起的生物过程，还是纯粹的化学过程"这一问题。直到法国科学家Louis Pasteur 的研究分离出许多引起发酵的微生物，才进一步证实酒精发酵是由酵母菌所引起的，并明确了发酵是由微生物引起的生物过程。Louis Pasteur 后续研究了氧气对酵母菌生长发育和酒精发酵的影响，也发现了乳酸发酵、醋酸发酵及丁酸发酵等是由不同微生物所引起的，并于 1857 年首次发现乳酸菌，又于 1863 年发现了醋酸菌。

以往人们认为发酵是在缺氧条件下糖类的分解。若从分子反应角度出发，电子供体为有机物，而最终的电子受体也为有机物的生物氧化过程就称之为发酵作用。但从食品工业角度来看，为了扩大其使用范围，发酵可进一步被理解为在有氧条件或缺氧条件下，人们借助微生物的生命活动来制备微生物细胞或生成直接或次级代谢产物的过程。例如，习惯上，把乳酸链球菌（*Streptococcus lactis*）在无氧条件下将乳糖转化成乳酸的过程和纹膜醋酸杆菌（*Acetobacter aceti*），在有氧条件下将乙醇转化成醋酸的过程都被认为是发酵。然而这两个过程是有区别的：前者属于真正意义的发酵；后者严格来说不属于发酵而是氧化。因此，发酵不仅仅指微生物对糖类的作用，还包括微生物和酶对蛋白质、糖、脂肪等营养物质的作用。

根据微生物发酵的应用不同，可将其分为 3 种：一是利用微生物发酵和生产发酵食品。如在发酵过程中，发酵食品的微生物利用和转化的物质特别复杂，它们可将糖、蛋白质和脂肪等营养物质适当降解（转化）。发酵食品的主要特点是产生特有的风味和代谢物，且微生物本身也是食品的成分之一。二是利用微生物代谢产物的发酵技术。传统的发酵技术包括酒精、丙酮、丁醇和甘油等，新型的发酵技术包括氨基酸、有机酸、维生素、核苷酸、酶制剂及各种抗生素类等。随着现代生物技术的不断深入，微生物发酵产物及产量有了重大飞跃。三是利用微生物菌体细胞及其活性。微生物菌体中富含蛋白质等营养素，其中，食用菌可为人类提供丰富多彩的食用原料，其菌体细胞中蛋白质的生产也可为人类提供大量的蛋白质资源。目前，面包酵母、啤酒酵母和乳酸菌发酵剂等活性细胞的生产和

供应已大大促进和保证了发酵及其他食品工业的稳步发展。而随着对微生物研究的不断深入，人们已不只停留在对微生物菌体细胞中营养成分的利用，已充分意识到其活体细胞对人体健康的贡献。例如，乳酸菌及双歧杆菌等肠道益生菌对人类健康的研究成果带来了益生菌和益生元产业的迅猛发展。

6.3.2　发酵对食品品质的影响

发酵不仅可增加食品的花色和品种，改善人们的食欲，还能提高食品的耐藏性。对于不少发酵食品而言，其最终产物，尤其是酸和酒精可有效阻止腐败变质菌的生长，也能抑制食品中病原菌的生长活动。例如，肉毒梭菌在 pH 为 4.5 的条件下难以生长，因此，在酸性的发酵食品中就不会存在肉毒梭菌的生长。

在食品发酵时，微生物需从食品中获得能源，从而导致食品中供给人体消化的能量有所减少。如果化合物已全部转化成水和 CO_2，那么能量将完全消失，以致人体不能再吸收能量，所以大多数食品的发酵过程需要控制，以适当保存能源。而发酵的终产物基本是酒精、有机酸、酮类和醛类等。与底物相比，发酵终产物的氧化程度很低，且可保持其原有的大部分能量，以供人体所需。此外，在发酵和反应的同时，还会产生一些热量，介质温度有所升高，但这种消耗微乎其微。因此，发酵食品仍然能保持大量的热量来满足人体需求。

与未发酵食品相比，发酵食品能提高其原有的某些营养价值。首先，由于微生物在发酵过程中除了分解营养物质，同时还进行着自身的新陈代谢，合成许多复杂的维生素及其他生长素。其次，可释放出封闭在不易消化的植物结构或细胞内的营养素，以此增加食品的营养价值，特别是种子和谷物。例如，借助于机械加工手段制成的粉末即使经过蒸煮，其营养也不能全部释放，有一部分营养不能被人体利用。而利用发酵就可借助微生物酶的生化作用将某些不易消化的保护层或细胞壁分解，尤其是霉菌含有大量的纤维素分解酶。在其生长时，菌丝会深入食品结构内部，改变食品组织结构，人体的消化汁液渗透到结构内部，细菌和酵母中的酶类也可起到类似作用。最后，人体不易消化的纤维素、半纤维素及类似的合成物可在酶的催化作用下

生成简单的糖类及其衍生物，以此来提升营养价值。然而，随着这些反应的进行，食品原本的质地和外观也会发生变化。因此，相较于未发酵食品显著不同，发酵食品丰富了人们日常膳食的花色和品种。

6.3.3 微生物在食品中的作用类型

食品中的微生物种类繁多，其裂解产物范围也相当广泛。根据食品中微生物的作用对象不同，可将其大致分为朊解菌、脂解菌和发酵菌3种类型。一般来说，只有极少数的微生物可在各种酶的相互协作下，同时进行朊解、脂解和发酵。而对于大多数微生物而言，各自在不同程度上仅显示某一种特性，或只能表现出某一种变化。

1. 朊解菌

朊解菌主要通过分泌蛋白酶来分解食品中的蛋白质及其他含氮化合物。代谢产物主要是蛋白胨、多肽、氨基酸、胺类、硫化氢、甲烷和氢气等，并伴随着腐臭味，且不利于保藏，不宜食用。这类微生物包括黄色杆菌属（*Flavobacterium*）、变形杆菌属（*Proteus*）、芽孢杆菌属（*Bacillus Cohn*）、梭状芽孢杆菌属（*Clostridium*）、假单胞菌属（*Pseudomonas*）和毛霉（*Mucor*）。除最后一种属霉菌外，其余都是细菌。

2. 脂解菌

脂解菌可通过微生物分泌的脂肪酶作用于脂肪、磷脂和类脂等，使其降解为脂肪酸、甘油、醛、酮类、CO_2和水等，引起油脂酸败，产生哈喇味和鱼腥味，从而导致食品变质。目前，脂解菌主要有假胞菌属（*Pseudomonas*）、无色杆菌属（*Achromobacter SP*）、芽孢杆菌属（*Bacillus Cohn*）以及一些霉菌（*Mould*）。

3. 发酵菌

发酵菌的作用对象主要是糖类及其衍生物，并将其转化为乙醇、酸及CO_2等。这类产物并不让人讨厌，反而可引起人们对这类食品的喜爱。因此，不少发酵菌的发酵作用对食品加工和保藏有一定的贡献。这主要得益于发酵微生物代谢所产生的风味物质及乙醇、有机酸等的抑菌能力。但需要注意的是，若某些发酵菌污染了食品，则会导致食品的变质。

综上所述，为了延长食品的保质期，在发酵过

程中需促进发酵菌的生长，产生浓度足够高的酒精和酸等以抑制其他脂解菌或朊解菌的生长，进而防止后两者带来的腐败和变质。所以食品发酵和保藏的原理是让发酵菌迅速大批成长，利用食物成分，产生酒精和酸，同时抑制其他菌类的生长活动。此外，食品中的微生物可在不同条件下对糖分开启不同的发酵模式。其主要有酒精发酵、乳酸发酵、醋酸发酵、丁酸发酵及一些次要的发酵，这些发酵模式均可得到不同的产物。

1）酒精发酵

酒精发酵在食品工业中有着非常重要的地位，是酿酒工业的基础。食品原材料经酵母发酵后，由此产生了一定浓度的乙醇和风味物质。例如，白酒、果酒、啤酒等都是利用酒精发酵制得的。乙醇还可以起到抑制其他一些有害微生物生存的作用。进行酒精发酵的微生物主要是酵母，其包括葡萄酒酵母（*Saccharomyces ellipsoideus*）和啤酒酵母（*Saccharomyces cerevisiae*）等。另外，还有少数细菌也可进行酒精发酵，如发酵单胞菌（*Zymononas mobilis*）、解淀粉欧文氏菌（*Erwinia amylovora*）和嗜糖假单胞菌（*Pseudomonas Saccharophila*）。实际上，糖分需经过多个裂解阶段，产生各种中间产物后，才能形成终产物。其中，酵母在无氧条件下将葡萄糖分解成两分子的丙酮酸，再在酒精发酵关键酶——丙酮酸脱羧酶的作用下形成乙醛和CO_2，乙醛最终还原为乙醇。这是酵母正常的发酵形式，但如果改变发酵条件，就会导致酵母发酵后产生甘油。

2）乳酸发酵

乳酸是乳酸菌发酵最常见的终产物。乳酸菌在自然界中分布广泛，例如，果、蔬、乳、肉等食品也可在不适宜于其他微生物生长和活动的条件下生存。乳酸发酵所得最终产物只有乳酸的发酵称为同型乳酸发酵。而在发酵产物中，除了乳酸外，还形成了乙醇、乙酸及CO_2等其他产物的发酵被称为异型乳酸发酵。一般能引起同型乳酸发酵的乳酸菌，被称为同型乳酸发酵菌，其主要有双球菌属（*Diplococcus*）、链球菌属（*Streptococcus*）和乳酸杆菌属（*Lactobacillus*）等，其中，乳酸杆菌属的一些种类是工业发酵中最常用的菌种，如发

酵乳制品常用保加利亚乳杆菌（*L. bulgaricus*）和干酪乳酸杆菌（*L. casei*）等。同型乳酸发酵的基质主要是己糖。发酵过程是乳酸菌在无氧条件下将葡萄糖分解产生的丙酮酸直接还原为乳酸，并产生能量的过程。异型乳酸发酵则基本是通过磷酸解酮酶的途径进行的，主要发生在蔬菜腌制过程中，常常伴随乳酸产生酒精，但酒精产量极低，为0.5%～0.7%，对乳酸发酵无影响。进行异型乳酸发酵的乳酸菌主要有肠膜明串球菌（*Leuconostos mesenteuides*）、葡萄糖明串球菌（*L. dextranicum*）、短乳杆菌（*L. brevis*）、番茄乳酸杆菌（*L. lycopersicum*）、双叉乳酸杆菌（*L. bifidus*）和两歧双歧乳酸菌（*Bifidobacterium bifidus*）等。乳酸菌可迅速生长，积累乳酸及其他代谢产物，抑制其他微生物的生命活动，从而防止食品腐败和变质，并改善其风味。因此，乳酸发酵已广泛应用于乳酸菌饮料、酸奶、乳酪、泡菜的生产。

3）醋酸发酵

醋酸发酵主要是醋酸细菌将糖发酵生成醋酸的过程。在醋酸发酵中既有好氧菌，如纹膜醋酸杆菌（*Acetobacter aceti*）、氧化醋酸杆菌（*A. oxydans*）和巴氏醋酸杆菌（*A. pasteurianus*）等，又有厌氧菌，如热醋梭菌（*C. themoaceticum*）和胶醋酸杆菌（*A. xylinum*）等。好氧醋酸菌进行的发酵是在有氧的条件下将糖酵解产生的酒精直接氧化为醋酸，并释放出能量的过程。厌氧醋酸菌则是在无氧条件下，葡萄糖经 EMP 途径生成丙酮酸，再在厌氧菌分泌的丙酮脱羧酶、乙酸激酶和辅酶 M 的作用下生成乙酸。其中，好氧性的醋酸发酵是酿醋工业的基础，其主要在液体表面进行，经发酵产生乙酸后，进一步精制便可制得各种食用醋。另外，醋酸发酵液还可用来提纯制备冰醋酸。厌氧性的醋酸发酵则是我国酿造糖醋的主要方式。

4）丁酸发酵

丁酸发酵，又称酪酸发酵，它是食品中的己糖在酪酸梭状芽孢杆菌的作用下转化为酪酸的过程。这是食品保藏中最不受欢迎的发酵方式。酪酸发酵对食品保藏极为有害，酪酸会给腌制品带来一种令人厌恶的气味，严重降低食品的品质，而且酪酸梭状芽孢杆菌是导致人类疾病的病原菌之一。在腌制初期或贮藏末期及高温条件下极易产生酪酸发酵，因此，控制温度是预防酪酸发酵的主要手段。

食品发酵种类较多，微生物导致食品变化的类型也很多，所以在生产发酵食品和利用发酵保藏食品时，应根据发酵食品的要求，有效控制各种反应，即促进或抑制某些反应的进行，以获得预期的效果。

6.3.4 控制食品发酵的因素

如前所述，如不对食品发酵加以控制，极易造成食品腐败和变质。虽然某种条件适宜某类发酵，但若将控制条件稍加改变，则会导致发酵发生明显变化。其中，影响微生物生长及新陈代谢的因素很多，包括酸度、酒精含量、氧的供给量、菌种的使用、温度和食盐添加量等，同时这些因素也决定了发酵食品后期贮藏中微生物的种类。因此，在食品发酵中，需要控制上述因素。

1. 酸度

不管是食品的原有成分，还是外加的酸或发酵后产生的酸，它们都具有抑制微生物生长的作用，即酸性食品具有一定的防腐能力。其原理是在高酸度条件下，高浓度的氢离子可降低微生物中的蛋白质及酶的活性，阻碍溶质向菌体内部输送，也阻碍合成被膜组分的反应。此外，高浓度的氢离子也会影响微生物正常的呼吸作用，从而起到一定的抑菌防腐作用。

自身含酸量不高的食品需在腐败前迅速加酸或促进发酵产酸，以有效抑制有害微生物的大量繁殖。还需注意的是，虽然含酸食品有防腐能力，但其表面与空气接触，会导致霉菌生长，霉菌可将食品中的酸消耗掉，使其失去防腐能力，从而致使这类食品的表面逐渐发生朊解和脂解活动。当然，食品中的酸度也会因中和氨基酸所产生的氨类碱性物质而下降，进而为朊解菌和脂解菌的生长创造环境条件。例如，在自然发酵过程中，鲜乳先会出现极短时间的无菌期，此时细菌无法生长，而乳酸链球菌便会迅速生长并形成乳酸，从而有效地抑制了其他微生物的生长。随着乳酸含量的积累，乳酸链球菌受到抑制，此时牛乳中的耐酸性高于乳酸链球菌的乳杆菌类细菌就会突出，并连续进行发酵产酸，直到酸度高到抑制其生长为止。在高酸度条件下，

乳杆菌逐步死亡，而耐酸酵母和霉菌就会开始活动。霉菌将酸消耗，酵母则在朊解条件下生成碱性物质，在霉菌和酵母的作用下促使酸度降低，促进朊解菌和脂解菌的腐败和变质，并带来腐臭味。

2. 酒精含量

乙醇与酸一样也具有防腐作用，这是因为乙醇具有脱水的性质，它可使菌体蛋白质因脱水而变性。乙醇还可以溶解菌体表面脂质，从而起到一定的机械除菌作用。乙醇防腐能力的大小取决于其浓度，按容积计 12%～15% 的发酵乙醇就能抑制微生物生长。一般发酵饮料乙醇含量仅为 9%～13%，防腐能力不够，仍需经巴氏杀菌。如果在饮料或酒中加入乙醇，使其含量达到 20%，则不需经巴氏杀菌就能足以防止饮料或酒的腐败和变质。

3. 氧的供给量

霉菌是完全需氧性的，在缺氧条件下不能生长，因此，控制氧便可控制霉菌生长。酵母是兼性厌氧菌。在氧气充足时，酵母会大量繁殖；而在缺氧条件下，酵母则进行乙醇发酵，将糖分转化为乙醇。例如，葡萄酒酵母、啤酒酵母及面团酵母在通气条件下可大量繁殖，制成市场供应的鲜酵母；而在缺氧条件下，其则可将糖分迅速发酵，将果汁酿成果酒或产生大量 CO_2，使面团松软。细菌中既有需氧的品种，也有兼性厌氧的品种和专性厌氧的品种。例如，醋酸菌是需氧菌，在缺氧条件下难以生长。乳酸菌则为兼性厌氧菌，只有在缺氧条件下才能把糖分转化为乳酸。肉毒杆菌为专性厌氧菌，只有在完全无氧条件下方可良好生长。因此，供氧或断氧都可以促进或抑制某种菌的生长活动，同时也可以引导发酵向预期的方向进行。

4. 菌种的使用

如果在发酵开始时就加入大量预期菌种，那么它们便会迅速地生长繁殖，并抑制住其他杂菌的生长，从而促使发酵过程向着预定的方向进行。例如，面包、馒头的发酵、酿酒以及酸奶发酵就是采用了这种原理。随着科学技术的发展，在发酵前加入的预期菌种已可以用纯培养方法制得。这种纯培养菌种被称为酵种（starter），它可以是单一菌种，也可以是混合菌种。例如，制造红腐乳一般用单一的霉菌，而制造干酪则多用混合菌。另外，在接种前要用加热等各种方法预处理原料，以便在发酵前预先控制混杂在原料中的有害杂菌。

5. 温度

各种微生物都有其适宜生长的温度。发酵食品中不同类型的发酵可通过温度来控制。例如，卷心菜在腌制过程中有肠膜状明串珠菌、黄瓜发酵乳杆菌和短乳杆菌 3 种主要菌种参与将卷心菜汁液中的糖分转化为醋酸、乳酸及乙醇等。肠膜状明串珠菌适宜发酵的温度较低（21 ℃），而黄瓜发酵乳杆菌和短乳杆菌能忍受较高的温度。如果发酵初期温度超过 21 ℃，乳杆菌类就极易生长，肠膜状明串珠菌的生长受到抑制，不能形成由肠膜状明串珠菌代谢所产生的醋酸、乙醇和其他预期的产物，从而影响产品的风味，所以卷心菜在腌制初期的发酵温度应控制低些，到了发酵后期，其发酵温度可适当升高。

6. 食盐添加量

在其他因素相同的条件下，加盐量不同即可控制微生物生长及发酵活动。一般在蔬菜腌制品中常见的乳酸菌能忍受的浓度为 10%～18% 的食盐溶液，而大多数朊解菌和脂解菌则不能忍受的含量为 2.5% 以上的盐液浓度，所以通过控制腌制时食盐溶液的浓度完全可以达到防腐和发酵的目的。

思考题

1. 简述腌渍保藏中盐、糖对微生物的作用和原理。
2. 简述烟熏保藏的基本原理。
3. 简述熏烟产生的条件。
4. 简述发酵保藏的种类及其特点。
5. 简述腌渍的方法与各自特点。

食品辐照保藏

【学习目的和要求】

1. 了解食品辐照的概念、原理；

2. 了解食品辐照保藏所用射线的种类及各自的特点；

3. 了解辐照的生物学效应及安全性；

4. 了解食品辐照在食品保藏和加工中的应用现状；

5. 掌握食品辐照对食品品质的影响。

【学习重点】

1. 掌握食品辐照的原理；

2. 掌握辐照保藏食品的优点；

3. 掌握辐照在食品中的应用及剂量的选择。

【学习难点】

食品经辐照处理所产生的化学及生物学效应。

FOOD PRESERVATION

7.1 概述

食品辐照（food irradiation）是指利用射线照射食品（包括食品原料、半成品），抑制食物发芽和延迟新鲜食物生理成熟的发展，或对食品进行消毒、杀虫、杀菌、防霉等加工处理，达到延长食品保藏期，稳定、提高食品质量的处理技术。用钴60（^{60}Co）、铯137（^{137}Cs）产生的γ射线或电子加速器产生的低于10 MeV电子束照射的食品为辐照食品。

食品辐照不仅用于保鲜、保藏、防疫、医疗等方面，而且也用于提高食品质量等加工。它已成为一种新型的、有效的食品保藏加工技术。

7.1.1 辐照保藏的优缺点

1. 辐照保藏的优点

1）食品辐照采用具有较高能量和穿透力强的射线

这种保藏技术中所用的射线能够穿透食品的包装材料和食品的深层，具有很强的杀灭有害寄生虫和杀灭致病微生物的能力。在不打开食品包装材料的情况下，它就能够彻底杀虫、灭菌，具有独特的技术优势。食品辐照是一种食品"冷处理"的物理加工方法，能够较好地保持食品的色、香、味、新鲜状态和食用品质。食品辐照一般在常温下进行，辐照产生的热量很小，几乎不引起内部温度的升高，因而能保持食品原有的风味和外观，如辐照马铃薯、大蒜、鲜蘑菇、新鲜水果等。由于具有保持食品新鲜饱满、硬度好等优点，辐照食品在市场上具有较强的竞争力。用传统热处理方法进行保藏的食品特别适用辐照加工技术，如水产品、冷冻食品、中草药及调味食品。

2）食品辐照耗能低，可以节约资源

辐照处理可以延迟食品的保藏期，减少食品变质，提高食品的卫生安全，从而为食品的生产者和经销者带来利益，以减少加工中的成本。在发展中国家，由于劳动力和资源的价格较低，食品辐照加工的成本可能更低。电子加速器辐射可以与生产线相连接，进行连续地辐照处理，因此，其在加工成本上更具有优势。

3）辐照加工后的辐照食品，无二次污染，无残留，卫生安全

辐照食品是利用射线的能量实现食品保藏，不会出现任何有害残留。因此，辐照处理比用化学防腐剂保藏食品更安全。用于食品辐照的辐射源安装在封闭的装置中，并在严格的防护条件下运行，食品和农产品不接触放射性核素。在射线允许的能量范围内的辐射不会使辐照食品产生感生放射性物质，不会给食品和环境带来放射性物质的污染。辐照食品可以在常温下保存较长时间，故特别适用于为特殊人员（航天员、地质勘探、登山探险等人员）和特殊病人提供无菌食品，同时也可为SPF实验动物提供无菌饲料。随着国际经济的一体化，农产品国际贸易不断增加，辐照农产品的杀虫、灭菌将成为防止外来生物入侵的有效的简易处理手段，甚至可以在各国反对生物领域的恐怖主义的国际合作中发挥重要作用。食品辐照已成为一种新型、有效的食品保藏技术。与传统的加工保藏技术相比，辐照技术有其优越性，如加热杀菌、化学防腐、冷冻、干藏等。

2. 辐照保藏的缺点

① 经过辐照照射，一般情况下，酶不能完全被钝化。

② 从量上来讲，经辐射处理后，虽然食品所发生的化学变化是微乎其微的，但敏感性强的食品和经高剂量照射的食品可能会发生不愉快的感官性质变化。

③ 有些专家认为，辐照会诱发食品产生致突变、致畸形、致癌和有毒因子。后来的研究则认为这是没有根据的。

④ 辐照这种保藏方法不适用于所有的食品，要有选择性地应用。

⑤ 能够致死微生物的剂量对人体来说是相当高，所以必须非常谨慎，做好运输及处理食品的工作人员的安全防护工作。为此，要对辐射源进行充分遮蔽，而且需要经常、连续地对照射区和工作人员进行监测和检查。

7.1.2 国内外发展简况

早在伦琴（Roentgen）宣布发现X射线的第

二年，1896 年，明克（Minck）就提出了 X 射线对细菌的作用与实际应用的问题，经实验证实，X 射线对原生虫有致死作用。1905 年，阿普尔比（Appleby）和班克斯（Banks）发布英国专利（一种通过放射性物质辐照保持食品原有状况和品质的方法）。1921 年，斯彻瓦特日（Schwatz）使用 X 射线杀死肉中的旋毛虫（trichinella spiralis）并获得美国专利，1930 年，乌斯特（Wust）证实"所有食品包装在密封金属罐中，再用强力伦琴射线照射可杀灭所有细菌"并获得法国专利。第二次世界大战结束后，放射性同位素的大量应用和电子加速器等机械辐射源的问世，促进了辐照食品的开发。在比较短的时间内，对食品辐照研究的深入程度是传统的食品加工保藏方法所无法比拟的。并且辐照食品安全试验报告不断显示食品辐照是一种物理加工工艺，如同热、冷、干燥加工一样，对食品产生的有害物质比较少。美国、苏联、德国、日本、法国、加拿大、意大利、西班牙、比利时、芬兰、丹麦、瑞士、中国等国家进行过长期的研究，辐照食品的安全性是几十年来食品辐照研究中研究最深入的内容。

20 世纪 50 年代，大量的辐照食品报告均来自美国。1953 年，美国艾森豪威尔（Eisehower）强调美国的外交政策是"原子能为和平"，促使美国军方深入研究食品辐照。1957 年，由陆军司令部特种部队负责组织，90 个大学与政府、工业部门参加的一项为期 5 年的辐照食品研究计划启动，参与研究的实验室超过 77 个，政府每年资助 600 万美元。1960 年，美国已有辐照食品在军队试用，并对辐照食品进行了长达 10 年的安全性试验。1963 年，美国食品药品监督管理局允许辐照用于香料的杀菌与灭虫、果蔬的保藏。同年，在美国军方内蒂克（Natick）实验室举行了首次辐照食品国际会议，联合国粮食及农业组织也开始筹建国际食品辐照计划顾问委员会，使辐照食品成为国际上共同研究的项目，各国也陆续批准辐照用于食品加工，苏联最早允许 ^{60}Co 用于抑制马铃薯发芽（0.1 kGy）、谷类杀菌（0.3 kGy），其次是加拿大允许 ^{60}Co（0.1 kGy）用于抑制马铃薯发芽（1960 年）。1957 年德国

利用电子束辐照调味料使辐照技术第一次投入商业化应用。加拿大 1965 年就建立起世界最大的马铃薯辐照工厂，而且也是输出 ^{60}Co 辐照装置的主要国家。

为了加强食品辐照研究工作的国际性合作，1970 年，联合国粮食及农业组织（FAO）/国际原子能机构（IAEA）/世界卫生组织（WHO）的专家在日内瓦会议上确立食品辐照领域的国际计划（The International Project in the Field of Food Irradiation，IFIP），并在 1976 年举行的联合专家会议上对几种辐照食品的安全性进行评定，认为 5 种辐照产品（马铃薯、小麦、鸡肉、木瓜和草莓）是绝对安全的。该会议认为食品辐照是一种物理加工过程，而不是化学添加剂，只要证明辐照食品安全无毒害以后，且不影响食品营养构成，也可以可靠地推断它是安全的，同一食品高剂量辐照是安全的，可以推断低剂量辐照也是安全的。

1979 年，食品法典委员会（CAC）推荐用于食品辐照的设备操作规范（CAC/RCP 19—1979），经过讨论与修订，1983 年形成《辐照食品通用标准》（CODEX STAN 106—1983），规定除确有必要达到合理的工艺目的外，食品辐照加工的平均吸收剂量不得超过 10 kGy。1980 年 FAO/IAEA/WHO 的会议也认为，受辐照食品平均吸收剂量达到 10 kGy 时，没有毒性危害，不存在特别的营养和微生物问题，无必要再进行毒性试验。

1984 年，在 FAO/IAEA/WHO 的支持下，FAO/IAEA 在核技术在食品与农业中的应用委员会下成立了国际食品辐照咨询小组（ICGFI），该组织是由专家、政府代表等组成的国际组织。其主要功能是对食品辐照的发展做总的评论，给成员国和组织提供食品辐照应用的咨询，通过 FAO/IAEA/WHO 专家委员会、CAC 提供和发布食品辐照信息。

经过大量的科学研究，1998 年，ICGFI 第 15 次会议建议按照 HACCP 原理修订 CAC 标准中食品辐照加工的平均吸收剂量 10 kGy 的限制。1999 年，WHO 技术研究报告（890）提出只要食品在 GMP 下辐照，食品辐照剂量无必要限制。食品添加剂与污染物法典委员会（CCFAC）在第 31 次会议上，同

意 FAO/WHO/IAEA 关于 10 kGy 以上剂量辐照食品是安全与营养的结论。2001 年 3 月，CCFAC 建议将《食品辐照设备操作规范法规》改为《食品辐照加工操作推荐性国际法规》。此后，CAC 相继提出辐照食品的通用标准及法规、辐照食品鉴定方法等，为食品辐照技术应用及辐照食品进入国际市场建立了国际性的法规。

目前，全世界有 500 多种辐照食品投放市场。有比利时、菲律宾、智利、匈牙利、挪威、孟加拉国、中国、巴西、丹麦、叙利亚、泰国、阿根廷、古巴、芬兰、印度尼西亚、韩国、以色列、波兰、墨西哥、巴基斯坦、越南、伊朗、印度、英国等 52 个国家批准允许一种以上辐照食品商业化，超过 33 个国家允许辐照食品国际贸易。其中，马铃薯、洋葱、大蒜、冻虾、调味品等十几种已经实现大型商业化，取得明显的经济效益与社会效益。辐照抑制马铃薯发芽有 28 个以上国家获得批准，洋葱、天然香料等也是获较多国家批准食用的产品。其他获批准食用的产品有鳕鱼片、虾、去内脏禽肉、谷类、面粉、杧果、草莓、蘑菇、芦笋、大蒜等新鲜果蔬、调味品等。

CAC 已批准七大类辐照食品，如谷类、豆类及其制品，干果果脯类，熟畜禽肉类，冷冻包装畜、禽肉类，香辛料类，新鲜水果、蔬菜类及水产品类。我国已经批准了除水产品之外和其他七大类辐照食品。据 Kume 等（2009）的《全世界辐照食品现状》对 2005 年辐照食品进行的调查和统计，全世界经辐照处理的食品有 40.48 万 t，其中，调味料及蔬菜类 18.6 万 t，谷物和水果类 8.2 万 t，肉类和海产食品类 3.2 万 t，抑制根块作物及球茎发芽类 8.8 万 t，其他类（健康食品、菌类及蜂蜜等）1.7 万 t。中国、美国及乌克兰 3 个国家的辐照食品量占全世界辐照食品总量的 3/4。中国、美国、巴西和南非处理调味料及蔬菜类产品较多，而乌克兰、越南及日本则分别局限于谷物、冷冻海产品及马铃薯单项食品。在美国，9.2 万 t 食品经过辐照处理，其中，调味料类 8 万 t，谷物和水果类 0.4 万 t，畜禽肉类 0.8 万 t。在中国，14.6 万 t 食品经过辐照处理，其中调味料及蔬菜类 5.2 万 t，谷物 0.4 万 t，抑制大蒜发芽 8 万 t，其他类（健康食品

及功能食品）1 万 t。

1984 年 11 月，卫生部批准 6 项（马铃薯、洋葱、大蒜、花生、蘑菇、香肠）辐照食品允许消费。之后又有 20 多种食品通过了不同级别的技术鉴定。20 世纪 80 年代，一些省市建立了一些容量较大的辐射应用试验基地，如北京、上海、天津、湖南、四川、广东等，随后又浙江、深圳等建立辐照应用试验基地。

半个多世纪以来，我国核能与核技术利用事业稳步发展，在加速器、辐照装置等方面的科研开发取得重大突破。核技术在工业、农业、医疗卫生、环境保护、矿产勘探和公共安全以及放射性同位素的产品制备和相应的核仪器设备生产等方面获得广泛应用。截至 2010 年年底，我国运行工业钴源辐照装置已有 140 余座，总设计源能力超过 3.7×10^{10} Ci，实际装源能力超过 4 000 万 Ci。运行的工业电子加速器辐照装置已有 160 余座，总功率超过 9 000 kW。从 2001 年开始，我国先后设计制造出了具有自主知识产权的装源量分别为 100 万～600 万 Ci 的工业 γ 辐照装置，2007 年我国自主设计研制的首台高能大功率电子辐照加速器系统装置也通过验收，当年 600 万 Ci 的工业 γ 辐照装置也进入国际市场。

7.2 辐照的基本原理

7.2.1 放射性同位素与辐射

1. 放射性同位素与放射性衰变

一个原子由原子核和电子组成，原子核带正电荷，位于原子的中心，原子核又由质子和中子组成，质子带电而中子不带电，电子带负电荷，围绕着原子核在不同的能量轨道上运转。原子中的电子所带负电荷和原子核所带的正电荷总量相等，因此，整个原子呈电中性。

核素是指具有特定原子序数、质量数和核能态，且其平均寿命长得足以被观察的一类原子。核素有稳定性核素和放射性核素 2 种。具有相同原子序数（质子数），但质量数不同的核素，称为同位素。一般来说，每种元素至少有一种放射性同位素。在低质子数的天然同位素中（除正常的 H

以外），中子数和质子数大致相等，它们是稳定的。而有些同位素的质子数和中子数差异较大，其原子核是不稳定的，它们按照一定的规律（指数规律）衰变。自然界中存在着一些天然的、不稳定同位素，也有一些不稳定同位素是利用原子反应堆或粒子加速器等人工制造的。

不稳定同位素会自发地放射出一种或一种以上的射线，同时自己变成另一种核素，这个变化过程称为放射性衰变，而这些不稳定的同位素则被称为放射性同位素。在放射性衰变过程中，不稳定的核自发地放出带电或不带电的粒子，被称为射线。这一衰变过程不断进行直至核素达到稳定状态为止。衰变前的核素称为母体，衰变后的核素称为子体，放射性同位素能放射 α 射线、β（β⁺ 和 β⁻）射线和 γ 射线。

1）几种射线及其特点

（1）α 射线　放射性原子核自发地放射出粒子的核转变过程称为 α 衰变。α 射线（或称 α 粒子）是从原子核中射出的带正电的高速粒子流，由 2 个质子和 2 个中子组成，带有 2 个单位正电荷，其质量与氦核相等。因此，α 粒子实质上就是氦原子核。α 射线电离能力强、射程短、穿透作用很弱、易为薄层物质（如一片纸）所阻挡，所以在实际中很少使用。

（2）β 射线　β 射线是从原子核中射出的高速电子流（或正电子流）。原子核自发地放射出电子的过程，被称为 β⁻ 衰变，主要发生于中子相对过剩的核素。从原子核中放射出正电子的过程，被称为 β⁺ 衰变，其主要发生于中子相对不足的核素。因为电子的质量小、速度大、通过物质时不会使其中的原子电离，所以它的电量损失较慢，穿透物质的本领比 α 射线强得多，但仍无法穿透铅片。

（3）γ 射线　γ 射线是波长非常短（波长为 0.001～1.000 nm）的电磁波束或称光子流。原子核从高能跃迁态到低能态时放出 γ 射线的过程称为 γ 衰变。通常，γ 衰变和 α 衰变以及 β 衰变一起发生。但与 α 射线和 β 射线不同，γ 射线是一种不带电的电磁波，其波长短、能量高、穿透能力极强，可以穿透铅片。

2）放射性同位素衰变

同位素放射出射线粒子的过程即为衰变过程，每一个放射性同位素经衰变后，最后都产生一个稳定的同位素。

若放射性同位素的原子核内中子数过剩（中子数大于质子数），则会从核中发射出 β⁻ 粒子而使核内质子数趋向增加，也就是中子放出 β⁻ 粒子而转变为质子。

$$n（中子）\rightarrow p^+（质子）+\beta^-$$

若核内质子数过剩（质子数大于中子数），则发射正电子即 β⁺。

$$p^+ + 1.02\ MeV \rightarrow n + \beta^+$$

若核内质子捕获外围的电子 e⁻ 时，则转变成中子（K 捕获），使质子数减少。

$$p^+ + e^- \rightarrow n$$

在这个过程中，常常由于外层及 k 电子层上的电子能量不同，k 层的空穴被外层的电子补充（量子跃迁），同时发射出 γ 粒子。

（1）衰变规律　放射性同位素的原子核总是不断地、自发地发生衰变，但原子核的衰变并不同时发生，各种放射性同位素都有它自身的衰变规律。

实验证明，在单位时间内，衰变原子核的数目和其总数成正比。这一过程是不可逆的，用属性式子表示为：

$$N = N_0 e^{-\lambda t}$$

式中：N 为原子核衰变数；N_0 为原子核总数；t 为时间，s；λ 为衰变常数，1/s。

（2）半衰期　半衰期就是初始原子数衰变至一半时所需要的时间，用 $t_{1/2}$ 来表示，则：

$$1/2 N_0 = N_0 e^{-\lambda t_{1/2}}$$

而 $\lambda t_{1/2} = \ln 2 = 0.693$，即衰变常数与半衰期的乘积为 0.639。

2. 电离辐射

辐射是一种能量以电磁波或粒子的形式传输的过程，主要包括无线电波、微波、红外、可见光、紫外线、X 射线、α 射线、β 射线、γ 射线和宇宙射线。根据辐射对物质产生的不同效应，辐射可分为电离辐射和非电离辐射，其中在食品辐照中采用的是电离辐射。

高能射线通过物质时出现的能量损失主要是由电离和激发造成的。电离指具有一定动能的带电粒

子与原子的轨道电子发生静电作用。它是将其自身的部分能量传递给轨道电子，轨道电子获得的动能足以克服原子核的束缚而成为自由电子，此过程叫作电离。

通常把具有足够大的动能，能引起物质原子、分子电离的带电粒子称为直接电离粒子，如电子、质子、阿尔法粒子等。凡是能间接使物质释放出直接电离粒子的不带电粒子称为间接电离粒子，如中子、X 射线、γ 射线等。电离辐射指由直接电离粒子、间接电离粒子或由两者混合组成的任何辐射。α 射线、β 射线、γ 射线、X 射线等辐射的结果能使被辐射的物质产生电离作用，因此，这个过程被称为电离辐射。在电离辐射中，仅有 γ 射线、X 射线和电子束（EB）辐射用于食品辐照，γ 射线和 X 射线属于电磁辐射是波动形式的能量，而电子束辐射是粒子辐射。

食品辐照所采用的电离辐射的能量受到严格的限制，电离辐射的能量限值为：电子束（EB），10 MeV；X 射线，5 MeV；对 γ 射线，仅限 ^{60}Co 或 ^{137}Cs 核素，其射线能量分别为 1.25 MeV 和 0.66 MeV。随着 X 射线应用技术的开发，X 射线的转换效率将不断提高，人们正在探索在食品辐照中把 X 射线能量扩展到 7.5 MeV。

7.2.2 辐射源

辐射源是食品辐照的核心部分，辐射源有人工放射性同位素和电子加速器。按《辐照食品通用标准》（CDDEX STAN 106—1983），可以用于离子辐射源的有来自 ^{60}Co 或 ^{137}Cs 的 γ 射线，X 射线（能级 ≤5 MeV），加速电子（能级 ≤10 MeV）。

1. 放射性同位素辐射源

食品辐照处理上用得最多的是 ^{60}Co γ 射线源，也有采用 ^{137}Cs γ 辐射源的。

1）^{60}Co 辐射源

^{60}Co 辐射源在自然界中不存在，它是人工制备的一种同位素源。制备 ^{60}Co 辐射源的方法就是将自然界存在的稳定同位素 Co 金属根据使用需要制成不同形状（如棒形、长方形、薄片形、颗粒形、圆筒形），置于反应堆活性区，经中子一定时间的照射，少量 ^{59}Co 原子吸收一个光子后即生成 ^{60}Co 辐射源，其核反应是：

$$^{59}_{27}Co + \gamma_{光子} \rightarrow {}^{60}_{27}Co$$

^{60}Co 辐射源在衰变过程中每个原子核放射出 1 个 β 粒子（即 β 射线）和 2 个 γ 光子，最后变成稳定同位素镍。β 粒子能量较低（0.306 MeV），穿透力弱，对被辐照物质不起作用，而放出的 2 个 γ 粒子能量较高，分别为 1.17 和 1.33 MeV，穿透力很强，在辐照过程中能引起物质内部的物理和化学变化。

2）^{137}Cs 辐射源

^{137}Cs 辐射源由核燃料的渣滓中抽提制得。一般 ^{137}Cs 中都含有一定量的 ^{134}Cs，并用稳定铯作载体制成硫酸铯-137 或氯化铯 137。为了提高它的放射性活度，往往把粉末状 ^{137}Cs 加压压成小弹丸，再装入不锈钢套管内双层封焊。

^{137}Cs 的显著特点是半衰期长（30 年），但是 ^{137}Cs 的 γ 射线能量为 0.66 MeV，比 ^{60}Co 弱。因此，欲达到 ^{60}Co 相同的功率，需要的强度为 ^{60}Co 的 4 倍。尽管 ^{137}Cs 是废物利用，但分离麻烦，且安全防护困难，装置投资费用高，因此，^{137}Cs 的应用远不如 ^{60}Co 的辐射源广泛。

2. 电子加速器

电子加速器是通过电磁场作用使电子获得较高能量，再将电能转变成辐射能，从而产生高能电子射线或 X 射线的装置。加速器的类型有很多种，各种的加速原理也不尽相同。用于食品辐照处理的加速器主要有静电加速器，高频高压加速器、微波电子直线加速器、脉冲电子加速器等。不同的电子加速器在产生电子能量方面存在差异，最大能量一般在兆电子伏特。在辐照保藏时，食品为保证食品安全性，电子加速器能量不能超过 10 MeV。

1）电子射线

电子射线又称电子流、电子束，其能量越高，穿透能力就越强。加速器产生的是带负电荷的电子流，这种电子流与放射性同位素中的 β 射线具有相同的性质。因此，电子加速器也被称为人工 β 射线源。

电子流强度和密度大，聚集性能好。^{60}Co 辐照源的 γ 射线倾向于把它的能量分散地通过一个大的体积，而电子加速器则是将电子束流集中地照射在一个很小的体积中。电子能量的强度可以调节，便于改变穿透距离及剂量率。加速器可随时启动和停机，停机后就不再产生辐射，无放射性污染，便于检修。加速器定向性能好、易于控制、辐射能量利用率高。电子射线射程短、穿透能力弱，一般只适用于食品的表层辐照处理。

2）X射线

利用高能电子束轰击高质量的金属靶（如金靶），电子被吸收，其少量能量转变为短波长的电磁射线（X射线），剩余部分的能量在靶内被消耗掉。电子束的能量越高，转换为X射线的效率就越高。食品在辐照中允许X射线的最大辐射能量是5 MeV。

X射线的辐射加工应用是对电子束辐射加工的补充和对^{60}Co辐照源产生的γ射线的一种替代办法。X射线有很强的穿透本领，3 MeV能量的X射线在水中的穿透深度可与^{60}Co的γ射线相比较，因此，适合于厚物品及大型包装物的辐射加工，特别是当电子加速器上装有X射线转换靶时，它可以根据辐照产品的要求既可以使用电子束，也可以使用X射线进行辐照。

X射线具有高穿透能力，可以用于食品辐照处理，但电子加速器作X射线源效率低，难以均匀地照射大体积样品，故没有得到广泛应用。由于技术和经济等原因，X射线的辐射加工应用仍处于开发和试验阶段，但这可能是今后的一个发展方向。

7.2.3 照射量及放射性强度

1. 放射性强度与放射性比度

1）放射性强度

放射性强度，又称放射性活度，是衡量放射性强弱的物理量。采用的单位有居里（Ci）、贝可（Bq）和克镭当量。若放射性同位素每秒有3.7×10^{10}次核衰变，则它的放射性强度为1居里（Ci）。此外，放射线强度也可用毫居里（mCi）或微居里（μCi）表示。

1974年，国际辐射单位与测量委员会（ICRU）提议，并经第15次国际度量衡大会（CGPM）批准，放射性强度单位改为贝可（Bq），1 Bq表示放射性同位素每秒有一个原子核衰变，即：

$$1Bq = 1/s = 2.073 \times 10^{11} Ci$$

在同样条件下，放射γ射线的放射性同位素（即γ辐照源）和1 g镭（密封在0.05 mm厚铂滤片内）所起的电离作用相等时，其放射性强度就称为1 g镭当量。γ辐照源的放射性强度的居里数（居里数）与克镭当量之间可通过常数K_γ进行换算。常数K_γ表示每毫居里的任何γ辐照源在1 h内给予相距1 cm处空气的剂量伦琴数。知道某一γ辐照源的常数（K_γ）值后，并用1 m Ci镭辐照源（包有0.5 mm铂滤片）在1 h中给予相距1 cm处的空气的剂量为基准除之，就可求出任何1 mCi或1 Ci的不同能量的γ辐照源相当于毫克镭当量或克镭当量强度的值。例如，^{60}Co辐照源的$K_\gamma = 13.2$，^{137}Cs的$K_\gamma = 3.55$，镭辐照源的$K_\gamma = 8.25$。则1 m Ci（或Ci）^{60}Co的γ辐照源相当于毫克镭当量（或克镭当量）值是$13.2/8.25 = 1.60$。同理，1 m Ci（或Ci）^{137}Cs辐照源相当于毫克镭当量（或克雷当量）值是0.43。

2）放射性比度

一个放射性同位素常附有不同质量数的同一元素的稳定同位素，此稳定同位素被称为载体，因此，当一个化合物或元素中的放射性同位素的浓度被称为"放射性比度"时，其也用于表示单位数量的物质的放射性强度。

2. 照射量

照射量是用来度量X射线或γ射线在空气中电离能力的物理量。以往使用的单位为伦琴（R），现改为SI单位：库仑/千克（C/kg），$1 R = 2.58 \times 10^{-4}$ C/kg。在标准状态下（101.325 kPa，0 ℃），1 cm^{3}的干燥空气（0.001 293 g）在X射线或γ射线照射下，生成正负离子电荷分别为1静电单位（e.s.u）时的照射量，即为1 R。一个单一电荷离子的电量为4.80×10^{-10} e.s.u，所以1 R能使1 cm^{3}的空气产生2.08×10^9离子对。

3. 吸收剂量

1）吸收剂量

单位被照射物质所吸收的射线的能量称为吸收剂量，其单位为拉德（rad）或戈瑞（Gy）。

1 g任何物质吸收的射线的能量为100 erg或

6.24×10^{13} eV，则吸收剂量为 1 rad，即

$$1 \text{ rad} = 100 \text{ erg/g} = 6.24 \times 10^{13} \text{ eV/g}$$

国际单位制所采用的吸收剂量单位为戈瑞（Gy），戈瑞与拉德的关系如下：

$$1 \text{ Gy} = 100 \text{ rad} = 1 \text{ J/kg}$$

单位质量被照射物质在单位时间内所吸收的能量称为剂量率。剂量当量用来衡量不同类型的辐照所引起的不同的生物学效应，其单位为希（Sv）。雷姆（rem）是以往的常用单位（1 Sv=100 rem）。剂量当量（H）与吸收剂量（D）的关系为：

$$H = DQN$$

式中：Q 为品质因数，不同辐射的 Q 值可能不同。例如，X 射线、γ 射线和高速电子为 1，而 α 射线为 10；N 为修正因子，通常指由于沉积在体内的放射性物质分布不均匀，应在空间和时间上对生物效应进行修正的分布因子。对外源来说，目前，N 被定为 1。当 $QN=1$ 时，1 Sv=1 J/kg。单位时间内的剂量当量称为剂量当量率，以往用 rem/s 或 rem/h 等来表示其单位，现均改为 Sv/s 或 Sv/h。

2）吸收剂量测量

国家基准用硫酸亚铁剂量计，国家传递标准剂量测量体系则用丙氨酸/ESR 剂量计（属自由基型固体剂量计），硫酸铈-亚铈剂量计，重铬酸钾（银）-高氯酸剂量计，重铬酸银剂量计等。量热计、钴玻璃剂量计、硫酸亚铁剂量计等在食品的辐照计量中常用。常规剂量计大多使用无色透明或红色有机玻璃片（聚甲基丙烯酸甲酯），三醋酸纤维素，基质为尼龙或 PVC 的含有隐色染料的辐照显色薄膜等。

7.3 食品辐照的化学与生物学效应

电离辐照之所以用来保藏食品，这是由辐照对被照射物质中发生的化学效应与生物学效应所决定的。

7.3.1 食品辐照的化学效应

电离辐照使物质产生化学变化的问题至今仍不是很清楚。电离辐照使食品产生多种离子、粒子及质子的基本过程有直接过程和间接过程。

① 直接过程：初级辐照，即物质接受辐照能量后，形成离子、激发态分子或分子碎片，由激发分子可进行单分子分解产生新的分子产物或自由基，内转化成较低的激发状态，与辐照程度有关。

② 间接过程：次级辐照，即初级辐照的产物相互作用生成与原物质不同的化合物，与温度等其他条件有关。

1. 水分子

水分子对辐照很敏感，当它接受了射线的能量后，水分子首先被激活，然后由激活了的水分子和食品中的其他成分发生反应。水接受辐照后的最后产物是氢和过氧化氢。现已知的中间产物主要有 3 种：水合电子（eaq）、氢氧基（OH·）、氢基（H·）。水分子被辐照后可能反应的途径如下：

$$(\text{eaq}) + H_2O = H \cdot + OH \cdot$$
$$H \cdot + OH \cdot = H_2O$$
$$H \cdot + H \cdot = H_2$$
$$OH \cdot + OH \cdot = H_2O_2$$
$$H \cdot + H_2O_2 = H_2O + OH \cdot$$
$$OH \cdot + H_2O_2 = H_2O + HO_2 \cdot$$
$$H_2 + OH \cdot = H_2O + H \cdot$$
$$H \cdot + O_2 = HO_2 \cdot$$
$$HO_2 \cdot + HO_2 \cdot = H_2O_2 + O_2$$

从上可看出，物质分子吸收了辐照能而发生了化学效应，表示物质辐照化学效应的数值称 G 值。

G 值为吸收 100 eV 能量的物质所产生化学变化的分子数。辐照的化学效应是以每吸收 100 eV 能量时被照射物质产生化学变化的分子数目来表示的（即能传递 100 eV 能量的分子数）。不同介质的 G 值可能相差很大。G 值大，辐照引起的化学效应较强烈；G 值相同者，吸收剂量大者引起的化学效应较强烈。

2. 氨基酸与蛋白质

有机化合物因辐照而分解的产物也很复杂。这取决于原物质的化学性质和辐照条件，有的从高分子到低分子，有的反而从低分子到高分子。

射线照射食品蛋白质分子很容易使它的二硫键、氢键、盐键、醚键断裂，破坏蛋白质分子的三

级结构、二级结构，改变物理性质。射线照射引起氨基酸、蛋白质分子的化学变化有如下几种。

① 脱氨：$e^- + NH_3 + CH_2COOH^- \rightarrow NH_3 + CH_2COO^-$，如甘氨酸

② 放出 CO_2：包括脱氨的脱羧反应和不脱氨的脱羧反应。

③ 含硫氨基酸的氧化（疏基）：$e^- + NH_3 + CH_2CH(CH_2SH)COO^- \rightarrow H_2S + NH_2CH(CH_2)COO^-$

④ 交联：蛋白质凝聚（该蛋白质分子通过硫氢基的氧化生成分子内或分子间的二硫键或由酪氨酸和苯丙氨酸的苯环偶合而发生交联）。

⑤ 降解蛋白质发生裂解，产生较小的碎片。

⑥ 辐照降解与交联同时发生，若降解小而交联大，则交联会掩盖降解，故降解不易观察到。

3. 酶

酶是机体组织的重要成分，因酶的主要组成是蛋白质，因此，它对辐照的反应与蛋白质相似，如变性作用等。

① 纯酶稀溶液对辐射敏感，若增加其浓度也必须增加辐照剂量才能产生同样的钝化效果。

② 在食品体系中，酶很容易受到保护，同时也受外界条件变化（温度、pH、含氧量）的影响。如果提高温度会增加酶对辐照的敏感度，在有氧状态下胰蛋白酶极易钝化。

③ 有时由于蛋白质分子降解，酶使酶活性中心暴露出来，反而对酶反应更有利。因此，分解酶类活性的食品在其辐照前应先通过加热灭酶。

④ 酶会因有疏基（—SH）的存在而增加其对辐照的敏感性。

4. 脂类

一般来说，饱和脂肪是稳定的，而不饱和脂肪容易发生氧化。辐照脂类的主要作用是在脂肪酸长链中—C—C—键外断裂。

辐照对脂类所产生的影响可分为 3 个方面：理化性质的变化、受辐照感应而发生自动氧化、发生非自动氧化性的辐照分解。

① 脂肪酸酯和某些天然油脂在受 50 kGy 以下剂量照射，品质变化极少。而对肉类、牛奶、鱼类等品质影响最大，会产生异臭味。

② 辐照可促使脂类的自动氧化，有氧存在，其促进作用更明显，从而促进游离基的生成，使氢过氧化物和抗氧化物质分解反应加快，生成醛、醛酯、含氧酸、乙醇、酮等。

③ 饱和脂类在无氧状态下辐照时会发生非自动氧化性分解反应，产生 H_2、CO、CO_2、碳氢化合物、醛和高分子化合物。不饱和脂肪酸也会产生类似的物质，其生成的碳氢化合物为链烯烃、二烯烃、二烯烃和二聚物形成的酸。

磷脂类的辐照分解物也是碳氢化合物类、醛类和酯类。对含有脂肪的食品辐照时也鉴定出了过氧化物、酯类、酸类和碳氢化合物等，这情况与天然脂肪和典型脂肪相同。但应注意的是，与刚照照后相比，这种影响多出现于贮藏期中。

辐照诱发的氧化程度主要受剂量和剂量率影响，此外非辐照的脂肪氧化中的影响因素（温度、有氧与无氧、脂肪成分、氧化强化剂、抗氧化剂等）也影响脂肪的辐照氧化与分解。

5. 碳水化合物

一般来说，碳水化合物相当稳定，只有大剂量照射下才引起氧化和分解。在食品辐照保藏的剂量下，所引起的物质性质变化极小。辐照对单独存在的糖类的影响如下。

① 单糖：只有在 C_4 上发生氧化产生糖酮酸。

② 低分子糖类：旋光度降低、褐变、还原性和吸收光谱变化产生气体，如 H_2、CO、CO_2、痕量 CH_4 和水等。

③ 多糖类：熔点降低、旋光度降低、褐变、结构和吸收光谱变化。如直链淀粉黏度下降（淀粉降解）；果胶的植物组织受损（解聚）；经辐照后结构发生变化，对酶的敏感性也随之发生变化，并引起 α-1，4-糖苷键偶发性断裂及生成 H_2、CO、CO_2 气体。

6. 维生素

维生素是食品中重要的微量营养物质。维生素对辐照食品的敏感性在评价辐照食品的营养价值上是一个很重要的指标。

① 水溶性维生素中以维生素 C 的辐照敏感性最强，其他水溶性，如维生素 B_1、维生素 B_2、泛

酸、维生素 B_6、叶酸也较敏感，维生素 B_5（烟酸）对辐照很不敏感，较稳定。

② 脂溶性维生素对辐照均很敏感，尤其是维生素 E、维生素 K 更敏感。

7.3.2 食品辐照的生物学效应

生物学效应指辐照对生物体，如微生物、昆虫、寄生虫、植物等的影响。这种影响是由生物体内的化学变化造成的。

① 已证实辐照不会产生特殊毒素，但在辐照后的某些机体组织中有时会发现带有毒性的不正常代谢产物。

② 辐照对活体组织的损伤主要是有关其代谢反应，视其机体组织受辐照损伤后的恢复能力而异，这还取决于所使用的辐照总剂量的大小。

1. 微生物

1）辐照对微生物的作用

（1）直接效应　直接效应是指微生物接受辐照后本身发生的反应，可使微生物死亡。

① 细胞内 DNA 受损：DNA 分子碱基发生分解或氢键断裂等。由于 DNA 分子本身受到损伤而致使细胞死亡，即直接击中学说。

② 细胞内膜受损：膜内由蛋白质和脂肪（磷脂），这些分子的断裂，造成细胞膜泄漏，酶释放出来，酶功能紊乱，干扰微生物代谢，使新陈代谢中断，从而使微生物死亡。

（2）间接效应　当水分子被激活和电离后，成为游离基，起氧化还原反应作用，这些激活的水分子就与微生物内的生理活性物质相互作用，而使细胞生理机能受到影响。

2）微生物对辐照的敏感性

为了表示某种微生物对辐照的敏感性，就通常以每杀死 90% 微生物所需用的剂量（以戈瑞数来表示，Gy），即残存微生物数下降到原数的 10% 时所需用的剂量，并用 D_{10} 值来表示。人们通过大量的实验发现，微生物残存数与辐照剂量存在如下关系：

$$\log N/N_0 = -D/D_{10}$$

式中：N_0 为初始微生物数；N 为使用 D 剂量后残留的微生物数；D 为初始剂量；D_{10} 为微生物残留数减到原数的 10% 时的剂量。

微生物种类不同，对辐照的敏感性不同，因而 D_{10} 也不同，并且微生物所处环境不同，则辐照敏感性也不相同。

3）辐照保藏的灭菌对象

在低酸性和中性食品（pH>4.5）中，嗜热脂肪芽孢杆菌（平盖酸败菌）比肉毒杆菌 A 型或 B 型更耐热，若嗜热脂肪芽孢杆菌用加热灭菌 $D_{121.1℃} = 40～50$ min，而肉毒杆菌加热灭菌为 $D_{121.1℃} = 6～12$ s。但对于辐照则容易被杀灭（敏感，λ_0 小），因而在辐照保藏中是将肉毒杆菌 A 型作为彻底灭菌的对象菌。以对这种菌的杀菌程度定为 10^{12} 为指标，则完全杀菌剂量为 $12D = 50$ kGy。一般来说，对于 D_{10} 值，$G^- > G^+ >$ 酵母菌 > 霉菌（敏感）。

应注意的是，辐照并不能使微生物毒素除去，如黄曲霉素对 γ 射线相当稳定，300 kGy 大剂量毒素无变化，可能毒素较稳定。

2. 病毒

病毒是最小的生物体，它没有呼吸作用，是以食品和酶为寄主。通常使用高剂量（水溶液状态 30 kGy，干燥状态 40 kGy）才能抑制。如脊髓灰色质病毒和传染性肝炎病毒据推测主要感染源来自食品污染，用 γ 射线照射有助于杀死病毒。

3. 霉菌和酵母

霉菌与酵母对辐照的敏感性与无芽孢细菌相同。霉菌会造成新鲜果蔬的大量腐败，用 2 kGy 左右的辐照剂量即可抑制其发展。

酵母可使果汁及水果制品腐败，可用热处理与低剂量辐照结合的办法杀灭。

4. 昆虫

辐照对昆虫的效应是与其组成细胞的效应密切相关。昆虫细胞的辐照敏感性与它们的生殖活性成正比，与它们的分化程度成反比。处于幼虫期的昆虫对辐照比较敏感，成虫（细胞）对辐照的敏感性较小，高剂量才能使成虫致死，但成虫的性腺细胞对辐照是敏感的，因此，使用低剂量便可造成绝育或引起配子在遗传上的紊乱。

辐照对昆虫总的损伤作用是致死，"击倒"（貌似死亡，随后恢复）使寿命缩短、不育、减少卵的孵化、延迟发育、减少进食量和抑制呼吸。这些作用都是在一定剂量水平下发生的，而在其他低剂量下，甚至可能出现相反的效应，如延长寿命，增加产卵，增进卵的孵化和促进呼吸。

成年前的昆虫经辐照可产生不育，辐照过的卵可以发育为幼虫，但不能发育成蛹，照射的蛹可发育为成虫，但其成虫是不育的。用 0.13～0.25 kGy 照射可使卵和幼虫有一定的发育能力，但能够阻止它们发育到成虫阶段。用 0.4～1.0 kGy 照射后能阻止所有卵、幼虫和蛹发育到下一阶段。致成虫甲虫不育需要 0.13～0.25 kGy 剂量，而致蛾不育需要 0.45～1.0 kGy 才行，螨需要用 0.25～0.45 kGy 剂量的照射才能达到不育，致死需用 3～5 kGy 剂量辐照。

5. 寄生虫

辐照可使寄生虫不育或死亡。致猪肉中旋毛虫不育所需剂量为 0.12 kGy，死亡剂量为 7.5 kGy。牛肉中绦虫致死剂量为 3.0～5.0 kGy。

6. 植物

辐照主要应用于植物性食品（主要是水果和蔬菜），来抑制块茎、鳞茎类发芽，推迟蘑菇开伞、调节后熟和衰老。

1）抑制发芽

电离辐照抑制植物器官发芽的原因是由于植物分生组织被破坏，核酸和植物激素代谢受到干扰以及核蛋白发生变性。

研究发现，经剂量为 59 kGy 以上辐照的马铃薯和洋葱的核酸，其合成会显著减弱，并改变其组成，引起分解。一般辐照剂量为 0.04～0.08 kGy 照射，可抑制土豆、洋葱发芽，常温下贮存达到 1 年。

2）调节呼吸和后熟

水果在后熟之前的呼吸率降至极小值，当后熟开始时，其呼吸作用大幅度的增长，并达到顶峰，然后进入水果的老化期，在老化期，它的呼吸率又降低。如果在水果后熟之前的呼吸率最小时用辐照处理，此时辐照能抑制其后熟期。这主要是能改变植物体内乙烯的生长率（乙烯有催熟作用）从而推迟水果后熟，如番茄、青椒、黄瓜、洋梨等。而对于柑橘类食品和涩柿则是促进成熟。辐照在调节果蔬后熟、衰老等方面的应用还不成熟，许多问题有待解决。

7.4 辐照在食品保藏中的应用

7.4.1 食品辐照的应用类型

根据目的及所需剂量，食品辐照杀菌有下列 3 类。

1. 辐照阿氏杀菌（辐照完全杀菌）

所使用的辐照剂量可以使食品中微生物的数量减少到零或有限个数，在后处理没有污染的情况下，以目前的方法检不出腐败微生物和毒素，从而可长时间保藏，一般使用高剂量 10～50 kGy。肉类，特别是牛肉，高剂量会产生异味，此时可在冷冻－30 ℃以下辐照。因为异味形成大多是化学反应，冷冻时水中的自由基流动性减少，可防止自由基与肉类形成分子的相互反应。

2. 辐照巴氏杀菌（消毒）

所使用的辐照剂量可足以降低食品中某些有生命力的特定非芽孢致病菌（如沙门氏菌）的数量，用现有方法检不出。这种方法因食品中可能有芽孢菌的存在，不能保证长期贮存，必须与其他保藏方法，如低温或降低水分活度等结合。另外，若食品中已存在大量微生物（繁殖）也不能用该法处理。因为辐照不能除去产生的微生物毒素，一般用于辐照巴氏杀菌的辐照剂量为 1～10 kGy。

3. 辐照耐贮杀菌

所使用的辐照剂量可足以降低食品中腐败菌数量，延缓微生物大量增殖出现的时间。防止繁殖用于推迟新鲜果蔬的后熟期，提高耐贮期。辐照剂量为＜1 kGy。

7.4.2 食品辐照技术的应用领域

食品辐照技术在食品保藏和加工中具有广泛的应用。根据食品辐照的目的和食品种类不同，可以采用不同的辐照工艺以获得最大的效益。应该注意到，在考虑进行食品辐照时，辐照加工同其他食品加工方法一样，在某些情况下也可能对食品的质量和品质产生危害。因此，食品辐照应根据辐照目的采用合适的辐照工艺才能保证食品辐照的质量。食品辐照技术的应用领域主要包括以下几个方面。

1. 抑制鳞茎类蔬菜和块根类蔬菜的发芽

辐照主要应用在植物性食品（主要是水果和蔬菜）抑制块茎类蔬菜、鳞茎类蔬菜发芽，推迟蘑菇开伞、调节后熟和衰老等方面。大蒜、洋葱、马铃薯等鳞茎类蔬菜和块根茎类蔬菜在采摘后有休眠期，它们在休眠期内生长暂停，内部代谢维持在很低的水平。休眠期一过，其呼吸强度加强，生理代谢加剧。由于这类蔬菜在休眠期过后极易发芽，引起腐烂和变质，有的严重失水。马铃薯发芽后还会产生有毒物质，使其丧失食用价值和商品价值。因此，必须采取有效措施控制鳞茎类蔬菜和块根类蔬菜在贮藏期间发芽。

据研究发现，辐照能通过影响果蔬的生理代谢和生长点的结构，干扰其生理活性物质的正常合成，达到有效抑制发芽的作用。辐照抑制植物器官发芽的原因是由于植物分生组织被破坏，核酸和植物激素代谢受到干扰以及核蛋白发生变性。又据研究发现，59 Gy 以上的辐照可使马铃薯和洋葱的核酸合成显著减弱，并改变其组成，引起分解。辐照抑制发芽的剂量为 50～150 Gy，使用较低的剂量就可以有效抑制马铃薯、大蒜、洋葱、生姜的发芽，但在实际生活中，应注意辐照剂量不可过高，产品均匀度要控制准确。否则，过高的剂量辐照会对农产品的品质有一定的影响，达不到贮藏保鲜的目的。

2. 延迟果蔬成熟和延长货架期

低剂量辐照处理果蔬可通过推迟植物内源激素乙烯的产生和呼吸跃变的出现，降低果蔬贮藏期间的呼吸强度，提高乙烯的作用域值，来达到延迟果蔬成熟和延长货架期的目的。通过调节呼吸和后熟，水果在后熟之前，其呼吸率降至极小值，在后熟开始时，其呼吸作用大幅度地增长，并达到顶峰，然后进入水果的老化期，在老化期，其呼吸率又降低。如果在水果后熟之前，呼吸率最小时用辐照处理，此时辐照能抑制其后熟期，主要是能改变植物体内乙烯的生长率（乙烯有催熟作用）从而推迟水果后熟。用辐照处理来延缓果蔬成熟时，辐照剂量的确定应该兼顾果蔬对辐照的耐受性。不同的品种、不同的采摘期对水果蔬菜的辐照耐受性都有很大的影响。香蕉、龙眼、枇杷

果和蔬菜可以忍受 1～2 kGy 的辐照剂量；香蕉、苹果、甜瓜、柑橘、甜瓜等可以耐受 0.3～1 kGy 的辐照剂量；葡萄、桃等耐受剂量为 0.3 kGy 以下。蘑菇仔在贮藏期间容易出现开伞现象，用 0.5～1.0 kGy 的剂量辐照可以有效抑制蘑菇的开伞。

3. 辐照杀灭食品中的致病微生物

辐照处理是杀灭食品和农产品中各种腐败和致病微生物的有效技术措施。食品在加工和储运过程中极易被各种腐败和致病微生物所感染，如何控制农产品中的微生物，避免农产品的腐败变质，减少食源性疾病和食物中毒的发生，一直是食品贮藏加工领域研究的重点。食品辐照杀菌可分为选择辐照杀菌、针对性辐照杀菌和辐照灭菌。选择性辐照杀菌就是利用一定质量的电离辐射使食品中腐败微生物的数量降低，以防止食品变质，延长货架期。为此，一般采用 1～5 kGy 的剂量对这些食品进行辐照，可使其霉变微生物减少几成。针对性辐照杀菌是利用一定剂量的电离辐射杀死食品内除病毒以外的无孢子病原细菌。辐照灭菌利用电离辐射消灭食品中的全部微生物，经过这样处理的食品可以保证食品在室温条件下长期贮藏不会腐败，也不会因为微生物而引起食物中毒，为达到此目的需要较高的辐照剂量。经过彻底灭菌的辐照食品，可在常温下保存较长的时间。这种方式适宜为特殊人群（航天员、地质勘探、登山探险等人员）提供无菌食物。

4. 辐照杀灭食品中的害虫和寄生虫

大量实验证明，辐照能有效杀灭农产品中的害虫和寄生虫。危害食品和农产品的害虫包括仓储害虫、检疫性害虫及寄生虫。害虫对射线的敏感性远低于微生物，因此，用较低的剂量就可以杀死害虫，从而达到减少产品损失的目的。根据国内外大量试验结果显示，中等剂量（0.5 kGy）的照射足以控制侵入稻米、玉米、小麦和豆类的害虫，同时辐照处理对这些农产品的质量和加工的品质没有影响。寄生虫能通过食物传染给人类，而采用射线对带有寄生虫的食物进行辐照处理是杀死寄生虫并防止其传染给人类的最为行之有效的措施之一。

经研究表明，0.15～0.3 kGy 剂量的射线可以使猪肉中的旋毛虫不育，并阻止其幼虫在宿主消化道内发育成熟。一般来说，仅需要降低辐照剂量，即可控制这些寄生虫的生长和繁殖。辐照杀虫剂量的确定要考虑害虫的种类、害虫的发育期、辐照后害虫控制的水平和杀虫的目的，还要考虑产品的最高耐受剂量，以确保该剂量不影响食品的品质和质量。

5. 辐照改善食品的风味和加工的品质

根据试验结果表明，一定剂量的辐照可有效地降低纤维素产品中明胶的黏度，改变淀粉中支链淀粉的含量，利用辐照可以提高淀粉的吸水性能。辐照薯干酒和白兰地酒可以加速酒的陈化，减少刺口辣喉感，提高酒的醇香。例如，2～4 kGy 剂量的辐照薯干酒能使酒的质量提高；辐照能提高脱水蔬菜的复水性，缩短复水时间，口感更新鲜；用剂量为 4～5 kGy 的射线辐照可提高 10%～12% 的葡萄的出汁率；低质卷烟辐照后可以提高其档次，并加速醇化；蚕茧辐照杀蛹后可提高蚕丝的强韧度和解舒率；辐照还能缩短大豆、绿豆等的烹饪时间。辐照过的牛肉及制品可以改变其质构情况而使牛肉变得鲜嫩。辐照处理可以改善食品和农产品的品质，提高产品档次。

6. 辐照检疫在国际贸易中的应用

在多年的研究和应用中，辐照显示出作为一种检疫处理方法的特有优势。它具有操作方便、无环境污染、安全可靠以及经济适用等优点，辐照检疫已成为食品辐照技术应用的一个新的发展方向。辐照检疫是利用辐照杀灭农产品和食品中的检疫对象的一种技术。它可作为农产品国际贸易中检疫害虫和病菌的手段。对农产品和食品的辐照检疫通常是以化学熏蒸剂为主，但熏蒸剂会对环境和操作人员的健康产生严重危害，根据《蒙特利尔公约》的规定，发达国家最晚已在 2005 年，而发展中国家最晚也在 2015 年全面禁用溴甲烷。因此，对环境会产生危害的主要熏蒸剂已被禁用或逐渐被禁用。其他检疫方法会降低许多食品的质量，如热处理；冷处理则需要更长的时间来适应不断增长的农产品贸易的需要。

7.4.3 辐照在食品保藏中的应用

食品辐照保藏可应用于新鲜肉类及其制品、水产品、蛋及蛋制品、粮食、水果、蔬菜、调味品、饲料以及其他加工产品进行杀菌、杀虫、抑制发芽、延迟后熟等处理，这种可以最大限度地减少食品损失，使它在一定期限内不发芽、不腐败和变质、不发生食品品质和风味的变化，从而可以增加食品的供应量，延长食品的保质期。

1. 果蔬类食品的辐照保藏

通常引起水果腐败的微生物主要是霉菌，杀灭霉菌的辐照剂量依水果种类及贮藏期而定。生命活动期较短的水果（如草莓），用较小的剂量即可停止其生理作用；而对柑橘类水果需要完全控制霉菌的危害，其剂量一般为 0.3～0.5 kGy；若剂量过高（2.8 kGy），则会在果皮上产生锈斑。为了获得较好的保藏效果，水果的辐照常与其他方法结合使用。例如，将柑橘加热至 53 ℃，保持 5 min，与辐照同时处理，剂量可降至 1 kGy，这样做还可控制住霉菌及防止皮上锈斑的形成。对蔬菜进行辐照的目的主要是抑制发芽和杀死寄生虫。低剂量的辐照（0.05～0.15 kGy）对控制根茎作物（如马铃薯、洋葱、大蒜）的发芽是有效的。为了获得更好的贮藏效果，蔬菜的辐照常结合一定的低温贮藏或其他有效的贮藏方式，如将收获的洋葱放在 3 ℃ 暂存，并且在 3 ℃ 的低温下辐照，经辐照后的洋葱可在室温下贮藏较长时间，而且又可以避免内芽枯死，变褐发黑。

2. 粮谷类食品的辐照保藏

造成粮食耗损的重要原因之一是昆虫的危害和霉菌活动导致的霉烂和变质。杀虫的效果与辐照剂量有关，辐照剂量为 0.1～0.21 kGy 辐照可使昆虫不育，辐照剂量为 1 kGy 的辐照可使昆虫几天内死亡，辐照剂量为 3～5 kGy 的辐照可使昆虫立即死亡。抑制谷类霉菌蔓延发展的辐照剂量为 2～4 kGy；小麦和面粉杀虫的辐照剂量为 0.20～0.75 kGy；焙烤食品的辐照剂量为 1 kGy。有研究证明，0.6～0.8 kGy 剂量的辐照玉米象成虫，辐照后 15～30 d 内成虫全部灭死。经剂量为 0.2～2.0 kGy 辐照的玉米、小麦、大米，其营养成分未发生明显变化。

3. 畜禽类和水产品的食品辐照保藏

在通常的辐照剂量下，辐照不能使肉的酶失

活（酶失活的剂量高达 100 kGy），所以用辐照方法保藏鲜肉，可结合加热方法。例如，加热使鲜肉各部分的温度升高到 70 ℃，保持 30 min，使其蛋白分解酶完全钝化后，才进行辐照。用高剂量的辐照来处理肉类（已包装）可达到灭菌、保藏的目的，所用的剂量要能杀死抗辐照性强的肉毒芽孢杆菌。对低盐、无酸的肉类（如鸡肉）需用辐照剂量达 45 kGy 以上。肉类的高剂量辐照灭菌会使产品产生异味，此异味因肉类的品种不同而异。水产品的辐照保藏多数采用中、低剂量处理，高剂量辐照的鱼类常结合低温（3 ℃以下）进行贮藏，不同鱼类有不同的剂量要求。畜禽经宰杀、成熟和分割等不同工序，各种酶的活性较高，会出现自我降解现象。在加工过程中，细菌在肉表面生长和繁殖，极易造成肉的腐败。各种不同的西式和中式肉制品，营养极其丰富，但其新鲜产品的货架期一般都很短，如切片火腿、早餐肠、盐水鸭、宣威火腿、金华火腿等。近年来，人们开始对辐照在肉制品中的应用进行了大量的研究并认为，使用低剂量辐照可以对肉制品进行有效的杀菌和抑菌，以延长产品的货架期。

1）辐照保藏技术在冷却肉中的应用

鲜肉营养丰富，在消费市场上为主打产品，但由于容易滋长微生物引起鲜肉的败坏。经研究表明，辐照冷却肉具有良好的抑菌效果。例如，对采用电子束辐照对冷却猪肉进行杀菌和保鲜的研究结果表明，经电子束辐照的冷却猪肉样品在 4 ℃条件下贮藏，货架期比对照样品延长了 12 d 左右；在 7～10 ℃条件下保存，货架期比对照样品延长了 9 d 左右，而且电子束辐照对冷却猪肉具有杀菌和保鲜作用。

2）辐照保藏技术在熟肉制品中的应用

熟肉制品的辐照可以延长货架期，特别是低温肉制品。刘弘等在辐照对糟制熟食的研究中发现，剂量为 6.0 kGy 的辐照可使其保质期延长 10 d，剂量为 8.0 kGy 的辐照可使保质期延长 14 d 以上。肖蓉等对经 7.0 kGy 辐照剂辐照的腊牛肉在辐照前后其主要营养成分、食盐、酸价、过氧化值及挥发性盐基氮等理化指标进行测定

发现，并未产生不良影响，且辐照前后的风味和品质无显著差异，辐照后的腊牛肉色泽更为理想，微生物指标大幅度降低，腊牛肉的保质期得到了延长。陈秀兰等研究表明，用大于 6.0 kGy 剂量的辐照，采用铝箔复合包装并经 4 ℃低温预处理的盐水鹅，其货架期可达 2 个月以上。王克勤等研究发现，辐照剂量为 0～6.0 kGy 时，经辐照处理的碗形包装酱汁肘的保鲜期常温下可达 2 个月。

4. 香辛料和调味品的辐照保藏

天然香辛料容易生虫和长霉，未经处理的香辛料，霉菌污染的数量平均为 10^4 个/g。传统的加热或熏蒸消毒法不但有药物残留，且易导致香味挥发，甚至产生有害物质。例如，环氧乙烷和环氧丙烷熏蒸香辛料能产生有毒的氧乙醇或多氧乙醇化合物。而辐照处理可避免引起上述的不良效果，既能控制昆虫的侵害，又能减少微生物的数量，保证原料的质量。全世界至少有 15 个国家已批准对 80 多种香料和调味品进行辐照。用辐照技术处理香料和调味品时，辐照剂量与原料初始的微生物数量有关。尽管香料和调味品商业辐照灭菌可以允许高达 10 kGy 的剂量，但实际上为避免导致香味及颜色的变化，并降低成本，香料消毒的辐照剂量应视品种及消毒要求来确定，尽量降低辐照剂量。

5. 蛋类食品的辐照保藏

蛋类食品的辐照主要采用辐照巴氏杀菌剂量，以杀死沙门氏菌为对象。一般蛋液及冰蛋液采用辐照灭菌效果好。带壳鲜蛋可用 β 射线辐照，其为剂量为 10 kGy，高剂量辐照会使蛋白质降解而使蛋液黏度降低或产生 H_2S 等异味。

7.4.4 辐照剂量标准

我国已允许辐照的食品种类以及对应的辐照剂量范围，如表 7-1 所列。

其中，根据不同食品所需要的辐照剂量的不同，我们又可将其分为低剂量、中剂量、高剂量。具体见表 7-2。

而对于禽畜肉类食品而言，为了延长食品的保藏期和达到不同的处理标准，所需要的辐照剂量也有所不同。具体见表 7-3。

表 7-1   各类食品辐照剂量

类别	品种	目的	允许吸收剂量 ≤/kGy
豆类、谷类及其制品	绿豆、红豆、大米等	灭虫	0.2（豆类）
	面粉、玉米渣、小米等		0.4～0.6（谷类）
干果、果脯类	空心莲、桂圆、核桃、山楂、大枣、小枣等	灭虫	0.4～1.0
熟畜禽肉类	六合脯、扒鸡、烧鸡、盐水鸭、熟兔肉等	杀菌、延长保质期	8.0
冷冻包装禽畜肉类	猪、牛、羊、鸡肉等	杀灭沙门氏菌及腐败菌	2.5
香辛料类	五香粉、八角、花椒等	灭菌、防霉、延长保质期	10
新鲜水果、蔬菜	土豆、洋葱、大蒜、生姜、番茄、荔枝、苹果	抑制发芽、延缓成熟	1.5
其他	方便面固体汤料	灭菌、防霉、延长保质期	8
	鲜猪肉	杀灭旋毛虫	0.65
	薯干酒	改善品质	4.0
	花粉	灭菌、防霉、延长保质期	8.0

表 7-2   辐照在食品保藏上的应用

辐照剂量	辐照目的	采用剂量/kGy	辐照食品
低剂量（1 kGy）	抑制发芽	0.05～0.15	马铃薯、大葱、蒜、姜、山药等
	杀灭害虫	0.15～0.5	粮谷类、鲜果、干果、干鱼、干肉、鲜肉等
	推迟生理过程	0.25～1.00	鲜果蔬
中剂量（1～10 kGy）	延长货架期	1.0～3.0	鲜鱼、草莓、蘑菇等
	减少腐败和致病菌数量	1.0～7.0	新鲜和冷冻水产品、生和冷冻禽畜肉等
	食品品质改善	2.0～7.0	增加葡萄产量、减少脱水蔬菜烹调时间等

续表 7-2

辐照剂量	辐照目的	采用剂量/kGy	辐照食品
高剂量（10～50 kGy）	工业杀菌（结合温和的热处理）	30～50	肉禽制品、水产品等加工食品、医院病人食品等
	某些食品添加剂和配料的抗污染	10～50	香辛料、酶的制备、天然胶等

表 7-3   辐照在禽畜肉类食品的应用

食品种类	剂量/kGy	处理指标
猪肉	0.3～1	杀死寄生虫
禽肉（新鲜或冷冻）	<30	抑制微生物
饲料	2～25	杀死沙门氏菌
肉类（冷藏）	<4.5	抑制微生物

7.5　食品辐照的设备

7.5.1　γ射线辐照装置

辐照装置主要由辐射源、产品传输系统、安全系统、控制系统、屏蔽系统（辐照室）及其他相关的辅助设施组成。辐照装置的核心是处于辐照室内的辐射源与产品传输和安全控制系统。典型的γ辐照装置的主体是带有很厚水泥防护墙的辐照室。它主要由辐射源升降系统和产品传输系统组成，按工艺规范，进行产品辐照。通过防护迷道把辐照室和产品装卸大厅相沟通。辐照室中间有一个深水井，安装了可升降的辐射源架，在停止辐照时源架降至井中安全的储源位置，辐照时装载产品的辐照箱围绕源架移动，得到均匀地辐照。辐照室的混凝土屏蔽墙的厚度取决于放射性核素的类型、设计装载的最大辐照源活度和屏蔽材料的密度。

目前，使用的γ辐照装置基本上都是固定源室湿法储源型辐照装置（图 7-1）。目前的辐照方式只有动态步进和静态辐照两种：前者采用产品辐照

箱传输系统，产品辐照与进出辐照室时辐射源始终处于辐照位置；而后者在产品采用人工进出辐照室、产品堆码、人工翻转时，辐射源必须降到储源水井的安全贮藏位置（图7-2）。

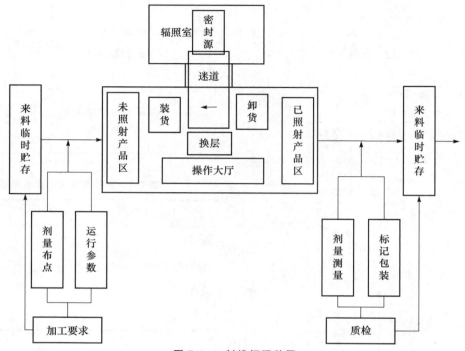

图 7-1　γ射线辐照装置

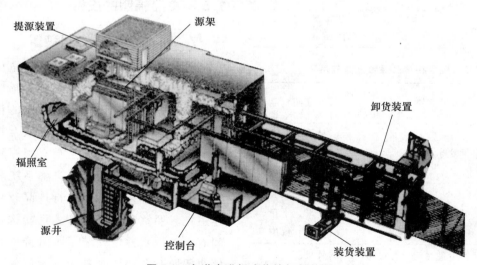

图 7-2　多道步进柜式传输辐射装置

（引自：哈益明. 辐照食品及其安全性. 北京：化学工业出版社，2006）

1. γ辐射装置的主要组成

1）γ辐射源

辐射加工用 ^{60}Co γ辐射源采用双层不锈钢包壳密封，使用寿命达 15 年以上。放射性比活度一般为 0.74～4.44 TBq/g（20～120 Ci/g）。辐射源的安全性能与质量应符合国家标准和 GB/T 7465—2015 的要求，并必须具有相应的生产和进口等证明文件。

2）源升降系统

① 源架是装载和布置、排列辐射源以形成特

定辐射场的专用设备，一般用不锈钢材料制造。因辐照装置的规模、用途或辐照工艺的不同，而采用不同的结构形式和尺寸，如线源、圆筒源、单板源或双板源。对源架的基本要求：源棒装卸方便易行，承载安全可靠，保证源架不受机械损伤，进出水面的排水通畅。为了保护源架的安全，源架周围应设置防止货物碰撞的保护网。

② 源升降机是牵引源架使之在井下贮存位置和井上工作位置之间做升降运动的机械设备。按驱动方式分，源升降机有电动、气动和液压 3 种类型。驱动系统应有过力矩保护；源架应准确定位，设有源位置显示、源架迫降装置、断电自动降源，并建立以升降源为中心的安全连锁。

3）辐照室

① 屏蔽体为保护公众和工作人员的安全必须对核辐射进行屏蔽，将辐射强度降到国家规定的允许水平。辐照室周围大都采用足够厚度的钢筋混凝土作为屏蔽体，使屏蔽体外的剂量率不超过 2.5 μSv/h。

② 迷道辐照室与产品出入口通常采用迷宫式设计进行连接，某些装置还设有工作人员专用迷道。在设计最大装源容量下，要计算射线经迷道 3 次以上的散射后，迷道出口处的剂量率不超过 2.5 μSv/h。

③ 储源水井的辐照室内设一个深度足以用水可以屏蔽辐射的水井，水井不允许地下水渗入，也不允许井水向井外地层泄漏。做好防渗和防沉降措施，辐射源就可以安全地贮存并进行倒装源操作。

4）产品传输系统

① 过源机械系统产品辐照箱在辐照室内围绕源运行的传输机械设备称为过源机械系统。通常它采用有气缸推动转运箱的辊道输送系统或单轨悬挂输送系统以及积放式悬挂输送系统。

② 迷道输送系统将产品辐照箱从装卸车间向辐照室转运时通过迷道的输送机械。

③ 装卸料操作机械是指在装卸车间将需要辐照的产品装至辐照箱上，并将已辐照过的产品从辐照箱上卸下的机械设备。

2. 安全连锁控制系统

1）安全连锁

为了防止工作人员和其他人员误入正在运行的

辐照室造成严重的人身辐照事故，同时防止或限制对设施的损害和对产品剂量控制的影响。安全连锁是辐照装置正常运行所必需的，如人员和产品的出入口与辐射源位置间的连锁控制、防止人员误入的光电装置、紧急降源拉线开关等。有些连锁措施用于给出报警或警告指示，以引起对不正常状态的注意，警告运行人员有问题出现，同时自动执行规定的动作。如将辐射源降到安全位置，以防止上述人员进入辐照室等。安全连锁主要通过程序控制的机电器件、各种显示屏及指示器、传感器、定时器件及辐射监调仪表等来完成。

2）控制系统

控制系统主要是在辐照加工过程中按工艺要求完成各种状况下和生产过程中的控制，并确保操作者的人身安全和产品质量。该系统必须设计为在进行任何企图或提供超出程序控制系统所安排的操作时，都将自动地紧急停止已经进行的运行。

3. 剂量测量系统

1）辐射安全检测

辐照装置应设有固定式 γ 射线剂量监测设备，用于监测辐射源处于贮存或工作状态，以灯光和音响形式显示。同时设有储源井水位监测报警设备，另配备个人剂量计、剂量报管仪以及防护剂量巡测仪。

2）工艺剂量监测

辐照装置应配备工艺剂量实验室，培训专职的剂量测试人员，建立准确、可靠的剂量测量系统，用于监测辐照场和产品的剂量分布与剂量限制。

4. 通风系统

辐照装置必须设置通风系统，使辐照室保持负压，以便不会把辐射空气产生的臭氧、氮氧化物等有害气体外泄至工作区，并能在停止辐照的几分钟内将辐照室内的臭氧等有害气体降至国家规定的允许工作人员进入的水平。

5. 水处理系统

湿法储源辐照装置为减轻对不锈钢源棒的腐蚀，要求储源井水的电导率为 $1\sim10$ μS/cm，pH 为 $5.5\sim8.5$。工业规模 γ 辐照装置应设水处理系统。水处理系统应采用离子交换树脂，需要时可作为应急时的污染水处理。

6. 观察系统

在运行中或发生事故时，为了能直观地观察辐照室内、迷道出入口或产品装卸的情况，应设置电视观察系统或反光镜观察系统。

7. 辐照装置类型

1) 食品静态辐照装置

这类辐照装置的辐射源形式多为圆筒源和单板源。它们的源强度不太大，通常采用水井储源方式。被辐照产品放置于辐射源周围的等剂量线上，注意产品不要离源太近。当产品高度超过源高时，以源高中心为界，每摞产品分上、下2个单元，面向源垂直上下整体翻转180°，把低剂量位置翻至高剂量区，辐照相同时间。根据货源、包装及剂量要求和辐照室空间，可按不同剂量线由里向外分2～3层排列。每层货物的吸收剂量不同，要注意进出货物和翻转时间。这样不仅改善了辐照的均匀度，还能提高辐射能量的利用率。对规模不大的辐照装置，辐照效率可能高于产品自动传输的装置。对商用大型辐照装置，由于进出货物和翻转货物降源时间太长，其辐照效率不如产品自动传输装置。

2) 动态悬挂链辐照装置

（1）单板六通道步进辐照装置　目前，比较先进的产品传输系统是采用悬挂链把辐照箱牵引进入辐照室，然后由气缸纵横向推动，进行换位辐照和过源操作。这种装置对设计、制造、安装及元器件的性能要求较高。由于辐照箱之间比较紧凑，辐射能量利用率较高。单板是指单栅板状源，六通道指产品传输系统驱动辐照箱（吊具）做平行于源板运动的行数，源两侧各有三排辐照箱共为六通道。在单板多通道辐照装置内，辐照箱在每工位辐照一定时间，并经过所有辐照工位后完成一次照射循环。辐照箱在源两侧每道设置了积放装置，使辐照箱相互紧挨着，在排列中前面进一个辐照箱时，就把末尾的辐照箱推出，然后被连续运转的悬挂链带走，这样以间歇式或步进式运动（移动一个位置停留一下）的方式传输，以使在不同工位上的辐照箱都受到同样时间的照射。

为了使辐照箱两面都受到均匀和对称的照射，悬挂链产品传输系统在过源时由设置的换面装置进行换面，使辐照箱在板源两侧实现两面照射。产品所受的剂量由停顿时间和循环次数决定。水平运动改善了水平方向剂量的不均匀性，像静止照射那样，也可采用源增强或源超盖的方式减小垂直方向的剂量变化。这种装置的关键设备是换面和积放，它们必须平稳可靠，防止定位不准、卡车、重车、漏车事故发生。通常换面装置采用齿轮或拨差的方式，将辐照箱转动180°，也有采用人字轨、拨道岔的方式，直接改变辐照箱的运行方向，实施两面辐照。

（2）双板五通道步进辐照装置　它具有2块栅板状源，辐照箱排列在板源两侧进行步进辐照。由于悬挂链产品传输系统使辐照箱在两侧板源周围自然形成两面辐照，双板源装置无须设置辐照箱换面装置。因每块板源两侧辐照的是辐照箱的同一面，为实现对称和均匀辐照，2块板源上辐射源的强度和排列应尽可能一致。与单板源装置相比，双板源有2块源板，其不仅多占了1块板源的空间，而且板源吸收辐射，减弱辐射强度，显著降低了外侧两道辐照箱的剂量，因此，辐射能量利用率较低。

（3）单板双层多道步进辐照装置　与上述系统大致相同，但增加了辐照箱的垂直方向运动。图7-3是一个典型的单板双层多道步进辐照装置，每道都有25个照射位置。每个包装依次在全部100个照射位置上受到同样时间的照射。每个包装在通过时不会沿着任何轴转动，均受到两面照射。由于双向运动，在每个包装中的垂直方向与水平方向上的剂量分布都较均匀，类似上下层翻转。双层辐照装置都是采用源超盖辐照产品的。除了水平运行外，辐照箱还要上下移动，产品传输系统比较复杂，但辐射能的利用率较高。实际上，单向辐照装置也可以采用在辐照室外产品换层的方法提高辐射能量利用率，以改善剂量的不均匀。国内也有这样的设计，但由于产品复杂，包装不同，加上产品换层系统可靠性差，难以实用化。

7.5.2　电子束辐照装置

电子束辐照装置是指用电子加速器产生的电子束进行辐照、加工处理产品的装置。其包括电子加速器、产品传输系统（束下装置）、辐射安全连锁系统、产品装卸和储存区域；供电、冷却、通风等辅助设备；控制室、剂量测量和产品质量检测实验室等。电子加速器是利用电磁场使电子获得加速，为辐照装置提供能量，将电能转变为辐射能的装置。辐照加工用加速器主要是指能量高于150 keV电子束的直流高压型和脉冲调制型加速器。加速器主要部件包括辐射源、电子束扫描装置和有关设备。由于电子加速器产生的电子束具有辐射功率大、剂量率高、加工速度快、产量大、辐照成本低、便于进行大规模生产等许多优点，越来越受到食品辐照研究人员和生产部门的关注。按人员可接

近辐照装置的情况分为以下2类。

Ⅰ类　配有连锁装置的整体屏蔽装置（图7-4）。实际上，在运行期间人员不可能接近这种装置的辐射源部件。

Ⅱ类　安装在屏蔽室（辐照室）内的辐照装置（图7-5）。在运行期间借助于入口控制系统防止人员进入辐照室。

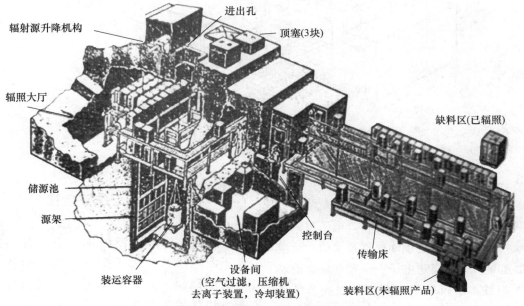

图 7-3　单板双层多道步进辐照装置

（引自：哈益明. 辐照食品及其安全性. 北京：化学工业出版社，2006）

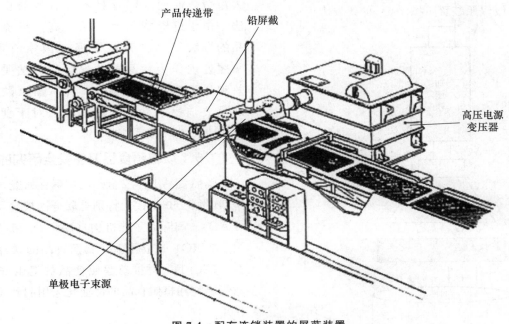

图 7-4　配有连锁装置的屏蔽装置

（引自：易安网 www.esafety.cn）

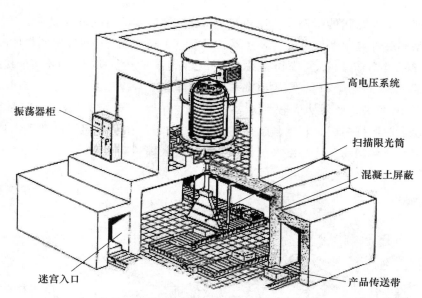

图 7-5　安装在屏蔽室内的加速器辐照装置

（引自：易安网 www.esafety.cn）

7.5.3　X 射线辐照装置

由于电子束本身的特点，穿透被照物质的能力较差，特别是对密度较大的食品材料，电子束的辐照效果受限，从而影响了电子加速器技术的广泛应用。利用加速器产生的高速电子轰击重金属靶而产生高能的 X 射线，不仅较好地利用了加速器的可控性和无放射源的特点，同时又利用了 X 射线所具有的较强的穿透能力。食品辐照的巨大应用前景加快了 X 射线辐照装置（图 7-6）的研发力度。

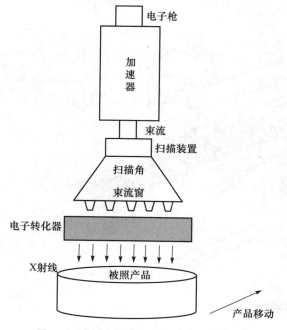

图 7-6　X 射线辐照转换系统及传输体系

7.6　辐照食品的卫生安全性

随着人口的不断增加，全球食品需要量也在不断地增长。由于受到当前科学技术发展不平衡的限制，人类又要面临能源短缺、食品生产方法落后等严重状况。食品贮藏和加工的困难以及因保藏不当形成的食品变质所造成的巨大浪费，促使人们寻找各种有效的食品保藏方法。由于投资费用大、耗能高，传统的保藏食品的方法很难在某些发展中国家应用。因此，辐照处理作为食品贮藏保鲜的方法是经济、高效和易于应用的。当然，食品辐照贮藏和保鲜的重要前提条件之一就是辐照对于食品卫生安全没有产生不良影响。

7.6.1　辐照食品卫生安全研究的国际现状

辐照食品卫生安全性的国际性研究，最早开始于 20 世纪 60 年代。特别是联合国粮食及农业组织（FAO）、国际原子能机构（IAEA）和世界卫生组织（WHO）成立了关于辐照食品的联合专家委员会（JECFI），对推动辐照食品的卫生安全性的全球性研究和辐照食品的商业化应用起到了决定性的作用。

1964 年，FAO/IAEA/WHO 联合专家委员会（JECFI）以研究食品辐照在食品中产生辐解产物为前提，他们认为这些产物应与食品添加物等同看待。因此，其结论是确定辐照食品的安全性应该遵循类似于通常评价食品添加剂的安全性的方法，对各种食品逐一检查。

1969 年，FAO/IAEA/WHO 联合专家委员会（JECFI）以已经得到的主要作物的研究结果为依据，并以推荐的方法对 3 种粮食作物的毒理学进行了研究。该委员会检查了较为重要的作物中不同品种的可比数据，并从这些作物的主要品种到所有品种都采用了数据外推法，以减少重复的相关毒理学研究内容。该委员会建议，承认辐照的小麦和马铃薯是安全卫生的，并指定对洋葱应做进一步研究。1976 年，该委员会再一次讨论并检查了大量关于各种辐照食品的动物实验的结果。他们建议无条件批准或暂时批准其中大多数食品。该委员会还检查了食品主要成分的辐照化学研究结果，并注意到许多已查明的辐照产物在热处理和在用其他方法加工的食品中也同样存在，他们认为检查到这样浓度的辐解产物对健康的危害是微不足道的。

1970 年，FAO、IAEA、OECD 共同发起了辐照食品国际项目（IFIP）。世界卫生组织（WHO）后来也参与了该项目的咨询工作。该项目的研究内容包括长期的动物饲养实验、短期的分析、对比实验和 10 kGy 以下的辐照对食品化学变化和营养的影响。项目的研究结果成为 FAO/IAEA/WHO 联合专家员会评估辐照食品卫生安全的重要依据。1976 年，该委员会首次阐明食品辐照同热加工和冷藏一样，实际上是一种物理过程，辐照食品卫生安全性评价涉及的问题应该与食物添加剂和食品污染遇到的问题区别开来。该委员会同年审查并批准 8 种（类）辐照食品。1980 年，该委员会根据长期的毒理学、营养学和微生物学资料以及辐照化学分析结果，提出了"任何食品辐照保藏其平均吸收剂量最高达 10 kGy 时，不会有毒害产生，用此剂量处理的食品可不再要求做毒理学试验"。1984 年，FAO/IAEA/WHO 成立了国际食品辐照咨询小组（ICGFI）。

1983 年，CAC 通过的《国际辐照食品通用标准》和附属的技术法规，对推动辐照食品的发展起到巨大的作用，并对辐照食品今后的发展产生了重大影响。1988 年，IAEA/FAO/WHO 以及联合国贸易发展会议和关税总协定下属的国际贸易中心（UNCTAD/GATT/ITC）在日内瓦联合召开了辐照食品接受、控制及贸易国际会议，制定了有关辐照食品接受、控制及在成员国之间进行贸易的文件，评价辐照加工技术对于减少农产品收获后的损失和由食品引起的疾病发生率的作用以及对于国际食品贸易的影响。世界卫生组织将辐照技术称为"保持和改进食品安全性的技术"，并鼓励食品辐照技术的应用。

自 20 世纪 30 年代以来，美国的食品加工企业在经历了对辐照食品技术的观望后，加快了食品辐照技术的商业化。自 20 世纪 90 年代以来，大规模食源性病原菌导致的食物中毒事件引起了国际社会对食品安全的关注，食品辐照技术的应用日益受到重视，香辛料和脱水调味品的辐照在许多国家得到应用，辐照食品的数量快速增加。发展中国家在国际原子能机构的支持下纷纷建立食品辐照设施，制定相应的食品辐照法规，食品辐照技术从此进入了全面发展时期。

FAO/IAEA/WHO 高剂量食品辐照研究小组评估了剂量为 10 kGy 以上的高剂量辐照对食品安全的影响。1997 年，根据研究结果，该小组认为食品辐照同其他食品加工的物理方法一样，食品的卫生、营养和感官品质取决于加工的综合条件，在实际辐照操作中，用于保证食物安全的剂量一般低于影响食品感官品质的剂量。因此，该小组认为没有必要设定食品辐照剂量的上限，在低于或高于剂量为 10 kGy 的合理辐照剂量条件下，辐照食品加工剂量由影响食品加工卫生要求、营养和感官品质要求的技术参数确定。1999 年，FAO/IAEA/WHO 高剂量辐照食品研究小组经过长期的研究工作，在报告中明确指出了超过 10 kGy 剂量的辐照食品也是卫生安全的结论。在 2000 年的 ICGFI 年会上，CAC 提出对任何食品的辐照，应在规定的工艺剂量范围内进行，其最低剂量应大于达到工艺目的所需要的最低有效剂量，最大剂量应位于综合考虑食品的卫生安全、结构完整性、功能特性和品质所确定的最高耐受剂量。

2003 年 7 月，CAC 在意大利罗马召开了第 26

届大会，会议通过了修订后的《辐照食品通用标准》（CODEX STAN 106—1983，REV.1—2003）和《食品辐照加工推荐性国际操作规范》（CAC/RCP 19—1979，REV.1—2003），从而在法规上突破了在食品辐照加工中对 10 kGy 的最大吸收剂量的限制，允许在不对食品结构的完整性、功能特性和感官品质产生负面作用和不影响消费者的健康安全性的情况下，食品辐照的最大剂量可以高于 10 kGy，以实现合理的辐照工艺目标。

7.6.2　我国辐照食品安全性研究的状况

为了确认这种放射线照射食品的卫生和安全性，我国从 20 世纪 50 年代就开始了长期的研究。我国辐照食品卫生安全的研究工作可以大体分为 3 个时期。

第一时期：20 世纪 50～60 年代　我国开始食品（主要是马铃薯）辐照研究，同时进行了某些动物的毒理学试验。20 世纪 60 年代末进行了食用辐照马铃薯的人体试食试验，其检测项目为体重、血液指标及血浆中酶活性。得出食用辐照马铃薯试验组与食用未辐照马铃薯的对照组之间没有显著差异的研究结论。

第二时期：20 世纪 70 年代　我国开展了全国范围的辐照食品动物毒理试验研究项目。在此时期完成了慢性定性试验（包括终身试验）、多代繁殖试验、致畸试验和诱变试验等。试验动物选用大鼠和狗两个种属，检测多种辐照食品（大米、马铃薯、猪肉香肠、蘑菇等）的生物学效应。没有发现与辐照食品相关的有害作用。

第三时期：20 世纪 80 年代　我国成立了卫生部辐照食品卫生安全性评价专家组，专家组审查和重新评价了国内外的有关资料。其中，相关资料包括《食品辐照资料》《技术报告专集：第 659 集》(1981)、《美国临床营养杂志》(1975) 等，并得出以下结论。

1. 辐照对食品的贮存具有良好的效果

辐照作为有效的食品加工技术，可以防止食物的腐烂和腐败。从经济角度出发，冷藏不可能在全国的大部分地区普及。然而，应用辐照技术却可以延长食品的货架期或者消灭食物中的病菌。

2. 在对过去 50 年的辐照食品研究中，缺少人体试食试验资料

大约有上千篇论文论述了辐照食品的卫生安全问题。但是除了有限的人体试验外，几乎没有可以利用的人体试食试验资料。根据 WHO《技术报告专集：第 659 集》(1981) 的汇编的研究报告提出："如果有可能的话，应该系统地收集和试查辐照处理的人类食物使用效果的资料"。美国军队曾进行过多种食品的人体试食试验，但是结论尚未公开。

3. 推广辐照食品的主要心理障碍

截至 1982 年，已有许多国家批准了某些食品经辐照后可以用于人类。不幸的是，即使在某些曾为辐照食品的研究做出大量贡献的发达国家，由于心理因素，公众和部分政府官员对食品辐照技术的应用采取不赞成的态度。在上述背景的基础上，1982 年，中国国家科学技术委员会和卫生部举行会议，讨论如何在中国推广和促进这一新的食品加工技术。该项会议指出，从总体上讲，在一定的电离辐射吸收剂量水平下，辐照食品用于人类是安全的，但是需要进行人体食用试验，以得到直接证据，以消除公众的忧虑。志愿者参加的人体试验应该包括短期试验和长期试验。

如果辐照食品要有自己特有的卫生标准，就应先确定辐照食品可以借鉴相应的未辐照食品的卫生标准，但是应尽快建立辐照食品自己特有的卫生标准。人们难以想象在没有卫生标准和卫生法规的情况下，如何应用和推广食品辐照技术。在我国的《食品卫生法》中规定："不允许生产和出售任何尚未制定卫生标准的食物。"这就是国家在 20 世纪 80 年代集中力量制定辐照食品卫生标准的原因。

20 世纪 80 年代，我国开展了一项全国范围的辐照食品科研项目——辐照食品的人体试验，其目的在于加速这一新的食品加工技术的商业化。研究方案提交卫生部和国家科学技术委员会审批。在辐照食品卫生安全评价专家组的组织和指导下，工作重点放在短期人体试食试验和检验辐照食品与相应的未辐照食品卫生标准之间的相关性。

依据《辐照食品的人体试验暂行规程》，志愿者人体试验设计由卫生部批准，并确定检测下列主要参

数：主观感觉、症状和病症、食欲、精神和生理状态、体重、血压、EKG、血液指标（血红蛋白、白细胞和血小板计数）、血浆总蛋白、血浆胆固醇、甘油三酯、外周血淋巴细胞的染色体畸变、超声波检验等。

在未辐照食品的卫生标准基础上，检测相应的辐照食品的卫生标准参数为：可能受影响的器官特征、化学物质、营养成分（碳水化合物、蛋白质、类氨基酸、维生素等）、细菌计数、大肠杆菌数等。每个参数的检测样本数一般不少于30个。

一共有8批志愿者参加了辐照食品的人体试食试验。试验结果表明，食用辐照食品对人体健康无有害影响。食用香肠的人体试验于1983年完成，共有42名志愿者接受了相同参数的测定，研究数据表明，食用辐照剂量低于8 kGy的辐照食品不会诱导人体多倍体增加，各项监测指标均没有发现明显变化。

与此同时，我国重点开展了动物毒理学试验。其中，一个试验中的大鼠的食料中所含辐照香肠比例为35%，另一个试验的辐照香肠比例为80%，2个试验均持续150 d，使用的大鼠数量在400只以上。其检测参数包括动物生长、血液指标、致畸试验、致突变试验和组织病理学检查等。2个食用辐照食品的试验组之间、试验组与食用未辐照食品的对照组之间均无显著差异。

为了进一步加快制定辐照食品的卫生标准，在国家和IAEA的支持下，我国在辐照食品的工艺剂量、辐照食品质量保证、包装材料评估、人体试验和经济可行性评估等方面进行了广泛的研究。1984—1996年，我国分3次批准了共18种辐照食品的卫生标准。1986年，卫生部颁布了修订后的《辐照食品卫生管理条例》。根据ICGFI推荐的方法，1997年，卫生部按类重新批准了六大类辐照食品的卫生标准。在"九五"期间，国家攻关项目"食品辐照加工工艺的研究"正式立项，由农业部辐照产品质量监督检验测试中心组织国内食品辐照加工的研究和应用单位制定了共33个辐照食品的工艺标准，其中，17项辐照食品加工工艺标准已经国家技术监督局批准为国家标准。

7.6.3 食品卫生安全性

1. 诱感放射性（感生放射性）

一种元素若在电离辐射的照射下，辐射能量将会传递给元素中一些原子核，在一定条件下会造成激发反应，引起这些原子核的不稳定，由此而发射出中子并产生γ辐射，这种电离辐射使物质产生放射性（是由电离辐射诱发出来的）——诱感放射性。如人工制造放射性同位素将$^{59}_{27}Co \rightarrow ^{60}_{27}Co$（中子照射）。

诱感放射性的可能性取决于被辐射物质的性质以及所使用的射线能量。若射线能量很高，超过某元素的核反应能阈，则该元素会产生放射性。

目前，允许使用的辐射源有：^{60}Co（$r_1 = 1.17\ MeV$，$r_2 = 1.33\ MeV$）；^{137}Cs；不超过10 MeV的加速电子；X射线源，其能束不超过5 MeV。它们的能量均<10 MeV。

在食品中的基本元素$^{14}N > 10.5\ MeV$，$^{16}O > 15.5\ MeV$，$^{12}C > 18.8\ MeV$，大部分元素核反应能阈都在10 MeV以上。故不会产生放射性。

在轻元素中，放射性同位素的半衰期极短（几秒钟至几十分钟），还不等食品到达消费者手里，放射能就消失了。

2. 毒性问题

通过大量动物试验表明，将经过50 kGy剂量照射过的食品既没有发现急性毒性，也没有发现慢性毒性，更未发现有毒生物、致畸生物、致癌物。

1980年，FAO、IAEA、WHO专家会议决定剂量为10 kGy以内的辐照食品，再进行此剂量范围的毒性试验，而且在微生物学和营养学上都不存在问题可以作为"推荐接受"。

3. 微生物发生突变的危险

微生物进行反复照射会产生耐辐射性，辐射引起的突变又可能会使微生物获得抗辐射性而产生耐辐射菌，如用药物杀菌和用热力杀菌都会有微生物发生突变的试验。

4. 对营养物质的破坏

低剂量（<1 kGy），微不足道；中等剂量（1~10 kGy），可能损失一些维生素；高剂量（10~50 kGy），采用约束的间接辐射的措施（低温、真空、添加游离基受体等），其营养价值降低不大，维生素有损失。

5. 放射源污染

在食品辐照处理过程中，作为辐照源的放射性

物质密封于双层密闭的钢管内，管内的物质不能泄露出来，射线只能透过不锈钢管壁照射到受辐照的食品上。食品接收到的是射线的能量，而不是放射性物质。另外，食品辐照都是在具有原包装的条件下进行。在包装好的情况下，食品在辐照室中以一定距离通过放射源而受到照射，包装内的食品并没有和放射源直接接触。因此，经过辐照后，食品不存在放射性污染问题。在食品辐照中，产生任何附加的放射性物质都是不允许的，即使是在辐照食品允许的射线能量下也是不可以的。

6. 公众接受度

近年来，一些突发公共卫生事件的发生导致了政府部门和公众对食品卫生安全问题的关注，并推动了公众对辐照食品的接受度。根据美国和其他国家的一些大学和研究机构的研究结果，消费者对食源性疾病的担心远远超过对辐照食品的担心。一旦消费者了解了辐照食品带来的卫生安全的巨大利益后，他们将愿意购买辐照食品。辐照作为一种技术补救手段，可对食品生产产品链中应尽早重视的前期污染问题进行快速补救，其作用和效果已得到消费者的公认。据不完全统计，世界上有20多个国家进行了40次辐照食品的市场实验，消费者对辐照食品大多给予积极的评价。在进行的市场试验中，58%的消费者对食品的质量更为关心，对食品是否辐照并不关心；42%的消费者因辐照食品质量的提高而选择购买辐照食品。

7.6.4　辐照食品的标准与法规

辐照食品的卫生和工艺标准在保证辐照食品的质量，保护消费者健康，促进辐照食品的国际贸易等方面都具有重要意义。全球经济贸易的一体化促使各国都要履行义务，执行标准，加强各自的辐照食品加工、工艺和质量控制体系，实施并强化辐照食品的卫生安全控制战略，建立和完善辐照食品的标准体系，最大限度地实现对整个辐照食品产业链的全面控制。这种做法是与国际接轨，并符合CAC标准和要求的。

7.6.5　食品法典委员会（CAC）的辐照食品的标准和法规

食品辐照技术的快速发展引起了国际组织，特别是标准制定组织的重视。为了有序地指导食品辐照在提高食品安全性方面的应用，CAC已经或正在制定有关食品辐照技术应用的国际标准。

1983年，CAC批准的《辐照食品通用标准》和《食品辐照设施运行国际推荐准则》奠定了食品辐照技术的合法性，但在《辐照食品通用标准》中，规定的辐照的安全剂量应在10 kGy以下，这一标准随着食品辐照技术发展和应用研究的深入，在1999年由ICGFI申请修订。在该标准的修订过程中，大家争议激烈，针对取消辐照处理10 kGy的上限这一主要修订内容，欧盟、日本、韩国等国家和组织以辐照含脂肪食品产生的环丁酮类物质的安全性没得到证实以及10 kGy以上的剂量无实际应用为由，坚持不同意取消10 kGy的辐照剂量上限。而美国、菲律宾、中国等农产品出口国，根据WTO代表在会上提交的一份评估报告，认为辐照脂肪产生的环丁酮类物质没有安全性问题。而就辐照剂量为10 kGy以上的应用，代表们列举了南非用于长期食用的食品辐照、美国等一些国家供应给低免能力病人的饭食以及美国批准的剂量为30 kGy辐照处理香辛制品等事例，表明高剂量的辐照还是有其较大的应用市场和空间。他们认为欧盟等所坚持的观点没有科学依据，继续保留"10 kGy的辐照剂量上限"对辐照食品未来的发展不利，也会给某些国家由此设置贸易障碍提供理由。国际食品法典委员会经过多次讨论，于2003年通过了修订后的《辐照食品通用标准》（CODEX STAN 106—1983，REV.1—2003），提出任何食品辐照的最小吸收剂量足以达到工艺的目的，最大吸收剂量应小于损害消费者的安全和食品卫生安全，或对食品结构的完整性、功能特性和感官属性产生负面影响的剂量。

此外，CAC批准的有关辐照食品的标准和准则还包括2003年修订的《食品辐照加工推荐性国际操作规范》（CAC/RCP19—1979，REV.1—2003）。2001年，在CAC第24所公议上批准了《辐照食品鉴定方法》的国际标准。1991年，CAC批布的《预包装食品标识的国际通用标准》（CODEX STAN 1—1985，REV.1—1991）中规定了对辐照食品标识的要求。

思考题

1. 简述食品的辐照保藏机制及特点。

2. 试解释"G值"的含义。

3. 在食品辐照中，常用的辐射源有哪些？安全使用辐照技术应该注意哪些问题？

4. 辐照的能量单位是什么？在食品辐照应用中，剂量的控制与哪些因素有关？

食品化学保藏

【学习目的和要求】

1. 掌握食品化学保藏的有关概念、原理及应用原则；
2. 熟悉常用食品防腐剂和抗氧化剂的种类及使用方法；
3. 了解食品添加剂的相关标准与法规。

【学习重点】

1. 食品防腐剂的分类及原理；
2. 食品抗氧化剂的分类及原理。

【学习难点】

1. 食品防腐剂的防腐原理；
2. 食品抗氧化剂的抗氧化原理。

FOOD PRESERVATION

8.1 概述

8.1.1 化学保藏的概念

食品化学保藏是食品保藏技术的一个重要分支。它具有悠久的历史，最早可追溯到古代的食品腌渍和烟熏保藏。19世纪90年代，随着化工业和食品科学的发展，化学合成和天然提取的食品保藏剂用于食品保藏逐渐增多，食品的化学保藏技术获得新的发展。如今，食品化学保藏技术不断取得创新和突破，并已成为食品保藏学不可或缺的组成部分。

食品化学保藏是指在食品生产和贮运过程中，使用化学制品来提高食品的耐藏性和尽可能保持食品原有品质的一种措施。除了与腐败微生物有关外，食品的腐败和变质还与食品本身的氧化、食品中酶的作用有关。添加适量化学品（化学保藏剂）可在短时间内控制或延缓食品的腐败和变质。相比其他食品保藏方法，化学保藏法既简单又经济，它属于暂时性或辅助性的保藏方法。

8.1.2 化学保藏原理

化学保藏原理就是在食品中添加化学制品（主要为防腐剂和抗氧化剂）来抑制微生物的生长，阻止或延迟食品中发生的化学反应，从而达到保藏食品的目的。化学保藏法仅在有限时间内保持食品原有的品质状态，属于暂时性保藏。

防腐剂通过延长细菌生长滞后期在短时间内起到保藏效果，但对被细菌严重污染的食品效果不明显。类似的抗氧化剂也是在食品中化学反应尚未发生前起作用，但并不能改善食品的品质。如果食品的腐败和变质以及氧化反应已经发生，其中的防腐剂和抗氧化剂将失去作用。

8.1.3 化学保藏剂的分类

食品化学保藏剂种类繁多，其理化性质和保藏机理也各异。有的化学保藏剂可作为食品添加剂直接添加，参与构成食品的组成成分；有的则通过改变或者控制环境因素起到保藏作用。按照获取方式，食品化学保藏剂可分为化学合成保藏剂和天然摄取保藏剂；按照保藏机理，食品化学保藏剂可分为防腐、杀菌、抗氧化、脱氧剂等，其对应的保藏方式称为防腐保藏、杀菌保藏、抗氧化保藏、脱氧保藏。

8.2 防腐保藏

从广义上讲，凡是能抑制微生物的生长活动、延缓食品腐败和变质或生物代谢的物质都称为防腐剂。从狭义上讲，防腐剂指可直接加入食品中的苯甲酸、山梨酸、链球菌素等能抑制微生物生长活动，延缓食品腐败和变质或生物代谢的化学制品或生物代谢制品。食品防腐剂包括化学合成防腐剂和天然提取防腐剂。其中，化学合成防腐剂又分为无机防腐剂、有机防腐剂和生物防腐剂。天然提取防腐剂又分为植物提取物和动物提取物。

防腐剂的防腐机理有3种：①干扰微生物的酶系，破坏其正常的新陈代谢，抑制酶的活性；②使微生物的蛋白质凝固和变性，干扰其生存和繁殖；③改变细胞浆膜的渗透性，抑制其体内的酶类和代谢产物的排除，导致其失活。

目前，我国批准使用的食品防腐剂有30多种，在《食品安全国家标准 食品添加剂使用标准》（GB 2760—2014）中规定了食品防腐剂的使用原则、允许使用的食品防腐剂品种、使用范围及最大使用量或残留量。

8.2.1 无机防腐剂

1. 氧化型

氧化型无机防腐剂主要包括过氧化物（过氧化氢、过氧乙酸、臭氧等）和氯制剂（二氧化氯、氯、漂白粉、漂白精等）。该类型无机防腐剂的氧化能力强、反应速度快，直接添加会影响食品品质，仅作为杀菌剂或消毒剂使用。

1）过氧化氢

过氧化氢（H_2O_2，又称双氧水）主要通过分解而产生了一种新生态氧杀菌，这是一种强能力的杀菌剂，它对微生物具广谱杀菌作用。过氧化氢杀菌效果与其浓度和温度有关：浓度越高，温度越高，杀菌效果越好；在常温下，过氧化氢的杀菌能力较弱。过氧化氢属于低毒杀菌剂，它常被用于食品包装容器和辅助器具的杀菌和消毒（通过浸渍或喷雾杀菌）。它的使用浓度一般控制为25%～30%，温度控制为60～65 ℃。过氧化氢在杀菌中

很少单独使用，多与其他灭菌技术配合使用。

2）过氧乙酸

过氧乙酸（$C_2H_4O_3$，又称脱氢乙酸或过氧醋酸）是一种无毒、广谱、高效杀菌剂，对细菌（大肠杆菌、金黄色葡萄球菌、白色葡萄球菌等）、细菌芽孢、真菌和病毒均有较好的杀灭效果。在低温下，过氧乙酸依然具有杀菌作用，常被用于食品加工车间（约 $0.2\,g/m^3$ 水溶液喷雾消毒）、工具及容器（0.2%～0.5%溶液浸泡消毒）的杀菌和消毒。

3）臭氧

臭氧（O_3）是一种广谱、高效、快速杀菌剂，对细菌、霉菌和病毒均有强杀灭能力。臭氧可通过 3 种方式达到杀菌效果：①氧化分解细菌内部葡萄糖所需的酶，使细菌灭活死亡；②直接与细菌、病毒作用，破坏它们的细胞器和 DNA、RNA，使细菌的新陈代谢受到破坏，导致细菌死亡；③透过细胞膜组织，侵入细胞内，作用于外膜的脂蛋白和内部的脂多糖，使细菌发生通透性畸变而溶解死亡。臭氧被广泛应用于水消毒、食品加工杀菌和净化、食品贮藏和保鲜等方面。

4）二氧化氯

二氧化氯（ClO_2，又名过氧化氯）是一种黄绿色到橙黄色的气体，是国际上公认的绿色、环保、无残留的消毒剂。它能杀死病毒、细菌、原生生物、藻类、真菌和各种孢子及孢子形成的菌体。二氧化氯对细菌及其他微生物的细胞壁有较好的吸附和透过性能。它通过与蛋白质中的部分氨基酸发生氧化还原反应，分解和破坏氨基酸，抑制微生物和蛋白质合成，最终导致微生物死亡。除能杀死一般细菌外，二氧化氯还可有效地氧化细胞内的硫基酶，对芽孢、病毒、藻类、真菌等也有较好的杀灭作用。在二氧化氯结构中，氯原子外层存在一个未成对电子，其具有强氧化性，能够快速氧化，破坏病毒蛋白质衣壳中的酪氨酸，从而抑制病毒的特异性吸附，阻止其对宿主细胞的感染。二氧化氯适用于食品原材料、生产用水、果蔬以及肉类深加工和消毒。

5）氯气

氯气（Cl_2）可溶于水，与水反应生成次氯酸（$HClO$），次氯酸具有强氧化性，是一种有效的杀菌剂。它通过氧化微生物细胞中的酶，阻止蛋白质

合成，从而杀死微生物，达到消毒的目的。食品饮料生产用水，加工设备清洗用水以及其他用具清洗用水都可加氯气进行杀菌消毒。氯气的杀菌效果与水的 pH 有关，降低 pH 可提高杀菌效果。

6）漂白粉

漂白粉是次氯酸钙、氯化钙和氢氧化钙的混合物，是一种白色或灰白色的粉末或颗粒，性质极不稳定，吸湿性强，易受水分、光热的作用而分解。漂白粉中有效的杀菌成分为由次氯酸钙复合物 $[CaCl\text{-}(ClO)\cdot Ca(OH)_2\cdot H_2O]$ 分解产生的"有效氯"（即次氯酸），有效氯具有强杀菌的作用。《中国药典》（1963 年版）规定，漂白粉的有效氯含量不低于 25%，目前，在市场上销售的漂白粉中，有效氯的含量为 25%～32%。漂白粉主要用于食品车间、库房、设备、容器等的消毒，也被用于蛋品、果蔬类等食品的消毒。漂白粉在使用前应按照不同的消毒要求（有效氯浓度、消毒时间）来配制适宜的浓度溶液以进行消毒。

漂白精，又称高度漂白粉，化学组成与漂白粉基本相似，但纯度更高，其中次氯酸钙复合物 $[3CaCl(ClO)_2\cdot 2Ca(OH)_2\cdot 2H_2O]$，性质较稳定，吸湿性弱，可在酸性条件下分解，消毒效果比漂白粉高一倍。同样，漂白精在使用前也需要根据不同的消毒要求来配制适宜的浓度。

2. 还原型

还原型防腐剂主要是亚硫酸及其盐类，其主要包括硫黄、二氧化硫、无水亚硫酸钠、亚硫酸钠、低亚硫酸钠、焦亚硫酸钠等。杀菌机理主要是利用亚硫酸的还原性消耗食品中的氧，使好气性微生物缺氧致死。此外，亚硫酸还可阻碍微生物中的酶活性，从而抑制微生物的生长和繁殖。亚硫酸对细菌的杀灭作用强，对酵母的杀灭作用弱。

1）硫黄

硫黄别名硫、胶体硫、硫黄块，为块状硫黄，淡黄色块状结晶体，粉末为淡黄色，有特殊臭味，能溶于二硫化碳，微溶于乙醇、醚，不溶于水。工业硫黄呈黄色或淡黄色，其形状包括块状、粉状、粒状或片状等，有多种同素异形体。硫黄的化学性质比较活泼能跟氧、氢、卤素（除碘外）、金属等大多数元素化合，生成离子型化合物或共价型化合

物。单质硫既有氧化性又有还原性。我国《食品安全国家标准 食品添加剂使用标准》（GB 2760—2014）规定："硫黄的使用范围是干制蔬菜、蜜饯凉果、经表面处理的鲜食用菌和藻类、水果干类，只限用于熏蒸，不准直接加入食品。"

2）二氧化硫

二氧化硫（SO_2，又称亚硫酸酐）是一种无色而具有强烈刺激臭味的气体，易溶于水和乙醇，0 ℃时，在水中的溶解度为 22.8%，在水中形成的亚硫酸对微生物的生长具有强烈的抑制作用。二氧化硫对人体有害，当空气中含二氧化硫的浓度超过 20 mg/m^3 时，对人眼和呼吸道黏膜都会产生强烈的刺激，而且它的含量过高可使人窒息死亡。

二氧化硫是强还原剂，可减少植物组织中的氧含量，抑制氧化酶活性和微生物活动，从而阻止食品腐败和变质，常被用于植物性食品的保藏。在实际生产中，多采用硫黄燃烧法产生二氧化硫，此法称为熏硫。在果蔬制品加工中，熏硫产生的二氧化硫利用其还原作用可以破坏酶的氧化系统，阻止果实中单宁类物质的氧化，从而起到护色的作用。

3）无水亚硫酸钠

无水亚硫酸钠（Na_2SO_3）为白色粉末或结晶，易溶于水，0 ℃时在水中的溶解度为 13.9%，微溶于乙醇，比亚硫酸钠稳定，但在空气中会缓慢氧化成硫酸盐，丧失杀菌能力。无水亚硫酸钠与酸反应产生二氧化硫（强还原剂），所以需在酸性条件下使用。

4）亚硫酸钠

亚硫酸钠（$Na_2SO_3 \cdot 7H_2O$，又称结晶亚硫酸钠）为无色至白色结晶，易溶于水，0 ℃时在水中的溶解度为 32.8%，微溶于乙醇，遇空气中的氧会缓慢氧化成硫酸盐，丧失杀菌能力。同样，亚硫酸钠需在酸性条件下使用才能产生二氧化硫，达到杀菌的效果。

5）低亚硫酸钠

低亚硫酸钠（$Na_2S_2O_4$，又称连二亚硫酸钠）商品名是保险粉，为白色粉末状结晶，有二氧化硫浓臭味，久置空气中则会氧化分解，潮解后能析出硫黄。低亚硫酸钠易溶于水，不溶于乙醇，具有强烈的还原性和杀菌作用，因此，它被用作食品贮藏的杀菌剂。

6）焦亚硫酸钠

焦亚硫酸钠（$Na_2S_2O_5$，又称偏重亚硫酸钠）为白色结晶或粉末，有二氧化硫浓臭，易溶于水与甘油，微溶于乙醇，常温条件下在水中的溶解度为 30%。焦亚硫酸钠与亚硫酸氢钠呈现可逆反应（$Na_2S_2O_5 + H_2O \rightleftharpoons 2NaHSO_3$）。目前，生产的焦亚硫酸钠实际为 $Na_2S_2O_5$ 和 $NaHSO_3$ 的混合物，在空气中吸湿后，缓慢释放出二氧化硫，从而起到杀菌作用。它可用于新鲜葡萄、脱水马铃薯、黄花菜、果脯、蜜饯等食品的防霉和保鲜，并具有良好的杀菌效果。

3. 其他无机防腐剂

1）硝酸盐及亚硝酸盐

硝酸盐包括硝酸钠和硝酸钾，亚硝酸盐包括亚硝酸钠和亚硝酸钾。其中，在生产中常用的为硝酸钠和亚硝酸钠。硝酸盐和亚硝酸盐是肉品中常用的添加剂，可抑制引发肉品变质的微生物的生长，尤其是抑制梭状肉毒芽孢杆菌。同时，添加该类防腐剂还可以保持肉的鲜红色。

2）二氧化碳

高浓度的 CO_2 可阻止微生物的生长，从而能保藏食品。此外，CO_2 还可影响生物的生理活性，抑制生物的呼吸和酶的活性。添加适量的 CO_2 可延迟果蔬成熟，间接达到防止果蔬腐烂的作用。在食品气调包装中使用 CO_2 可延长食品的货架期，通常水果气调包装中的 CO_2 含量为 2%～3%，蔬菜气调包装中 CO_2 含量为 2.5%～5.5%，在高压下，CO_2 的溶解度会增加，在生产中，软饮料常添加 CO_2，这样做既达到了保藏目的，又实现了环保保藏。

8.2.2 有机防腐剂

1. 苯甲酸及其钠盐

苯甲酸及其钠盐是常用的食品防腐剂，它们可有效地防止食品变质、发酸，并延长食品的保质期。它们被世界各国广泛使用，其结构式如图 8-1 和图 8-2 所示。

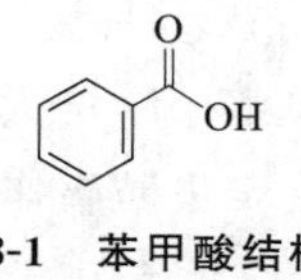

图 8-1 苯甲酸结构式 　图 8-2 苯甲酸钠结构式

苯甲酸又称安息香酸（C_6H_5COOH），在常温下微溶于水，有吸湿性，易溶于热水及乙醇、乙醚等有机溶剂。苯甲酸是一种芳香族酸，天然存在于酸果蔓、梅干、肉桂、丁香中，它还可以作为香料添加。苯甲酸也是一种广谱抗微生物试剂，对酵母菌、霉菌、部分细菌有良好的抑制效果。在允许最大使用范围内，在 pH 为 4.5 以下，苯甲酸对各种菌均有抑制作用。

在实际应用中，被经常使用的苯甲酸钠（C_6H_5COONa），又被称为安息香酸钠，其为白色颗粒，无臭或微带香气味，微甜，在空气中稳定，易溶于水（常温）。苯甲酸钠的亲油性较强，易穿透细胞膜进入细胞体内，干扰霉菌和细菌等微生物细胞膜的通透性，抑制细胞膜对氨基酸的吸收，从而进入细胞体内，电离和酸化细胞内的碱储，并抑制细胞呼吸酶系统的活性，阻止乙酰辅酶 A 的缩合反应，从而起到对食品的防腐作用。在 pH 为 8 左右时，苯甲酸钠也是酸性防腐剂，但在碱性介质中，它无杀菌和抑菌的作用，其防腐最佳 pH 为 2.5～4.0。

2. 山梨酸及其钾盐

目前，山梨酸和山梨酸钾是国际上应用最广的防腐剂，具有较高的抗菌性能。它们通过控制微生物体内的脱氢酶系统，达到抑制微生物的生长和防腐的作用。它们对霉菌、酵母菌和许多好气菌都有抑制作用，但对嫌气性芽孢形成菌与嗜酸乳杆菌几乎无效。山梨酸和山梨酸钾的结构式如图 8-3 和图 8-4 所示。

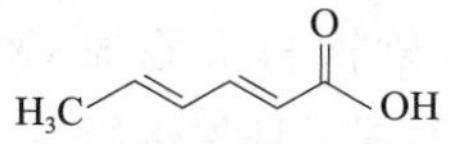

图 8-3 山梨酸结构式 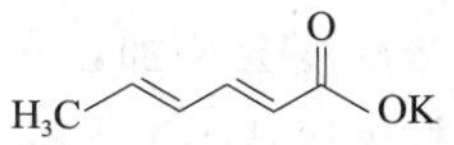　　图 8-4 山梨酸钾结构式

山梨酸（$C_6H_8O_2$），又称为清凉茶酸、2，4-己二烯酸、2-丙烯基丙烯酸，为无色针状结晶或白色晶体粉末，无臭或略带刺激性臭味。耐光、耐热性好，难溶于水，易溶于乙醇、冰醋酸、乙醚、丙酮等有机溶剂。山梨酸为酸性防腐剂，在酸性介质中对微生物有良好的抑制作用。在 pH 为 5.5 以下时其对食品的防腐效果明显，随着 pH 增大，防腐能力减弱，当 pH 为 8 时，它会丧失防腐作用。

山梨酸钾（$C_6H_7O_2K$），为白色至浅黄色鳞片状结晶、晶体颗粒或晶体粉末，无臭或微有臭味，长期暴露在空气中易吸潮、被氧化分解而变色，对光、热稳定，易溶于水，可溶于丙二醇，微溶于乙醇。同样，山梨酸钾防腐效果与 pH 有关，随 pH 的升高而减弱，在 pH 为 5～6 时，它的抑菌效果最佳。

3. 对羟基苯甲酸酯及其盐类

对羟基苯甲酸酯（$C_8H_8O_3$），又称尼泊金酯，为白色结晶粉末或无色结晶，无味、无臭，易溶于醇、醚和丙酮，极微溶于水。对羟基苯甲酸酯含有酚羟基结构，抗细菌性能比苯甲酸（钠）、山梨酸（钾）都强，它的使用量为苯甲酸钠的 1/10，pH 为 4～8，是一种广谱抑菌剂，对霉菌和酵母菌的作用较强，但对细菌中的革兰氏阴性杆菌及乳酸菌的作用较弱。对羟基苯甲酸酯主要通过破坏微生物的细胞膜，使细胞内的蛋白质变性，同时抑制微生物细胞的呼吸酶系统与电子传递酶系统的活性，从而起到防腐作用。

对羟基苯甲酸与不同的醇发生酯化反应，可以生成不同的酯。通常食品中使用的有对羟基苯甲酸甲酯、对羟基苯甲酸乙酯、对羟基苯甲酸丙酯、对羟基苯甲酸丁酯、对羟基苯甲酸异丙酯、对羟基苯甲酸异丁酯、对羟基苯甲酸异庚酯等。2002 年，我国批准了对羟基苯甲酸甲酯钠、对羟基苯甲酸乙酯钠和对羟基苯甲酸丙酯钠可作为食品防腐剂使用。这些食品防腐剂可以应用于酱油、醋、饮料、水果、蔬菜、果汁、果酱等。欧美等发达国家已经将对羟基苯甲酸酯钠用于焙烤食品、脂肪制品、乳制品、水产品、肉制品、调味品、腌制品、饮料、果酒以及果蔬保鲜等。

4. 脱氢醋酸及其钠盐

脱氢醋酸（$C_8H_8O_4$）及脱氢醋酸钠（$C_8H_7O_4Na$），均为白色或淡黄色的结晶粉末，无臭、无味，难溶于水，在水中呈弱酸性，是一种低毒、高效的广谱抑菌剂，在酸碱条件下均有一定的抗菌作用。脱氢乙酸及其钠盐是联合国粮食及农业组织和世界卫生组织认可的一种安全的食品防霉、防腐保鲜剂，其抑菌机理为三羰基甲烷结构与金属离子发生螯合作用后，通过损害微生物的酶系统以起到防腐的效果。脱氢醋酸及其钠盐对引起食品腐败的酵母菌、霉菌作用极强。其抑制的有效浓度为 0.05%～0.1%，一般用量为 0.03%～0.05%。脱氢醋酸及其钠盐对外界环境无特殊要求，在常温、常压、湿度一般的状态下均可使用，对生产工艺也无苛刻的要求。它们被广泛用于肉类、鱼类、蔬菜、水果、饮料类、糕点类等食品的防腐和保鲜。

5. 双乙酸钠

双乙酸钠（$C_4H_7O_4Na$），又称二乙酸钠、双醋酸钠，为白色结晶，带有醋酸气味，易吸湿，极易溶于水，加热至150℃以上可以分解，具有可燃性，在阴凉、干燥条件下，它的性质稳定。双乙酸钠主要靠分解的分子态乙酸起抗菌作用。乙酸可降低pH，可穿透细胞壁，致使生物细胞内的蛋白质变性，从而起到杀菌、防腐的作用。双乙酸钠对细菌和霉菌有良好的抑制效果。研究表明，双乙酸钠主要是通过有效渗透霉菌的细胞壁，干扰酶的相互作用，抑制霉菌的产生，从而达到高效防霉、防腐等功能。它的效果优于苯甲酸盐类，一般用量为0.3～3 g/kg。双乙酸钠对黑曲霉、黑根霉、黄曲霉，绿色木霉的抑制效果优于山梨酸钾。

6. 丙酸盐

丙酸钠（$C_3H_5O_2Na$）为无色透明结晶或颗粒状结晶性粉末，无臭或稍有丙酸气味。易溶于水，溶于乙醇，微溶于丙酮，在潮湿空气中易潮解。丙酸钠是《食品安全国家标准 食品添加剂使用标准》（GB 2760—2014）规定中允许使用的一种食品防腐剂，对霉菌、酵母菌等具有广泛的抗菌作用。其在酸性环境中的效果更好，适用于糕点、豆制品等防腐和保鲜，可以单独使用或与丙酸钙、山梨酸钾配合使用。

丙酸钙（$C_6H_{12}O_4Ca$）为白色结晶性颗粒或粉末，无臭或略带轻微丙酸气味，对光和热稳定，易溶于水，微溶于乙醇、醚类，是一种酸型食品防腐剂，其抑菌作用受环境pH的影响。在pH为5.0时，它的抑制霉菌效果最佳；在pH为6.0时，它的抑菌能力明显降低。它的最小抑菌浓度为0.01%。在酸性介质（淀粉、含蛋白质和油脂物质）中，丙酸钙对各类霉菌、革兰氏阴性杆菌或好氧芽孢杆菌有较强的抑制作用，还可以抑制黄曲霉素的产生，而对酵母菌无害，对人畜无害，无毒、无副作用。

7. 乳酸钠

乳酸钠（$C_3H_5O_3Na$）为无色或微黄色透明液体，无异味，略有咸苦味，混溶于水、乙醇、甘油。其浓度为60%～80%（以重量计），60%的浓度最大使用限量为30 g/kg。乳酸钠是一种新型的防腐保鲜剂，主要应用于肉、禽类制品中。乳酸钠对肉类食品中的细菌有很强的抑制作用，如大肠杆菌、肉毒梭菌、李斯特菌等。乳酸钠的添加可降低食品水分活度，从而阻止微生物的生长，在国外，乳酸钠已部分替代苯甲酸钠，作为防腐剂应用于食品行业。

8. 醇类

醇类包括乙醇、乙二醇、丙二醇等，其中乙醇较为常用。

纯的乙醇需要稀释到一定浓度后才有杀菌作用，以浓度为50%～75%时为最强，浓度为50%以下时尚有一定的抑菌作用，但杀菌能力很快减弱。乙醇杀菌或抑菌作用主要利用它的脱水能力，使菌体的蛋白质脱水而变性，从而达到杀菌或抑菌的效果。高浓度或纯的乙醇易使菌体表面凝固形成保护膜，致使乙醇无法进入细胞，从而丧失杀菌能力。乙醇对细菌的繁殖体比较敏感，对细菌芽孢作用弱，对霉菌、大肠杆菌等的抑菌作用较强，对酵母菌很弱。

9. 单辛酸甘油酯

单辛酸甘油酯（$C_{11}H_{22}O_4$）是以辛酸、甘油为原料进行酯化反应后经精制而得，为无色至淡黄色，在常温下为液体，无臭、略带椰香气味。不溶于水，与水振摇可分散，可溶于乙醇、乙酸乙酯、氯仿及其他氯化氢和苯。单辛酸甘油酯化学结构有α-型和β-型，一般是2种构型的混合物，其中，以α-型为主。

单辛酸甘油酯是脂肪的中间代谢产物，一种新型的无毒、高效广谱防腐剂，对革兰氏菌、霉菌、酵母均有抑制作用。《食品安全国家标准 食品添加剂使用标准》（GB 2760—2014）规定：单辛酸甘油酯可用于生湿面制品（如面条、饺子皮、馄饨皮、烧卖皮）、糕点、豆馅、肉灌肠类，最大使用量为1 g/kg，肉肠类为0.5 g/kg。

10. 二甲基二碳酸盐

二甲基二碳酸盐（$C_4H_6O_5$），又称维果灵（商品名），为稍有涩味的无色液体。在通常情况下，饮料在罐装过程中加入二甲基二碳酸盐能有效地控制酵母菌、霉菌和发酵型细菌的增殖。二甲基二碳酸盐在加入饮料后，可迅速完全分解成微量的甲醇和二氧化碳，对饮料的品质（如口味、气味和色泽）无不利影响。二甲基二碳酸盐在低浓度时，就能杀灭饮料中的腐败菌，而且与一般饮料的包装材料，如玻璃、金属、PET、PVC 等，具有兼容性。《食品安全国家标准 食品添加剂使用标准》（GB 2760—2014）规定：二甲基二碳酸盐用于果蔬汁（浆）饮料（包括发酵型产品等）、碳酸饮料、麦芽汁发酵的非酒精饮料、果味饮料和茶（类）饮料时，最大使用量为 0.25 g/kg。

11. 2,4-二氯苯氧乙酸

2，4-二氯苯氧乙酸（$C_8H_6Cl_2O_3$）为白色结晶，不溶于水，易溶于乙醇、丙酮、乙醚和苯等有机溶剂。2，4-二氯苯氧乙酸是化学防腐杀菌剂，我国规定可用于经表面处理的鲜水果、鲜蔬菜的保鲜，最大使用量为 0.01 g/kg，残留量不大于 2.0 mg/kg。

12. 联苯醚

联苯醚（$C_{12}H_{10}O$），又称二苯醚，为无色结晶或液体，有桉叶油气味，不溶于水、无机酸溶液和碱溶液，溶于乙醇、苯、乙醚和冰乙酸，低毒，有刺激性。《食品安全国家标准 食品添加剂使用标准》（GB 2760—2014）规定：联苯醚可用作经表面处理的鲜水果（仅限柑橘类）的防腐剂，最大使用量为

3.0 g/kg，残留量不大于 12 mg/kg。

13. 肉桂醛

肉桂醛（C_9H_8O），又称桂醛，是具有强烈的似肉桂气味的淡黄色液体，不溶于水，能溶于乙醇、乙醚、氯仿、油脂等。肉桂醛大量存在于肉桂等植物体内，在肉桂油中含量高达 80%，具有抑菌作用，浓度为 2.5×10^{-4} mg/kg 时，对黄曲霉、黑曲霉、橘青霉、串珠镰刀菌、交连孢霉、白地霉、酵母，均有强烈的抑菌效果。肉桂醛作为防腐剂主要用于经表面处理的鲜水果（苹果、柑橘等），可按生产需要，适量使用，其残留量不大于 0.3 mg/kg。

14. 乙氧基喹

乙氧基喹（$C_{14}H_{19}NO$），又称虎皮灵、抗氧喹，为淡黄色至琥珀色黏稠液体。在光照和空气中长期放置，它会逐渐变为暗棕色液体，不溶于水，可与乙醇任意混溶。可用作经表面处理的鲜水果的防腐剂，按生产需要，适量使用，残留量不大于 1 mg/kg，也可与其他防腐剂配合使用。

8.2.3 生物防腐剂

1. 微生物代谢产物

1）乳酸链球菌素

乳酸链球菌素（$C_{143}H_{230}N_{42}O_{37}S_7$），又称乳链菌肽、乳酸菌素、尼生素。它是乳酸链球菌产生的一种多肽，由 34 个氨基酸组成，其结构式如图 8-5 所示。

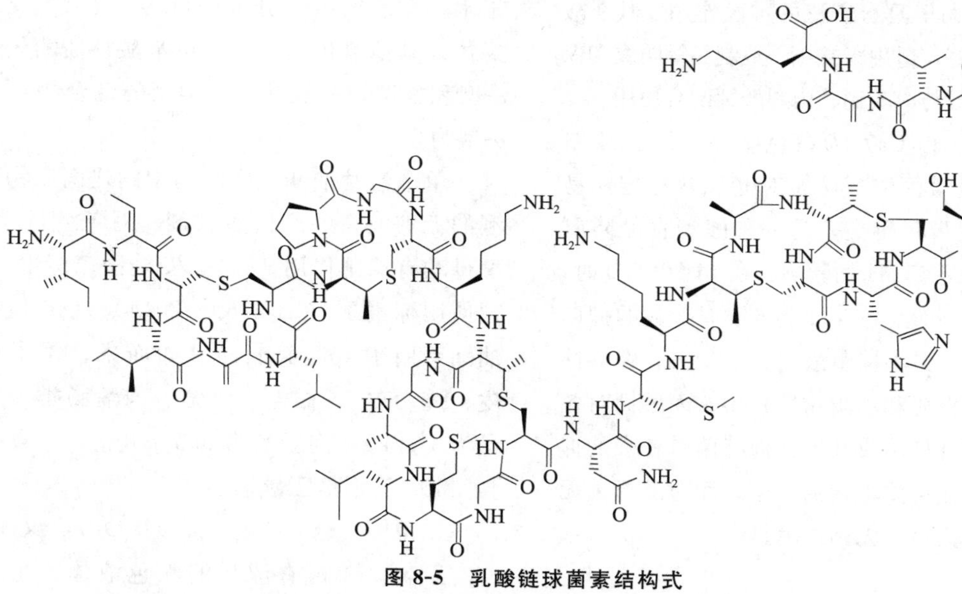

图 8-5 乳酸链球菌素结构式

商品乳酸链球菌素为白色至淡黄色粉末，略带咸味（含有食盐 50%），使用时需溶于水或液体中，溶解度随 pH 上升而下降。当 pH 为 2.5 时，其溶解度为 120 g/L；当 pH 为 5.0 时，其溶解度为 40 g/L；在

中性或碱性条件下几乎不溶。乳酸链球菌素的稳定性也与溶液的 pH 有关：当 pH 为 2.0 时，经过 116 ℃ 杀菌而不失活；当 pH 为 4.0 时，在水溶液中加热则分解；当 pH 为 6.5～6.8 时，抗菌效果最好，但在该范围内进行杀菌，其 90% 的活性将丧失。

乳酸链球菌素能有效抑制引起食品腐败的许多革兰氏阳性细菌，如乳杆菌、明串珠菌、小球菌、葡萄球菌、李斯特菌等，特别是对产芽孢的细菌有很强的抑制作用，如芽孢杆菌、梭状芽孢杆菌。乳酸链球菌素能够吸附在革兰氏阳性敏感菌的细胞膜上，与细胞壁中带负电荷的物质（如磷壁酸、糖醛酸、酸性多糖或磷脂）相互作用，通过 C 末端侵入细胞膜中形成通透孔洞，抑制革兰氏阳性菌细胞壁的合成，改变细胞膜的通透性，引起细胞中的小分子物质流出，同时，细胞外水分子流入，最后导致细胞自溶死亡。相反，乳酸链球菌素对革兰氏阴性菌、霉菌和酵母的抑制作用较差。

乳酸链球菌素是一种无毒的天然防腐剂，对食品的色、香、味、口感等无不良影响，现已被广泛应用于乳制品、罐头制品、鱼类制品和酒精饮料中。

2）纳他霉素

纳他霉素（$C_{33}H_{47}NO_{13}$）是一种由链霉菌发酵产生的一种白色至乳白色的无臭、无味的结晶粉末，通常以烯醇式结构存在，其结构式如图 8-6 所示。

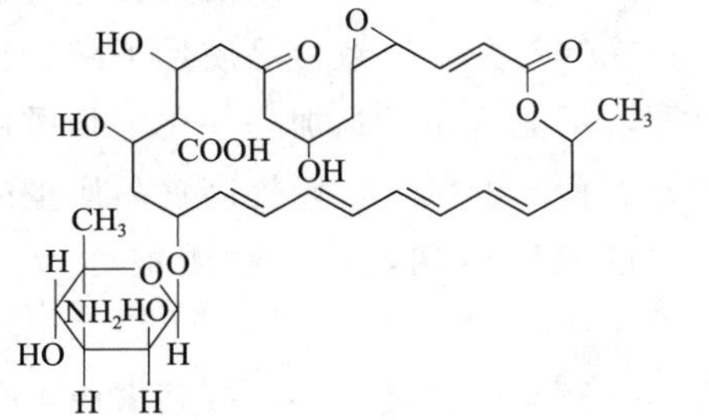

图 8-6 纳他霉素结构式

纳他霉素微溶于水，难溶于大部分有机溶剂。在室温下，其在水中的溶解度为 30～100 mg/L。当 pH 低于 3 或高于 9 时，其溶解度会有提高，但会降低纳他霉素的稳定性。

纳他霉素是一种安全性高的广谱食品防腐剂，既可以有效抑制各种霉菌、酵母菌的生长，又能抑制真菌毒素的产生，可用于食品的防腐和保鲜以及抗真菌治疗。纳他霉素依靠其内酯环结构与真菌细胞膜上的甾醇化合物作用，形成抗生素-甾醇化合物，从而破坏真菌细胞质膜的结构。大环内酯的亲水部分（多醇部分）在膜上形成水孔，损伤细胞膜通透性，进而引起菌内氨基酸、电解质等物质渗出，导致菌体死亡。当某些微生物细胞膜上不存在甾醇化合物时，纳他霉素将丧失作用，因此纳他霉素只对真菌产生抑制，对细菌和病毒不产生抗菌活性。

3）ε-聚赖氨酸

ε-聚赖氨酸是在白色链霉菌发酵液中发现的一种具有抑菌功效的多肽。它是赖氨酸的直链状聚合物，为淡黄色粉末、吸湿性强，略有苦味，溶于水，微溶于乙醇，但不溶于乙酸乙酯、乙醚等有机溶剂，不受 pH 影响，遇热稳定。其结构式如图 8-7 所示。

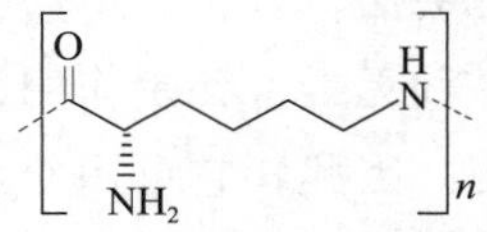

图 8-7 ε-聚赖氨酸结构式

20 世纪 80 年代，ε-聚赖氨酸首次应用于食品防腐，是一种营养型抑菌剂，其安全性高于其他化学防腐剂，可用于焙烤食品、熟肉制品、果蔬汁类及其饮料。ε-聚赖氨酸抑菌谱广，对酵母属的尖锐假丝酵母菌、法红酵母菌、产膜毕氏酵母、玫瑰掷孢酵母和革兰阳性菌中的耐热脂肪芽孢杆菌、凝结芽孢杆菌、枯草芽孢杆菌以及革兰阴性菌中的产气节杆菌、大肠杆菌等都有明显的抑制和杀灭作用。聚赖氨酸对革兰阳性的微球菌、保加利亚乳杆菌、嗜热链球菌、革兰阴性的大肠杆菌、沙门氏菌以及酵母菌的生长有明显的抑制效果。聚赖氨酸与醋酸复合试剂对枯草芽孢杆菌有明显的抑制作用。

4）ε-聚赖氨酸盐酸盐

ε-聚赖氨酸盐酸盐从淀粉酶产色链霉菌受控发酵培养液经离子交换树脂吸附、解吸、提纯而来，可作为防腐剂用于水果、蔬菜、豆类、食用菌、大米及其制品、小麦粉及其制品、杂粮制品、肉及肉制品、调味品、饮料类。2014 年，国家卫生和计划生育委员会批准 ε-聚赖氨酸盐酸盐为食品添加剂新品种。ε-聚赖氨酸盐酸盐的最大使用量为 0.20～0.50 g/kg。

2. 溶菌酶

溶菌酶，又称胞壁质酶或 N-乙酰胞壁质糖水解酶，属碱性蛋白酶，最适宜的 pH 为 5～9。溶菌酶是一种化学性质非常稳定的蛋白质，当 pH 为 1.2～11.3，在剧烈变化时，其结构几乎不变。在酸性条件（pH 为 4～7）下，溶菌酶遇热较稳定；在碱性条件下，溶菌酶的热稳定性较差，高温处理会降低其活性。

溶菌酶对革兰阳性菌、好氧性孢子形成菌、枯草杆菌、地衣型芽孢杆菌等都有抗菌作用。它主要通过破坏细胞壁中的 N-乙酰胞壁酸和 N-乙酰氨基葡糖之间的 β-1，4 糖苷键，使细胞壁不溶性黏多糖分解成可溶性糖肽，从而导致细胞壁破裂，内容物溢出而使细菌溶解。溶菌酶还可与带负电荷的病毒蛋白直接结合，与 DNA、RNA、脱辅基蛋白形成复盐，使病毒失活。

溶菌酶是一种无毒、无副作用的蛋白质，具有一定的溶菌作用。因此，它可用作天然的食品防腐剂，用于各种食品的防腐，现已被广泛应用于水产品、肉、蛋糕、清酒、料酒及饮料中。

3. 蛋白质类

蛋白质类主要包括精蛋白和组蛋白，它们都属于碱性蛋白质。

1）精蛋白

精蛋白主要在鱼类（如蛙鱼、鳟鱼、鲱鱼等）成熟精子细胞核中，作为与 DNA 结合的核精蛋白存在，能溶于水和氨水，与强酸反应生成稳定的盐。

2）组蛋白

组蛋白能溶于水、稀酸和稀碱，不溶于稀的氨水。因为其分子中含有大量的碱性氨基酸。

该类蛋白质在中性和碱性介质中显示出很强的抑菌能力，并有较高的热稳定性，可延长食品保藏期。

4. 植物提取物

植物提取物主要包括植物抗毒素、酚类化学物、有机酸、精油。

1）植物抗毒素

植物抗毒素是在植物受到生物或非生物因子侵袭时，在体内合成并积累的一类低分子量抗菌性物质。目前，研究鉴定的植物抗毒素有 200 多种，主要为类萜类和类黄酮类，它们一般对植物致病真菌起作用。

2）酚类化合物

植物中酚类化合物主要包括简单酚和酚酸类化合物、羟基肉桂酸衍生物和黄酮类化合物。香辛料中的酚类物质，已被证明具有广谱抗菌能力。天然植物中的酚类化合物大多具有广谱抗菌性。

3）有机酸

有机酸主要包括柠檬酸、琥珀酸、苹果酸和酒石酸等。其通过影响细胞膜、代谢酶、蛋白质的合成，来起到抑菌作用，部分有机酸及其衍生物已被用作食品防腐剂。

4）精油

精油从香辛料、中草药、水果、蔬菜等中分离获得，其主要为羟基化合物、萜类，葱、蒜、韭菜中的含硫化合物等。部分精油有抑菌能力，如从鼠尾草、迷迭香、藏茴香、丁香和普通麝香草中提取的精油，对大肠杆菌等有较好的抑制作用。

5. 动物提取物

动物提取物主要为甲壳素和壳聚糖，是从蟹壳和虾壳中提取的一类黏多糖，不溶于水，溶于盐酸和醋酸，易成膜，是优良的果蔬天然保鲜剂。

8.3 抗氧化保藏

食品在贮藏、加工、运输和销售过程中与空气中的氧发生化学反应，食品出现褐色、变色，产生异味、臭味等现象，导致食品质量下降，甚至产生有害物质，不能食用。添加一些化学物质可有效阻止或者延迟食品的氧化，以提高食品质量的稳定性和延长食品的贮藏期，这类物质被称为食品抗氧化剂。

食品抗氧化剂种类繁多，按其来源可分为天然抗氧化剂和合成抗氧化剂；按其溶解性可分为脂溶性抗氧化剂和水溶性抗氧化剂。食品抗氧化机理也不尽相同，但都以其还原性为理论依据。

8.3.1 脂溶性抗氧化剂

脂溶性抗氧化剂指能均匀地分布于油脂中，对油脂和含油脂的食品具有良好的抗氧化作用，并防止其氧化、酸败的物质。脂溶性抗氧化剂有人工合成脂溶性抗氧化剂与天然脂溶性抗氧化剂。目前，世界各国使用的脂溶性抗氧化剂大多是人工合成的。其中，使用较广泛的有丁基羟基茴香醚、二丁基羟基甲苯、没食子酸丙酯、叔丁基对苯二酚等。天然的脂溶性抗氧化剂有生育酚混合浓缩物等。

1. 丁基羟基茴香醚

丁基羟基茴香醚（$C_{11}H_{16}O_2$），又称叔丁基-4-羟基茴香醚、丁基大茴香醚，为白色或微黄色蜡样结晶性粉末，带有酚类的特异臭气和刺激性的气味。丁基羟基茴香醚通常是3-BHA和2-BHA 2种异构体的混合物，不溶于水，易溶于油脂（猪油、玉米油、花生油等）及乙醇、甘油和丙二醇等溶剂，热稳定性强，吸湿性较弱。丁基羟基茴香醚的抗氧化作用主要通过释放H原子阻断油脂自动氧化而实现。3-BHA的抗氧化效果比2-BHA强1.5倍，两者合用增效明显。

目前，丁基羟基茴香醚是国际上广泛应用的抗氧化剂之一，也是我国常用的抗氧化剂之一。丁基羟基茴香醚对动物性脂肪的抗氧化作用强于对不饱和植物油的抗氧化作用。丁基羟基茴香醚在弱碱条件下不容易被破坏，具有良好的持久能力，尤其适用于动物脂肪的焙烤制品。丁基羟基茴香醚具有一定的挥发性，能被蒸汽蒸馏，故在高温制品中，尤其是在煮炸制品中易损失。此外，丁基羟基茴香醚与碱土、金属离子作用而发生变色，在使用时应避免使用铁容器、铜容器。

2. 二丁基羟基甲苯

二丁基羟基甲苯（$C_{15}H_{24}O$），又称2,6-二叔丁基对甲酚，为结晶或结晶性粉末，基本无臭、无味，不溶于水和丙二醇，易溶于大豆油、棉籽油、猪油、乙醇、丙酮、甲醇、苯、矿物油等。二丁基羟基甲苯化学稳定性、热稳定性均较好，与金属离子反应不着色，抗氧化能力强。二丁基羟基甲苯的抗氧化作用是通过自身发生自动氧化而实现。

二丁基羟基甲苯是我国生产量最大的抗氧化剂之一，在食品中的应用与丁基羟基茴香醚基本相同，但其抗氧化能力不如丁基羟基茴香醚。但二丁基羟基甲苯价格低廉，为丁基羟基茴香醚的 $\frac{1}{8}$ ～ $\frac{1}{5}$，可用于油脂、焙烤食品、油炸食品、谷物食品、奶制品、肉制品和坚果、蜜饯中。

3. 没食子酸丙酯

没食子酸丙酯（$C_{10}H_{12}O_5$），又称棓酸丙酯，

为白色至淡黄褐色结晶性粉末或乳白色针状结晶，无臭，稍有苦味，难溶于水，易溶于热水、乙醇、乙醚、丙二醇、甘油、棉籽油、花生油、猪油等。没食子酸丙酯有吸湿性，遇光不稳定、易分解，对热较敏感，在熔点时可分解，在食品应用中稳定性较差，不耐高温，不宜用于焙烤。

没食子酸丙酯不仅低毒，使用安全性高，而且抗氧化性优于BHT及BHA，被广泛用于食用油脂、饲料、油炸食品、干鱼制品、富脂饼干、罐头及腊肉制品，是联合国粮食及农业组织和世界卫生组织批准使用的优良油脂抗氧化剂之一。没食子酸丙酯与增效剂柠檬酸或与丁基羟基茴香醚、二丁基羟基甲苯复配使用抗氧化能力更强。没食子酸丙酯对猪油的抗氧化作用较丁基羟基茴香醚、二丁基羟基甲苯强。

4. 叔丁基对苯二酚

叔丁基对苯二酚（$C_{10}H_{14}O_2$），又称叔丁基氢醌，为白色或浅黄色粉状晶体，有特殊气味，不溶于水，可溶于油脂（棉籽油、玉米油、大豆油、猪油、椰子油、花生油等），易溶于乙醇和乙醚，对热稳定，遇铁、铜离子不形成有色物质，但在见光或碱性条件下可呈粉红色。

叔丁基对苯二酚有较强的抗氧化能力。对植物油而言，抗氧化能力顺序为叔丁基对苯二酚＞没食子酸丙酯＞二丁基羟基甲苯＞丁基羟基茴香醚；对动物油脂而言，抗氧化能力顺序为叔丁基对苯二酚＞没食子酸丙酯＞丁基羟基茴香醚＞二丁基羟基甲苯。叔丁基对苯二酚对蒸煮和油炸食品有良好的持久抗氧化能力，适用于生产薯类产品，但其在焙烤制品中的持久力不强，除非与丁基羟基茴香醚合用。叔丁基对苯二酚对其他的抗氧化剂和螯合剂有增效作用，在其他酚类都不起作用的油脂中，它依然有效，且柠檬酸的加入可增强其抗氧化活性。在植物油、膨松油和动物油中，叔丁基对苯二酚一般与柠檬酸结合使用。

5. 4-己基间苯二酚

4-己基间苯二酚（$C_{12}H_{18}O_2$），为白色、黄白色针状结晶，弱臭、强涩味，会对舌头产生麻木感，遇光、空气变淡棕和粉红色，微溶于水，易溶于乙醇、甲醇、甘油、醚、氯仿、苯和植物油中。作为虾类加工助剂，4-己基间苯二酚可使虾、蟹等

甲壳水产品在贮存过程中保持良好色泽，不变黑。《食品安全国家标准 食品添加剂使用标准》（GB 2760—2014）规定：4-己基间苯二酚用于鲜水产（仅限虾类），防止虾类褐变，按生产需要，适量使用，残留量≤1 mg/kg。

6. L-抗坏血酸棕榈酸酯

L-抗坏血酸棕榈酸酯（$C_{22}H_{38}O_7$）由棕榈酸与 L-抗坏血酸等天然成分酯化而成，为白色或微黄色粉末，有轻微柑橘香味，极难溶于水和植物油中，易溶于乙醇，1 g 能溶解在约 4.5 mL 乙醇中。L-抗坏血酸棕榈酸酯被世界卫生组织食品添加剂委员会评定为具有营养性、无毒、高效、使用安全的食品添加剂，是我国唯一可用于婴幼儿食品的抗氧化剂。它用于食品中可起到抗氧化、食品（油脂）护色、营养强化等功效。此外，L-抗坏血酸棕榈酸酯在油脂中的抗氧化效果非常明显，可应用于含油食品、食用油中。

7. 硫代二丙酸二月桂酯

硫代二丙酸二月桂酯（$C_{10}H_{58}O_4S$）为白色粉末或鳞片状物，不溶于水，可溶于苯、甲苯、丙酮、汽油等有机溶剂，在油脂中溶解度小，易着色，具有分解过氧化物的作用。它可作为聚乙烯、聚丙烯、ABS树脂、聚氯乙烯等的辅助抗氧化剂。

硫代二丙酸二月桂酯与丁基羟基茴香醚和二丁基羟基甲苯等酚类抗氧化剂有协同作用，在生产中加以利用既可提高抗氧化性能，又能降低毒性和成本。硫代二丙酸二月桂酯具有极好的热稳定性，200 ℃下 30 min 损失率只有 0.7%，同时还具有极好的时间稳定性。《食品安全国家标准 食品添加剂使用标准》（GB 2760—2014）规定：可用于含油脂食品、食用油脂的抗氧化和果蔬的保鲜，最大使用量为 0.2 g/kg。

8. 羟基硬脂精

羟基硬脂精（$C_{21}H_{42}O_5$），又称氧化硬脂精，是部分氧化的硬脂酸和其他脂肪酸甘油酯的混合物，为棕黄至浅棕色脂状或蜡状物质，口味醇和，可溶于乙醚、己烷和氯仿。作为食品抗氧化剂，《食品安全国家标准 食品添加剂使用标准》（GB 2760—2014）规定：羟基硬脂精仅限用于基本不含水的脂肪和油，最大使用量为 0.5 g/kg。

9. 生育酚混合浓缩物

生育酚为维生素 E 的水解产物，天然的生育酚都是 d-生育酚（右旋型）。生育酚有 8 种同分异构体，主要含 α-生育酚、β-生育酚、γ-生育酚、δ-生育酚，其中，以 α-生育酚的活性最强。生育酚经人工提取后，浓缩即成为生育酚混合浓缩物。生育酚混合浓缩物为黄色至褐黄色透明黏稠液体，可有少量晶体蜡状物，几乎无臭，不溶于水，可溶于乙醇，可与丙醇、三氯甲烷、乙醚、植物油混合，对热稳定。生育酚的混合浓缩物在空气及光照下，会缓慢变黑。

目前，生育酚混合浓缩物是国际上唯一大量生产的天然抗氧化剂，这类天然产物都是 α-生育酚。较高温度下，生育酚有较好的抗氧化性能。生育酚的耐光照、耐紫外线、耐放射线的性能也强于丁基羟基茴香醚和二丁基羟基甲苯。生育酚还能防止维生素 A 在 λ-射线照射下的分解作用以及防止 β-胡萝卜素在紫外线照射下的分解作用。此外，它还能防止甜饼干和速食面条在日光照射下的氧化作用。近年来的研究结果表明，生育酚还有阻止咸肉中产生致癌物亚硝胺的作用。

生育酚混合浓缩物价格较贵，一般场合使用较少，主要用于保健食品、婴儿食品和其他高价值的食品。

8.3.2　水溶性抗氧化剂

水溶性抗氧化剂是能溶解于水的一些抗氧化物质，突出的作用是对催化氧化离子的掩蔽，并兼顾对果蔬的护色及防褐变等作用，同时对添加在含水油脂或乳化食品中的脂溶性抗氧化剂具有辅助和加强作用。水溶性抗氧化剂多用于对食品的护色，防止其氧化变色以及防止因氧化而降低食品的风味和质量等。常用的水溶性抗氧化剂有 L-抗坏血酸及其盐、异抗坏血酸、植酸、茶多酚、氨基酸类等。

1. L-抗坏血酸及其盐

1）L-抗坏血酸

L-抗坏血酸（$C_6H_8O_6$），又称抗坏血酸、维生素 C，为白色至微黄色结晶或晶体粉末和颗粒，无臭，带酸味，遇光逐渐变成黄褐色。L-抗坏血酸易溶于水（20 g/100 mL）和乙醇（3.33 g/100 mL），不溶于乙醚、氯仿和苯。L-抗坏血酸在干燥状态下性质较稳定，遇热不稳定，在空气中遇氧，易氧化分解和变色，在 pH 为 3.4～4.5 时较稳定。

L-抗坏血酸的抗氧化机理是自身氧化和消耗食

品以及环境中的氧，使食品中的氧化还原电位下降到还原范畴，并且减少不良氧化物的产生。L-抗坏血酸具有强还原性，可用作啤酒、无乙醇饮料、果汁的抗氧化剂，能防止因氧化引起的品质变劣现象，如变色、褪色、风味变劣等。此外，L-抗坏血酸还能抑制水果和蔬菜的酶促褐变并钝化金属离子。

2）L-抗坏血酸钙

L-抗坏血酸钙（$C_{12}H_{14}O_{12}Ca \cdot 2H_2O$）为白色或淡黄色结晶性粉末，无气味，易溶于水，10%水溶液的 pH 为 6.8～7.4，稍溶于乙醇，不溶于乙醚。试验证明，L-抗坏血酸钙比维生素C稳定，且抗氧化作用优于维生素C，吸收效果也较维生素C好。L-抗坏血酸钙可应用于去皮或预切的鲜水果，去皮、切块或切丝的蔬菜抗氧化（以水果中抗坏血酸钙残留量计）。其最大使用量为 1.0 g/kg，在浓缩果蔬汁（浆）中按生产需要，适量使用，固体饮料按稀释倍数，增加使用量。

3）L-抗坏血酸钠

L-抗坏血酸钠（$C_6H_7O_6Na$）为白色至微黄白色结晶性粉末或颗粒，无臭，味稍咸，在干燥状态下，性质较稳定，吸湿性强，吸潮后及在水溶液中缓慢氧化分解。它比 L-抗坏血酸更易溶于水（25 ℃，62 g/100 mL；75 ℃，78 g/100 mL），极难溶于乙醇，遇光则颜色变深。其抗氧化作用与 L-抗坏血酸相同，1 g L-抗坏血酸钠相当于 0.9 g L-抗坏血酸。

2. 异抗坏血酸

异抗坏血酸（$C_6H_8O_6$）是维生素C的一种立体异构体，在化学性质上与维生素C相似。异抗坏血酸为白色至浅黄色结晶或晶体粉末，无臭，有酸味，遇光逐渐变黑，极易溶于水（40 g/100 mL），可溶于乙醇（5 g/100 mL），难溶于甘油，不溶于乙醚和苯。在干燥状态下，异抗坏血酸在空气中相当稳定，而在溶液中暴露于空气时，则迅速变质，几乎丧失抗坏血酸的生理活性。异抗坏血酸的还原性强，抗氧化性优于抗坏血酸，但耐热性差。

异抗坏血酸成本低廉，它被广泛用于肉制品中。异抗坏血酸与亚硝酸钠配合使用，可提高肉制品的成色效果，又可防止肉质氧化变色。此外，异抗坏血酸还可加强亚硝酸钠抗肉毒梭菌的效果，并能减少亚硝胺的产生。异抗坏血酸及其钠盐的功能除作为抗氧化剂外，还有护色剂作用。

3. 植酸

植酸（$C_6H_{18}O_{24}P_6$），又称肌酸、环己六醇六磷酸-二氢磷酸盐，别称肌醇六磷酸，主要存在于植物的种子、根干和茎中，以豆科植物的种子、谷物的麸皮和胚芽中的含量最高。植酸为淡黄色至淡褐色浆状液体，易溶于水、乙醇和丙酮，几乎不溶于乙醚、苯和氯仿，遇热稳定。

植酸是一种强酸，具有较强的金属螯合作用，具有抗氧化增效作用。在食品工业中，植酸适用于水产品（对虾）的保鲜，也可用于罐头食品的护色。

4. 茶多酚

茶多酚（$C_{17}H_{19}N_3O$），又名抗氧灵、维多酚、防哈灵，是茶叶中所含的一类多羟基类化合物，主要化学成分为儿茶素类、黄酮及黄酮醇类、花青素类、酚酸及缩酚酸类、聚合酚类等化合物的复合体。其中，儿茶素类化合物为茶多酚的主体成分，占茶多酚总量的 65%～80%。儿茶素类化合物主要包括表儿茶素（EC）、表没食子儿茶素（EGC）、表儿茶素没食子酸酯（ECG）和表没食子儿茶素没食子酸酯（EGCG）4 种物质，其结构式如图 8-8 所示。

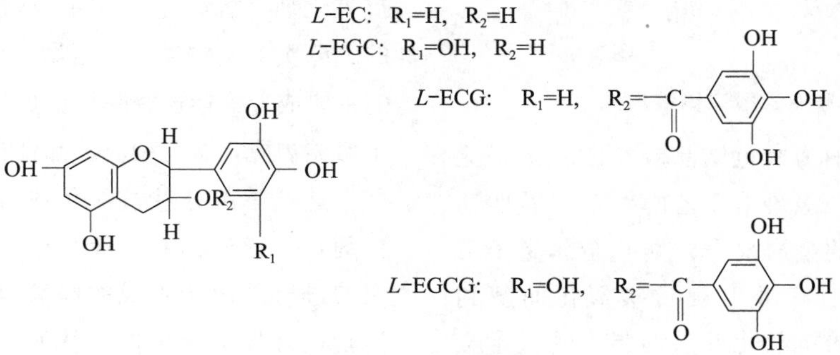

L-EC: R₁=H, R₂=H
L-EGC: R₁=OH, R₂=H
L-ECG: R₁=H, R₂=...
L-EGCG: R₁=OH, R₂=...

图 8-8　儿茶素类化合物结构式

茶多酚为淡黄至茶褐色略带茶香的水溶液、粉状固体或结晶，味涩，易溶于水、乙醇、乙酸乙酯，微溶于油脂，耐热性、耐酸性好，在 pH 为 2~8 时均稳定。茶多酚略有吸潮性，在碱性条件下，易氧化褐变，遇铁离子生成绿黑色化合物。

茶多酚具有较强的抗氧化能力，其酯型儿茶素、没食子儿茶素没食子酸酯的还原性可达到 L-异坏血酸的 100 倍。4 种主要儿茶素化合物当中，抗氧化能力为表没食子儿茶素没食子酸酯＞表没食子儿茶素＞表儿茶素没食子酸酯＞表儿茶素＞丁基羟基茴香醚，且抗氧化性能随温度的升高而增强。茶多酚对食品中的色素具有保护作用，它既可起到天然色素的作用，又可防止食品褪色，茶多酚还具有抑制亚硝酸盐的形成和积累作用。

5. 氨基酸

蛋氨酸、色氨酸、苯丙氨酸、脯氨酸等都能与金属离子螯合，可作为良好的抗氧化增效剂（辅助抗氧化剂）。色氨酸、半胱氨酸、酪氨酸等含有 π 电子，对食品的抗氧化效果较好，在鲜乳、全脂奶粉中加入这些氨基酸有显著的抗氧化效果。研究还发现，丙氨酸末端为 N 的 9 种二肽比任何一种氨基酸的抗氧化能力都强。其中，尤以丙氨酸-组氨酸、丙氨酸-酪氨酸、丙氨酸-色氨酸 3 种二肽抗氧化能力最强，开发前景广阔。

6. 乙二胺四乙酸二钠

乙二胺四乙酸二钠（$C_{10}H_{14}N_2O_8Na_2$），又称 EDTA-2Na，是一种良好的螯合剂。它有 6 个配位原子，形成的配合物叫作螯合物。其结构式如图 8-9 所示。

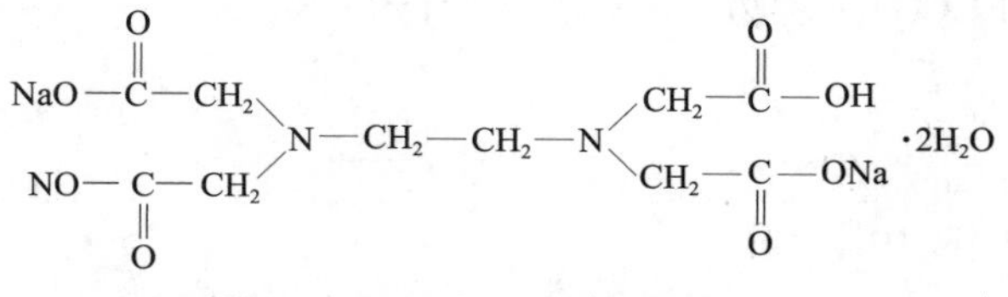

图 8-9　乙二胺四乙酸二钠结构式

乙二胺四乙酸二钠为白色结晶颗粒或粉末，无臭、无味，易溶于水，极难溶于乙醇。乙二胺四乙酸二钠可螯合溶液中的金属离子，防止金属离子引起的变色、变质、变浊和维生素 C 被氧化而遭到损失，还可提高油脂的抗氧化性（油脂中的微量金属如铁、铜等有促进油脂氧化的作用）。《食品安全

国家标准 食品添加剂使用标准》（GB 2760—2014）规定：乙二胺四乙酸二钠可用于蔬菜罐头、杂粮罐头等，保持罐头食品的色、香、味，最大使用量为 0.25 mg/kg。

8.3.3　其他抗氧化剂

除了以上脂溶性和水溶性抗氧化剂，还有一些物质，如还原糖、甘草抗氧化物、迷迭香提取物、竹叶抗氧化物、柚皮苷、大豆抗氧化肽、植物黄酮类物质等均具有抗氧化能力。有些氧化剂正处于研究、开发中，甘草抗氧化物、迷迭香提取物和竹叶抗氧化物已列入食品抗氧化剂并投入实际应用。

1. 甘草抗氧化物

甘草抗氧化物，又称甘草抗氧灵、绝氧灵，为棕色或棕褐色粉末，略有甘草的特殊气味，不溶于水，可溶于乙酸乙酯，在乙醇中的溶解度为 11.7%，耐光、耐氧、耐热，与维生素 C、维生素 E 混合使用有增效的作用。甘草抗氧化物中主要抗氧化成分为黄酮和类黄酮类物质的混合物，具有较强的清除自由基的能力，尤其是对氧自由基的清除效果较强。

《食品安全国家标准 食品添加剂使用标准》（GB 2760—2014）规定：甘草抗氧化物（以甘草酸计）可用于基本不含水的脂肪和油、熟制坚果与籽类（仅限油炸坚果与籽类）、油炸面制品、方便米面制品、饼干、腌腊肉制品类（如咸肉、腊肉、板鸭、中式火腿、腊肠）、酱卤肉制品类、熏烧烤肉类、油炸肉类、西式火腿类（熏烤、烟熏、蒸煮火腿）、肉灌肠类、发酵肉制品类、腌制水产品、膨化食品。其最大使用量为 0.2 g/kg。

2. 迷迭香提取物

迷迭香是一种多用途的经济作物，从中可提取抗氧化剂。抗氧化剂的主要成分是具有抗氧化功能的二萜类、黄酮类、三萜类等化合物。迷迭香提取物的主要成分为迷迭香酚、鼠尾草酚和鼠尾草酸，均属于萜类物质，这几种成分都具有较强的抗氧化活性。

迷迭香的这些抗氧化成分作为断链型自由基终止剂，可通过捕获过氧自由基，抑制过氧化链式反应的进行。由于生成的酚氧自由基相对稳定，它与类脂化合物反应很慢，从而阻断了自由基链的传递和增长，从而抑制氧化过程的进展。迷迭香酚的抗

氧化活性是二丁基羟基甲苯和丁基羟基茴香醚的 5
倍，鼠尾草酚的抗氧化活性和丁基羟基茴香醚相
当。研究表明，迷迭香提取物在防止油脂氧化、保
持肉类风味等方面具有明显效果。

《食品安全国家标准 食品添加剂使用标准》
（GB 2760—2014）规定：迷迭香提取物可被应用
于动物油脂、熟制坚果与籽类、油炸面制品、肉制
品类（酱卤肉、熏肉、烧肉、烤肉、油炸肉、西式
火腿、肉灌肠、发酵肉）以及膨化食品中。其最大
使用量为 0.3 g/kg；在植物油脂中的最大使用量
为 0.7 g/kg。

3. 竹叶抗氧化物

竹叶抗氧化物是一种具有本土资源特色和自主
知识产权的安全、高效、经济的天然食品抗氧化
剂，具有平和的风味及口感，无药味、苦味和刺激
性气味，水溶性好，品质稳定，能有效抵御酸解、
热解和酶解，适用于多种食品体系，2004 年被批
准列入《食品添加剂使用卫生标准》。

竹叶抗氧化物中抗氧成分包括黄酮类、内酯类
和酚酸类等化合物。其中，黄酮类化合物主要是黄
酮碳苷，内酯类化合物主要是羟基香豆素及其糖
苷，酚酸类化合物主要是肉桂酸的衍生物。这些成
分既能阻断脂肪自动氧化的链式反应，又能螯合过
渡态金属离子，同时作为一级抗氧化剂和二级抗氧
化剂使用。

竹叶抗氧化物具有：①很强的抗自由基活性，
可清除多种活性氧自由基（·OH、O_2^-、RO·、
ROO·等）；②优良的抗氧化活性，可有效抑制脂
质过氧化，对脂质过氧化产物丙二醛的生成具有明
显的抑制作用；③有效清除亚硝酸盐活性，可阻断
强致癌物——N-亚硝胺的合成；④较强的抑菌作
用，对伤寒沙门氏菌、革兰氏阴性杆菌和阳性球菌
等均有一定的抑制作用。

竹叶抗氧化物允许的使用范围包括食用油脂、
肉制品、水产品和膨化食品，其最大使用量为
0.5 g/kg。

思考题

1. 食品化学保藏的概念是什么？食品化学保藏剂如何分类？
2. 食品防腐剂如何分类？无机防腐剂和有机防腐剂的防腐
原理是什么？
3. 食品抗氧化剂如何分类？它包含哪些物质？

CHAPTER 9

食品保藏高新技术

【学习目的和要求】

了解微波、高压、臭氧、欧姆加热、过滤除菌、磁场、脉冲等新技术的原理、特点以及它们在食品保藏中的作用及其在食品保藏中的应用。

【学习重点】

高压、磁场、脉冲杀菌的原理及其技术要点。

【学习难点】

磁场、脉冲杀菌的原理。

FOOD PRESERVATION

9.1　微波加热灭菌技术

9.1.1　微波杀菌的原理

微波具有热效应和非热效应的双重杀菌作用。在微波作用下，食品中的微生物吸收电磁波，产生电能使温度升高，从而破坏菌体中的蛋白质，起到杀死微生物的作用。此外，当微生物处于微波电磁场环境下，它会受到电磁场作用。微生物会对电磁场作用产生应答效应，这时微生物赖以生存的细胞膜与外界交换营养物质的"离子通道"关闭，正常的生理活动受到干扰而停顿，造成细胞膜的瞬间破裂，这是细菌、霉菌致死的主要原因。

1. 微波热效应杀菌机理

生物细胞是由水、蛋白质、核酸、碳水化合物、脂肪和无机盐等复杂化合物构成的一种凝聚态介质。该介质在强微波场的作用下，温度升高。如果其空间结构发生变化或破坏，蛋白质变性，就影响其溶解度、黏度、膨胀性、稳定性，从而失去生物活性。

2. 微波非热效应杀菌机理

微波能改变生物性排列聚合状态及其运动规律，微波场感应的离子流会影响细胞膜附近的电荷分布，使膜受到损伤，从而影响 Na^+-K^+ 泵的功能，产生膜功能障碍，干扰或破坏细胞的正常新陈代谢，导致细胞生长抑制、停止或死亡。细胞中的核糖核酸（RNA）和脱氧核糖核酸（DNA）在微波场的作用下，氢键会松弛、断裂或重组，诱发基因突变或染色体畸变，影响其生物活性，延缓或中断细胞的稳定遗传和增殖。

微波可以破坏蜡样芽孢杆菌的细胞形态，包括细胞膜、细胞壁等。如图 9-1 所示，与对照相比，微波处理后的蜡样芽孢杆菌细胞表面不再光滑、平整，并出现褶皱。另外，微波对蜡样芽孢杆菌细胞膜的破坏作用及其诱导核染色质聚集和低密度空白区的出现会导致核染色质被部分清除（图 9-2）。

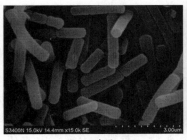 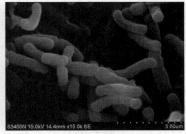

A 对照　　　　　　　　　　　B 微波处理

图 9-1　蜡样芽孢杆菌细胞形态的扫描电子显微图片

（引自：Cao. The influence of microwave sterilization of the ultrastructure, permeability of cell membrane and expression of proteins of *bacillus cereus*. Frontiers in Microbiology. 2018）

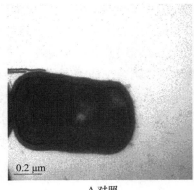 

A 对照　　　　　　　　　　　B 微波处理

图 9-2　蜡样芽孢杆菌核染色质的透射电子显微图片

（引自：Cao. The influence of microwave sterilization of the ultrastructure, permeability of cell membrane and expression of proteins of *bacillus cereus*. Frontiers in Microbiology. 2018）

简单地说，微波杀菌是微波热效应和非热效应共同作用的结果。微波热效应主要起快速升温杀菌的作用；而非热效应则使微生物体内蛋白质和生理活性物质发生变异而丧失活力或死亡。因此，微波杀菌温度低于常规方法的杀菌温度。

9.1.2　微波杀菌的特点

使用微波杀菌有以下优点：①作用时间短、杀菌速度快；②由于热损伤较轻，适用于已包装好、不耐高温的物品。③设备简单、操作方便、效率高。

微波杀菌的缺点：①基本建设费用较高、耗电量大；②微波照射对人体有一定伤害。

9.1.3　微波杀菌技术在食品工业中的应用

国外已将微波杀菌应用于食品工业生产，瑞典、德国、丹麦和意大利等国家将微波用于切片面包的杀菌、保鲜，已达到工业化生产程度；日本的小包装蘑菇，荷兰和美国的熟食品、蔬菜、小包装饮料，匈牙利的方便食品等都经过微波杀菌后在市场上流通。

1. 饮料、酱油制品

饮料和酱油制品易发生霉变和细菌含量超标的现象，并且不允许对其使用高温加热杀菌。采用微波杀菌具有温度低、速度快的特点。微波杀菌既能杀灭饮料、酱油中的各种细菌，又能防止贮藏过程中的霉变，并且经微波辐照处理后，各项理化指标均有所提高。据基础试验表明，在功率 600 W 的微波辐照下，一般约 5 min 就能完全杀灭大肠菌群。另外，对灭霉效果持久性的检验表明，微波杀菌温度为 75 ℃，处理时间为 5 min，在 28 ℃ 的环境下，贮藏 2 个月无霉变现象。而在同样处理的条件下，使用传统方法加热杀菌的食品仅 24 h 就会发现有霉菌生长的情况。

2. 蛋糕、面包等烘烤类食品

微波有很强的穿透力，能在烘烤的同时，杀死细菌，可使烘烤类食品的保鲜期大大延长。如瑞典、德国和丹麦均使用微波对切片面包杀菌、防霉、保鲜，其保鲜期由原来的 3～4 d 延长到 30～60 d。

在用 750 W 微波炉照射月饼 90 s 后，霉菌计数结果能符合国家标准（≤100 CFU/g）。当用微波照射月饼 2.5 min 时，月饼中心温度达 104 ℃，对月饼污染霉菌的平均杀灭率达 99.91%。据实际的保鲜贮藏试验证明，微波照射后能显著地延长月饼的防霉、保鲜时间，经 80 d 的贮藏试验表明，月饼没有任何霉变迹象。

3. 豆制品

豆腐、豆腐皮等豆制品是价廉物美，深受人们喜爱的低脂、高蛋白的健康食品。但在高温、炎热的天气，豆腐及其制品极易腐败。从制作工艺中分析其腐败原因，可能是忽略了杀菌工序。据日本学者报告，将豆腐切成 2.5 cm×5 cm×5 cm 的块状，加 100 mL 的水，然后一起封装在塑料容器内，接受频率为 2 450 MHz，功率为 500 W 的微波辐照，然后做感官评定。其结果表明，微波辐照组的保鲜期远比对照组长，豆腐经微波处理 3.5 min，在 25 ℃ 下可保鲜 3 d，而对照组仅保鲜 0.5 d。

4. 天然营养食品

在蜂王浆、花粉口服液等天然营养食品的加工过程中，为保持各种营养成分不被破坏，通常采用真空冷冻干燥和 ⁶⁰Co 射线杀菌工艺，处理温度不宜超过 60 ℃，但效率低、能耗大、成本高。运用微波辐照技术升温快、时间短、加热均匀，节省电力达 80% 以上，产品质量上乘。另外，人参、香菇、猴头菌、花粉、天麻、中成药丸等用微波进行干燥、杀菌处理，可以有效地保存其中的营养成分和活性物质，这是传统加热方法所不能比拟的。

5. 食品包装材料

食品包装用纸的常规消毒方法为化学方法或物理方法。这两种方法会降低纸的品质，尤其是化学方法，因其会产生臭味而降低纸的使用价值。而紫外线杀菌仅能杀灭包装纸表面的大部分细菌，效果不理想。研究表明，采用微波对质量为 3 kg、体积为 15 cm×12 cm×25 cm 的冰棒纸和 60 g 糖纸进行杀菌，仅用 5 s 即能杀灭纸面表层的微生物。无菌试验也证明微波杀菌效果良好。

9.2　超高压杀菌技术

超高压杀菌技术是当前备受重视和广泛研究的

一项食品高新技术，简称为超高压处理（high pressure processing，HPP）或高静水压（high hydrostatic pressure，HHP）技术。超高压杀菌技术是将食品及食品原料包装后密封于超高压容器中，以水或其他流体介质作为传递压力的媒介物，在静高压下（100～1 000 MPa）和一定的温度下，加工至适当的时间，会引起食品成分非共价键（氢键、离子键、疏水作用）的破坏或形成，使食品中的酶、蛋白质、淀粉等高分子物质失活、变性、糊化，并杀死食品中的微生物，从而达到食品的灭菌、保藏的加工目的。

9.2.1　超高压杀菌的基本原理

超高压杀菌的基本原理是压力对微生物的致死作用。高压导致细胞的形态结构、细胞的生物化学反应、细胞的酶的活动以及细胞膜的变化、细胞壁的变化，从而影响微生物原有的生理活动机能，甚至使原有功能被破坏或发生不可逆的变化，导致微生物死亡。

1. 细胞的形态结构

极高的流体静压会影响细胞的形态。细胞内含有小的液泡、气泡和原生质，这些液泡、气泡和原生质的形状在高压下会变形，从而导致整个细胞的变形。如胞内的气体空泡在 0.6 MPa 下会破裂等；埃希氏大肠杆菌的长度在常压下为 $1\sim2\ \mu m$，而在 40 MPa 下为 $10\sim100\ \mu m$。上述现象在一定压力下是可逆的，但当压力超过某一点时，便不可逆地使细胞的形态发生变化。

2. 细胞的生物化学反应

按照化学反应的基本原理，加压有利于促进反应朝向减少体积的方向进行，推迟了增大体积的化学反应。由于许多生物化学反应都会产生体积上的变化，所以加压将对生物化学过程产生影响。

3. 细胞的酶的活力

高压还会引起主要酶的失活，一般压力超过 300 MPa，其对蛋白质的变性将是不可逆的。酶高压失活的根本机制是改变分子内结构，活性部位构象发生变化。

通过影响微生物体内的酶，进而对微生物的基因机制产生影响，其主要表现为酶参与的 DNA 修复和转录步骤会因压力过高而中断。

4. 细胞膜的变化

在高压下，细胞膜磷脂分子的横切面减小，细胞膜双层结构的体积随之降低，细胞膜的通透性将被改变。

5. 细胞壁的变化

细胞壁赋予微生物以刚性和形状。20～40 MPa 的压力能使较大细胞的细胞壁因受压力机械断裂而松解，这对许多真菌类微生物来说是致死的主要因素。而真核微生物一般比原核微生物对压力更为敏感。

9.2.2　超高压杀菌的特点

超高压处理过程是一个纯物理过程，只有物理变化，没有化学变化。它与传统的食品热处理加工机理完全不同。高压会生产或破坏非共价键（氢键、离子键和疏水键），使生物高分子物质结构发生变化。相反，传统加热所引起的变性是因共价键的形成或被破坏所致，从而导致风味物质、维生素、色素等的改变（或变味）。高压对形成蛋白质等高分子物质以及维生素、色素和风味物质等低分子物质的共价键无任何影响，因此，高压加工的食品很好地保持了原有的营养价值、色泽和天然风味。

1. 营养成分损失小

超高压处理的范围只对生物高分子物质立体结构中的非共价键结合产生影响，对食品中的维生素等营养成分和风味物质没有任何影响。它能最大限度地保持食品原有的营养成分，并容易被人体消化和吸收。在传统的加热方式中，当食品受热时，其营养成分会不同程度地被破坏。

Muelenaere 和 Harper 曾经报道，经一般的加热或热力杀菌后，食品中的维生素 C 的保留率不到 40％。即使在挤压加工过程中，也只有大约 70％ 的维生素 C 被保留。而超高压处理是在常温或较低温度下进行的，它对维生素 C 的保留率高达 96％ 以上。超高压处理的草莓酱与加热处理的草莓酱相比，其营养成分损失率会下降，且口感和风味更佳。

2. 产生新的组织结构，不会产生异味

超高压处理可以在最大限度地保持其原食品营养成分不变的同时，改变食品的性质，改善食品高分子物质的构象，会获得新型物性的食品。超高压食品，特别是蛋白质和淀粉的表面状态与热处理

时完全不同，这就可以通过压力处理获得新的食品素材，如作用于肉类和水产品，酶提高肉制品的嫩度和风味；作用于原料乳，有利于干酪的成熟和最终风味的形成，还可使干酪的产量增加。对超高压处理的豆浆凝胶特性的研究发现，超高压处理会使豆浆中的蛋白质颗粒解聚变小，从而更有利于人体的消化和吸收。

超高压会消除由传统热加工引起的共价键的形成或被破坏所导致的变色、发黄及加热过程中出现的不愉快的异味，如热臭等。

3. 原料的利用率高

超高压处理过程是一个纯物理过程。瞬间压缩、作用均匀、操作安全、耗能低的这种方式有利于生态环境的保护和可持续发展战略的推进。该过程从原料到产品的生产周期短，生产工艺简洁，污染概率也会相应地降低。

4. 适用范围广，具有很好的开发和推广前景

超高压技术不仅被应用于各种食品的杀菌，而且在植物蛋白的组织化、淀粉糊化、肉类品质的改善，动物蛋白的变性处理，乳产品的加工处理以及酒类的催陈等方面均有了成功与广泛的应用，并以其独特的优势在食品各领域中保持了良好的发展势头。

9.2.3 超高压对食品成分的影响及在食品加工中的应用

1. 超高压对食品成分的影响

采用超高压处理食品，可以在杀菌的同时，较好地保持食品原有的色、香、味及其营养成分。超高压对食品中营养成分的影响主要表现在以下几个方面。

1）超高压对蛋白质的影响

压力对蛋白质的影响十分复杂。普遍被接受的理论是蛋白质在加压过程中会展开，压力被解除后会再次折叠。依据不同的蛋白质特性和具体的应用条件，这种展开和折叠的过程会导致部分或完全变性以及静电相互作用的改变（图9-3）。它主要包括：①通过解链和聚合（低温凝胶化、肌肉蛋白质在低盐或无盐时形成凝胶、乳化食品中流变性变化）对质地和结构的重组；②通过解链、离解提高肉的嫩度；③通过解链（即蛋白质酶抑制剂、漂烫蔬菜）钝化毒物和酶；④通过解链增加蛋白质食品对蛋白酶的敏感度，提高可消化性和降低过敏性；⑤通过解链增加蛋白质结合特种配基的能力，增加分子表面疏水特性（结合风味物质、色素、微生物、无机化合物和盐等）。

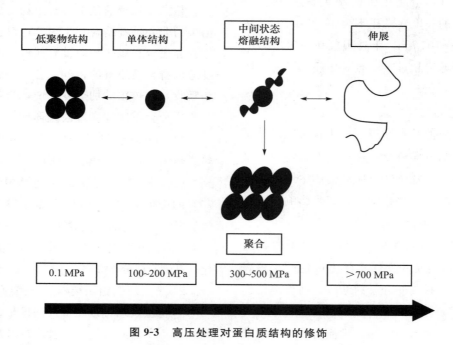

图 9-3　高压处理对蛋白质结构的修饰

（引自：Bolumar．High Pressure Processing of Food．New York：Spring，2016．）

2）超高压对淀粉的影响

超高压可使淀粉改性。在常温下加压到 400～600 MPa，可使淀粉糊化成不透明的黏稠糊状，且吸水量也发生改变，其原因是压力使淀粉分子的长链断裂，分子结构发生改变（图 9-4）。经过超高压处理后，淀粉能糊化或变得在室温或适当的温度（45～50 ℃）下对淀粉酶敏感，从而提高淀粉的消化率。不同淀粉对高压的敏感性差异较大，如小麦和玉米淀粉对高压较敏感，而马铃薯淀粉的耐压性较强。

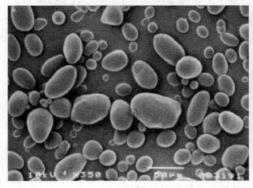

A. 对照

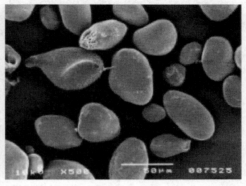

B. 600 MPa下处理 2 min

图 9-4 马铃薯淀粉的扫描电子显微照片

（引自：Blaszcak. Effect of high pressure on the structure of Potato starch. Carbohydrate Polymers. 2005.）

3）超高压对油脂的影响

油脂类耐压程度低。在常温下，其被加压到 100～200 MPa，基本上就会变成固体，但解除压力后仍能恢复到原状。在压力下，脂肪（甘油三酯）的熔化温度会发生可逆上升，其幅度为每增加 100 MPa 压力，温度上升 10 ℃，因此，室温下液体的脂肪在超高压下会发生结晶。压力能促进高密度和更加稳定晶体结构的形成。利用拉曼光谱和红外线光谱研究多种脂类状态的变化发现，在压力每升高 100 MPa，临界温度就会升高 20 ℃，且两者呈线性关系。

超高压对油脂的影响是可逆的，解压后仍会复原，只是对油脂的氧化有一定影响。当水分活度（A_w）为 0.40～0.55 时，超高压处理使油脂的氧化速度加快，但水分活度不在此范围时则相反。研究发现，猪肉脂肪在水分活度为 0.44 时，用 800 MPa 的压力在 19 ℃的条件下处理 20 min 后，处理样品的氧化速度加快，这些样品的过氧化值、TBA 值和 UV 吸收值均增加，这表明超高压处理的样品比对照样品的氧化速度更快（诱发期很短）。

4）超高压对食品中其他成分的影响

超高压对食品中的风味物质、维生素、色素及各种小分子物质的天然结构几乎没有影响。例如，在生产草莓果酱等产品时可保持原果的特有风味、色泽及营养。在柑橘类果汁的生产中，加压处理不仅不会影响其感官质量和营养价值，而且可以避免加热异味的产生，同时还可以抑制榨汁后的果汁中苦味物质的生成。

2. 超高压杀菌技术在食品加工中的应用

1）超高压处理在肉制品加工中的应用

与常规保藏方法相比，经超高压处理后的肉制品在嫩度、风味、色泽等方面均得到改善，同时也增加了肉制品的保藏性。牛被宰后需要在低温下进行 10 d 以上的成熟，采用超高压技术处理牛肉只需 10 min；在 300 MPa 压力下，10 min 处理鸡肉和鱼肉会得到类似于轻微烹饪的组织状态。原料肉在常温下经 150～300 MPa 的超高压处理后制成的法兰克福香肠，其蒸煮损失明显下降，多汁性得到提高，而对色泽和风味没有不良影响。Crehan 等指出，超高压处理原料肉可提高肌肉蛋白质的乳化性，从而改进低盐（食盐和磷酸盐）法兰克福香肠的质构，故可用于，开发低盐肉制品。

德国产弹性肝肠的传统加工方式包括 2 个独立的加热过程，而长时间的高温会造成严重的营养损失，因此，可以采用 2 次超高压处理来替代 2 个加热过程。其加压条件为室温下 600 MPa，处理 2～5 min。第一次对原料进行超高压处理可以使肌原纤维蛋白变性，并改善肝脏的稠度和质地；肝脏乳化后进行第二次高压处理不仅可以延长保质期，还可 以保持肝肠的品质（图9-5）。

A. 传统处理　　　　　　　　　　　　　　B. 高压处理

图 9-5　传统处理的肝肠和高压处理的肝肠的对比

（引自：Bolumar. High Pressure Processing of Food. New York：Spring，2016.）

2）超高压处理在水产品加工中的应用

水产品的加工较为特殊，产品最好可保持原有的风味、色泽、良好的口感与质地。常规的加热处理、干制处理均不能满足要求，而超高压处理可保持水产品原有的新鲜风味。例如，在 600 MPa 下，处理 10 min，可使水产品中的酶完全失活，并完全成变性状态，细菌量大大减少，却仍保持原有的生鲜味，这对喜生食水产制品的消费者来说极为重要。超高压处理还可以增大鱼肉制品的凝胶性，将鱼肉加入一定量的食盐捣碎，然后制成 2.5 cm 厚的块状，在 100～600 MPa 压力下，0 ℃状态处理 10 min，用流变仪测凝胶化强度，发现在 400 MPa 压力下处理，鱼糜的凝胶性最强。用含 2％食盐的鳕鱼糜分别经加压、加热处理后在制成凝胶，结果表明，经超高压处理制得的凝胶不仅色泽、口感、弹性好，而且避免了热臭，并产生了新风味。研究进一步提出了，调味鱼糜先加压后加热的工艺过程，即在较低压力（100 MPa）处理后，再使用 55 ℃加热，可制得风味新颖的优质鱼糕，这样既避免了高温，又降低了处理压力。因此，超高压处理水产品具有良好的开发前景。

3）超高压处理在果酱、果汁加工中的应用

在果酱生产中，采用超高压杀菌不仅能使果酱中的微生物致死，而且可以简化生产工艺，提高产品品质。这方面比较成功的例子是日本明治屋食品公司，

该公司采用超高压杀菌技术生产果酱，如草莓酱、猕猴桃酱和苹果酱。该公司采用在室温下以 400～600 MPa 的压力对软包装密封果酱处理 10～30 min，所得产品保持了新鲜水果的口味、颜色和风味。

橙汁、柠檬汁、柑橘汁在常温下，经 10 min 的超高压处理，果汁中的酵母菌、霉菌数目大大减少，当压力达到 300 MPa 时，已检不出这类微生物（表9-1）。使用超高压技术制造的葡萄柚汁没有热加工的苦味。桃汁和梨汁在 410 MPa 的压力下，处理 30 min 可以较好地保持产品卫生品质。据报道，超高压处理的未经巴氏杀菌的橘汁也可以保持原有的风味和维生素 C。

表 9-1　果汁的超高压灭菌对酵母菌和霉菌的影响

名称	pH	原始微生物数目	加压 200 MPa 后	加压 300 MPa 后
橙汁	3.4	5.2×10^5	1.2×10^2	0
柠檬汁	2.5	1.4×10^3	2	0
柑橘汁	3.8	2.0×10^3	2.7×10^2	0

超高压处理保留了水果中的香气成分，有利于改善风味。然而有些水果和蔬菜，如梨、苹果、马铃薯和甘薯由于多酚氧化酶的作用，经超高压处理后会迅速褐变。在 20 ℃，400 MPa 的压力下，设置 0.5％柠檬酸溶液中处理 15 min，即可使其中的

多酚氧化酶失活。

9.2.4　超高压处理设备与装置

在食品加工中，采用超高压处理技术关键要有安全、卫生、操作方便的超高压处理设备。食品工业要求高压处理设备能够承受 400 MPa 以上的高压，并可应用 10 000 次/年。

超高压设备主要由高压容器、加压装置及辅助装置构成。按加压方式分，超高压处理设备有直接（内部）加压式和间接（外部）加压式（图 9-6 和表 9-2）。图 9-6 中的 B 图为直接加压式装置，在直接加压方式中，高压容器与加压气缸车呈上下配置，在加压气缸向下的冲程运动中，活塞将容器内的压力介质压缩，产生高压，从而使物料受到高压处理。图 9-6 中的 A 图为间接加压式装置，在这种方式中，高压容器与加压装置分离，用增压机产生高压水，然后通过高压配管将高压水送至高压容器，使物料受到高压处理。

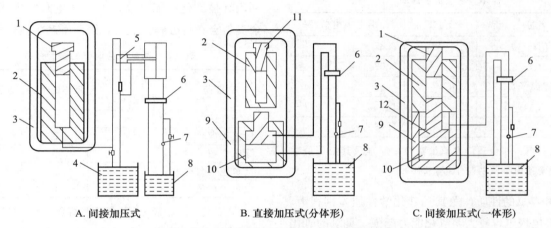

A. 间接加压式　　　B. 直接加压式(分体形)　　　C. 间接加压式(一体形)

图 9-6　间接加压式和直接加压式的装置构成

1. 顶盖；2. 高压容器；3. 承压框架；4. 压煤槽；5. 增压泵；6. 换向阀；7. 油压泵；8. 油槽；9. 油压缸；10. 低压活塞；11. 活塞顶盖；12. 高压活塞
（引自：徐怀德. 食品杀菌新技术. 北京：科学技术文献出版社，2005.）

表 9-2　2 种加压方式的比较

项目	直接加压式	间接加压式
构造	加压气缸和高压容器均在框架内，主体结构庞大	框架内仅有一个压力容器，主体结构紧凑
容器容积	随着压力的升高容积减小	始终为定值
密封的耐久性	密封部位滑动，有密封损耗	密封部位固定几乎无密封损耗
适用范围	高压小容量（研究用）	大容量（生产型）
高压配管	不需要高压配管	需要高压配管
维护	保养性能好	需要经常维修
容器内温度变化	升压或减压时温度变化不大	减压时温度变化大
压力保持	若压力介质有泄漏，则当活塞推进到气缸顶端时才能加压并保持压力	当压力介质的泄漏小于压缩机的循环量时可以保持压力

该表引自：徐怀德. 食品杀菌新技术. 北京：科学技术文献出版社，2005.

按高压容器的放置位置分，超高压处理设备有立式和卧式。相对于卧式而言，立式高压处理设备的占地面积小，但物料的装卸需要专门装置。与此相反，卧式高压处理设备物料的进出较为方便，但占地面积较大。

9.3　臭氧灭菌技术

臭氧技术就是近年来发展起来的一种非热杀菌技术，具有杀菌能力强、速度快、范围广、安全性好、操作简便、生产成本低等特点。它被广泛应用于食品处理、空气净化、食品加工、贮藏等领域，已经成为食品安全技术中的一项关键技术。

9.3.1　臭氧的杀菌消毒机理

1. 臭氧的性质

臭氧是氧的同素异形体，组成二者的元素相同，但性质差异很大。两者以及有关消毒剂的物理性质与化学性质比较见表 9-3 和表 9-4。

表9-3　物理性质

性质	氧	臭氧
分子量	32	48
气味	无	臭味
稳定性	稳定	易分解
标准密度/(kg/m³)	1.429	2.144

　　该表引自：邓曼适. 臭氧消毒技术原理及其应用前景分析. 华南建设学院西院学报，2000.

表9-4　化学性质

名称	分子式	标准电极电位/V
氟	F_2	2.87
臭氧	O_3	2.07
高锰酸钾离子	MnO_4^{4-}	1.67
氯	Cl_2	1.36
氧	O_2	1.23

　　该表引自：邓曼适. 臭氧消毒技术原理及其应用前景分析. 华南建设学院西院学报，2000.

　　氧和臭氧的性质，尤其是其化学性质差别很大。通常标准电极电位越大，氧化能力越强，臭氧的氧化能力仅次于氟。臭氧极不稳定，在分解时，会释放出新生态氧。其化学方程式为：$O_3 = O_2 + [O]$。新生态氧 [O] 具有极强的氧化能力，可以穿透细胞壁，破坏细菌有机链状结构而导致细菌死亡，对于顽强的病毒、芽孢具有强杀伤力，可以氧化有机物，除色、除臭、除味，去除溶解性铁、锰盐类及酚类。

2. 臭氧的杀菌机理

　　目前，关于对臭氧灭菌或抑菌的机理的研究尚无统一定论，通常认为灭菌作用是物理、化学及生物等综合作用的结果，其作用机理可归纳为2点：①臭氧分解出新生态氧并在空间扩散，迅速穿过真菌、细菌等微生物细胞壁、细胞膜，细胞膜受到损伤，并继续渗透到膜组织内，菌体蛋白变性，酶系统被破坏，正常的生理代谢过程失调和中和，导致菌体休克死亡而被杀灭，从而达到消毒、灭菌、防腐的效果。②臭氧作为气体消毒剂，其杀菌作用主要为生物化学氧化反应。其原理是氧化细菌内葡萄糖代谢所需的酶，使细菌失活死亡；渗透细胞膜组织，渗入细胞膜内，使细菌发生通透性畸变、溶解死亡；直接与细菌、病毒作用，破坏其细胞器和DNA、RNA，致其死亡。

9.3.2　臭氧消毒、灭菌技术的特点

　　与常规消毒灭菌方法相比，臭氧消毒、灭菌技术具有以下特点：①广谱性。臭氧是一种广谱杀菌剂，可杀灭细菌繁殖体和芽孢、病毒、真菌等并可破坏肉毒梭状芽孢杆菌毒素。②高效性。臭氧杀菌速度是急速的，在水中的杀菌速度较液氯快3 000倍以上。当其浓度超过一定阈值后，甚至可以瞬间消毒、杀菌，其杀菌效果见表9-5。③高洁净性。臭氧利用其强氧化性能杀菌，不会产生有害生成物，剩余臭氧会自行分解为氧气，因而不产生残余污染。

表9-5　臭氧灭菌消毒的试验效果

细菌	臭氧水的浓度/(mg/L)	反应时间/s	杀菌率/%
大肠杆菌	4	5	99.99
沙门氏菌	4	5	99.99
绿脓杆菌	4	5	99.99
金黄色葡萄球菌	4	5	99.99
白色念珠菌	4	5	99.99

　　该表引自：姜琼一. 臭氧杀菌结合液氮深冷冻结技术在鲍鱼加工中的应用研究. 福建农林大学，2009.

9.3.3　臭氧杀菌技术在食品工业中的应用

1. 在水处理中的应用

　　臭氧在水中的半衰期比较短，只有几十分钟，分解后变回氧分子而无害。在应用臭氧对自来水消毒时，由于杀菌力缺乏持续性，所以不少国家在自来水的杀菌上还是以含氯消毒剂为主。但是最近发现，饮用水的氯处理会生成三氯甲烷（THM），因此，在提出该指标要求后，作为取代含氯消毒剂，臭氧的作用重新受到重视。另外，臭氧对臭味、有机氯化合物及病毒等方面的处理非常有效。臭氧在水处理上的目的为脱臭、脱色、杀菌、氧化等，其用途见表9-6。

表9-6　臭氧在水处理上的用途

利用领域	目的
自来水处理	脱臭、脱色、杀菌、除铁、除锰
食品工业用水处理	脱臭、脱色、杀菌、臭氧水制造
养鱼、养殖	净化、提高水中溶存氧、预防传染病
水产处理	鲜度保持、杀菌、臭氧水（冰）制造

　　该表引自：涂顺明，邓丹雯，余小林，等. 食品杀菌新技术. 北京：中国轻工业出版社，2004.

1）自来水处理

臭氧在自来水生产中的应用以脱臭、脱色、杀菌处理为主。脱臭主要是除去霉菌味和藻类臭。最近由于水源富营养化程度的加剧，霉菌臭频繁发生。霉菌臭的成分及其微量用以往的技术很难处理。对于脱色，臭氧可以使铁、锰离子氧化形成不溶性盐而分离除去。三氯甲烷的前驱物质——腐殖酸等是影响色度的主要因素。而臭氧处理能有效地降低三氯甲烷前驱物质的含量，如当这类物质的相对色度为 $10\sim35$ 度时，用注入 $1\sim7$ mg/L 的臭氧，处理 10 min，色度除去率高达 90% 以上。

臭氧杀菌对病毒的钝化有明显效果，对病原菌的效果也很大。法国的净水系统采用0.4 mg/L 以上的臭氧含量，结合杀菌 4 min 的处理方法，可使 Ⅰ型灰脊髓炎病毒、Ⅱ型灰脊髓炎病毒、Ⅲ型灰脊髓炎病毒失活。此外，臭氧还具有助凝效果，同时在结合活性炭或生物活性炭处理时，可提高处理效果，活性炭的寿命可延长 $10\sim15$ 倍。

2）工业用水处理

与自来水处理一样，臭氧处理可用于水的净化、水的循环和冷却水的管理。各种制造设备和冷冻库等使用的循环水、冷却水，在很多时候溶存了微量的营养成分，使管道内壁等处有微生物大量附着并繁殖。附着物的存在，会影响制造加工的效率，使生产性能显著下降。以前防止生物附着的方法是添加含氯药剂，但残留 Cl^- 和反应生成物在管道内蓄积、浓缩、腐蚀管道并使制品品质下降，对环境也造成影响。如果连续注入含量为 2 000 mg/L、流量为 20 L 的臭氧就可除去附着的碳酸钙，并可以防止藻类物质的附着，从而提高循环水的透明度。

3）水产用水处理

养鱼池和鱼塘的用水经臭氧处理，可以循环利用，比 Cl^- 处理消毒和除去有机物的效果更佳，而且有助于增加溶存氧的含量，赋予水净化的功能。

2. 在食品车间和冷库消毒中的应用

食品生产车间的微生物污染是影响产品质量极重要的因素。臭氧用于食品加工车间消毒效果很好，一般 $0.5\sim1.0$ mg/kg 的臭氧，即可达到80%以上的空气杀菌率，并可去除车间异味。蛋品加工厂生产蛋黄酱，冷冻厂生产冰激凌、雪糕，它们都有搅拌、膨化工序，产品与空气强烈接触，使用臭氧后，车间的微生物降低了 90%，产品质量达到合格。

一般的杀菌方式不能将冷库中的主要生物污染源霉菌很好地杀灭，但臭氧对冷库的杀菌效果很好。如使用 122 mg/kg 的臭氧，作用 $3\sim4$ h，可以杀死抵抗性极强的未萌发孢子。

3. 在果蔬保鲜中的应用

病原微生物侵染和果蔬呼吸产生乙烯催熟是导致果蔬采后腐烂变质的主要原因，臭氧不但能消毒、灭菌，并能快速氧化分解果蔬呼吸而产生的乙烯气体，降低果蔬的新陈代谢，减慢其生理老化过程，从而实现果蔬的保鲜。因此，臭氧被广泛应用于果蔬采摘后的贮运、保鲜等环节，其包括果蔬入库前的空库消毒、果蔬在产地冷库预冷期间的杀菌及贮运中的防腐保鲜。

另外，臭氧还可以降解果蔬农药残留。果蔬生产上常用的农药主要包括有机磷农药、拟除虫菊酯或氨基苯酸酯类农药，这三类农药的分子结构中含有磷氧双键、碳碳双键或苯环结构。在臭氧极强的氧化作用下，双键断裂，农药的分子结构被破坏。臭氧氧化农药的产物是酸类、醇类、胺类或相应的氧化物等小分子化合物，生成物大多为水溶性，可以用水冲洗。因此，用臭氧降解农药残留是安全可行的。

4. 在畜产加工中的应用

使用臭氧对分割肉、熟制品的原料肉和成品进行杀菌，可大大减少原料肉和成品的带菌量，分解肉类食品中的激素，从而保证产品品质，延长货架期。此外，臭氧对于解决分割肉的沙门氏菌污染有着极佳的效果。

5. 在水产保鲜中的应用

利用臭氧处理鲜鱼和水产品等加工食品，对其中存在较多的大肠杆菌、霍乱菌、荧光菌等革兰氏阴性菌的杀菌效果非常好，而且臭氧处理还能保持鱼贝类的鲜度，有效分解水产加工品的异臭。

6. 安全性

由于臭氧具有极强的氧化力，空气中存有微量臭氧就能刺激人体的中枢神经，加速血液循环，令人产生爽快和振奋的感觉，高浓度的臭氧（$5\sim10$ mg/L）更可引起脉搏加快、疲倦、头疼，肺气肿，甚至导致

死亡。为此，臭氧工业协会制定了相应的卫生标准：国际臭氧协会为 0.1 mg/L，接触 10 h；美国为 0.1 mg/L，接触 8 h；德国、法国、日本等为 0.1 mg/L，接触 10 h；中国为 0.15 mg/L，接触 8 h。只要安全使用臭氧，完全可以保证人体的健康不受危害，至今世界上无一例因臭氧中毒而死亡的事故发生。

9.4 电阻（欧姆）加热灭菌技术

欧姆加热，也称之为管壁加热、通电加热、纯电阻加热等。欧姆加热概念于 19 世纪初提出，并逐渐应用于液态流体食品以及罐头的初步热加工。在 20 世纪初，欧姆加热技术逐渐走向成熟，在罐头食品的热加工、法兰克福香肠和类似食品的热加工及牛奶的低温杀菌工艺方面得到初步的商业化推广。但是受限于当时的科学技术，欧姆加热装置中电极材料的电化学腐蚀问题、温度控制问题和电极表面的食品黏附问题极大地限制了该技术的推广。直到 20 世纪末，新型电极材料（钛、铂等电极）的出现以及电子技术的发展，欧姆加热控制系统的设计优化使得欧姆加热技术再次受到人们的重视，并在食品原材料的解冻及漂烫等方面的应用逐渐被推广。

欧姆加热是一种新型的加热杀菌方式，它借助电流使食品内部产生热量达到杀菌的目的。欧姆杀菌技术与传统热杀菌技术在热量产生和传递方面有着本质的区别。对于带颗粒（粒径小于15 mm）的食品，常规热杀菌方法是采用管式或刮板式换热器进行间接热交换，其热传递速率取决于传导、对流或辐射的换热条件。在管式换热条件下，首先，热量由加热介质（如蒸汽）通过管壁传递给食品物料中的液体。其次，靠液体与固体颗粒之间的对流和传导传给固体颗粒。最后，固体颗粒内部的传导传热，使全部物料达到所要求的杀菌温度。显然，要使固体颗粒内部达到杀菌温度，其周围液体必须过热，这种方式势必会导致颗粒食品杀菌后质地软烂、外形改变，所以经过传统的热杀菌处理后，食品在品质上发生了相当大的变化。就黏稠状颗粒食品而言，颗粒的大小、形状、密度、固体和液固体比例以及液体的黏度等都会影响颗粒的流动状况和

其表面传热系数。这些因素的存在增加了含颗粒食品无菌热加工技术的难度。欧姆加热与传统热杀菌加工不同，它是利用食品本身所具有的电不良传导性所产生的电阻来加热食品，使食品不分液体、固体均可受热一致，并可获得比常规方法更快的颗粒加热速率，因而可缩短含大颗粒固体食品的杀菌时间，这样在获得高品质产品的同时，也能保持食品颗粒的完整性，这是目前用来加工含颗粒食品最为有效的杀菌技术之一。

9.4.1 电阻加热灭菌原理

欧姆加热效果和微波加热有相似之处，其电能转变成热能遍及整个被加热物体。但它与微波加热不同之处是渗透的深度没有明显的限制，加热范围由被加热物质的导电性和在加热器中停留时间而定。欧姆加热的原理是利用物料自身的电导性质来加工食品，其电导方式是依靠食品物料中的电解质溶液离子或熔融的电解质的定向移动。绝缘体不能直接使用欧姆加热法，如不能离子化的共价键流体，如油脂、乙醇、糖浆以及非金属的固体物质，如骨质成分、纤维素、冰的结晶等。所幸的是绝大多数食品物料均含有可离子的酸或盐，并表现出一定的电阻或电阻抗特性，当食品物料的两端加电场时，通过食品物料自身的阻抗可在流进其内部的电流作用下产生热量，使物料得以加热。其所使用的电流是 50～60 Hz 的低频交流电，原理如图 9-7 所示。

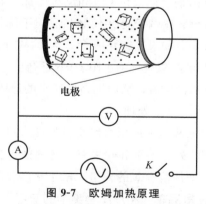

电极

图 9-7 欧姆加热原理

（引自：单长松，李法德，王少刚，等. 欧姆加热技术在食品加工中的应用进展. 食品与发酵工业. 2017（10）：274-281.）

9.4.2 欧姆加热灭菌的特点

1. 加热均匀，不需要传热面，不影响食品品质

食品物料加热的历程以及"冷点"的定位是两

个非常重要的因素。传统的加热方式均需要传热面，热量直接或间接地通过传热面和传热介质传递至被加热物体，在传热面临近区域存在较大的温度梯度。对于富含蛋白质或者黏稠液体食品而言，传热面附近的食品原料会发生局部过热现象，从而发生传热面焦煳现象，对物料内部加热历程和"冷点"的控制比较困难。而欧姆加热系统的热量是根据焦耳效应产生，即电流通过导电物料时，物料内任意一点单位体积的发热功率与物料在该点的电导率和电场强度的平方的乘积成正比。当被加热物料各项相同时，欧姆加热没有传统加热过程中热量传递所需的温度梯度。因此，通电加热可以有效地控制物料内部的加热历程和冷点。

2. 加热速度快，不受物料尺寸和形状的影响

食品物料的加热速度取决于单位时间内物料所获得的热量。传统加热方式中被加热物料所需的热能通过热传导的方式间接来源于化石燃料，而欧姆加热方式中的热能直接由物料自身的阻抗在电流作用下产生，因此，后者的加热速度远远大于前者。欧姆加热可以实现高温短时（HTST）或超高温（UHT）处理，从而保证产品的品质。

相对于传统的加热方式，欧姆加热不但可以均匀快速地对食品物料加热，而且基本不受食品物料尺寸和形状的限制。对于含颗粒的固液混合食品加工方面，可加工物料的颗粒尺寸可达 40 mm；无须液相传热介质，固液比可达 70%，约为传统加热方式最大限度的 2 倍。欧姆加热是一种新型的电物理体积加热法，无须借助传热面和介质间的温度差作为传热动力，加热程度和速率由被加热物料的电导率决定，热量渗透深度不受食品物料大小、形状的限制。而微波加热的热量源自食品物料内部的水分子或其他极性分子在高频电磁波作用下振动摩擦生热，由于食品物料中各部分组分、大小和形状互不相同，所吸收的电磁波也不相同，这在很大程度上制约了电磁波加热的均匀性和穿透深度。

3. 能量利用率高

传统加热方式要通过加热介质对物料进行加热，所以在加热的过程中会有大量的热量损失。而通电加热方式通过自身的电导特性直接把电能转化成热能，能量利用率高。在采用浸泡法对冷冻肉进

行通电加热解冻的试验中得出电能利用率为 40% 左右。在直接接触式通电加热装置中，由于没有浸泡介质的能量消耗，故电能利用率更高，从而可以节约能源。当电源切断后加热过程没有滞后现象、热损失非常低。此外，通电加热可以对大体积和不规则物料进行均匀加热，而不损坏物料的品质。

9.4.3 欧姆杀菌装置

欧姆加热杀菌系统主要由泵、柱式欧姆加热器、保温管、冷却管等组成，如图 9-8 所示。其中最重要部分是柱式欧姆加热器。柱式欧姆加热器由 4 个以上电极室组成，电极室由聚四氟乙烯固体块切削而成，包以不锈钢外壳，每个极室内有一个单独的悬臂电极（图 9-9）。电极室之间用绝缘衬里的不锈钢管连接。可用作衬里的材料有聚偏二氟乙烯（PVDF）、聚醚醚酮（PEEK）和玻璃。

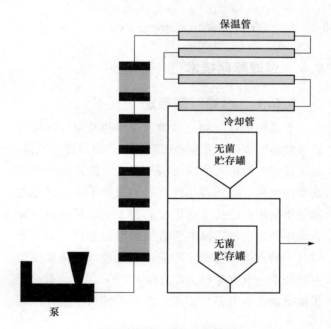

图 9-8 欧姆加热系统流程

欧姆加热柱以垂直或近乎垂直的方式安装，杀菌物料自下而上流动。加热器顶端的出口阀始终是充满的。加热柱以每个加热区具有相同电阻抗的方式配置。由于食品的导电率通常随温度增强而呈线性。因此，一般沿出口方向相互连接的管的长度逐渐增加。这主要是由于温度升高加速了离子运动的缘故。这一规律同样适用于多数食品，不过温度升高，其黏度会随之显著增大的食品例外，例如，含

未糊化淀粉的物料。

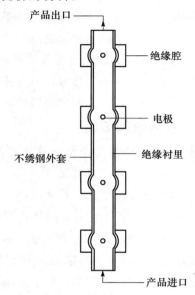

图 9-9　欧姆加热器

（引自：高福成. 现代食品工程高新技术.
北京：中国轻工业出版社，2006.）

9.5　过滤除菌技术

9.5.1　过滤除菌原理

食品中的微生物（细菌、霉菌和酵母）污染是造成食品腐败的主要生物因素之一。控制食品原料、加工设备、操作人员以及加工环境中的微生物是提高食品质量、延长食品保质期的重要手段。过滤除菌是指利用过滤技术除去食品加工空气环境或液体食品中的微生物，以减少微生物引起的食品腐败和空气中的灰尘或雾滴上附着的微生物（细菌和细菌芽孢较多，也有酵母、霉菌和病毒），因此，有必要采取措施减少食品加工场所空气中的微生物，以减少其对食品的污染。此外，过滤除菌技术作为一种物理除菌方法，它利用细菌不能通过致密具孔滤材的原理以除去液体食品中的微生物。相对于传统的巴氏杀菌、高温、高压灭菌，过滤除菌具备冷杀菌技术的一些优势，能保护食品中热敏感的物质，并可以有效地保持产品原有的色、香、味和营养成分等。因此，过滤技术也被运用到部分液体食品的减菌化处理中。

1. 液体食品过滤除菌原理

食品的过滤除菌技术是通过滤器将液体食品中的有害微生物去除的分离过程，以达到食品长期保藏的目的。滤器的孔径大小为 $0.5\sim1\ \mu m$ 就可以达到良好的过滤除菌效果。一般将过滤器分为积层式（深层过滤）和筛分式，按照过滤的推动力分为常压过滤器、加压过滤器和真空过滤器 3 类。最常见的食品过滤除菌是属于筛分式的膜分离过滤技术。依据推动力的不同，它又可以分为压力推动的膜分离技术和电力为推动力的膜分离技术。前者包括微滤、超滤、反渗透等；后者包括电渗析。

1）积层式过滤除菌原理

如图 9-10A 所示，积层式过滤是利用过滤介质的深度（厚度）和多孔性而起到过滤作用的。当液体食品中的颗粒尺寸小于过滤介质孔径时，不能在介质表面形成滤饼，而进入介质内部，借惯性和扩散作用趋近孔道壁面，并在静电和表面力的作用下沉积下来，从而与流体食品分离。

2）筛分式过滤除菌原理

如图 9-10B 所示，筛分过滤主要利用过滤介质的孔径小于液体食品中细菌等微生物粒子，而在过滤过程中将其拦截在过滤介质的表面。

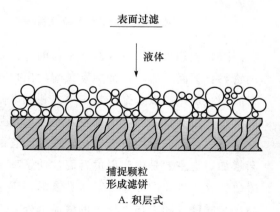

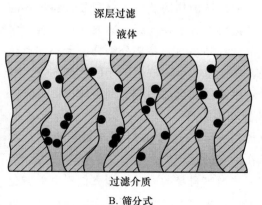

图 9-10　液体食品过滤除菌

综上所述，通过积层式过滤和筛分式过滤的液体食品在除菌方面存在着一定的差异，如表 9-7 所示。

表 9-7　积层式过滤和筛分式过滤的特点

项目	特点	
	积层式	筛分式
粒子截留情况	截留粒子大小远小于过滤介质的平均直径	截留粒子大小稍大于过滤介质的平均直径
过滤介质	过滤介质的机械强度稍低，除非不锈钢材质	过滤介质的机械强度高
过滤能力	过滤能力相对较强	过滤能力相对弱
截留特点	不太可预测截留粒子大小	能准确预测截留粒子大小
设备特点	设备价格相对便宜，基本不需要辅助设备	设备价格相对昂贵，如需要边缘固定装置
过滤介质	代表性过滤介质如纤维素膜	代表性过滤介质如烧结材料

2. 空气过滤除菌原理

微生物通常是以群体的形式存在于空气中，多附着在能够供给其养分和水分的尘埃颗粒表面，并与颗粒物、化学物质及水分形成微生态系统。含有微生物的灰尘或雾滴悬浮在空气中，常见的微粒为 $0.5\sim2~\mu m$，易受到气体分子的作用，粒子做随机的、不规则的布朗运动，粒子的有效体积大于实际尺寸。空气过滤介质主要有棉花、普通玻璃纤维、超细玻璃纤维、聚四氟乙烯等材料制成的空气滤芯。常用的空气过滤介质如棉花纤维所形成的网格的孔隙为 $20\sim50~\mu m$，尽管过滤介质的孔隙大于微生物粒子的大小，但是能够过滤。因此，空气过滤与液体过滤（图 9-11）的除菌原理不完全相同。

空气过滤除菌技术是基于滤层纤维网格对气流的多层阻碍，迫使气流发生多次的流速和方向的改变，发生绕流运动，而导致菌体微粒与滤层纤维间产生惯性碰撞、微孔拦截和布朗扩散黏附等作用，还通过重力沉降、静电吸附把菌体微粒截留在滤芯纤维上，从而达到净化除菌的效果。上述各种拦截的作用原理有以下几个方面。

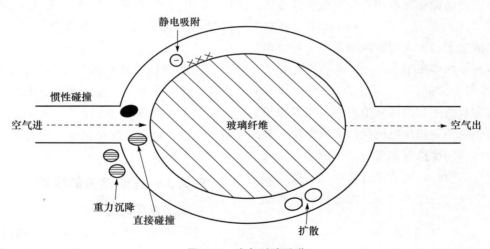

图 9-11　空气过滤除菌

1）重力沉降

运动中的微粒，当自身重力大于气流的拖带力时，发生沉降，气流越小，重力越大，越易沉积。

2）微孔拦截

空气过滤介质的微孔小于颗粒物质的大小时，滤材直接截留微粒，此外，滤材结构呈无数相互交叉重叠排列的网状结构（图 9-12），能形成众多细小曲折的通道，当微粒随低速流体慢慢靠近过滤介质时，微粒所在的主导流体流线受到过滤介质的阻碍而改变方向，绕过过滤介质前进，在纤维周边形成一层边界滞留区，该区域的微粒被滞留而起到除菌的目的。

3）惯性碰撞黏附

微粒随空气一起随气流方向运动时，空气受介质纤维的阻力而改变方向，绕过纤维前进，但粒子由于惯性较大不能及时改变运动方向，与纤维介质发生碰撞，产生摩擦黏附而滞留在纤维表面。

图 9-12　玻璃纤维过滤介质

4）布朗运动碰撞黏附

当空气通过过滤层时，直径很小的微粒在缓慢流动的气流中，会有明显的布朗运动，即粒子处于一种随机的、不规则的运动状态，且直径越小，运动越活跃，布朗运动促使微粒和纤维发生惯性碰撞后被捕集。需要注意的是，由于布朗运动距离很短，较大的气流速度和较大的介质的孔隙中，布朗运动对于截留粒子的作用不大。

5）静电吸附

一方面，含有微生物的微粒带有与介质表面相反的电荷，或感应得到相反电荷而被介质吸附；另一方面，干空气运动摩擦过滤介质产生诱导电荷而吸附带电性相反的微粒，尤其是合成纤维这类过滤介质。然而，空气过滤除菌往往是综合多种不同效应而起作用的（表 9-8）。

表 9-8　空气过滤除菌技术原理与截留的微粒大小关系

μm

原理	截留的微粒大小
重力沉降	<1
微孔拦截	<1
惯性碰撞黏附	<1
布朗运动碰撞黏附	>0.2
静电吸附	<0.01

该表引自：徐怀德. 食品杀菌新技术. 北京：科学技术文献出版社，2005.

9.5.2　过滤除菌的特点

过滤除菌法是利用细菌不能通过致密具孔滤材的原理以除去液体中微生物的方法。与食品工业中应用的其他灭菌方法相比较，过滤除菌法具有如下显著的优势。

① 有效保持产品的色、香、味和营养成分。过滤除菌过程一般是在常温下进行，因而特别适用于对热敏感的物质，如啤酒、牛奶、果汁饮料等；同时过滤分离工艺中物料是在闭合回路中运转，这样减少了空气中氧的影响，而热和氧都对食品产生一定的影响，物料在通过过滤膜的迁移过程中也不会发生性质的改变；过滤分离过程属于冷法杀菌，可代替传统的需要加热的巴氏杀菌工艺，所以可以尽可能地不改变产品的原汁原味，从而有效地保持了产品的风味、色泽和营养成分。

② 节约能源和绿色环保效果明显。过滤除菌过程不发生相变化，具有冷杀菌的优势。与发生相变的分离方法相比，过滤除菌的能源消耗低，并且常采用的是清洁能源——电力，"工业三废"（工业生产所排放的废水、废气、固体废弃物）减少，因此，它节约能源和绿色环保的效果明显。

③ 简化操作流程和应用范围广。过滤除菌分离操作相对简单，容易实现自动化控制，装置占地面积也少，设备维修方便，装置寿命长。与巴氏杀菌相比较，过程除菌简化了操作流程，同时应用的范围很广泛。

9.5.3　过滤除菌的应用

1. 纯净水中的应用

可以利用反渗透（图 9-13）制备纯净水，反渗透是一种膜分离技术，依靠反渗透膜在外界压力作用下使溶液中的溶剂与溶质进行分离，去除原水中的杂质、盐分以及细菌等微生物达到净水的目的。反渗透膜的孔径大多数都小于 1 nm，它能去除分子中的离子和分子量很小的有机物，包括细菌、病毒等微生物。因此，反渗透技术可用来对饮用水进行消毒。在反渗透装置中，反渗透膜前设 2 个滤器，第一个粗滤器可滤去大约 90% 的悬浮颗粒，然后通过孔径 5 μm 的滤筒进入反渗透膜，可有效去除水源中的固体杂质、阳离子、阴离子及细 菌、霉菌等。

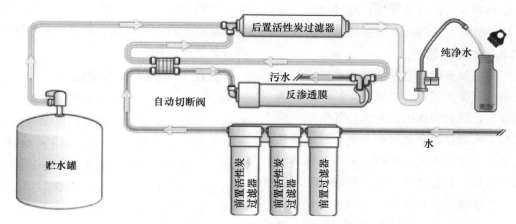

图 9-13 反渗透制备纯净水工艺流程

2. 饮料加工中的应用

采用管式无机陶瓷膜对果胶酶酶解澄清的哈密瓜汁进行过滤除菌试验发现，选用 0.2 μm 孔径的陶瓷膜，在温度为 25 ℃，工作压力为 0.20 MPa、进料流量为 8 L/min 的条件下，可获得较高且稳定的膜通量，能有效去除果汁中的细菌、霉菌和酵母，保留果汁的绝大部分营养物质和香气成分。研究表明，采用过滤除菌技术可以有效避免哈密瓜果汁热杀菌造成的香气损失问题，其在达到除菌效果的同时，也较好地保持了果汁的原有品质（图 9-14）。

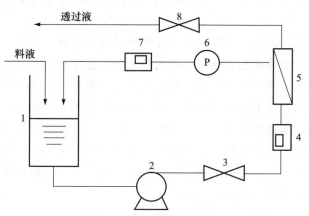

图 9-14 果汁膜过滤除菌设备结构

1. 料液缸；2. 泵；3. 进料液控制阀；4. 温度表；
5. 陶瓷微滤膜组件；6. 压力表；7. 流量计；8. 透过液控制阀
（引自：艾提亚古丽·买热甫热合满·艾拉，张敬. 不同孔径陶瓷微滤膜对石榴汁除菌效果的影响. 保鲜与加工，2012，12（3）：24-28.）

3. 生酱油的过滤除菌

酱油酿造过程中常用的灭菌方法是加热，通过蛋白质的热变性，达到灭酶、杀菌的目的。但热处理过程会使酱油的颜色加深，美拉德反应会令酱油的风味在一定程度上失去其原有的鲜味，增加些焦煳的感觉。目前，国内酱油生产中成品灭菌大多采用蒸汽加热方法，此法虽简便易行，但能耗大，且酱油风味也受影响；如果温度低，灭菌不彻底，酱油卫生指标难以达到要求。另外，灭菌后酱油的颜色加深，并有大量细菌残骸留在产品中，造成酱油有浑浊现象，对品质影响较大。采用 0.1 μm 孔径的聚偏二氟乙烯材质的有机膜，在操作压力为 1.0 MPa，温度为 31～33 ℃时，能有效除去生酱油中的微生物，而且孔径为 0.1 μm 的有机膜通常相对较大。一些重要的成分包括风味物质、氨基酸、有机酸、总氮、氨基态氮、总酸、食盐、可溶性无盐固形物等指标要优于经传统的热灭菌处理后的酱油的指标，过滤杀菌后的酱油感官、理化和卫生指标均符合国家酿造酱油标准。

4. 啤酒的过滤除菌

纯生啤酒是指不经过高温杀菌，而采用无菌过滤法滤除酵母菌、杂菌，且保持了原有的新鲜口味的产品。使用冷杀菌技术避免啤酒受到热损伤，最后一道工序采用严格的无菌灌装，避免了二次污染，保质期一般可达 180 d。纯生啤酒与一般的生啤酒有区别，虽然一般的生啤酒也没有经过高温杀菌，但它采用的是硅藻土过滤机，只能滤掉酵母菌，而杂菌不能被滤掉，因此，一般的生啤酒保质期一般为 3～7 d。过滤除菌法是纯净水、啤酒通常采用的方法，经硅藻土过滤机和精滤净过滤后的啤

酒，再进入无菌过滤组合系统过滤，包括复式深层无菌过滤系统和膜式无菌过滤系统，经过过滤除菌后，基本可除去酵母及其他所有微生物营养细胞。

5. 液态乳的过滤除菌

液态乳产品主要有巴氏杀菌乳和超高温灭菌乳两种。巴氏杀菌乳保质期短、风味好。超高温灭菌乳的保质期较长，但营养损失相对大，外观和风味相对逊色。为了取得这两者之间的平衡，可应用膜过滤除菌技术以实现液态乳的保藏。采用无机陶瓷膜作为除菌膜材料，具有性质稳定、耐酸碱、耐高温、抗压、易于清洗、消毒方便、使用寿命长等优点。使用膜孔径为 1.2 μm，过滤温度为 50 ℃，过膜压力为 0.12 MPa 的参数条件下，细菌的除菌率达到 99% 以上，芽孢的去除率达到 95% 以上。可使用复合清洗剂（0.5% 多聚磷酸钠、0.1% EDTA、0.2% 十二烷基苯磺酸钠）在室温下进行陶瓷膜的清洗恢复，可有效去除膜表面的污染物质，操作简便，效果较好，膜的恢复率达到 100%。

9.6 脉冲电场杀菌技术

杀菌是食品加工中关键工艺之一，是为了建立和维持食品微生物的安全性，以确保食品安全。加热杀菌是食品工业中最常用的方法，主要以热源（如热水、蒸汽、电加热等）对食品进行直接或间接地加热，以杀死有害细菌，延长食品的保藏期。然而，热处理对食品的营养价值及风味、滋味难免会产生一些副作用，特别是对于热敏性或有特殊要求的食品，往往难以达到预期效果。随着新鲜、健康、营养等观念的深入人心，冷杀菌技术正得到人们越来越多的关注。脉冲电场杀菌技术是通过施加几万伏微秒级脉冲式高强度电场，在常温和接近常温的条件下实现杀菌钝酶。相比于传统的巴氏杀菌，其处理的时间短、热能损失小，食品成分变化小，因而食品原有的风味、颜色和营养价值可以得到很好地保持。

此外，脉冲电场技术通过施加高强度的脉冲电场，作用于带电荷或者具有极性的分子、粒子和电介质体系，以实现低温灭菌、钝酶、物质转移、强化食品体系内的常温非催化反应以及改性修饰生物

大分子等目的。脉冲电场技术在食品杀菌、钝化酶、蛋白改性、食品干燥、解冻、果蔬保鲜、果蔬汁提取、胞内物质提取、酒类催陈和降解残留农药等方面都有应用。

9.6.1 脉冲杀菌的原理

脉冲电场杀菌技术主要是通过在待处理食品物料的两端施加脉冲式高强度的电场作用力，在常温条件下对食品物料进行杀菌的一种物理加工手段。目前，大多数学者认为微生物细胞经脉冲电场作用后细胞膜会受到一定程度的影响，并在此基础上推导出了脉冲电场作用下的抑菌动力学，也提出了多种假说来阐明其灭菌机理，其主要包括跨膜电压、电崩解效应、电穿孔和电解产物效应等理论。

1. 跨膜电压理论

有学者认为当一个微生物细胞处于均匀电场中时，在细胞膜的两端就形成一定的跨膜电压。当然，这种理论首先必须假设微生物细胞是一种球形，因此，当半径为 r 的球形体处于电场强度为 E 的电场中时，该球形体沿电场方向的跨膜电压可通过下面的公式计算得出：

$$U(t) = 1.5 \times r \times E \times \cos\theta$$

式中：$U(t)$ 为跨膜电压，V；r 为细胞半径，μm；E 为电场强度，kV/mm；θ 为细胞膜和电场方向的角度。

该理论认为带有一定电荷量的细胞膜，具有一定的通透性和强度，膜内外本身就存在一定的电势差。当在细胞上加一外加电场时，如图 9-15 所示，细胞膜上会积聚电荷，膜内外电势差增大，细胞膜的通透性也增大，猜想这个现象将改变细胞膜结构，引起细胞丧失膜功能，从而导致细胞死亡。该理论还认为当细胞的跨膜电势达到 1 V 左右时，细胞膜就会被击穿（图 9-15）。

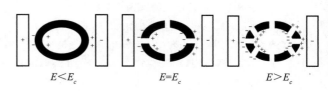

图 9-15　高压脉冲电场处理的细胞膜

（引自：江婷婷，高压脉冲电场杀菌装备中脉冲升压型高压脉冲发生器研究. 浙江大学，2014.）

2. 电崩解理论

电崩解理论认为，微生物的细胞膜可看作一个电容器，在外加电场的作用下细胞膜上的电荷分离形成跨膜电位差，此电位差随着电场的增强而增大，当电位差达到临界电崩解电位差时，细胞膜破裂。若在此电崩解条件下，该细胞能自我愈合，则这种破裂是可逆的；若外加电场超过了临界电场强度或作用时间过长，此时产生的破裂是不可逆的，最终导致细胞死亡，而微生物死亡达到灭菌目的（图9-16）。

国外学者研究表明，细胞膜两侧受到的压力随着跨膜电位差的增大而增大。当跨膜电位差达到1 V时，细胞膜产生黏弹性恢复力的速度远小于挤压力的增长速度，细胞膜被局部破坏，当外加电场超过临界电场时，细胞膜被大尺寸破坏，进而形成电崩解。

国内学者在脉冲电场杀菌机理的研究中认为，细胞膜的电崩解是电穿孔形成的基础，与电穿孔理论相比，电崩解理论更科学，其原因有2个方面：一方面，电穿孔是一种机械运动过程，而这一过程不会在几十微秒甚至几百纳秒内完成；另一方面，电穿孔是指在脉冲电场存在时，细胞膜上出现暂时不稳定的、穿孔的生物物理现象，而这种现象不适合被作为机理来对待。利用透射电子显微镜（TEM）观察经脉冲电场杀菌处理后的大肠杆菌和啤酒酵母菌发现，处理后的2种细菌的细胞膜均变模糊，细胞质团聚、外流，导致细胞死亡。死亡后的细胞形态与电崩解理论较为吻合，这说明在脉冲电场作用下，当场强超过临界值或作用时间过长时，细胞膜会产生不可逆的崩解，进而导致细胞死亡，达到杀菌效果。

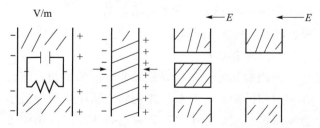

A. 具有电势的膜　B. 膜的挤压　C. 可逆击穿的微孔形成　D. 不可逆击穿

图 9-16　细胞膜的电崩解

（引自：江婷婷. 高压脉冲电场杀菌装备中脉冲升压型高压脉冲发生器研究. 浙江大学，2014.）

3. 电穿孔理论

电穿孔理论认为，外加电场的作用会改变脂肪的分子结构和增大部分蛋白质通道的开度，并使细胞膜压缩形成小孔，增强细胞膜通透性，从而使小分子物质透过细胞膜进入细胞内，水的流入最后导致细胞膨胀破裂，胞内物质外漏，使细胞死亡（图9-17）。

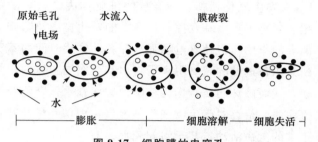

图 9-17　细胞膜的电穿孔

（引自：江婷婷. 高压脉冲电场杀菌装备中脉冲升压型高压脉冲发生器研究. 浙江大学，2014.）

该理论认为细胞膜是由蛋白质和磷脂双分子层构成，具有一定的通透性和机械强度。当微生物细胞膜周围的外加电场增加到一定数值后，将会打开位于细胞膜上的某些蛋白质通道，大量的电荷不受限制地流经该通道，且远远超过细胞正常生理状态时的通量，这就使得通道中瞬间出现大量电流，最终导致细胞的失活。细胞膜经脉冲电场处理后，膜上磷脂双分子层对电场比较敏感，导致其结构会发生了一定程度的改变，从而扩大了细胞膜上原有膜孔的大小。与此同时，也会有新的疏水性膜孔产生，这些疏水性膜孔在一定条件下都可能会转变为亲水性膜孔。而亲水性膜孔不仅结构稳定，还具有导电性，并能在细胞膜的局部产生焦耳热，可在微秒或毫秒时间内使细胞膜的局部温度升高好几度，这就会促使膜上磷脂双分子层由凝胶态转为液晶态，大大削弱了细胞膜的选择透过性，最终产生细胞膜穿孔的现象。另外，当细胞处于电场中时，细胞膜内外的电势差会增大，进而会增加细胞膜的通透性，当电场强度增加到某一临界值时，细胞膜的通透性会发生剧增，膜上就会出现大量的小孔，最终使细胞膜的机械强度大大降低。例如，有学者通过电子显微镜观察发现，当酵母细胞被灭活后，其菌体表面存在有明显的裂痕。因此，可以认为蛋白通道和磷脂双分子层是由于细胞膜的电穿孔而发生

变化，最终导致了细胞的死亡。

4. 电解产物效应作用

部分水分子在脉冲电场作用下能分解成 OH^- 和 H^+，其中水中氧分子俘获由电场催化 OH^- 时产生的电子后就会生成超氧阴离子自由基、过氧化氢和自由质子等，它与 OH^- 结合后会导致细胞 DNA 发生氧化损伤。在微生物细胞体内，适量的超氧阴离子自由基发挥着代谢贮能转化排废及防御消毒的作用，但随着电场强度和脉冲作用时间的不断累积，过量的超氧阴离子自由基会在细胞体内积累，从而破坏脂质、损害核酸、破坏碳水化合物及蛋白质，最终对微生物细胞产生氧化损伤并危及其正常的生命活动，甚至引起死亡。

9.6.2 影响脉冲电场杀死微生物的因素

如表 9-9 所示，影响脉冲电场杀菌效果的因素主要包括微生物因素、处理参数因素、样品因素。

表 9-9　影响脉冲电场杀菌效果的因素

影响因素	具体包括
微生物因素	种类和形态
	生长条件
	生长周期
处理参数因素	电场强度
	作用时间
	脉冲参数
样品因素	初始含菌量
	酸碱度
	电导率
	物料浓度

该表引自：马亚琴，李楠楠，张震. 脉冲电场技术应用于果蔬汁杀菌的研究进度. 食品科学，2018，39（21）：308-315.

1. 微生物因素

1）种类

微生物种类的差异决定了其组织结构的差异，最终造成对电场的敏感性不同。高压脉冲电场处理对枯草芽孢杆菌、德氏乳杆菌、单核细胞增生李斯特氏菌、荧光假单胞菌、金黄色葡萄球菌、嗜热链球菌、大肠杆菌、大肠杆菌 O157 等细菌、霉菌和酵母等微生物的营养体细胞均有较好的杀灭作用，但芽孢对脉冲电场表现出较强的耐受性。脉冲电场对革兰氏阴性菌的杀菌效果优于革兰氏阳性菌。有研究比较分析了脉冲电场处理对革兰氏阴性菌（大肠杆菌）、革兰氏阳性菌（金黄色葡萄球菌）和真菌（酵母菌）的钝化效果，其中金黄色葡萄球菌细胞壁较厚，为 $20 \sim 80$ nm；大肠杆菌细胞壁较薄，为 $10 \sim 15$ m；酵母菌细胞壁虽厚，为 $0.1 \sim 0.3$ μm，但不含肽聚糖。因此，灭活效果依次为：酵母菌＞大肠杆菌＞金黄色葡萄球菌。

2）生长周期

处理物料中微生物的生长周期不同导致其对电场的敏感程度具有差异性。研究报道，处于稳定期的细菌比对数期的对脉冲处理更具抵抗性，但也有研究发现当脉冲电场处理荔枝汁中不同生长周期的酿酒酵母时，酿酒酵母对电场敏感程度由强到弱依次为：稳定期＞对数期＞衰亡期＞调整期。

3）生长条件

微生物生长条件影响微生物的生长状态，进而影响杀菌效果，生长条件有温度、生长培养基的成分、氧浓度和恢复期的条件等。有报道称，大肠杆菌的脉冲杀菌致死率受到培养温度的影响，且在最佳培养温度下大肠杆菌的抗逆性最强。也有研究表明，在不同的生长温度、不同的生长周期下，大肠杆菌对脉冲处理表现出截然不同的抗性。处于稳定期的大肠杆菌对脉冲处理的抗性受培养温度的影响显著，但对数期大肠杆菌的杀菌效果几乎不受培养温度的影响。

2. 处理参数因素

1）电场强度

电场强度是影响脉冲处理杀菌效果的主要因素，随着电场强度的增大，物料中微生物的存活率明显下降（图 9-18）。此外，脉冲电场杀菌存在着一个电场强度阈值，只有达到阈值以上，其才具有杀菌效果。

2）作用时间

作用时间是指各次释放脉冲时间的总和，随着作用时间的延长，对象处理物料中微生物的存活率急剧降低，随后趋于平缓，再延长作用时间杀菌效果不再显著。

3）脉冲能量

输入脉冲能量越高，杀菌效果也越好。然而提高能量也会引起物料升温，可能会影响食品的感官品质和营养成分，也会增加成本的消耗。因此，脉冲能量的选择应根据物料理化性质和感官品质的需求进行综合考虑。

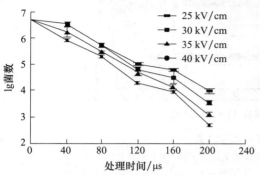

图 9-18　电场强度和处理时间对石榴汁中大肠杆菌杀菌效果的影响

（引自：崔晓美，杨瑞金，赵伟，等. 高压脉冲电场对石榴汁杀菌的研究. 农业工程学报，2007，23（3）：252-256.）

4）脉冲波形

电路系统的差异导致脉冲波形的不同，常见的脉冲波形有方形波、衰减波和振荡波。相关研究表明，方波对微生物的致死性最好且能量利用效率高，衰减波其次，振荡波最差。目前，研究者们所选用的脉冲波形也多为方形波。

5）脉冲宽度

脉冲宽度可以在一定程度上影响脉冲电场抑制微生物的活性。

6）脉冲个数、频率

在其他条件固定的情况下，增加脉冲个数、频率可以显著提高脉冲电场的杀菌效果。

3. 样品因素

1）初始含菌量

在相同处理条件下（相同的电场强度、时间和脉冲条件），经脉冲处理后，含菌量多的样品下降的对数值比含菌量低的更显著。

2）酸碱度

目前，样品酸碱度对杀菌效果的影响尚不清晰。有报道认为，酸碱度对微生物无影响。但也有报道认为，微生物在酸性环境下的灭菌效果较好。

3）电导率

物料电导率影响脉冲处理过程中物料的发热程度，且在较低电场强度下，脉冲电场处理电导率低的物料时其能量利用率较高，可达到较好的处理效果。

4）物料浓度

物料浓度的变化会影响液体物料在连续式脉冲电场处理室的流动特性，进而影响杀菌效果。

因此，影响脉冲电场杀菌效果受到多种因素作用，应综合考虑以确定最佳的工艺参数以达到理想的杀菌效果。

9.6.3　脉冲处理的装置

高压脉冲电场系统由脉冲发生器和处理室构成，脉冲发生器用于产生参数可调的高压脉冲电场，处理室用来装载待处理的物料和安放电极。高压脉冲发生器和处理室是该装置的核心部分。

1. 间歇式高压脉冲电场处理装置

图 9-19 为杭州电子科技大学研制开发的间歇式高压脉冲电场示意图。该系统由脉冲发生器和处理室构成，脉冲发生器用于产生参数可调的高压脉冲电场，处理室用来装载待处理的物料和安放电极。该设备能够实现输出高压脉冲的电压、脉宽、频率和脉冲数等参数的精确控制，输出电压为 $50 \sim 100$ kV，脉冲宽度为 $1 \sim 10$ μs，频率为 $1 \sim 100$ Hz，输出方波，极板面积为 300 mm×300 mm，极板间距为 $2 \sim 10$ cm，上下平行可调。从而能够实现多种电场强度以满足灭菌试验的各种要求。

2. 连续式高压脉冲电场处理装置

连续式高压脉冲电场处理装置如图 9-20 所示，其装置主要由高压脉冲发生电源（包括高压电源、电容和控制开关组成的脉冲发生器）、杀菌处理容器、输送泵、物料储罐和杀菌装置测控系统等部分构成。待杀菌物料由输送泵运送，连续通过杀菌处理容器，在处理容器中将高压脉冲电场作用到液体食品上，达到杀菌的目的。高压脉冲电源的电压值、脉宽、脉冲数、电压、电流的波形及输送泵启停和流量等参数可由杀菌装置测控系统进行控制。

图 9-21 是实验室规模高压脉冲电场连续处理设备。样品由齿轮泵泵入，依次通过如图 9-21 所示的 3 对电场处理腔，处理后的样品在出口处收集（杀菌实验时样品在无菌环境中收集）。通过恒温可控水浴对处理后样品进行冷却，T_1 和 T_2 为第一对处理腔入口和出口处的温度，T_3 和 T_4 为第三对处理腔入口和出口处的温度，样品流入处理室，完成连续脉冲杀菌过程。

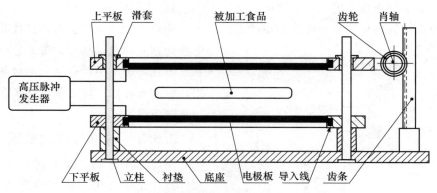

图 9-19　间歇式高压脉冲电场处理装置

（引自：刘珂舟，袁夏冰，刘露，等. 高压脉冲电场对大肠杆菌灭菌条件的优化. 核农学报，2015，29（8）：1566-1571.）

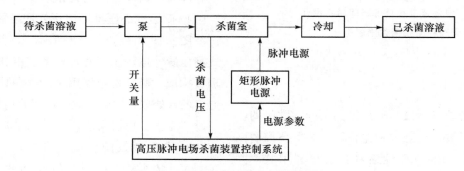

图 9-20　连续式高压脉冲电场处理装置

（引自：江婷婷. 高压脉冲电场杀菌装备中脉冲升压型高压脉冲发生器研究. 杭州：浙江大学，2014.）

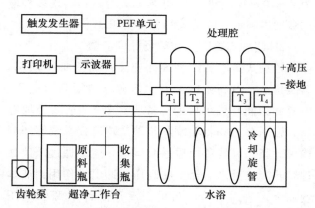

图 9-21　实验室规模高压脉冲电场连续处理设备

（引自：崔晓美，杨瑞金，赵伟，等. 高压脉冲电场对石榴汁杀菌
的研究. 农业工程学报，2007，23（3）：252-256.）

3. 高压脉冲发生器

高压脉冲发生电源是整个杀菌装置的关键部件
之一，在整个研究中占有重要的地位。脉冲电场可
以通过不同的电路系统产生，不同电路系统产生的
脉冲波形不同，已有的波形主要有振荡波、衰减
波、方波和快速反向充电波，根据脉冲方向是否变
换又分为单向波和双向波。有研究表明，振荡波对

微生物的致死性最差，衰减波比振荡波好，且其产
生的电路简单，适用于较大范围的实验采用。与衰
减波相比，方波对微生物的致死性更强且能量效率
更高，但它要求的电路较为复杂，需要一系列电容
器和电感线圈且难以确定，价格更高，而快速反向
充电波是最新开发的、最节能的一种波形。最常用
的脉冲波形与产生通用电路如图 9-22 所示。

大家普遍认为脉冲电源应该具有陡峭的上升沿、
下降沿，相对稳定的脉冲平顶，且频率高，控制性好。
考虑到大功率充电电源和高速电子开关的制作成本和
使用寿命等因素，大多利用指数衰减波研究。随着电
工电子技术的发展，近年来使用方波的日渐增多。

4. 脉冲电场处理室

作为脉冲电场杀菌装置的重要组成部分，它最
基本的功能就是放置待处理的物料和安放电极。处
理室一般有 2 个电极以及装载电极的绝缘材料构
成。根据物料是否流动，处理室分为静态式和连续
式；根据电极形式，处理室分为平板式、同场式
（图 9-23）。

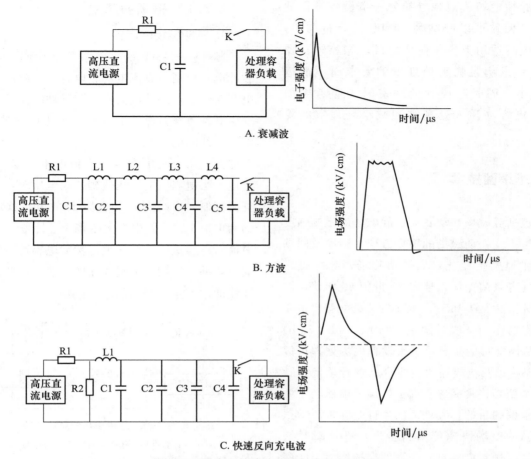

图 9-22 最常用的脉冲波形与产生通用电路

（引自：杜存臣，颜惠庚，林慧珠. 高压脉冲电场杀菌装置的设计优化研究进展. 食品科技，2009（5）：123-128.）

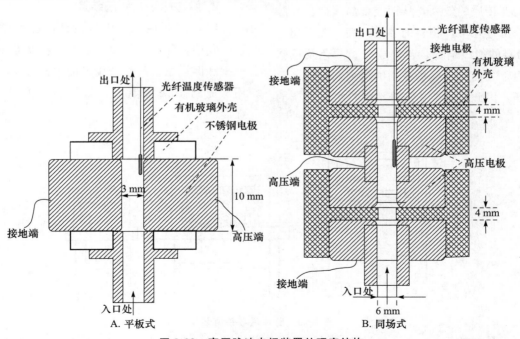

图 9-23 高压脉冲电场装置处理室结构

（引自：陈杰，刘洋，周志成，等. 高压脉冲电场处理过程中样品特性对处理室电气击穿规律的影响. 高压电技术，2015，41（1）：268-274.）

高压脉冲电场杀菌装置的处理室设计遵循的总体原则，大致可以归纳为：①电场分布均匀；②不易放电且适用于各种食品物料；③腔体直径的大小应尽量满足物料处理量的要求而不能造成负载过小。同时在设计处理室时还应考虑如何使样品更容易注入处理室和减小处理室的复杂性。

9.7 磁场杀菌技术

磁场包括静磁场和动磁场。静磁场的磁场强度和方向保持不变，动磁场的磁场方向、强度及间歇时间有规律地发生变化，如振荡磁场、脉冲磁场等。磁场具有杀菌作用，早在 20 世纪 60 年代，国外研究人员就发现 0.465 T（特斯拉，磁场强度的单位）的静磁场作用一段时间后（24 h、48 h、72 h）就会抑制酿酒酵母的生长，后来发现磁场处理可以对饮料、调味品及包装好的固体食品进行杀菌。脉冲强磁场杀菌是将食品置于高强度脉冲电磁场中处理，达到杀菌的目的。其处理的条件是在常温常压下，利用脉冲磁场快速传播的特性，进行瞬时杀菌。脉冲强磁场对食品具有较强的穿透能力，能深入食品的内部，另外，还可以通过物料流动达到强化液料的搅拌传质的效果，从而使食品灭菌。在脉冲强磁场杀菌过程中，物料的温度升高一般不超过 5 ℃，对物料的组织结构、营养成分、颜色及风味无破坏作用。当前关于磁场杀菌的研究和报道主要是脉冲磁场，因此，本节主要介绍脉冲磁场杀菌的相关知识。

9.7.1 磁场的产生

1. 脉冲磁场的产生

脉冲强磁场由脉冲电路产生如图 9-24 所示。脉冲电路由高压直流电源、电容器、限流电阻和放电开关组成，脉冲电路产生的脉冲电流通过螺线管产生脉冲磁场。磁场的变化频率由电容器的电容、电阻和线圈的电感性决定。脉冲电路开始工作时，首先是高压直流电源通过限流电阻 R_S 对电容器 C 充电，当电容上的电压达到一定电压时，通过放电开关控制，对线圈 L 和电阻 R 放电，放电回路中的大电流 I 在线圈中产生磁场 B。接着，线圈中的电流对电容进行反向充电，然后电容再对线圈反向放电，并在线圈中形成反向的磁场。如此循环，便在线圈中产生了交变的脉冲磁场。

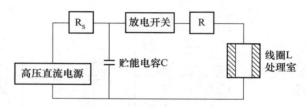

图 9-24 脉冲磁场的脉冲电路

（引自：郭丹丹. 脉冲强磁场对牛奶中微生物和酶的作用研究. 广州：华南理工大学，2010.）

2. 脉冲磁场与杀菌装置

图 9-25 是由江苏大学设计的脉冲磁场杀菌装置。其中，脉冲磁场发生器及其控制系统、螺旋管线圈和温控系统是整个设备的关键部位，温控装置用于控制杀菌室温度，特斯拉计用于测定磁场强度。

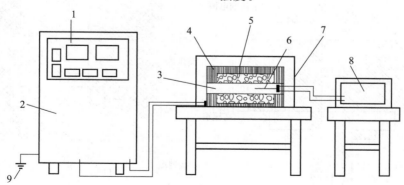

图 9-25 脉冲磁场杀菌装置

1. 控制面板；2. 脉冲磁场发生器；3. 杀菌室；4. 屏蔽外壳；5. 螺旋管线圈；6. 特斯拉计探头；7. 温控装置；8. 特斯拉计；9. 接地线

（引自：钱静亚. 脉冲磁场对枯草芽孢杆菌的灭活作用及其机理研究. 镇江：江苏大学，2013.）

9.7.2 磁场保藏的原理

1. 细胞质膜理论

细胞膜由镶嵌蛋白质的磷脂双分子层构成,它带有一定的电荷。在中等强度恒定磁场存在的情况下,生物体细胞质膜中的磷脂分子链重新定向排列,进而影响到镶嵌在双分子层上的蛋白质亚基组成的离子通道,使其发生形变,从而限制了钠、钾和钙等离子进出细胞的活动,最终影响细胞的生命活动。

2. 细胞跨膜电位变化

细胞膜电位包括静息电位和动作电位。静息电位是组织细胞安静状态下存在于膜两侧的电位差,细胞在安静时处于极化状态,膜外电位为正,膜内电位为负。在磁场的作用下,细胞膜在原有静息膜电位的基础上产生一个新的跨膜电位。细胞跨膜电位的变化常常表现出细胞膜通透性的变化,功能发生劣化,可导致氨基酸等物质的摄取功能被破坏。江苏大学马海乐团队以格氏李斯特菌细胞作为模式菌研究脉冲磁场处理后钙离子的跨膜行为时发现,脉冲磁场造成的细胞生物膜通透性的变化,导致胞内钙离子浓度的升高,并认为这是脉冲磁场具有杀菌作用的重要原因。

3. 感应电流产生

磁场能够穿透生物体,瞬时磁场在生物体内将产生感应电流及高频热效应,不同磁场对生物体产生感应电流效应由强到弱依次是:脉冲磁场>旋转磁场>恒强磁场。感应电流的大小、方向和形式对生物细胞产生的效应有重要影响。感应电流越大,生物效应越明显。感应电流与磁场相互作用的力密度可破坏细胞正常的生理功能。如果细胞体积较大,相应产生的力密度亦大,故而大细胞易于损伤,小细胞则反之。

4. 洛伦兹力效应

在磁场作用下,细胞中的带电粒子(尤其是质量小的电子和离子)运动会受到力的作用(洛伦兹力),它的运动轨迹常被束缚在某一半径(拉莫尔)之内,且磁场强度越大运动半径越小。当半径小于细胞的大小时,磁场产生的束缚导致了细胞内的电子和离子不能正常传递,细胞生理功能将受影响。此外,酶、蛋白质等细胞内的大分子物质会携带电荷,在磁场作用下,分子中的电荷会向不同方向运动,导致大分子构象发生变化,从而影响生命活动。

5. 离子在离子通道的通透行为被干扰

生物膜离子通道是各种无机离子跨膜被动运输的通路。生物膜对无机离子的跨膜运输有被动运输(顺离子浓度梯度)和主动运输(逆离子浓度梯度)2种方式:被动运输的通路称离子通道;主动运输的离子载体称为离子泵。生物膜对离子的通透性与多种生命活动过程密切相关。穿过离子通道的离子受到外部电磁场施加的电场力和洛仑磁力,通透行为被干扰,影响生命活动。

6. 磁场的振荡效应

生物体内的大多数分子和原子具有磁性,外加脉冲磁场会产生振荡效应,振荡效应会导致细胞膜破裂。

7. 磁场的电离效应

外加磁场使得食品中的带电粒子高速运动,撞击食品分子,使得分子分解产生阴阳离子,阴阳离子在强磁场作用下,穿过细胞膜,作用于蛋白质、RNA 等生命物质,以致影响了正常的生物化学反应,导致细胞死亡。

因此,关于脉冲磁场的杀菌机理涉及多个方面,脉冲磁场对微生物细胞产生致死效应是各个方面综合作用的结果。

9.7.3 磁场保藏的特点

脉冲磁场杀菌的主要特点:一方面,具有冷杀菌的优势,这能保证食品在微生物方面的安全性。另一方面,还能更好地保持食品的天然营养成分、色泽、质构和新鲜程度,与加热杀菌相比还大大降低了能源消耗。此外,脉冲磁场杀菌还有以下优势:①杀菌物料温度的升高一般不超过 5 ℃,所以能很好地保持物料的组织结构、营养成分、颜色和风味。②在距离线圈 2 m 左右处,磁场强度则衰减为相当于地磁场强度,因此,无漏磁问题。食品加工人员只要处于合适的位置,危险性较低。③与连续波的恒定磁场比较,脉冲磁场杀菌设备消耗功率低、杀菌时间短、对微生物杀灭力强、效率高。④磁场的产生和终止迅速,便于控制;⑤由于脉冲磁场对食品具有较强的穿透能力,能深入食品内部,所以杀

237

菌彻底。

思考题

1. 超高压技术杀菌的原理是什么？其在食品工业中应用有什么特点？

2. 食品的除菌过滤技术有哪些应用？

3. 高压脉冲电场的杀菌原理是什么？

4. 脉冲磁场杀菌有哪些应用？

知识延展与补充

二维码 9-1　微波杀菌对蜡样芽孢杆菌超微结构、细胞膜通透性及蛋白表达的影响

（引自：Cao J X，Wang F，Li X，et al. Fronties in Microbiology，2018.）

二维码 9-2　欧姆加热

（引自：Ruan R，Ye X，chen P，et al. Thermal Technologies in Food Processing，2001.）

二维码 9-3　超高压技术的原理及其在食品加工/保鲜中的应用：微生物学和质量方面的综述

（引自：Maryan Y，Seyed A M，Farideh T. African Journal of Biotechnology，2008.）

CHAPTER 10

食品保藏中的质量控制

【学习目的和要求】

1. 了解产前环境因子、产中技术因子和产后保藏管理技术因子对食品质量安全的影响；

2. 掌握食品在安全保藏管理中的控制因素。

【学习重点】

通过介绍产前、产中和产后因子以及流通中的环境因子对食品质量安全的影响，让学生理解食品安全保藏是一个"从农田到餐桌"的系统工程。

【学习难点】

掌握在食品保藏过程中保证质量安全的控制措施。

10.1 产前环境因子控制

产前环境因子包括空气、水和土壤等。产前环境因子控制主要是指对三者质量状况的评价与控制。

10.1.1 空气污染

空气污染,又称大气污染,是指由人类活动或自然过程引起某些物质进入大气,使大气达到足够的浓度,经过足够的时间,并因此危害了人类的健康或环境的现象。大气是由一定比例的氮气、氧气、二氧化碳、蒸汽和固体杂质微粒组成的混合物,只要其中某一种物质存在的量、性质及时间足以对人类或其他生物、财物产生影响,都可以称其为空气污染物,而其存在造成的现象即为空气污染。

1. 空气污染物种类

空气污染物按其属性,一般分为化学性污染物和生物性污染物2类。其中,以化学性污染物种类最多,污染范围最广;按照污染物的物理状态,空气污染可分为颗粒污染物和气态污染物。

1)颗粒污染物

颗粒污染物指沉降速度可以忽略的固体粒子、液体粒子或二者在气体介质中的悬浮体系。在中国的环境空气质量标准中,根据颗粒物直径的大小,将其分为总悬浮颗粒物和可吸入颗粒物。前者指悬浮在空气中,空气动力学当量直径≤100 μm的颗粒物;后者指悬浮在空气中,空气动力学当量直径≤10 μm的颗粒物。按照其来源和物理性质,可将颗粒污染物分为如下几种。

(1)粉尘 粉尘指悬浮于气体介质中的小固体颗粒。其受重力作用能发生沉降,但在一段时间内能保持悬浮状态。通常它在固体物质的破碎、研磨、分级、输送等机械过程中或土壤、岩石的风化等自然过程中形成。一般颗粒的尺寸为1~200 μm。属于粉尘类大气污染物的种类很多,如黏土粉尘、石英粉尘、煤粉、水泥粉尘、各种金属粉尘等。

(2)烟 烟一般指由冶金过程形成的固体颗粒的气溶胶。它是熔融物质挥发后生成的气态物质的冷凝物,在生成过程中总是伴有诸如氧化之类的化学反应。烟颗粒的尺寸很小,一般为0.01~1 μm。

产生烟是一种较为普遍的现象,如有色金属冶炼过程中产生的氧化铅烟、氧化锌烟等。

(3)飞灰 飞灰指随燃料燃烧产生的烟气排出的分散得较细的灰分。

(4)黑烟 黑烟一般系指由燃料燃烧产生的能见气溶胶。

(5)雾 雾是气体中液滴悬浮体的总称。在气象中指造成能见度小于1 km的小水滴悬浮体。在工程中,雾一般泛指小液体粒子悬浮体,它可在液体蒸气的凝结、液体的雾化及化学反应等过程形成,如水雾、酸雾、碱雾、油雾等。

2)气态污染物

气态污染物是以分子状态存在的污染物。气态污染物的种类很多,总体上可按表10-1所列分类。气体污染物又可分为一次污染物和二次污染物:一次污染物是指从污染源排到大气中的原始污染物质;二次污染物是指由一次污染物与大气中已有组分或几种一次污染物之间,经过一系列化学或光化学反应而生成的与一次污染物性质不同的新污染物质。在大气污染控制中,受到普遍重视的一次污染物主要包括硫氧化物、氮氧化物、碳氧化物以及有机化合物等;二次污染物主要包括硫酸烟雾和光化学烟雾。

表 10-1 气态污染物的分类

污染物	一次污染物	二次污染物
含硫化学物	SO_2、H_2S	SO_3、H_2SO_4、MSO_4
含氮化合物	NO、NH_3	NO_3、HNO_3、MNO_3
碳的氧化物	CO、CO_2	无
有机化合物	C_1-C_{10}化合物	醛、酮、过氧乙酰硝酸酯、O_3
卤素化合物	HF、HCl	无

注:MSO_4、MNO_3分别为硫酸盐和硝酸盐。

(1)硫氧化物 硫氧化物主要指SO_2,它主要来自化石燃料的燃烧过程以及硫化物矿石的焙烧、冶炼等过程。火力发电厂、有色金属冶炼厂、硫酸厂、炼油厂以及所有烧煤或油的工业炉窑等都排放SO_2烟气。

(2)氮氧化物 氮氧化物包括N_2O、NO、NO_2、N_2O_3、N_2O_4和N_2O_5,总体来说,用氮氧

化物（NO_x）表示。其中，污染大气的主要是 NO 和 NO_2。NO 毒性不太大，但进入大气后可被缓慢地氧化成 NO_2，特别是当大气中有 O_3 等强氧化剂存在时或在催化剂作用下，NO 氧化速度会加快，NO_2 的毒性约为 NO 的 5 倍。当 NO_2 参与大气的光化学反应形成光化学烟雾后，其毒性更强。人类活动产生的 NO_x，主要来自各种工业炉窑、机动车的排气，其次是硝酸生产、硝化过程、炸药生产及金属表面处理等过程。其中由燃料燃烧产生的 NO_x 占 90％以上。

（3）碳氧化物 CO 和 CO_2 是各种大气污染物中发生量最大的一类污染物，主要来自燃料燃烧和机动车排气。CO 是一种窒息性气体，进入大气后，由于大气的扩散稀释作用和氧化作用，一般不会造成危害。但在城市冬季采暖或在交通繁忙的十字路口，当气象条件不利于大气扩散稀释时，CO 的浓度有可能达到危害人体健康的水平。CO_2 是无毒气体，但当其在大气中的浓度过高时，使氧气含量相对减小，便会对人产生不良影响。地球上 CO_2 浓度增加，能产生"温室效应"，已迫使各国政府实施控制。

（4）有机化合物 大气中的有机化合物指的是挥发性有机化合物（简称 VOCs）。世界卫生组织给挥发性有机化合物的定义是：沸点范围为 50～260 ℃，在室温下，饱和蒸汽压超过 133.32 Pa，在常温下以蒸汽形式存在于空气中的一类有机物，其主要包括烃类、氯代烃、氧烃和氮烃。例如，苯系物、有机氯化物、氟利昂系列、有机酮、胺、醇、醚、酯、酸和石油烃化合物。挥发性有机化合物是大气对流层中非常重要的痕量成分，在大气化学中扮演重要角色，对臭氧的生成至关重要，也是导致雾霾天气的重要前体物质之一。挥发性有机化合物主要来自机动车、燃料不完全燃烧排气、石油炼制和有机化工生产等。

（5）硫酸烟雾 硫酸烟雾系大气中的 SO_2 等硫氧化物，在水雾含有重金属的悬浮颗粒物或氮氧化物存在时，发生一系列化学或光化学反应而生成的硫酸雾或硫酸盐气溶胶。硫酸雾引起的刺激作用和生理反应等危害要比 SO_2 大得多。

（6）光化学烟雾 光化学烟雾是在阳光照射下，大气中的氮氧化物、碳氢化合物和氧化剂之间发生一系列光化学反应生产的蓝色烟雾（有时带些紫色和黄褐色），其主要成分为臭氧、过氧乙酰硝酸酯、酮类和醛类等，属于二次污染物。光化学烟雾多发生在阳光强烈的夏秋季节，随着光化学反应的不断进行，反应生成物不断蓄积，光化学烟雾的浓度不断升高。同时，光化学烟雾也是一种循环过程，白天生成，傍晚消失，对大气造成很多不良影响，其刺激性和危害要比碳氢化合物（HC）和氮氧化物（NO_x）等一次污染物强烈得多。

2. 空气污染源

空气污染源是指空气污染物的来源，主要包括以下几个方面。

1）工业污染源

工业污染是空气污染的主要来源，其排放的污染物主要来自 2 个生产环节。

（1）燃料的燃烧 目前，我国主要的工业燃料首先是煤，其次是油。燃料的燃烧是否完全，决定产生污染物的种类和数量。燃烧完全时的产物主要包括 CO_2、SO_2、NO_2、水汽、灰分（可含有杂质中的氧化物或卤化物，如氧化铁、氟化钙等）。燃烧不完全产物的种类和数量，视杂质种类、燃烧不完全程度而定。常见的包括 CO，硫氧化物、氮氧化物、醛类、炭粒、多环芳烃等。燃料的燃烧越不完全，产生的污染物的种类、数量及其毒性就越大。

（2）生产过程中排出的污染物 在工业生产过程中，由原料到成品的各个生产环节都可能会有污染物排出。污染物的种类与生产性质和工艺过程有关，工业生产过程中排出的主要大气污染物如表 10-2 所列。

表 10-2 各种工业排出的主要大气污染物

工业部门	企业名称	排出的主要大气污染物
电力	火力发电厂	烟尘、二氧化硫、二氧化碳、二氧化氮、多环芳烃、五氧化二钒
冶金	钢铁厂	烟尘、二氧化硫、一氧化碳、氧化铁粉尘、氧化钙粉尘、锰
	焦化厂	烟尘、二氧化硫、一氧化碳、酚、苯、萘、硫化氢、烃类
	有色金属冶炼厂	烟尘（含各种金属如铅、锌镉、铜）、二氧化硫、汞蒸气
	铝厂	氟化氢、氟尘、氧化铝

续表 10-2

工业部门	企业名称	排出的主要大气污染物
化工	石油化工厂	二氧化硫、硫化氢、氰化物、烃类、氮氧化物、氯化物
	氮肥厂	氮氧化物、一氧化碳、硫酸气溶胶、氨、烟尘
	磷肥厂	烟尘、氟化氢、硫酸气溶胶
	硫酸厂	二氧化硫、氮氧化物、砷、硫酸气溶胶
	氯碱工厂	氯化氢、氯气
	化学纤维厂	氯化氢、二氧化碳、甲醇、丙酮、氨、烟尘、二氯甲烷
	合成橡胶厂	丁间二烯、苯乙烯、乙烯、异戊二烯、二氯乙烷、二氯乙醚、乙硫醇、氯化甲烷
	农药厂	砷、汞、氯
	冰晶石厂	氟化物
轻工	造纸厂	烟尘、硫醇、硫化氢、臭气
	仪器仪表厂	汞、氰化物、铬酸
	灯泡厂	汞、烟尘
机械	机械加工厂	烟尘
建材	水泥厂	水泥、烟尘
	砖瓦厂	氟化氢、二氧化硫
	玻璃厂	氟化氢、二氧化硅、硼
	沥青油毡厂	油烟、苯并芘、石棉、一氧化碳

2）人类生活中的污染源

采暖锅炉以煤或石油为燃料，是采暖季节大气污染的重要原因。燃烧设备效率低、燃烧不完全、烟囱高度较低，大量燃烧产物低空排放，尤其在采暖季节用煤量成倍高，污染物排放量更多，造成居住区空气的严重污染。

另外，居民以及服务行业在取暖、烧饭、沐浴等满足生活需求的过程中向大气排放的一氧化碳、煤烟、二氧化硫等。由于该类排放具有排放量大、排放高度低、分布广等特点，其造成的危害不容忽视。

燃放鞭炮爆竹、餐饮油烟、路边烧烤以及农耕时的开垦烧荒等对大气也产生了较大的污染。森林火灾也是重要的污染来源。

3）交通运输中的污染源

这主要是指飞机、汽车、火车、轮船和摩托车等交通工具排放的污染物。液体燃料均为石油制品，燃烧后能产生大量 NO_2、CO、多环芳烃、醛类等污染物。此外，若汽油中含有抗爆剂四乙基铅，则废气中就含有铅化合物。这类污染源是流动污染源，其污染范围与流动路线有关。交通频繁地区和交通灯管制的交叉路口，污染更为严重。随着近年来经济发展，私家车越来越多，汽车尾气排放已构成空气污染的主要污染源。

3. 空气污染对食品保藏的影响

空气污染对人体健康、植物、食品、材料及大气能见度和气候皆有重要影响。这里重点介绍空气污染对食品及其保藏的影响。

近些年来，空气污染严重。大量酸性污染物和有毒颗粒物进入农作物根茎和叶表后，会抑制蛋白质和叶绿素合成，也可影响酶的活性，造成农作物生长受阻或病害，进而影响农作物营养价值。同时，有毒气体会逐渐累积在农作物中，这些含有氧气体的农作物被人食用后转移到人体内，影响人体健康。

1）氟化物

氟化物是重要的空气污染物之一，氟化物主要来自生活燃煤污染及化工厂、铝厂、钢铁厂和磷肥厂排放的氟气、氟化氢、四氟化硅和含氟粉尘。氟能够通过作物叶片上的气孔进入植物体内，使叶尖和叶缘坏死，特别是嫩叶、幼叶受害严重。由于农作物可以直接吸收空气中的氟，而且氟具有在生物体内富集的特点。因此，在受氟污染的环境中，生产出来的茶、蔬菜和粮食的含氟量一般都会远远高于空气中氟的含量。另外，氟化物会通过禽畜食用牧草后，进入食物链，对食品造成污染，危害人体健康。氟被吸收后，其95％以上沉积在骨骼里。由氟在人体内积累引起的最典型的疾病为氟斑牙和氟骨症，表现为齿斑、骨增大、骨质疏松、骨的生长速率加快等。

2）煤烟粉尘和金属飘尘

随着工业的发展，在某些工厂附近的大气中，还含有许多金属微粒，如镉、铍、锑、铅、镍、铬、锰、汞、砷等。这些有毒污染物可以降落在农作物上，然后被农作物吸收并附集于蔬菜、瓜果和粮食中，通过食物在人体内蓄积，造成慢性中毒。这些物质对机体的危害在短期内并不明显，但经过长期蓄积，会引起远期效应，影响神经系统、内脏功能和生殖系统等。

3）酸雨

酸雨会造成农作物生长不良，抗病能力下降，产量下降。不仅如此，当酸雨进入土壤或水体后，会使土壤和水体酸化。土壤中的锰、铜、铅、汞、镉等元素转化为可溶性化合物，使土壤重金属浓度增高。同时，水生生态系统中的动植物的生长及繁衍也会受到影响。

无论动物，还是植物，在其生长过程都会受到空气等因素的影响。污染物质长期堆积在动植物体内，当这些受污染的食品原料被制作成食品，被人食用后，污染物也即传入人体内，从而对人体健康产生不同程度上的影响。因此，加强环境保护对食品安全的意义深远。

4. 空气污染的控制措施

空气污染的控制是一项复杂的系统工程，需要付出长期艰苦的不懈努力，并形成政府统领、企业施治、市场驱动、公众参与的空气污染防治新机制。实施分区域、分阶段治理，推动产业结构优化，增强科技创新能力，提高经济增长质量，实现环境效益、经济效益与社会效益多赢。控制污染源是空气污染控制的根本，2013年国务院常务会议关于大气污染防治出台了10条措施。

① 减少污染物排放。全面整治燃煤小锅炉，加快重点行业脱硫脱硝除尘改造。整治城市扬尘。提升燃油品质，限期淘汰黄标车。

② 严控高耗能、高污染行业新增产能，提前一年完成钢铁、水泥、电解铝、平板玻璃等重点行业"十二五"落后产能淘汰任务。

③ 大力推行清洁生产，重点行业主要空气污染物排放强度到2017年年底下降30%以上。大力发展公共交通。

④ 加快调整能源结构，加大天然气、煤制甲烷等清洁能源供应。

⑤ 强化节能环保指标约束。对未通过能评、环评的项目，不得批准开工建设，不得提供土地，不得提供贷款支持，不得供电供水。

⑥ 推行激励与约束并举的节能减排新机制，加大排污费征收力度。加大对大气污染防治的信贷支持。加强国际合作，大力培育环保、新能源产业。

⑦ 用法律、标准"倒逼"产业转型升级。制定、修订重点行业排放标准，建议修订大气污染防治法等法律。强制公开重污染行业企业环境信息。公布重点城市空气质量排名。加大违法行为处罚力度。

⑧ 建立环渤海包括京津冀、长三角、珠三角等区域联防联控机制，加强人口密集地区和重点大城市 PM2.5 治理，构建对各省区市的大气环境整治目标责任考核体系。

⑨ 将重污染天气纳入地方政府突发事件应急管理，根据污染等级及时采取重污染企业限产限排、机动车限行等措施。

⑩ 树立全社会"同呼吸、共奋斗"的行为准则。地方政府对当地空气质量负总责，落实企业治污主体责任，国务院有关部门协调联动，倡导节约、绿色消费方式和生活习惯，动员全民参与环境保护和监督。

10.1.2　水污染

水污染是指人类活动排放的污染物进入水体，其数量超过了水体的自净能力，使水和水质的理化特性和水环境中的生物特性、组成等发生改变，从而影响水的使用价值，造成水质恶化，乃至危害人体健康或破坏生态环境的现象。

1. 水污染类型

水体污染按其来源分类可分为天然污染和人为污染。

1）天然污染

天然污染是指自然界自行向水体中排放有害物质或造成有害影响的现象。如岩石和矿物的风化和水解、火山喷发、水流冲蚀、大气降尘等天然污染物质的释放。另外，在含有萤石、氟磷灰石等矿区，可造成地下水含有较多的矿物质，并导致高氟水、高硬度水、苦咸水等不宜饮用的水。由于潮汐、海水倒灌而使近海河道的水变咸，或树叶飘落及动物尸体掉落水塘而使塘水腐败发臭等。

2）人为污染

人为污染是指人为因素引起的水质污染，它可以分为直接污染和间接污染。直接污染是人为向水源中排放有毒有害物质引起的，例如，日本的水俣病（汞中毒）是震惊世界的水污染事件。另外，还有骨痛病事件、剧毒物污染莱茵河事件、"托里坎荣"号油船污染事件等全球最严重的水污染案例。间接污染也是人为因素引起的，只是因果关系不是那么直接和明显，不能很快被人们发现，往往有较长的"潜伏期"，待到人们发现时，已造成相当大的危害，并且无法在短期内克服和解决。最明显的例证就是人类砍伐森林，造成水土流失，河水变浑浊。远古时代的黄河流域山清水秀、森林茂密、气候宜人。由于森林植被遭人类破坏，河水常年冲刷黄土高原并带走大量黄土，致使今天的黄河水中含有大量的泥沙，河水变成黄色。

人为的水体污染的原因是多方面的，按污染源可分为工业废水污染、生活污水污染、农业回流水污染、固体废物污染等。

（1）工业废水污染　工业废水污染是指工业生产过程中产生的废水、污水和废液。其中，含有随水流失的工业生产用料、中间产物和产品以及生产过程中产生的污染物。工业用水量非常大，占人类整个用水量的80%左右。大量的工业用水必然产生大量的废水，工业废水排放量占人类活动总废水量的2/3。工业废水种类繁多，成分复杂，常见的工业废水包括造纸废水、印染废水、医药工业废水、食品酿造过程中产生的高浓度有机废水等。其他一些行业，如水银电解食盐水工业废水中含有汞；重金属冶炼工业、电镀工业废水中含有各种重金属；煤焦和石油炼制工业废水中含有酚；农药制造工业废水中含有各种农药等。这些有毒的工业废水对人体的健康具有很大的危害。此外，工业事故也会导致极端的工业水污染。

（2）生活污水污染　人类生活过程中产生的污水是水体的主要污染源之一。除含有碳水化合物、蛋白质、氨基酸、动植物脂肪、尿素和氨、肥皂及合成洗涤剂等物质外，污水中还含有细菌、病毒等使人致病的微生物。这种污水会消耗、吸收水体的溶解氧也会产生泡沫妨碍空气中的氧气溶于水，使水体发臭变质。细菌和病原体以生活污水中有机物为营养而大量繁殖，也可导致传染病蔓延和流行。

（3）农业回流水污染　农业中的最大用水是灌溉，其中，60%～90%的水蒸发损失，其余10%～40%的水渗入地下或从地表流走。由于耕种、喷洒农药、施肥等，这种灌溉回流水中含有较高浓度的矿物质、富养肥料的有毒农药，从而造成水体污染。

（4）固体废物污染　农业废物、工业废物和城市垃圾的数量和种类都非常多。如果它们转入水体中，也会污染水质，这类污染情况相当复杂。有机物质经水中微生物分解会消耗水中的溶解氧，各种有毒物质使水体具有毒性，特别是当各种各样的污染物质同时流进水域时，有时可能会发生相互的化学作用，从而产生具有更大危险性的物质。例如，含无机汞的各种废物排到水体后在水底沉积下来，经微生物分解作用，多数可以转变为会引起"水俣病"的甲基汞。污染途径也是多种多样的，又如，垃圾场的垃圾在雨淋和雪融化后可能溶于水或发生化学作用产生有毒物质，最后漏出场外，流入地势较低的生活区域，也可能渗入地下污染地下水，危害人类健康。

2. 水污染对食品安全的影响

随着水资源对我国农业生产的贡献率的不断增大，水利灌溉面积也逐年增长。根据粮农组织预测，到2030年，世界粮食需求量将比目前增长60%，其中，绝大部分粮食增产将是依靠灌溉维持的集约化农业，灌溉用水将大幅度增加。根据2004年中国经济年鉴资料，我国农业灌溉年用水量约为4 000亿 m^3，农业生产有效灌溉面积持续增加。我国的水资源为农业生产做出了巨大贡献。但是近年来我国水污染问题日益严重，水污染面积不断增大，进一步加剧了水资源短缺的危机，农作物污水灌溉面积增加，食物安全压力增大。

1）水污染使农用耕地减少，农作物减产，食物数量安全受到影响

水污染造成我国农业用水的紧缺，在我国用水结构中，农业用水占73.4%，农业总缺水量220亿 t，因缺水少生产粮食350亿 kg以上。如果按污染缺水占25%计算，则污染性农业缺水有55亿 t，造成的粮食减产大约在87.5亿 kg。

2）水污染也使耕地资源生产力提高受到严重制约

根据中国渔业网公布的资料显示，江苏省有近

1/4 的耕地，约 1 600 万亩遭受重金属污染；水污染造成的耕地盐碱化。例如，由于受河水污染，山东省德州市夏津、武城两县曾有 100 多万亩耕地盐碱化，河北省吴桥的 59 万亩耕地，其中有 40 多万亩遭到污染。

3) 水污染使食物的质量安全不能得到保障

根据中国社会科学院环境与发展研究中心专家的估计，用污水灌溉造成受污的粮食总产量达 1 882 万 t。用污染的水灌溉农田，使病原体等通过粮食、蔬菜、鱼等食物链迁移到人体内，除了可造成人体的急性中毒外，绝大多数会对人体产生慢性危害，其主要有以下几方面：①污染水中的重金属通过水、土壤，在植物的生长过程中逐步渗入食品中，食用后会对人体产生危害，如长期食用含有铬的食物会引起支气管哮喘、皮肤腐蚀、溃疡和变态性皮炎，特别是会引起呼吸系统癌症。②当水中含有较多的放射性物质时，一些对某些放射性核素有很强的富集作用的水产品中的放射核素的含量就会显著地增加，从而对人体造成损害，如鱼类、贝类等。③水中含有的有机污染物对食物安全影响更大。一些有机污染物的分子比较稳定，通过水的作用很容易在动植物内部蓄积，从而损害人体健康。如过量使用的农药中含有的有机污染物通过土壤里的水或随雨雪降落土壤，由植物根部吸收后对作物造成污染。

4) 做好水污染防治，保证食品安全

（1）建立和完善生活饮用水源地的保护规划 在饮用水区域内设置告示牌，强化对饮用水取水口的保护，禁止在生活饮用水源保护区建设畜禽养殖场，定期组织人员进行检查，并加强取水口的绿化工作，从根本上杜绝水污染。

（2）加强环保教育力度，提高全民的环保意识 生态环境的好坏直接关系到人类的生活质量，关系到未来的可持续发展。可持续发展战略的实施必须依靠宣传教育，加强水忧患意识，养成节约用水的良好习惯。通过多方位、多层次的环境教育，努力提高民众的环保法制意识。针对基层环境保护工作现状和民众的特点，采取符合实际、贴近民众的形式，把关于环境保护的法律法规送到群众身边，从而减少破坏环境的行为。

（3）改革生产工艺，严格整治违法排污企业 改革生产工艺，加强重金属废水处理技术交流和创新，推动经济增长方式的转变和可持续发展战略的实施。近年来，重金属废水违规排放事故频发，严重威胁了人民身心健康，需在符合市场规律的情况下，严格执行环境保护法律法规，加强信息公开，曝光违法案件，进一步加大污染减排重点企业的监管力度，加大惩治力度，适当提高破坏环境的代价。

（4）科技部门应加强对水中污染物迁移、转化规律的研究 摸清污染物对食品安全危害的主要种类、范围和程度，研究相应的控制技术和手段，修复已污染的水环境，保证食品安全。

目前已研究出的水污染治理方法有利用化学沉淀电解离子交换微生物吸附法、硫酸盐还原菌净化法和微生物的转化作用去除水体的重金属，在水污染治理方面取得了一定成效。

5) 加强城市废水污染的控制

根据城市功能区的要求和水环境容量，综合考虑治水、排水、污水处理、污水回用等因素，坚持城市污水处理系统建设与城市建设同步实施，协调发展；实行城市排水许可制度，加快污水处理厂建设进度；严格按照有关标准监管检测排入城市污水收集系统的污水水质和水量，逐步建立面向市场的环境保护融资机制，加强对外合作，积极开展多边和双边的国际合作，借鉴和吸收国外的环境管理经验和教训，引进资本和技术；积极鼓励企业、社会和外国资本投资兴建城市污水处理基础设施，用最短的时间实现水污染控制治理。

10.1.3 土壤环境污染

土壤是指地球表面能够生长植物的一层疏松的物质，由各种颗粒状矿物质、有机物质、水分、空气、微生物等组成，其厚度为 2 m 左右。土壤环境污染，简称土壤污染，是指污染物经过多种途径进入土壤，其数量和速度超过了土壤容量和净化能力，而使土壤的性质、组成和性状等发生不良的改变，破坏土壤的自然动态平衡并导致土壤的自然功能失调、质量恶化的现象。土壤一旦被污染，就将对农业生产造成巨大影响，粮食产量将下降。就其

危害而言，土壤污染比大气污染、水体污染更为持久，其影响更为深远。

1. 土壤污染的类型

1）化学污染物

化学污染物包括无机污染物和有机污染物。前者如汞、镉、铅、砷等重金属，过量的氮、磷植物营养元素以及氧化物和硫化物等；后者如各种化学农药、石油、裂解产物以及其他各类有机合成产物等。

2）物理污染物

物理污染物指来自工厂、矿山的固体废弃物如尾矿、废石、粉煤灰和工业垃圾等。

3）生物污染物

生物污染物指带有各种病菌的城市垃圾和由卫生设施（包括医院）排出的废水、废物以及厩肥等。

4）放射性污染物

放射性污染物主要存在于核原料开采和大气层核爆炸地区，以锶和铯等在土壤中生存期长的放射性元素为主。

2. 土壤污染对食品安全的影响

土壤污染直接影响食品原料的品质。环境中的污染物通过生态循环最终都会进入土壤，对食品原料的生长、加工、食用等都有影响。污染的土壤生产出的农副产品进入食物链，最终进入人体，对人体健康造成严重损害。在土壤污染造成的食品安全问题中，以铅、砷、镉、汞等重金属造成的食物污染最为严重。铅中毒能造成人体造血机能、神经系统和肾脏的损伤，引发口臭、呕吐、肠胃绞痛、消化性溃疡、便秘等；砷中毒就可能导致皮肤癌、肺癌、结肠癌、膀胱癌等。砷还可导致胎儿畸形，出现角质、皮肤色素沉着、发冷、黑脚病等病症；镉中毒后会损害肾脏，影响呼吸系统健康，并造成钙等营养素的流失；汞中毒会增高人体的血压，增加成人心脏病突发的危险。汞还是引起免疫系统疾病的根源之一。如果孕期、哺乳期妇女汞中毒，就会间接影响胎儿、婴儿的身体健康。

土壤重金属污染会导致农作物以及农副产品中含有过高的重金属。重金属元素可通过食物链起到生物浓缩的效应，其浓度提高千万倍，最后进入人体可造成严重危害，并且进入人体的重金属要经过一定的时间积累才能显示出毒性，不易被人们所察觉，因而具有很大的潜在危害性。环境中铅、锰、铜、汞、镉等重金属污染对人体健康损害巨大，低剂量就能够使机体代谢发生紊乱，诱发疾病，甚至死亡。此外，铜、钒等重金属是造成人类生殖障碍的重要致病因子之一；在母体受孕期间，如果过量接触重金属会引起流产、死胎、畸胎等异常妊娠。

3. 土壤污染的防控措施

土壤污染的防治是防止土壤遭受污染和对已污染土壤进行改良、治理的活动。土壤保护应以预防为主，治理相辅。2018 年 8 月 31 日，第十三届全国人民代表大会常务委员会第五次会议通过中国第一部土壤污染防治法《中华人民共和国土壤污染防治法》。该法明确规定了土壤污染防治应当坚持预防为主、保护优先、分类管理、风险防控、污染担责、公众参与。土壤污染防治法的出台，完善了我国环境污染防治的法律，填补了土壤污染防治法律的空白。土壤污染的预防包括以下几方面的措施。

1）科学利用污水灌溉农田

废水种类繁多，成分复杂，尤其要关注的是，本身无毒的工业废水与其他废水混合后生成有毒物质，变为有毒废水的现象。如果利用污水灌溉农田时，就必须符合《农田灌溉水质标准》，否则必须进行相应的处理，在符合标准要求后，方可用于灌溉农田。

2）合理使用农药，积极发展高效低残留农药

科学使用农药可以有效消灭农作物病虫害，发挥农药的积极作用。使用农药的工作人员应该了解农药的有关知识，以合理选择不同农药的使用范围、喷施次数、施药时间以及用量等，尽可能减轻农药对土壤的污染。禁止使用残留时间长的农药，如六六六、DDT 等有机氯农药。发展高效、低残留农药有利于减轻农药对土壤的污染，如拟除虫菊酯类农药。

3）积极推广病虫害生物防治方法

保护各种以虫为食的益鸟，利用赤眼蜂、七星瓢

虫、蜘蛛等益虫来防治各种粮食、棉花、蔬菜、油料作物以及林业病虫害；利用杀螟杆菌、青虫菌等微生物来防治玉米螟、松毛虫等。利用生物方法防止农林病虫害的同时，有效预防了农药造成的土壤污染。

4）提高公众的土壤保护意识

对公众进行土壤污染的科普宣传，使广大公众清楚土壤问题是关系到国泰民安的大事；让农民和基层干部充分了解当前严峻的土壤形势，唤起他们的忧患意识、紧迫感和历史使命感。

5）《中华人民共和国土壤污染防治法（草案）》中提出的预防措施

该草案中提出的预防措施包括：①明确责任主体，建立土壤污染防治基金制度；②全面建立土壤污染防治管理制度，制定标准、组织调查、严格监测、合理规划；③从源头出发，加大土壤污染总量防控力度；④区别农用地和建设用地，分类建立土壤污染风险管控和修复制度。农用地分类管控，建设用地名录管控；⑤强化法律责任，严惩违法行为，明确土壤污染处罚力度；⑥预防为主，治理相辅。

4. 土壤污染的治理措施

1）土壤污染的生物修复方法

土壤污染物质可以通过生物降解或植物吸收而被净化。例如，蚯蚓就是一种能提高土壤自净能力的动物。利用它还能处理城市垃圾和工业废弃物以及农药、重金属等有害物质。因此，蚯蚓被人们誉为"生态学的大力士"和"净化器"等；积极推广使用农药的微生物降解菌剂，以减少农药残留量；利用植物吸收去除污染：严重污染的土壤可改种某些非食用的植物，如花卉、林木、纤维作物等；也可种植一些非食用的吸收重金属能力强的植物，如羊齿类铁角蕨属植物、野生苋和十字花科植物等对土壤重金属有较强的吸收聚集能力，对镉、铅、锌的吸收率高达10%，连续种植多年则能有效降低土壤中的重金属含量。

2）土壤污染治理的化学方法

对重金属轻度污染的土壤使用化学改良剂可使重金属转为难溶性物质，从而减少植物对它们的吸收。例如，酸性土壤施用石灰可提高土壤 pH，使镉、锌、铜、汞等形成氢氧化物沉淀，从而降低它们在土壤中的浓度，减少它对植物的危害。硝态氮

积累过多并已流入地下水体的土壤，一要大幅度减少氮肥施用量，二要配施脲酶抑制剂、硝化抑制剂等化学抑制剂，以控制硝酸盐和亚硝酸盐的生成和累积。

3）增施有机肥料

增施有机肥料可增加土壤有机质和养分含量，既能改善土壤理化性质特别是土壤胶体性质，又能增大土壤容量，提高土壤净化能力。受到重金属和农药污染的土壤，增施有机肥料亦可增加土壤胶体对重金属的吸附能力，同时土壤腐殖质可络合污染物质，显著提高土壤钝化污染物的能力，从而减弱其对种植物的毒害。

4）改变轮作制度

改变耕作制度会引起土壤条件的变化，可消除某些污染物的毒害。据研究证明，实行水旱轮作是减轻和消除农药污染的有效措施。如 DDT、六六六农药在棉田中的降解速度很慢，残留量大，而棉田改水田，可大大加速 DDT 和六六六的降解。

5）换土和翻土

轻度污染的土壤可采取深翻土或更换无污染客土的方法。污染严重的土壤可采取铲除表土或换客土的方法。这些方法的优点是改良比较彻底，适用于小面积改良，但对于大面积污染土壤的改良则难以推行。

6）实施针对性措施

重金属污染土壤的治理主要通过生物修复、使用石灰、增施有机肥、灌水调节土壤氧化还原电位（Eh）、换客土等措施降低或消除污染。对于有机污染物的防治可以通过增施有机肥料，使用微生物降解菌剂，调控土壤 pH 和氧化还原电位等，加速污染物的降解，从而消除污染。

按照"预防为主"的环保方针，防治土壤污染的首要任务是控制和消除土壤污染源，防止新的土壤污染；已污染的土壤要采取一切有效措施，清除土壤中的污染物，改良土壤，防止污染物在土壤中的迁移转化。

10.2　产中技术因子控制

10.2.1　化肥的污染

化学肥料，简称化肥，是指用化学和（或）物

理方法制成的含有一种或几种农作物生长需要的营养元素的肥料，包括氮肥、磷肥、钾肥、微肥、复合肥料等。它们具有以下共同的特点：成分单纯，养分含量高；肥效快，肥劲猛。由于长期大量使用化肥，一部分化肥未被作物吸收利用，也未被根层土壤吸收固定，在土壤根层以下积累或转入地下水成为污染物质。例如，施入土壤中的氮肥不论以氨盐的形式，还是以硝酸盐的形式进入土壤，都会被硝化和亚硝化细菌转变为硝酸盐。土壤中大量的硝酸盐会在蔬菜和饲料作物中积累，并通过食物链影响人体健康。

1. 化肥对环境的污染

现代农业对化肥的依赖已经到了前所未有的状态，那些不依赖化肥的传统农业被挤到几乎可被忽视的角落。我国农业由于长期、大量使用化学肥料，使得土壤板结、酸化、盐渍化、地力衰竭，同时水污染、大气污染、各种病害问题也随之而来。

化肥污染的主要表现形式是氮和磷的污染。人们在施肥过程中，往往施肥过量，使大量的氮、磷元素进入土壤和水体中。由于氮素和磷素在土壤和水体中循环和降解缓慢，造成氮素和磷素的富集，产生富营养化。在我国钾肥稀缺，施肥量不足，进入环境的量也很少。在化肥中，氮的利用率为$30\%\sim60\%$，磷的利用率为$2\%\sim25\%$，钾的利用率为$30\%\sim60\%$，未被植物及时利用的元素会随下渗水转移至根系密集层以下而造成污染，可导致河川、湖泊和内海的富营养化。

在正常情况下，土壤中的微生物总是处于饥饿状态，过量使用化肥使得一部分微生物迅速繁殖并成为优势群落，从而使得土壤微生物的多样性遭到破坏，生态平衡被打破，使得微生物种群结构单一化。

长期施用氮素化肥会使土壤酸化和板结，降低生产力，并活化重金属元素，如镉、汞、铅、铬等，增加其在土壤中的活性。长期施用硫酸铵、氯化铵、氯化钾等酸性肥料，容易引起土壤酸化。磷肥本身对环境的污染很小，它的污染是指磷肥中的杂质对农业环境的污染。其主要杂质有铜、铬、铅、砷以及放射性元素等，这些杂质主要来源于磷矿石和加工磷肥的硫酸。

氮肥施入土中，经过反硝化作用形成了氮气和氧化亚氮，从土壤中逸散出来进入大气。氧化亚氮到达臭氧层后，与臭氧发生作用，生产一氧化氮，可使臭氧减少。当臭氧层遭受破坏而不能阻止紫外线透过大气层时，强烈的紫外线照射将对生物造成极大的危害，如使人类皮肤癌患者增多等。

2. 化肥对食品安全的影响

偏施过量化学氮肥，会造成硝酸盐污染。使用氮肥过多的土壤会使蔬菜和牧草等作物中硝酸盐含量增加，食品和饲料中亚硝酸盐含量过高，容易引发人畜中毒事故。小白菜、大白菜、苋菜、空心菜、芹菜、包心菜等叶类蔬菜，在生长期间易吸收硝酸态氮肥。如果对这些绿叶蔬菜施用硝铵，硝酸盐类则富集较多，进入人体或动物体内经微生物的作用，极易还原为具有毒性的亚硝酸盐，可致癌，甚至引起中毒死亡。叶菜喷洒高浓度氮肥，如尿素、硫铵等，虽能使菜嫩叶肥、色泽好，但有害盐类在绿叶中的含量也会显著增加，继而影响人体健康。

3. 控制化肥对食品污染的方法

1）广泛宣传教育，营造安全食品生产的社会氛围

加强对农民的宣传和教育，让农民认识到过量施用化肥的危害。充分发挥电台、电视、报刊、网络等大众媒体的作用，因地制宜地设计群众喜闻乐见的载体，多层次、多形式地普及食品安全知识，让群众充分认识到过量施用化肥对食品安全的影响以及社会危害性。加强对农民的教育与培训，逐步让农民树立起食品安全的忧患意识；对种植示范大户、农药经营商等人员进行培训，提高其综合素质。

2）加大农业科技投入，减少化肥的施用量

化肥的超量使用致使江河、湖泊等水源的污染严重。这是食品的源头污染，也是影响食品安全的直接原因。抓食品安全就要利用科技手段，有效控制包括源头污染在内的各个生产环节对环境和农副产品的污染：①利用生物杂交、生物遗传技术培养出高产、抗病、固氮的作物，减少化肥的施用。②大力推广土壤诊断技术、植物营养诊断技术、测土配方施肥技术。③平衡施用氮、磷、钾肥及微量元素肥料，鼓励和引导农民增施有机肥、生物肥、

专用肥、长效肥、缓释肥和有机复合肥等新型高效肥料。④积极推广和控制氮、磷流失的节肥增效技术，提高肥料的利用率。

3）发展有机农业，生产绿色食品和有机食品

有机农业是在作物种植、畜禽养殖与农产品加工过程中，不施用人工合成的农药、化肥、生长调节剂、饲料添加剂等化学物质及基因工程生物及其产物，而是遵循自然规律和生态学原理，协调种植业与养殖业的平衡，采取系列可持续发展的农业技术，维持持续稳定的农业生产过程。在有机农业生产体系中，作物秸秆、畜禽粪肥、豆科作物、绿肥和有机废弃物是土壤肥力的主要来源。

4）蔬菜化肥污染的防控措施

（1）施用有机肥　有机肥不会导致蔬菜硝酸盐的累积，还能提高蔬菜的品质。有机肥最好是经高温堆沤或沼气发酵腐熟后施用，这样可杀死病菌和虫卵，减少农药的施用量，提高蔬菜的产量和品质。施用沼气肥生长的蔬菜，是最佳的无公害蔬菜。

（2）不施或少施硝态氮肥及含有硝态氮的复合肥　该类肥料容易使蔬菜积累硝酸盐，所以不宜在蔬菜上使用，可选用铵态氮肥和酰铵态氮肥，如硫酸铵、碳酸氢铵、尿素等。

（3）控制氮肥用量　蔬菜中硝酸盐的累积随氮肥施用量的增加而增加。每亩施氮量应控制在30 kg内，其中，70%～80%的氮肥应用作基肥深施，20%～30%的氮肥用作苗肥深施。

（4）氮肥要早施深施　氮肥作基肥或苗期追肥施用，有利于蔬菜早生快发，降低土壤和蔬菜内硝酸盐的累积。氮肥深施到10～15 cm的土层中，可减少氮素的损失，提高氮肥利用率。深层土壤处于嫌气条件，硝化作用缓慢，可减少蔬菜对硝酸盐的累积。

（5）因地、因季节施肥　富含有机质的肥沃土壤，蔬菜易积累硝酸盐，应禁施或少施氮肥；低肥菜田，蔬菜积累的硝酸盐较轻，可施氮肥和有机肥以培肥地力；一般菜地采取测土平衡施肥既有利于优质高产，又能使蔬菜不易积累硝酸盐，还有利于培肥地力。夏、秋季气温高，不利于积累硝酸盐，可适量施氮肥。冬、春季气温低、光照弱，硝酸盐还原酶活性下降，容易积累硝酸盐，应不施或少施氮肥。

（6）因菜施肥　不同种类的蔬菜吸收积累硝酸盐的程度不同，白菜类及绿叶菜类蔬菜容易积累硝酸盐，不能使用硝态氮肥；茄果类、果菜类和根菜类蔬菜对硝酸盐积累较少，可适当施用，但在收获前15～30 d应停止施用硝态氮肥。

（7）叶菜类蔬菜切忌叶面喷施氮肥用作叶面肥　氮肥直接与空气接触，铵离子易变成硝酸根离子被叶子吸收，硝酸盐积累增加。因此，无公害叶菜类生产中应禁止叶面喷施氮肥，尤其是在收获前1个月不能叶面喷施氮肥。

（8）不用污水浇灌蔬菜　凡是工厂、矿山排出的污水都含有较多的氯、砷、锡、铅等有毒物质，应禁止用来浇菜。城市生活污水要做无害化处理，杀死病菌、虫卵后，与清水混合使用。

10.2.2　农药过量使用的污染

农药是指农业上用于防治病虫害及调节植物生长的化学药剂。1882年，法国人米亚尔代发明了波尔多液，自此进入了无机化学农药时代。在20世纪40年代前后，DDT、六六六等有机氯以及有机磷农药相继问世，有机农药迅速崛起并在全世界范围内得到广泛使用。其中，最具代表性的则是1939年由瑞士化学家保罗·米勒发明的DDT。DDT具有极强的杀虫能力，无臭，性质稳定，对绝大多数高等生物几乎无害。其在疾病、伤寒等通过蚊蝇传播的疾病防治领域效果显著，控制了困扰人类的疟疾等传染病从而挽救了数亿人的生命。同时农药在推动农业发展、提高农业综合生产能力方面发挥着重要作用，促进了人类社会的进步和发展。诺贝尔奖获得者罗曼·布朗说："没有化学农药，人类将面临饥饿的危险。"现代农业的发展早已使世界上大多数国家摆脱了粮食匮乏的时代，但也使人类对农药产生了依赖。

农药的广泛应用是现代农业的重要标志之一，没有现代农药也就没有现代农业。农药的使用量与一个国家或地区社会经济的发展水平成正比。现代社会的发展已经离不开农药，但是农药的使用有利也有弊。近年来，各类食品安全事件威胁着人们的健康和生命。其中由农药，特别是农药残留而引起的食品安全事件和进出口过程中的"绿色壁垒"问

题越来越引起人们的关注，也成为当今社会迫切需要解决的问题。

1. 农药污染食品的途径及危害

不合理使用农药会造成大气、水体、土壤和食品的污染以及破坏生态系统的平衡，最终威胁人类社会的健康发展。这里重点阐述农药污染食品的途径及危害。

1) 农药对农作物的直接污染

喷洒后的农药残留于农作物上，农作物经过加工后仍然会有残留。施用不同类型的农药，残留情况也不同，它们分别以内吸、渗透或吸附等方式进入植物体内，造成对植物性食品的污染。农药使用剂量、施药方法、使用频次、最后一次施药时间与收获日期的间隔时间等因素皆与食品农药残留量以及污染程度相关。

2) 农药对农作物的间接污染

田间施药是大部分农药洒落在农田中，有些残存在土壤中，有些被冲刷至池塘、湖泊、河流中，造成自然环境的污染。在有农药污染的土壤中栽培作物时，残存的农药又可能被吸收而造成作物污染；在池塘、湖泊、河流等被污染后，一方面可直接污染作为人类食品的水产动物和水生植物；另一方面也使水生浮游生物体内含有一定数量的农药，并通过食物链继续污染水产动物食品。农药对农作物的间接污染主要表现在以下几方面。

① 农药的过度施用亦可造成大气的污染。农药随同飘尘、雨或雪降落到地面，继而污染土壤、水体、各种植物以及人类的植物性及水生性食品。

② 动物性食品的农药污染通过饲料，家禽家畜的一部分饲料是食品（各种粮食）、食品加工的副产品（谷类的糠、麸），并且糠麸中残留的农药常高于粮谷本身。家畜家禽摄入高残留农药的饲料后，其肌肉、内脏和所产的奶蛋均含有一定数量的农药，从而间接造成人类动物性食品的污染。

③ 生物富集与食物链。生物富集是指生物体从环境中能不断吸收低剂量的农药，并逐渐在其体内积累的能力。食物链是指动物吞食有残留农药的作物或生物后，农药在生物间转移的现象。

④ 在食品运输和贮存中，与农药混放或者施用熏蒸剂。

2. 控制食品农药污染的措施

1) 在农业病虫害防治方面，提倡"预防为主，综合防治"的方针

综合防治包括化学防治、生物防治、选育抗虫害品种和加强田间管理，其中，仍以化学防治最为重要。但化学防治要注重研制和生产高效、低毒、低残留的新农药，以减少对食品的农药污染。生物防治可使用赤眼卵蜂、金小蜂、瓢虫、食蚜蝇、青草蛉等；微生物制剂中较突出的有苏云金杆菌、白僵菌和黑僵菌等；生物性制剂有性外激素、保幼激素、昆虫变态激素、性引诱剂、拒食剂、驱避剂和不育剂等。适当使用这些措施均可减少化学杀虫剂的使用，减少其对食品的污染。此外，利用耕作、栽培、育种等农业措施来防治农作物病虫害；利用生物技术和基因技术防治农业有害生物；应用光、电、微波、超声波、辐射等物理措施来控制病虫害；加强病虫预测预报，为农民提供快捷的信息服务，指导他们科学合理用药，推广作物病虫害的综合防治技术，为人们提供更多、更好、更放心的农产品。

2) 制定使用农药的规章制度，规定使用的种类和施用范围

凡不合乎食品安全毒理学标准的农药或辅助剂均应禁用或限用。急性毒性小、分解快、残留低者在符合安全操作规程的前提下一般可应用于果蔬、种子及土壤处理；具有一定毒性，分解缓慢的农药可用于拌种，处理土壤和生长期较长的作物的早期，如水稻、果树苗等。此外，有些农药中可加入适当增效剂，以便提高药效降低使用量并直接或间接减少对人类食品的污染。

3) 制定各种农药的使用安全间隔期

安全间隔期是指从最后一次对作物施药到收获的间隔日期。食品中的农药残留量与农药本身性质、使用剂量和安全间隔期有密切关系，后者尤为重要，应该掌握农药在作物上消长的规律，开展常用农药在作物上的分解代谢、残留形式和残留量的研究，并据此制定对主要作物使用农药时关于农药品种、剂型、剂量、施用方法以及安全间隔期的规定。

4）制定食品中允许残留限量和人体每千克体重每日容许摄入量的卫生标准

制定标准应注意下列条件：①要有卫生学调查资料，了解食品中残留的农药品种和残留水平。②要有实验动物的毒理学研究资料。③掌握一般居民膳食组成和各种主要食品的每天平均进食量。④不断提高农药残留检测技术以配合卫生标准的有效实施。

10.2.3　畜禽产地环境的污染

畜禽产地环境污染指由畜禽生产所产生或外界进入到养殖环境中的污染物超过了一定的限制，对人及饲养畜禽产生直接、间接或潜在危害的现象。

1. 畜禽产地环境污染状况

1）畜禽养殖污染已经成为部分水体水质恶化的污染源

畜禽粪污中含有大量化学需氧量（COD），氮、磷元素，使得水体富营养化，溶解氧不足，直接威胁水产品的产量和生态环境。若不经过无害化处理而直接排放到沟渠中，易造成水质恶化，给周边居民的生产及生活造成了极大影响。

2）人畜混居严重威胁人体健康

人畜混居现象在部分农村地区较为普遍。畜牧粪便中含有大量病原微生物、寄生虫卵，极易滋生蚊蝇，影响村庄环境卫生。有关研究表明，年出栏量为10万头的养猪场，污染半径可达5 km左右。

3）对土壤环境和农产品质量构成威胁

畜禽饲料添加剂中的铜、铁、铬、锌、镉、汞、抗生素、激素等物质以及圈舍消毒剂等随着畜禽粪便进入水体和农田，经过长期积累，导致环境质量下降，有毒有害物质沉积，从而威胁粮食、蔬菜等农产品的安全。

4）粪便及其分解物导致的恶臭及其他有害伴生物

畜禽粪便经过发酵后会产生大量的氨氮、硫化氢、粪臭素、甲烷等有害气体，这些气体不但会破坏生态，而且还会直接影响人类健康。这些有害气体进入呼吸道后，引起气管炎和支气管炎等呼吸道疾病的发生。这种情况不仅威胁着养殖场的安全，更危及养殖场员工和周边居民的身体健康。

粪便伴生物包括病原微生物（细菌、真菌、病毒）和寄生虫卵。这些粪便伴生物容易滋生蚊虫，增多环境中的病原种类，使菌量增大，导致病原菌和寄生虫蔓延，从而引起人畜共患病。例如，禽流感、猪流感、手足口病等人畜共患疾病，这些疾病的产生就与畜禽粪便污染造成的恶劣环境有很大的关系。

2. 畜禽粪便污染的控制措施

近年来，畜牧业发展迅猛，带动了农村经济的快速发展，同时也带来了畜禽养殖的污染问题。畜禽养殖污染是经济发展到一定阶段的产物，也是长期环境污染导致的。治理不可能一蹴而就，立竿见影。把工作做在平时，应注意以下几个方面。

1）加强规划引导

畜禽养殖污染治理要正确处理好整治与发展、封堵与疏导、治标与治本的关系，坚持有序发展与依法整治、源头控制与科学规划、优化布局与结构调整相结合；要根据县域生态环境承载负荷和畜禽养殖污染防治要求，科学确定畜禽养殖的品种、规模、总量，合理布局畜禽养殖场所空间和结构，严格落实禁养区、限养区、适养区"三区"划定要求，并对已划定畜禽养殖适养区、限养区、禁养区的准确性和可操作性进行界定，出具"三区"规划图，明确禁养区红线；关停转迁禁养区畜禽养殖场，对限养区畜禽养殖场进行整治达标，以准入手段控制适养区畜禽养殖，适度发展规模化畜禽养殖场和生态养殖小区，优先发展生态型和资源综合利用型畜禽养殖场，从源头减少畜禽养殖污染的产生。

2）加强执法力度

有效整合资源力量，在更高层面上形成工作合力，建立健全政府主导、部门联动、齐抓共管的长效工作机制；环保、国土、规划、发改、卫生、农业等部门要按照工作职责，依法切实加强畜禽养殖污染防治监督管理、畜禽养殖废弃物综合利用指导服务、畜禽养殖循环经济工作组织协调等工作；依法提高畜禽养殖污染防治联合执法监管能力，大力开展联合执法，采取例行检查与随机抽查相结合等方式加大监督检查执法力度；实现对规模化畜禽养殖场和分散畜禽养殖的执法监管全覆盖，适时曝光一批畜禽养殖污染典型违法案例，形成高压态势和强大震慑力；进一步完善属地管理和谁主管谁负责的全域监管责任体系，建立县级畜禽养殖污染防治执法综合监管平台；依法建立畜禽养殖谁审批谁负

责、谁监管谁负责的问责机制，明确部门工作职责，对避责不为、有责不担等问题严肃追责。

3）争取政策支持

积极主动争取省级层面的政策和资金支持，落实国家关于畜禽养殖的优惠政策和资金项目；要统筹县域内各项支农惠农资金，设立畜禽养殖污染专项整治以奖代补资金，对主动配合关停拆迁和整治行动的畜禽养殖场给予奖励，对畜禽养殖污染集中处理企业和有机肥生产企业重点扶持；市、县政府应统筹研究出台畜禽养殖污染综合治理的政策措施，配套落实对畜禽养殖企业在土地山林流转、有机肥生产使用、污染防治设施建设改造、沼气发电等方面的激励优惠政策。

4）依据标准严管

要严格环境准入，对超出环境容量负荷的地区和企业严禁审批新增畜禽养殖项目和扩大产能；要严格排放标准，做到达标排放。畜禽养殖企业要按照《畜禽养殖业污染物排放标准》《畜禽养殖业污染防治技术规范》《畜禽规模养殖污染防治条例》《畜禽养殖产地环境影响评价规范》等技术标准，建设和改造相应的畜禽粪便、污水处理与雨水分流等设施，畜禽粪便、污水贮存设施以及综合利用和无害化处理设施，设施未建成或运行未达标的不得投入生产或者使用；要优化工艺，促进污染减排，不断改进饲养方式和废弃物处理工艺，减少畜禽养殖废弃物的产生量和排放量，严禁废弃物未经处理直接向环境排放；实现病死畜禽无害化收集处理，防止随意丢弃病死畜禽污染环境。

5）提供技术支撑

要以畜禽养殖密集区为重点，总结实用、成熟，符合当地实际的污染防治工艺和技术。从改变畜禽养殖模式、废弃物处理模式入手解决废水污染问题，积极推行节水养殖、重金属残留减控、饲料添加剂改进等处理模式，推广采用干清粪收集技术减轻废水、臭气污染；树立畜禽养殖污染防治和畜禽养殖废弃物综合利用典型，发挥示范引领和龙头带动作用，扶持一批，辐射一片；积极推进畜牧业供给侧结构性改革，鼓励引导畜禽养殖转型和结构调整，积极打造场内干净整洁，周边水清土清，产品安全味美，互利共赢和谐的绿色畜禽养殖品牌。

10.2.4 养殖用的饲料和激素污染

1. 饲料污染的种类

1）种植时的污染

植物性饲料种植过程中以化肥、农药为主要污染源。

2）虫害、鼠害污染

虫害可造成营养损失，或在饲料中留下毒素。在温度适宜、湿度较大的情况下，螨类对饲料危害较大。鼠害不仅会造成饲料损失，还会造成饲料污染，传播疾病。

3）饲料贮藏不当造成微生物类污染

饲料导热性不良，容易吸潮、发霉，为微生物滋生提供了环境。常见的微生物包括黄曲霉菌、青霉菌、赤霉菌和镰刀霉菌等有害微生物会产生黄曲霉毒素、赤霉素、T-2毒素、赤霉烯酮等对畜禽有害的毒素。其中，黄曲霉毒素的毒性最强，它直接影响饲料质量，同时威胁人类健康。

4）抗营养因子污染

饲料中的抗营养因子主要为蛋白酶抑制因子、碳水化合物抑制因子、矿物元素生物有效性抑制因子、拮抗维生素作用因子、刺激动物免疫系统作用因子等。它们的存在会干扰畜禽对饲料养分的消化、吸收和利用。

5）饲料中有害化学物质残留

有害化学物质残留主要包括农药污染、工业"三废"污染、营养性矿物质添加剂污染等3类有害化学物质。

6）饲料添加剂污染

抗生素、激素、抗氧化剂、防霉剂和镇静剂，对预防疾病，提高饲料利用率和生长速度有很大作用。但若不严格遵守使用原则和控制使用对象、安全用量及停药时间，药物及其代谢产物会在肉、蛋、奶中残留，从而影响食品的安全质量。

7）加工过程中产生的毒物交叉污染

如果加工工艺控制不当，饲料中成分复杂的添加剂在粉碎、输送、混合、制粒、膨化等加工过程中就会发生降解反应和氧化还原反应，生成一些复杂的化合物。因此，在饲料加工生产过程中，要注意清扫设备，避免饲料在输送及混合过程中分解和残留。

8）重金属残留问题

工厂化养殖中的重金属，如 Cu、Zn、Cd、As、Ni、Cr、Pb 和 Hg 是通过饲料工业化加工过程中添加进去的。饲料中的重金属进入食物链，进而对农业生态系统产生严重的影响。

2. 饲料激素污染与食品安全

激素是指对机体的代谢、生长、发育、繁殖、性别、性欲和性活动等起重要调节作用的化学物质。在高等动物中，激素分泌量极少，但其调节作用却极为明显。虽然激素不参加具体的代谢活动，只对特定的代谢和生理过程起调节作用，但可以调节代谢及生理过程的速度和方向。例如，让动物们生长更快就是对速度调节的结果。

虽然国家严厉打击在饲料中添加激素类药品或其他禁用药品、在农药和兽药中添加违禁物质等违法行为，但因市场驱动，激素鸡、速生鸭现象却屡禁不止。如用含有激素的饲料喂养，速生鸭一天就能长 50 g；在养鸡过程中，部分肉鸡养殖场非法喂食激素类药品，如地塞米松。此外，还有激素肉、激素水果、激素蔬菜等存在。食用这些激素超标的食物可引起肥胖、多毛、痤疮、血糖升高、高血压、钠潴留、水肿、血钾降低、月经紊乱、骨质疏松、无菌性骨质坏死、胃及十二指肠溃疡等病征，还可能对肾脏造成一些损害，如加重肾小球疾病蛋白尿，加重肾小球硬化，易致肾钙化或肾结石，诱发或加重肾脏感染性疾病，引起低钾性肾病与多囊性肾病以及扰乱正常的生理发育，造成儿童性早熟等严重问题。因此，必须对农业生产、工厂化养殖过程中的激素使用实行最严格地控制。

3. 饲料污染控制措施

1）制定标准，加强检控

饲料是畜禽产品的基础。要加大研究力度，尽快制定或完善饲料质量标准、卫生标准、检验标准，完善检测方法，保证饲料管理有法可依，同时加强饲料检测，健全饲料监控体系；通过监督、抽查、定期抽验和质量跟踪，对饲料生产、流通和养殖企业进行全过程监控，加大执法和处罚力度；发现问题及时处理，绝不姑息；可吸纳国外的经验，建立包括可追溯制度、问题畜禽产品召回制度、风险评估制度、诚信制度等。政策的合理制定会在污染预防过程中发挥较大的作用。

2）加强宣传，提高认识

饲料安全等同于食品安全，饲料安全关系着畜禽产品安全和社会公众的健康。应利用各种方式和途径宣传饲料安全的重要性和紧迫性，宣传饲料相关法律法规，转变饲料生产者及使用者的观念，提高认识。

3）研发新型饲料添加剂

由于抗生素、激素、高铜、砷制剂等饲料添加剂对动物生产和饲料利用效率具有显著的促进作用，停止这些物质的使用会对动物生产性能，乃至整个畜牧业和社会生活产生不利影响。以抗生素为例，取消饲料用抗生素将对动物疫病控制带来巨大困难，反而增加治疗用药量，取消抗生素后动物生产性能会下降，畜产品的生产成本则相对增加，这就要求我们研究开发新型安全的饲料添加剂。近年来，随着生物技术和基因工程的迅速发展，一些相对更为安全的添加剂应用越来越多，如酶制剂、益生素、有机酸、免疫促生长剂和其他代谢调节剂等，在促进动物生产性能和提高动物的健康水平方面有着明显的效果。

10.2.5　食品添加剂的污染

根据我国食品卫生法的规定，食品添加剂是为改善食品色、香、味等品质，以及为防腐和满足加工工艺的需要而加入食品中的人工合成或者天然物质。凡是被列入《食品添加剂使用卫生标准》（GB 2760—2007）中的产品均可以被称作食品添加剂，否则即为非法添加物，如三聚氰胺、苏丹红、瘦肉精等，注意区分两者概念。常见的食品添加剂：防腐剂、抗氧化剂、漂白剂、酸味剂、凝固剂、疏松剂、增稠剂、甜味剂、着色剂、乳化剂、品质改良剂、增味剂等等。严格按照国家制定的标准来添加合格的食品添加剂是不会对人体造成危害的。一旦超量添加或者使用不合格的食品添加剂或者添加非法物质，就会对人体造成不可估量的危害。

1. 食品添加剂对食品安全的影响

食品添加剂不是食品的天然成分。如果使用不当或添加剂本身混入一些有害成分，就可能对人体健康带来一定危害，如致癌作用和急、慢性中毒问题。

1）防腐剂对食品安全的影响

防腐剂是抑制微生物的生长和繁殖，以延长食品的保存时间，抑制物质腐败的药剂。我国《食品添加剂卫生管理办法》中公布的数十种防腐剂都已经过严格的安全性评价，在正确的使用范围、使用量内，其安全性均有可靠的保障。

由于某些人为因素或技术原因，在实际操作过程中，防腐剂存在着超标准使用等问题，从而产生各种安全事件。某些食品厂商利用防腐剂兼具抑菌消毒的特点，在食品加工过程中大量使用防腐剂，以降低食品中的细菌数，擅自超量添加如亚硝酸盐混合硝酸盐形成的防腐剂等违规添加剂，甚至采用农药多菌灵等水溶液浸泡，从而对食品安全构成了严重威胁。此外，某些商家为保持食品的新鲜感官性状，使用国家明令禁止用于食品的防腐剂，如福尔马林浸泡海菜、鱿鱼、海参、猪肚（牛肚）等；将含甲醛成分的工业用品"吊白块"添加到米、面、腐竹、食糖等食物中进行增白和防腐，从而引发多起食品中毒事件。

2）漂白剂对食品安全的影响

漂白剂是指通过氧化、还原等化学反应破坏或抑制食品中的氧化酶活性的物质。虽然漂白剂具有改变食品色泽及一定的防腐作用，但其对人体，健康有一定的影响。无论是还原型漂白剂，还是氧化型漂白剂对人体，都会产生毒性。而食品漂白现象则更为严重，如将荧光增白剂掺入面条、粉丝等用于增白，而这些增白剂中二苯乙烯三嗪衍生物等有毒成分会直接对人体健康造成危害；此外，有毒添加剂吊白块被一些生产经营者用于面粉漂白；馒头制作过程中滥用硫黄熏蒸漂白馒头，而致使馒头中维生素 B_2 受到破坏，且引起二氧化硫残留超标等。

3）合成色素对食品安全的影响

合成色素多为偶氮化合物，不容易被人体吸收，但对人体的危害性不容忽视。目前，我们常见的食用的人工合成色素有胭脂红、苋菜红、柠檬黄、靛蓝和苏丹黄等 5 种。这些色素的绝大多数品种不仅本身有毒，而且还夹杂着重金属等剧毒物质。

2. 食品添加剂污染的原因及控制措施

1）食品添加剂污染的原因

（1）违禁使用非法添加物　我国允许生产、经营和使用的食品添加剂必须是《食品添加剂使用卫生规范》和《食品营养强化剂使用卫生规范》所列的品种。但是一些不法商家在利益的驱动下，违法使用未经批准的添加剂。例如，三聚氰胺"毒奶粉"事件，辣椒酱及其制品、肯德基、红心鸭蛋等食品中发现苏丹红等，都是违法将非法添加物当成食品添加剂使用的典型案例。

（2）超范围使用食品添加剂　在我国《食品添加剂使用卫生标准》中，每种食品添加剂都有明确的使用范围。超范围使用食品添加剂是指超出了标准中所规定的某种食品中可以使用的食品添加剂的种类和范围。例如，由白面经柠檬黄染色充当玉米面，这是一个典型的超范围使用食品添加剂的违法事件。柠檬黄是一种允许使用的食品添加剂，可以在膨化食品、冰激凌、果汁饮料等食品中使用，但不允许在馒头中使用。再如，粉丝中加入亮蓝、日落黄、柠檬黄和胭脂红等人工合成色素，以不同的比例充当红薯粉条和绿豆粉丝等都属于超范围使用食品添加剂。

（3）超量使用食品添加剂　食品添加剂的安全建立在合理的使用量的基础之上。食品添加剂在食品加工过程中必须按相应的卫生标准中规定的使用量添加才能对人体无害。目前，不按国家规定标准而随意添加现象较为突出，其原因包括相当一部分企业里，由于缺乏精确的计量设备，造成食品添加剂超量使用；食品加工企业在生产过程中添加了单一的食品添加剂，再加入复合型食品添加剂造成食品添加剂超量；多环节使用食品添加剂会致使最终产品中食品添加剂严重超标。

（4）使用工业级代替食品级添加剂　国家严格规定不准使用工业级替代食品级添加剂用于食品加工。但目前食品添加剂流通渠道及经营方式较为混乱，且添加剂市售环节卫生监督管理相对薄弱，给不法分子以可乘之机。有些生产经营单位弄虚作假，追求经济利益，任意将工业级化工产品假冒为食品级添加剂销售和使用。

2）食品添加剂污染的控制措施

（1）完善食品添加剂的标准，加强执法力度逐步制定和完善食品添加剂产品质量标准和检验方法标准，严格落实食品添加剂的生产许可制度，建立食品企业诚信档案，加强食品企业备案工作，建立食品添加剂安全标识与溯源制度，实行食品生产企业食品添加剂使用报告制度。不断提高食品添加剂检测水平，重点开展对食品中的食品添加剂和非食用物质专项抽检和检测，严厉打击食品非法添加和滥用食品添加剂的违法犯罪行为，营造食品添加剂合理使用的良好氛围，确保食品安全，提高公众对食品添加剂的信任。

（2）加强食品添加剂和食品安全知识培训和科普 应该对食品从业人员、食品安全监管人员分类、分层次进行食品添加剂和食品安全知识培训，让食品添加剂的生产者、经营者和使用者了解我国食品添加剂管理的法律规范与标准，按照《食品安全法》和相关法规要求正确地生产、使用食品添加剂，提高相关人员的自律意识和法律意识。

对消费者开展有针对性的科普教育，引导消费者正确认识食品添加剂和食品安全的关系，让他们了解什么是食品添加剂、食品添加剂的作用和使用原则、食品添加剂行业的标准和监管体系，从科学层面上了解食品添加剂的真正含义；引导消费者正确认识和理性对待食品添加剂和食品安全问题，消除误解。

10.2.6 食品包装的污染

食品包装是食品作为商品的组成部分。食品包装可以防止食品在离开工厂到消费者手中的流通过程中产生化学、物理、生物等外来因素的损害，同时具有保持食品质量稳定，表现食品外观，吸引消费的功能。食品包装的污染主要是指包装材料、包装印刷对食品安全造成的不良影响。

1. 食品包装污染对食品安全的影响

食品包装可按包装材料分为塑料、纸质、玻璃、金属、复合材料等。包装材料质量不合格或者使用不当均会造成食品污染，影响食品安全。

1）塑料包装对食品安全的影响

塑料包装具有质量轻、运输方便、性质稳定、易生产等诸多优点，在食品包装中使用十分广泛，大约有60%的食品包装都选用塑料作为包装材料。塑料是一种高分子聚合物，由高分子树脂加入一定量的抗氧化剂、防腐剂等辅助性高分子材料，对食品具有很好的保护作用。树脂本身无毒，但其单体、降解后的产物及老化产生的有毒物质对食品安全的影响较大。例如，在使用氯乙烯生产保鲜膜的过程中，如果氯乙烯未完全聚合成聚氯乙烯，其残留的氯乙烯单体就会成为污染源。氯乙烯单体具有麻醉作用，吸收入血会产生疼痛，同时会致畸、致癌；含双酚A的奶瓶在加热的情况下双酚A可以融入食品中，扰乱人体代谢，对婴儿发育、免疫力有影响，甚至致癌，所以这种奶瓶已于2011年禁止生产。

塑料生产过程中添加的胶粘剂主要是由芳香族异氰酸组成。含有该种黏合剂的塑料容器经高温蒸煮后，可以形成具有致癌活性的芳香胺；塑料包装容易因摩擦带电而吸附微尘杂质导致食品污染；塑料包装中的未聚合的乙烯、乙基苯等游离单体有向食品迁移的风险，且与其接触时间越长风险越高，从而造成食品污染；塑料包装制品中添加的稳定剂、增塑剂具有致癌和致畸性；垃圾塑料回收利用，也是较大的食品安全隐患。

2）纸质包装对食品安全的影响

纸作为最传统的包装材料，价格低、生产灵活、易于造型装潢。近年来，纸袋、纸筒、纸杯、纸管、纸盒、纸罐、纸箱等多种形态的纸质包装被广泛应于到食品包装。但由于纸质包装原材料大多来源于纸张或回收再利用的纸张，其霉变、细菌、前期印刷造成的重金属及化学残留物常常附着于纸质包装中，增加了纸质包装污染食品的风险。此外，大多纸质包装中使用的漂白剂、染色剂、荧光剂都是食品潜在污染源。尤其是荧光增白剂处理的纸张含有荧光化学污染物。这种物质在水中溶解度高，非常容易迁移进入食品，被人体吸收后很难分解，会使肝脏的负担加重。同时经医学实验证实，荧光物质可以使细胞变异，如果接触过量，可能会致癌。

3）玻璃容器对食品安全的影响

玻璃作为食品包装材料已广为人们熟知，根据其化学成分的不同，玻璃可分为钠钙玻璃、铅玻璃、硼硅酸玻璃等。它的优点是无毒无味、化学稳定性好、卫生清洁和耐气候性好。但为了增加玻璃容器的光泽度，生产企业常常会添加砷、锑等作为澄清剂，甚至还会增加铅元素，虽然这些物质食品

迁移量较低，但也应该引起注意。

4）金属或陶瓷包装材料对食品安全的影响

金属材料是传统的包装材料之一，它的不足之处主要是化学稳定性较差和不耐酸碱。金属类包装容器可分为2类：一类是非涂层金属类；另一类是涂层金属类。非涂层类金属包装容器，其安全问题主要是有毒有害的重金属溶出；涂层类金属包装容器，其安全问题主要是其表面涂料中的游离酚、游离甲醛及有毒单体的溶出。铁和铝是目前市面上主要使用的2种金属包装材料，最常用的是马口铁、无锡钢板、铝和铝箔等。在铁制品中镀锌层接触食品后，其中的锌会迁移至食品，从而引起食品污染；铝制品的主要问题是铝材料中含有铅、锌等元素，摄入过量会造成慢性蓄积中毒。

我国陶瓷生产历史悠久，它是传统的包装材料。随着塑料、纸张等生产技术的提高，陶瓷渐渐淡出包装市场。但这些年陶瓷包装有用于高档食品包装的趋势。陶瓷包装材料的主要问题是陶瓷表面釉的铅、镉含量。长期的研究表明，各种彩釉所含的重金属铅、镉溶入食品中，会对人的健康造成危害。

2. 包装印刷的污染

1）印刷油墨污染

在食品包装印刷领域，作为印刷材料，油墨应满足各种特定的要求，如无毒、耐热、耐寒、耐油、耐溶剂、耐摩擦以及耐射线等，但由于我国目前没有食品包装的专用油墨，加上油墨透入包装带来的风险较难发现，从而导致油墨引发的食品安全事件尤为突出。印刷油墨对食品包装及内装物的污染主要因为油墨内部残留的有害化学污染物的迁移，其危害主要表现在以下几个方面：①油墨中苯类溶剂残留，残留物扩散到食品中，就会造成食品污染，对神经系统产生危害，甚至致癌；②制造油墨所用的颜料中存在一定量的重金属（铅、镉、汞、铬等）、苯胺、多环芳烃等有毒物质，它们透过塑料薄膜迁移到内包装食品中，从而危害食品安全；③油墨中存在微量感光化学物质，如异丙基硫杂蒽酮，也是食品安全的隐患。

2）印刷工艺

目前，我国包装印刷企业采用的印刷技术还比较落后，国家相关安全卫生标准比较滞后，监管不严，从而造成食品安全隐患。例如，我国目前的食品包装印刷以凹印为主，相对欧美等国家采用的柔印，油墨污染的概率更高。

3. 食品包装污染的环节

1）生产环节

食品包装的生产企业使用的原材料质量低劣，包装印刷油墨不达标、印刷技术落后，质量管理不规范等问题，均为食品安全埋下隐患。

2）使用环节

为夺得消费者眼球，食品包装越来越注重感官效果，企业追求包装材料的外形而忽视了食品包装材料的安全功能和卫生标准；另外，人们对食品包装使用方式方法不当也加大了食品安全风险。

3）管理环节

近年来，相关部门加大了食品包装领域安全监管，也陆续出台了一系列标准和规则。但也不同程度地存在对新包装材料监管不严、标准滞后的现象，增加了食品安全风险。

4. 食品包装污染控制措施

1）建立健全食品包装材料安全相关法规

目前，我国食品包装行业所执行的法规老旧，这些法规中基本没有涉及苯残留、迁移量以及部分重金属含量相对应的指标跟不上现代食品安全要求的步伐。一方面，相关部门应结合我国食品包装发展的情况，及时更新食品包装材料的相关安全法规和标准，如食品包装材料添加剂、黏合剂、油墨的成分组成标准、食品标签制度、食品包装材料及器具的市场准入制度等；建立健全食品包装材料的安全保障体系。另一方面，相关政府部门要加大对食品包装生产企业的日常监督、检验、抽查频率，坚决打击假冒伪劣产品；积极借鉴国际先进管理经验，引入欧美等发达国家对食品相关产品的追溯、跟踪机制，完善预警、监测、应急系统，努力做到完善从源头生产、销售到回收等各个环节的食品包装监管机制；保障食品安全离不开政府的介入。

2）开发新型包装材料和包装技术

解决食品包装污染问题的最终手段是从源头做好食品包装生产环节的安全治理。加大科技、资金的投入力度，研发绿色、环保的新型包装材料，加强对食品包装工艺研究，切实做好生产环节的安全风险把控。政府应给予绿色环保型包装生产企业财政、税收等补贴，鼓励企业开发更多的绿色环保型产品。据相关领域专家预测，未来用智能包装技术生产的包装袋将占食品包装总数的 20%～40%，食品包装材料将走向功能化、智能化、环保化新时代。如气调包装、抗菌包装、纳米复合包装材料等，通过新型包装材料和技术来最终提高食品包装的安全性。

3）普及食品包装知识，做到科学生产，合理使用

首先，提高消费者对食品包装安全重要性的认知，倡导绿色消费，不能单纯以"食品包装是否完整"作为食品包装安全的评价、判断标准。其次，做好食品安全知识的普及，让广大消费者掌握正确的食品包装使用方法。在选购食品时，能够根据商品特性、标签特性，严格按照包装规定的温度和使用范围使用。

4）完善食品包装检测体系

由于包装材料的分子结构不同，各种助剂及成型工艺不同，致使食品包装材料的检测比较复杂。鼓励建立完善的食品包装检测中心，按照国家标准对各类包装材料的性能特点进行检测。同时提高检测技术，寻找快速高效的检测方法，提高食品包装中的残留单体、重金属等有毒有害物质的检测水平，避免不合格的食品包装上市销售。

5）尽量规避包装环节的二次污染

食品包装工序属于食品生产中最后一道工艺，也是最容易忽视的环节。此时的食品完全裸露在车间，若操作工人、空气环境、包装器材、容器器具等带有细菌或者其他污染因素，则会给食品生产带来二次污染隐患。

10.2.7　其他因子的污染

1. 食品生产企业内部污染

生产企业选址不当，周围环境扬尘较多、空气质量较差；生产车间设计不合理，人流、物流未设专有通道，洁净区空气流向不合理；食品生产加工过程中，原料或半成品与成品混放造成交叉污染；车间卫生不佳、加工设施清洗消毒不彻底、从业人员个人卫生不良等状况都能造成食品的污染。

2. 食品加工使用劣质原料

加工食品使用劣质原料给食品安全造成极大隐患。如用病死畜禽加工熟肉制品；用"地沟油"加工油炸食品等。

3. 假冒伪劣食品

近年来，假冒伪劣食品在一些地区，特别是广大农村地区肆意横行。如用化学合成物质掺兑的酱油、食醋；粗制滥造的饮料、冷食品；水果表面用染料涂色；用工业酒精制造假酒、甲醇假冒白酒等。

4. 转基因食品潜在威胁

从国内外对转基因生物的研究来看，转基因食品具有以下几个方面的潜在危险：可能损害人类的免疫系统；可能产生过敏综合征；可能对环境和生态系统有害。

10.3　保藏管理技术因子控制

食品种类繁多，组成成分复杂，使其在保藏过程中，极易因周围环境因素如温度、湿度、气体成分等影响而变质。适宜的保藏技术可延长食品的货架期，保证食品质量，促进人们的健康。食品保藏技术则是针对引起食品变质的主要因子，包括温度、湿度、气体成分、食品防腐剂以及其他因子加以人为控制，以达到延缓或阻止食品腐败变质的进程。

10.3.1　温度

1. 低温对食品保藏的影响

低温可以控制微生物生长繁殖和食品中酶的活性，从而延缓或阻止食品腐败变质，达到食品保藏的目的。

1）低温对酶的影响

温度对酶的活性有很大影响，大多数酶的适宜温度为 30～40 ℃，动物性酶需稍高温度，植物性酶需稍低的温度。低温可抑制酶的活性，但酶的活性保留，当温度恢复到适宜温度时，酶的催化效率恢复；高温则可使酶蛋白变性，酶钝化，不能随温度降低而恢复。大多数酶活性化学反应的 Q_{10} 值为 2～3，也就是说温度每下降 10 ℃，酶活性就削弱 $\frac{1}{3}$～$\frac{1}{2}$。在食品保藏时，控制合适的低温，则可限

制食品内部酶的活性或者微生物酶的活性，延缓食品腐败的进程。

2）低温对微生物的影响

一般来讲，低温对微生物生长是不利的，尤其是在冰点温度以下。当食品中的微生物处于冷冻时，细胞内游离水形成冰晶体，失去可利用的水分，成为干燥状态，这样细胞内细胞质黏性增大，引起 pH 和胶体状态的改变，同时冰晶体对细胞也具有损伤作用。当一般温度的 20 ℃以下时，菌体存活数迅速下降。

虽然低温对微生物生长不利，但是由于微生物种类繁多且具有一定的适应性，因而对低温也有一定的抵抗力，在食品中仍有部分微生物能在低温下繁殖，使食品发生腐败变质。

不同的微生物对低温抵抗力是不同的。详见第 1 章 1.4 的描述。

在食品中，低温下可生长的主要细菌有：G⁻菌包括假单胞菌属、产碱杆菌属、变形菌属、黄杆菌属、无色杆菌属等；G⁺菌有小球菌属、链球菌属、芽孢杆菌属和梭状芽孢杆菌属等。主要的酵母菌有：假丝酵母属、酵母属、毕赤氏酵母属、丝孢酵母属等。主要的霉菌有：毛霉属、青霉属、葡萄孢属和芽枝霉属等。

在低温条件下，虽然少数嗜冷微生物能够在食品中生长，但由于温度对微生物新陈代谢影响很大，生长繁殖极其缓慢，对食品的作用也是缓慢进行的，引起食品腐败变质的过程比较长。在这种情况下，低温保藏对食品质量仍有帮助。

3）低温对食品质量的影响

（1）水分蒸发　食品在低温保藏过程中会发生"干耗现象"。食品中的水分蒸发或冰晶升华，会造成食品的重量减少，这就是俗称"干耗"。食品在冷却、冻结、冷藏过程中都会产生干耗，这不仅使食品脱水减重，表面会出现萎缩，更为严重的是冰晶升华后在食品中留下大量缝隙，大大增加了食品与空气接触面积，引起强烈的氧化作用，最终影响食品品质，失去食用和商品价值。

为了避免和减少食品在冷藏中的干耗，最根本的是要减少食品与外界空气的热湿交换。如果低温保藏环境湿度较高，而且冷藏食品的温度能与保藏

环境温度保持一致的话，可基本上不发生干耗。这就要求保藏环境保持较高的湿度和均匀的温度场，同时温度波动要小。

在实际应用过程中，对冷藏保鲜要求较高的食品，可以使用加湿装置对保藏环境内的空气定时加湿，以保证保藏环境具有较高的湿度，最大限度地减少冷藏食品的干耗；或食品涂膜，或加真空包装皆可以减少低温保藏食物的水分蒸发。

（2）冷害与寒冷收缩　冷害是指在冰点以上不适宜温度引起果蔬生理代谢失调的现象。低温有利于果蔬保鲜，但当低温管理不适宜时，可造成果蔬产品发生冷害或冻结等低温伤害。低温伤害具体表现为不正常成熟，有异味；变色或干缩；果皮出现凹点或凹陷的斑块，果皮、果肉或果心褐变；皮薄或组织柔软的果蔬，出现水渍斑块；不同的果蔬冷害症状不同。香蕉受冷害果皮变暗灰色，重者颜色加深，以致全果变为纯黑色；柑橘果皮颜色变淡而无光泽，果肉微苦，重者整个果皮浇白色，局部果皮出现不规则的水渍状；鸭梨会出现早期黑心病；黄瓜为水浸状，部分色泽变暗，易感染灰霉病；马铃薯还原糖增高，味甜，煮时褐变；番茄不能正常成熟，出现水浸状、软烂，易受交链孢霉侵染。此外，还要注意不同种类的果蔬遭受冷害的温度有差异，应分类应用不同温度冷藏。部分果蔬发生冷害的界限温度与症状参见第 1 章表 1-1。

寒冷收缩是牛、羊及仔鸡等肉类在冷却过程中常遇到的生化变质现象。如果牛、羊和仔鸡肉等在 pH 尚未降到 5.9～6.2，即在僵直之前，就将其温度降到 10 ℃以下，肌肉会发生强烈收缩变硬的现象，这就是寒冷收缩。寒冷收缩与死后僵直等肌肉收缩有显著的区别，属于异常收缩。它不但更为强烈，而且不可逆。寒冷收缩后的肉类即使经过专门的烹煮，也仍然十分老韧。

预防肉类寒冷收缩的措施有以下几项：①将肉类在 15 ℃下存放几个小时；②适当的电刺激以强迫肌肉痉挛，加快肌肉中的生化反应，迅速形成乳酸使 pH 下降；③增加冷却前的 ATP 和糖原的分解；④缓慢降温。

（3）移臭 移臭又称串味，是指具有强烈香或臭的食品冷藏在一起发生串味的现象。移臭可使食品原有风味发生变化。

（4）脂类变化 在冷藏过程中，食品中所含的油脂会发生水解，脂肪酸的氧化、聚合等复杂变化，其反应生成的低级醛、酮类物质会使食品的味道变差，使食品出现变色、酸败、发黏等现象。这种变化非常严重时，则称为"油烧"。

（5）淀粉老化 淀粉溶液经缓慢冷却或淀粉凝胶经长期放置，会变为不透明甚至产生沉淀的现象，被称为淀粉老化。其实质是糊化后的分子又自动排列成序，形成高度致密的、结晶化的、不溶解性分子微束。老化后的淀粉不仅口感变差，而且消化吸收率也随之降低。

2. 高温处理对食品保藏的影响

高温处理可杀灭食品中致病菌、腐败菌等绝大部分微生物，同时钝化食品中酶的活性，可达到长期保存的目的。另外，可改善食品的品质与特性，如产生新的色泽、风味和状态等；还可提高食品中营养成分的可消化性和可利用率等。但高温处理食品也有其负面效应，如热敏性营养成分的损失；食品品质、特性产生不良变化等。

1）高温对微生物生长的影响

一般 45 ℃以上的温度对微生物的生长是不利的。在高温条件下，微生物体内的酶、蛋白质、脂质很容易发生变性失活，细胞膜也易受到破坏，这样会加速细胞的死亡。

但在高温条件下，仍然有少数微生物能够生长。这些微生物称之为"嗜热微生物"，它们能生长的原因主要是：①酶和蛋白质对热稳定性强。②细胞膜上富含饱和脂肪酸，由于饱和脂肪酸比不饱和脂肪酸可形成更强的疏水键，从而使膜能在高温下保持稳定且具有功能。此外，嗜热细菌脂质的脂肪酸碳链长度也不同于中温细菌，中温细菌的脂肪酸碳链一般是十五碳，而嗜热细菌大多数是十六碳和十七碳，当然，高度嗜热细菌碳链还要更长。

不同微生物对高温的抵抗力也是不一样的，一般认为，芽孢菌＞非芽孢菌、球菌＞无芽孢菌、$G^+＞G^-$、霉菌＞酵母菌、各种孢子＞营养体。

2）高温对酶的影响

酶是由生物体内活细胞产生的、对其底物具有高度特异性和高度催化效能的蛋白质或 RNA。酶在食品保藏和加工中起着非常重要的作用。食品加工的主要原料来源于生物，因此，含有种类繁多的内源酶，其中某些酶在原料的加工期间甚至在加工完成后仍然具有活性。这些酶的存在对食品的加工或保藏有利有弊。例如，在大多数成熟的水果中，某些酶的增加会使得呼吸速度加快，淀粉转变为糖，风味增加，叶绿素发生降解，细胞体积快速增加；牛乳中的蛋白酶可以催化酪蛋白而赋予奶酪特殊风味，这些变化对食品品质的改善是有益的。但某些酶对食品加工或保藏则是有害的，如番茄中的果胶酶在番茄酱加工过程中催化果胶降解而使番茄酱黏度下降，破坏产品的风味与口感；以动物为材料的食品在动物体死后，其合成代谢停止，而分解代谢加快，就会导致组织腐坏。

温度是酶活性的主要影响因素，在最适温度范围内，酶活性最强，酶促反应速度最大。在适宜的温度范围内，温度每升高 10 ℃，酶促反应速度可以相应提高 1～2 倍。但当温度超过 100 ℃时，大部分酶被破坏，发生不可逆变性，酶的催化作用完全丧失。不同酶的最适的温度不同，在食品加工或保藏过程中应注意以下几点：①动物组织中各种酶的最适宜的温度为 37～40 ℃；②微生物体内各种酶的最适宜的温度为 25～60 ℃，但也有例外，如黑曲糖化酶的最适宜的温度为 62～64 ℃，巨大芽孢杆菌、短乳酸杆菌、产气杆菌等体内的葡萄糖异构酶的最适宜的温度为 80 ℃，枯草杆菌的液化型淀粉酶的热稳定性较高，最适宜的温度为 85～94 ℃。总体而言，过高或过低的温度都会降低酶的催化效率，即降低酶促反应速度。温度与酶促反应的关系及原理参见第 1 章 1.4 的内容。

3）高温对食品质量的影响

（1）高温下蛋白质的主要变化 经过温度为 100 ℃的加热处理可使大多数蛋白质发生变性，空间构象遭受破坏，分子肽链松散，易被消化酶催化水解而有利于人体内的吸收，并可使各种酶失活等。适当浓度的蛋白质在加热至 70 ℃以上，可因分子间作用而形成凝胶，例如，7％～8％以上的大

豆球蛋白。加热处理也可使氨基酸、寡肽及嘌呤、嘧啶、肌酸等的含氮浸出物增加或溶出，而增加食品的香气和美味。

但近年来的研究发现，蛋白质食品中的色氨酸和谷氨酸在 190 ℃以上时可产生具有诱变性的杂环胺类热解产物。如果温度高于 200 ℃，氨基酸残基将会异构化，生成不具有营养价值的 D-构型氨基酸，基本无营养价值，且 D-构型氨基酸的肽键难水解，导致蛋白质的消化性和蛋白质的营养价值显著降低。另外，氨基酸在高温条件下，其结构发生变化，如脱硫、脱氨、脱羧、异构化、水解等，有时甚至伴随有毒物质产生，导致食品的营养价值降低。例如，高温下，色氨酸会产生强致突变作用的物质咔啉残基。

（2）高温下油脂的变化　以 160～180 ℃的温度加热可使油脂产生过氧化物、低分子分解产物和脂肪酸聚合物（如二聚体、三聚体）以及羰基、环氧基等，而使油脂颜色加深、黏度上升和脂肪酸氧化，并破坏氨基酸等营养素。不仅恶化食品质量，而且带有一定的毒性。例如，豆油在温度为 180 ℃时加热 64 h，聚合物含量达 26%；鱼油等不饱和油在温度为 300 ℃时，易生成有毒的六元化合物，特别是在油与加热面接触处有毒物生成最多。玉米油在温度为 200 ℃时，加热 48 h，油脂碘值（油脂不饱和程度的标志）由 122 降至 90、过氧化物由 1.1 升至 2.0 以上、酸价（油脂质量的重要指标）由 0.2 升至 1.6、黏度也明显增加。因此，反复加热的煎炸油对食品安全有较大影响，对人体健康产生危害。

（3）高温下碳水化合物的变化　这些变化主要包括淀粉的糊化、老化、褐变和焦糖化。生淀粉分子间以氢键结合，排列紧密，形成束状的胶束，彼此之间的间隙很小，即使水分子也难以渗透进去。具有胶束结构的生淀粉称为 β-淀粉。β-淀粉在水中经加热后，一部分胶束被溶解而形成空隙，于是水分子进入内部，与淀粉分子结合，胶束逐渐被溶解，空隙逐渐扩大，淀粉粒因吸水，体积膨胀数十倍，生淀粉的胶束即行消失，这种现象称为膨润现象。继续加热，胶束则全部崩溃，形成淀粉单分子，并被水包围，而成为溶液状态，这种现象称为糊化。处于这种状态的淀粉称为 α-淀粉，淀粉的 α 化一般被认为是淀粉性食物熟的标志，这是人体吸收利用淀粉的必要条件。

经过糊化的 α-淀粉在室温或低于室温下放置后，会变得不透明甚至凝结而沉淀，这种现象称为淀粉的老化。这是由于糊化后的淀粉分子在低温下又自动排列成序，相邻分子间的氢键又逐步恢复形成致密、高精度化的淀粉分子微束的缘故。在一定条件下，老化与糊化是可逆的，如馒头冷凉后变硬（老化），干烤亦会变软（糊化）。食物老化的条件是直链淀粉比例大，温度为 0～60 ℃，但如果温度保持在 60 ℃以上，即不发生老化。

高温工艺下的食品褐变为非酶褐变，即羰氨反应或美拉德反应。它是由蛋白质、氨基酸等的氨基与糖及脂肪氧化的醛、酮等羰基所发生的反应，使食品带有金黄色以至棕褐色和香气，如烤面包、炼乳、豆浆等的棕色物质等。凡含有氨基和羰基的原料在高温工艺的加工过程中，均须注意这种褐变反应。

焦糖化反应是糖类尤其是单糖在没有氨基化合物存在的情况下，加热到熔点以上的高温时（一般为 140～170 ℃及以上），因糖发生脱水与降解，而发生的褐变反应。焦糖化给食品带来悦人的色泽和风味，但若控制不当，也会为食品带来不良的影响。焦糖化是焙烤业、糖果业高温工艺中食品的重要变化。焦糖是软饮料与酱油、醋、酱料等调味品上色的重要原料，焦糖色素也能广泛地应用于其他食品中，如罐装肉和炖肉、餐用糖浆、医药制剂以及植物蛋白为原料的模拟肉等。

焦糖化一般分为 2 个阶段：第 1 个阶段是温度为 150 ℃以下的阶段，糖类分子不断链，产生一系列 α 糖、β 糖、醛酮糖的异构化，分子间和分子内脱水，生成寡聚糖、无水糖等；第 2 个阶段是温度为 150 ℃以上的阶段，则糖分子碳链断裂，产生低分子挥发物，如麦芽糖及某些酮类等香气物质，并且碱性物质可以促进这种反应的发生。

（4）高温处理对食品质量的其他影响　高温处理对食品质量还有其他一些影响主要包括以下几点：①四吡咯衍生物分解变化会导致食品变色，如植物性食品中叶绿素被分解或脱掉镁离子而变褐色，但在碱性条件下，叶绿素可被分解生成叶绿醇、叶绿酸，若镁被铜取代则绿色反而更鲜明；②许多食品含有低分子易挥发的香气物质，如水果、茶叶、酒类等，加热时香气浓郁，但因挥发丧失而失去香气；③牛乳加热产生酸、醛、酮、硫化氢等而产生热臭味；④烧煮肉类的诱人香气主要是内酯、呋喃、吡嗪和含硫化合物，其鲜美滋味则主要是蛋白质分解产生的谷氨酸钠、氨基酸酰胺肽、肌苷酸等，一般总称为含氮浸出物；⑤明火、高温烤肉会产生杂环胺和多环芳香烃等物质。动物实验已经表明，这两种物质不论哪种都会增加癌症风险。研究报告显示，大肠癌、胰腺癌、前列腺癌的发病与过多食用全熟牛排、平底锅煎炒肉及烤肉等有关。

目前，整个食品行业都受其影响，尤其是售卖油炸食品、淀粉食物的快餐店、面包店等。此外，食品经高温处理易产生具有神经毒性以及致癌作用的丙烯酰胺。丙烯酰胺是一种在 120 ℃以上的高温下蒸、煮、炸，食品中游离的天门冬氨酸、谷氨酰胺等（马铃薯、谷类食物中主要的氨基酸）与还原糖（葡萄糖、乳糖及果糖等）发生梅拉德反应形成的化学物质，常见于淀粉类食物的油炸、烘烤的过程中。欧盟已出台法律，控制食物中丙烯酰胺含量，并于 2018 年 4 月生效。欧盟新规定的内容包括，薯条不能炸得过焦，白面包不能烤成深色，炸薯条的油温也不能超过 168 ℃，对烹炸好的薯条成品也有更高的标准，要求它们在制作过程中尽量少地生成丙烯酰胺。

10.3.2　湿度

水分不仅赋予食品本身所需的柔软与良好的组织，同时与食品安全保藏，维持品质也有极大的关系。食品中的水分有 2 种存在状态：自由水、结合水。自由水也即普通液体水，可为微生物利用，导致食品品质的恶化。结合水是与亲水物质结合在一起的水，水分子处于束缚状态，蒸发困难，冰点之下不结冰，没有溶解其他物质的能力，特别是不能为微生物利用。

不论是自由水，还是结合水，均以加热至 100～115 ℃时的减重来定量的。实际上，食品中的水分无论是新鲜，还是干燥，都随环境条件的变动而变化。如果食品周围环境的空气干燥、湿度低，则水分从食品向空气蒸发，水分逐渐少而干燥，反之，如果环境湿度高，则干燥的食品就会吸湿以至水分增多。总之，不管是吸湿或是干燥最终到两者平衡为止，我们把此时的水分称为平衡水分，也就是说，食品中的水分并不是静止的，应该视为活动的状态，所以我们从食品保藏的角度出发，食品的含水量不用绝对含量（％）表示，而用活度（A_w）表示。

水分活度是食品贮藏期限的一个重要因素，与食物品质保持有着密切的关系，可以说是控制食品腐败的最重要因素。它的总体趋势是水分活度越小的食物越稳定。具体来说水分活度与食物的安全保藏存在以下关系。

1. 从微生物与水分活度的关系来看

各类微生物生长都需要一定的水分活度，也就是说只有食物的水分活度大于某一临界值时，特定的微生物才能生长。不同微生物所需 A_w 值不同，一般情况下，大多数细菌为 0.94～0.99，大多数霉菌为 0.80～0.94，大多数耐盐菌为 0.75，耐干燥霉菌和耐高渗透压酵母为 0.60～0.65。当水分活度低于 0.60 时，绝大多数微生物无法生长。通过干燥，食品中的水分活度大大降低，一方面，食品营养成分被浓缩而提高渗透压不利于微生物生长；另一方面，微生物因得不到可利用的水分，其生长繁殖受到抑制。此外，食品的 A_w 值受到贮存环境的影响，环境湿度对于微生物生长和食品变质来讲起着重要作用。如把含水量少的食品放在湿度大的地方，食品则容易吸湿，表面水分迅速增加，此时如果其他条件适宜，微生物会大量繁殖而引起食品变质。

2. 从酶促反应与食物水分活度的关系来看

水分活度对酶促反应的影响有 2 个方面：一方面影响酶促反应的底物的可移动性；另一方面影响酶的构象。食品体系中大多数酶类物质在水分活度小于 0.85 时，活性大幅度降低，如淀粉酶、酚氧化酶和多酚氧化酶等。但也有一些酶例外，如酯酶在水分活度为 0.30，甚至为 0.1 时也能引起甘油三酯或甘油二酯的水解。

3. 从非酶反应与水分活度的关系来看

脂质氧化作用发生在水分活度较低时,则食品中的水与过氧化物结合,脂质不易氧化;当水分活度大于 0.40,则增加了氧在水中的溶解度,并使含脂食品膨胀,加速氧化,脂肪氧化酸败变快;而水分活度大于 0.80 时,反应物被稀释,氧化作用反而降低。再如色素的稳定与水分活度有关:水分活度越大,花青素分解越快;在一定范围内,非酶褐变亦随水分活度增加而增加,水分活度小于 0.20,褐变则难以进行,水分活度大于褐变所需的最大值时,则因溶质受到稀释而褐变速度减慢。

4. 从水解反应与水分活度的关系来看

水分是水解反应的反应底物,所以随着水分活度的增大,水解反应的速度不断增大。

5. 从食品质构与水分活度关系来看

水分活度控制为 0.35～0.50 可保持干燥食品理想性质。对于含水较多的食品而言,它们的水分活度大于周围空气的相对湿度,在保存时需要防止水分蒸发,如冻布丁、蛋糕、面包等。一般情况下,水分活度从 0.20～0.30 增加到 0.65 时,大多数半干或干燥食品的硬度及黏性增加;各种脆性食品,必须在较低的水分活度下,才能保持其酥脆。

总之,在食品保藏过程中,水分活度对食品的化学变化有着关键的影响。由于食品存在氧化、褐变等,热处理的方法只可以避免微生物腐败的危险,化学腐败仍然不可避免。值得注意的是,食品中化学反应的速率与水分活度的关系不是固定不变的,其亦随着食品的组成、物理状态及结构而改变,也受大气组成,特别是氧浓度、温度等因素的影响。

10.3.3 气体成分

改变空气的组成、适当降低氧分压或适当增高 CO_2 的分压,都有抑制植物体呼吸强度、延缓后熟老化过程、阻止水分蒸发、抑制微生物活动等作用。所以合理控制食品包装中或食品保藏库中的气体组成可以达到食品保鲜和延长食品货架寿命的目的。

1. 各气体成分对食品保藏的影响

1) O_2 含量

① 对于新鲜果蔬来说,低氧浓度有利于延长果蔬的保存期。但必须保证果蔬气调贮藏室内的氧浓度不低于其临界需氧量。因氧含量过低则造成果蔬无氧呼吸加强,营养物质的消耗会变大。一般情况下,当 O_2 的相对浓度为 5% 时,这是无氧呼吸的消失点,此时 CO_2 释放量最小,有机物消耗量也最小。

② 对于新鲜的动物性食品来说,调节气体的氧含量可以取得最佳的色泽。对不含肌红蛋白(或含肌红蛋白,但经过热处理加工)动物产品,则尽量使 O_2 含量降低。

③ 对于以抑制真菌为目的的气调处理来说,则 O_2 的浓度要控制在 1% 以下。

2) CO_2 含量

① 高浓度的 CO_2 对果蔬一般会产生下列有益效应。

② 过高的 CO_2 含量也会产生不良效应。一般用于水果气调的 CO_2 含量水平控制在 2%～3%,蔬菜的应控制在 2.5%～5.5%。

③ 对于肉类、鱼类产品气调保鲜处理来说,高浓度的 CO_2 可以明显抑制腐败微生物的生长,而且这种抑菌效果会随 CO_2 浓度升高而增强。一般情况下,要使 CO_2 在气调保鲜中发挥抑菌作用,其浓度必须控制在 20% 以上。

3) O_2 和 CO_2 的配比

由于果蔬的呼吸作用会改变已经形成了的 O_2 和 CO_2 的浓度比例,同时,在一定条件下,各种果蔬都有一个能承受的 O_2 浓度下限和 CO_2 浓度上限。因此,在气调贮藏中,选择和控制合适的气体配比是气调操作管理中的关键。

2. 控制气体成分的方法

1) 自然降氧

自然降氧指的是靠果蔬自身的呼吸作用来降低 O_2 的含量和增加 CO_2 的含量,在随后的贮存期间不再受到人为调整。该种方式操作简单、成本低、容易推广,但是对气体成分的控制不精细、降氧速度慢(中途不打开库门进出货的前提下,降氧一般需 20 d)。此外,由于呼吸强度、贮藏环境的温度均高,故前期气调效果较差,如不注意消毒防腐,难以避免微生物对果蔬的危害。

2) 快速降氧

快速降氧即利用人工调节的方式,在短时间内将大气中的 O_2 和 CO_2 的含量调节到适宜果蔬贮藏比例的降氧方法，又叫"人工降氧法"。降氧方式如下几种。

（1）机械冲洗式气调　利用冲洗式氮气发生器，加入助燃剂燃烧，产生一定成分的人工气体（O_2 为 2%～3%，CO_2 为 1%～2%）送入冷藏库内，把库内原有的气体排挤出来，直到库内 O_2 达到所要求的含量为止，过多的 CO_2 气体可用 CO_2 洗涤器除去。该法对库房气密性要求不高，但运转费用较大，故一般不采用。

（2）机械循环式气调　借助特定设备，把库内 O_2 燃烧掉以造成低 O_2 和高 CO_2 的气体环境（O_2 为 1%～3%，CO_2 为 3%～5%），并循环利用。该法较冲洗式经济，降氧速度快，库房也不需高气密，中途还可以打开库门存取食品，然后又能迅速建立所需的气体组成，可及时排除库内乙烯等，推迟果蔬的后熟作用，所以这种方法应用较广泛。

3）混合除氧

混合除氧法，又称半自然降氧法，它主要包括以下 2 种方式：①充氮气自然除氧法，即自然降氧法与快速降氧法相结合的一种方法。充氮气可快速把 O_2 含量从 21% 降到 10%，而 O_2 含量从 10% 降到 5% 耗费较大，成本较高。因此，先采用快速降氧法，保藏环境的 O_2 含量迅速降至 10% 左右，然后再依靠果蔬的自身呼吸作用使 O_2 的含量进一步下降，CO_2 含量逐渐增多，直到规定的空气组成范围后，再根据气体成分的变化进行调节控制。②充 CO_2 自然降氧法，即充入 CO_2 来抵消贮藏初期高氧的不利条件，贮藏初期 O_2 的下降速度快，并控制了果蔬的呼吸作用，比自然降氧法优越，而在中、后期靠果蔬的呼吸作用自然降氧，比快速降氧法成本低。

4）减压降氧

减压降氧，又称低压气调冷藏法或真空冷藏法，即采用降低气压使 O_2 的浓度降低，室内空气各组分的分压都同时相应下降的降氧方法。这是气调冷藏的进一步发展。其原理为：采用降低气压来使 O_2 的浓度降低，从而控制果、蔬组织自身气体的交换及贮藏环境内的气体成分，有效抑制果、蔬的成熟衰老过程，以延长贮藏期，达到保鲜的目的。一般的果蔬冷藏法出于冷藏成本的考虑，没有经常换气，使库内有害气体慢慢积蓄，造成果蔬品质降低。在低压下，换气成本低，相对湿度高，可以促进气体的交换。另外，减压使容器或贮藏库内空气的含量降低，相应地获得了气调贮藏的低氧条件。同时也减少了果蔬组织内部的乙烯的生物合成及含量，起到延缓成熟的作用。

上述降氧方法所使用的设备及原理请参阅第 3 章 3.3 的内容。

10.3.4　食品防腐剂

防腐剂是用以保持食品原有品质和营养价值的食品添加剂，它能抑制微生物活动、防止食品腐败变质从而延长保质期。绝大多数饮料和包装食品想要长期保存，往往都要添加食品防腐剂。目前，我国规定使用的防腐剂有苯甲酸及其钠盐、山梨酸及其钾盐等 32 种。

我国对防腐剂使用有严格的规定，防腐剂应符合以下标准：①合理使用对人体无害；②在低浓度条件下，具有较强的抑菌作用，但不影响消化道菌群；③在消化道内可降解为食物的正常成分；④不影响药物性抗生素的使用；⑤性质稳定，不应具有刺激性气味，不影响食品原有风味，并且食品热处理时不产生有害成分。因此，在规定的使用范围内，防腐剂对人体是无毒、无副作用的。

1. 正确认识食品防腐剂

1）防腐剂对食品安全保藏至关重要

在生产、包装、贮存、运输、销售等各个环节，食品都不可避免地受到环境中微生物的污染，如果不能采取有效的方法抑制微生物生长，食品外观和内在品质将发生劣变而失去食用价值，消费者食用后易引发食物中毒、胃肠道疾病，甚至死亡。因此，防腐剂的使用对食品的保鲜和储存至关重要。蜜饯凉果、腌渍的蔬菜、糖果、醋、酱油、面包、糕点、饮料、肉制品等几十类均允许添加防腐剂。

2）防腐剂与食品安全并不对立

目前，我国批准的 32 种食品防腐剂都经过了大量的科学实验证明其在一定范围内对人体安全无毒。只要食品生产者所使用的食品防腐剂品种、使用范围及最大使用量严格控制在我国《食品添加剂使用标准》规定范围内，它们对人体是不会产生任何急性、亚急性或慢性危害，可放心食用。

利用消费者对防腐剂的片面认识及恐惧心理，很多食品都在外包装上标注了"本品不含防腐剂""本产品不添加任何食品防腐剂"等吸引消费者，单纯实现其商业目的。大多数消费者也会优先选购"不含防腐剂"的食品，其实标有"不含防腐剂"的食品并不比"含有防腐剂"的食品更安全。消费者要正确认识、理性看待食品中的防腐剂，既不盲目追捧"无防腐剂"的食品，也不要"谈防腐剂色变"。在选购食品、饮料时，尽可能购买有信誉、质量经得起市场考验的产品。这类产品中在使用防腐剂时更慎重、稳妥，标注也更真实。对一些中、小企业在产品说明或广告中所宣称的"本品绝对不含任何防腐剂"不要轻易相信。一些食品中必用的防腐剂也在向着安全、营养、无公害的方向发展。例如，葡萄糖氧化酶、鱼精蛋白、溶菌酶、乳酸链球菌素、壳聚糖、果胶分解物等新型防腐剂已经出现，并已被国家批准使用。消费者应首选含天然防腐剂的食品，这才是科学的。

2. 安全有效使用食品防腐剂的控制措施

防腐剂的效果并不是绝对的。它只对某些食品在一定限度内具有延长贮藏期的作用，并且其防腐效果会随着环境的变化有所差别。另外，防腐剂必须按添加标准使用，不得任意滥用。与各类食品添加剂一样，防腐剂必须严格按中国《食品安全国家标准 食品添加剂使用标准》（GB 2760—2014）规定添加，不能超标使用。防腐剂在实际应用中存在很多问题，例如，达不到防腐效果，影响食品的风味和品质等；茶多酚作为防腐剂使用时，浓度过高会使人感到苦涩味，还会由于氧化而使食品变色。

在食品的生产加工过程中，防腐剂在种类、性质、使用范围、价格和毒性等不同的情况下，其毒性和使用范围各不相同，应了解以下几点再合理使用。

1) 应了解各类防腐剂的毒性和使用范围，按照安全使用量和使用范围进行添加

苯甲酸钠，因其毒性较强，在有些国家已被禁用，而中国也严格确定了其只能在酱类、果酱类、酱菜类、罐头类和一些酒类中使用。苯甲酸及其钠盐和山梨酸及其钾盐在各种食品中的最大使用量分别见表10-4和表10-5所列。

表10-4　苯甲酸及其钠盐在食品中的使用量　g/kg

食品名称	最大使用量	备注
风味冰、冰棍类	1.0	以苯甲酸计
果酱（罐头除外）	1.0	以苯甲酸计
蜜饯凉果	0.5	以苯甲酸计
腌渍的蔬菜	1.0	以苯甲酸计
胶基糖果	1.5	以苯甲酸计
除胶基糖果以外的其他糖果	0.8	以苯甲酸计
调味糖浆、醋、酱油、酱及酱制品	1.0	以苯甲酸计
固体复合调味料	0.6	以苯甲酸计
半固体或液体复合调味料	1.0	以苯甲酸计
浓缩果蔬汁（浆）（仅限食品工业用）	2.0	以苯甲酸计
果蔬汁（肉）饮料（包括发酵型产品等）	1.0	以苯甲酸计
蛋白饮料类	1.0	以苯甲酸计
碳酸饮料	0.2	以苯甲酸计
风味饮料（包括果味饮料、乳味、茶味、咖啡味及其他味饮料等）	1.0	以苯甲酸计
茶、咖啡、植物饮料类	1.0	以苯甲酸计
配制酒（仅限预调酒）	0.4	以苯甲酸计
果酒	0.8	以苯甲酸计

该表引自：《食品安全国家标准 食品添加剂使用标准》（GB 2760—2014）。

表10-5　山梨酸及其钾盐在食品中使用限量　g/kg

食品名称	最大使用量	备注
饮料类（包装饮用水类除外）	0.5	以山梨酸计，固体饮料按冲调倍数增加使用量
干酪	1.0	以山梨酸计
氢化植物油、人造黄油及其类似制品（如黄油和人造黄油混合品）	1.0	以山梨酸计
风味冰、冰棍类	0.5	以山梨酸计
经表面处理的鲜水果和新鲜蔬菜	0.5	以山梨酸计
果酱	1.0	以山梨酸计
蜜饯凉果、腌渍的蔬菜	0.5	以山梨酸计
腌渍的即食笋干	1.0	以山梨酸计
加工食用菌和藻类	0.5	以山梨酸计
新型豆制品（大豆蛋白膨化食品、大豆素肉等）	1.0	以山梨酸计
胶基糖果	1.5	以山梨酸计

续表10-5

食品名称	最大使用量	备注
除胶基糖果以外的其他糖果	1.0	以山梨酸计
杂粮制品（仅限杂粮灌肠制品）、方便米面制品（仅限米面灌肠制品）、肉灌肠类	1.5	以山梨酸计
面包、糕点、焙烤食品馅料及表面用挂浆	1.0	以山梨酸计
熟肉制品	0.075	以山梨酸计
预制水产品（半成品）	0.075	以山梨酸计
风干、烘干、压干等水产品即食海蜇	1.0	以山梨酸计
蛋制品（改变其物理性状）	1.5	以山梨酸计
调味糖浆、醋、酱油、复合调味料	1.0	以山梨酸计
酱及酱制品	0.5	以山梨酸计
浓缩果蔬汁（浆）（仅限食品工业用）	2.0	以山梨酸计
乳酸菌饮料	1.0	以山梨酸计
配制酒	0.4	以山梨酸计
葡萄酒	0.2	以山梨酸计
果酒	0.6	以山梨酸计
果冻、胶原蛋白肠衣	0.5	以山梨酸计，如用于果冻粉，按冲调倍数增加使用量

该表引自：《食品安全国家标准　食品添加剂使用标准》（GB 2760—2014）。

2）应了解各类防腐剂的有效使用环境

pH与水分活度均影响防腐剂的防腐性能。酸性防腐剂只能在酸性环境中使用才具有好的防腐作用，如山梨酸钾、苯甲酸钠等；而酯型防腐剂中的尼泊金酯类却可在pH为4～8时使用。一般细菌生存的水分活度在0.9以上，霉菌在0.7以上，所以水分活度高，大多数细菌才能生长。因此，降低水分活度对防腐剂有增效作用。pH、水分活度与防腐剂的联合效应可以用"栅栏原理"形象地描述。即使其中任何一个单独的因素不能最大限度地抑菌，但若以足够的数量和浓度共同作用于基质，就能一起防止微生物的生长。

3）要注意防腐剂的溶解和分散属性

在使用防腐剂时，要针对食品腐败的具体情况进行处理。有些食品腐败只发生在食品外部，如水果、薯类冷藏食品等，那么将防腐剂均匀的分散于食品表面即可，甚至不需要完全溶解，而饮料、罐头、焙烤食品等就要求将防腐剂均匀的分散其中，所以这时要注意防腐剂的溶解分散特性。易溶于水的防腐剂以其水溶液加入，如果防腐剂不溶或难溶，就要用化学方法改性，使溶解性增加或使用分散剂将其分散。另外，要注意在食品中不同相中防腐剂的分散特性。例如，微生物开始出现于水相，而使用的防腐剂却大量分配在油相，防腐剂很可能无效。在这种情况下，要选择分配系数小的防腐剂，并采用合适的工艺起到最佳效果。

4）了解防腐剂的抑菌范围及与其配合使用

一方面，在添加防腐剂之前，应保证食品灭菌完全，不应有大量微生物的存在，否则防腐剂的加入将起不到理想的效果。食品染菌情况愈重，则防腐效果愈差。如果食品已变质，任何防腐剂均无济于事，这个过程是不可逆的，所以一定要保证食品本身处于良好的卫生条件下，并将防腐剂的加入时间放在细菌的诱导期。如果细菌的增殖进入了对数期，则防腐剂的效果不会好。一般防腐剂若对食品是必需的话，应尽早加入，这样效果好，用量也最少。另一方面，防腐剂的抑菌谱是有限的。有的防腐剂对霉菌有效果，有的防腐剂对酵母有效果。只有掌握好防腐剂的特性，才能对症下药，同时微生物也会产生抗性。这两种情况都会给防腐剂效果带来不利的影响。为了弥补这种缺陷，可将不同作用范围的防腐剂混合使用。混合防腐剂的使用不仅扩大了作用范围，而且增强了抵抗微生物的作用。但要注意防腐剂在并用时要配成最有效的比例。

5）综合防腐剂的优缺点，灵活添加使用

根据各类食品加工工艺的不同，应考虑到防腐剂的价格以及其对食品风味是否有影响等因素，综合其优缺点，灵活添加使用。

思考题

1. 食品保藏中的质量安全控制包括哪几个方面？

2. 产前环境因素有哪些？其各自对食品保藏的影响是什么？如何控制这些因素对食品安全的影响？

3. 影响食品质量安全的产中因子有哪些？防止这些因子对食品造成污染的措施分别是什么？

4. 在保藏管理过程中，影响食品质量安全的因素有哪些？它们是如何影响食品质量安全的？

参 考 文 献

艾提亚古丽·买热甫，热合满·艾拉，张敬，等. 不同孔径陶瓷微滤膜对石榴汁除菌效果的影响. 保鲜与加工，2012，12（3）：24-28.

毕家钰，郑炯. 低温漂烫对芦笋酶活、质构特性和色泽的影响. 食品研究与开发，2017，38（6）：15-20.

曾名湧. 食品保藏原理与技术. 2版. 北京：化学工业出版社，2014.

曾名湧，董士远. 天然食品添加剂. 北京：化学工业出版社，2005.

曾庆晓. 食品加工与保藏原理. 3版. 北京：化学工业出版社，2014.

陈杰，刘洋，周志成，等. 高压脉冲电场处理过程中样品特性对处理室电气击穿规律的影响. 高电压技术，2015，41（1）：268-274.

陈肖柏. 罐藏食品杀菌工艺学. 福州：福建科学技术出版社，1999：50-68，156-172，191.

陈晓迪，刘飞，徐虹. 脂溶性天然抗氧化剂的研究进展. 食品科学，2017（3）：317-322.

陈秀兰，曹宏，包建忠，等. 鹅肉制品的辐照保质研究. 核农学报，2005，5：371-374.

陈雅静. 关于"食品"含义的文献综述. 中国食物与营养，2016，23（5）：17-19.

陈阳楼，王院华，甘泉，等. 气调包装用于冷鲜肉保鲜的机理及影响因素等. 包装与食品机械，2009，27（1）：9-13.

初峰. 食品保藏技术. 北京：化学工业出版社，2010.

褚益可，雷桥，欧杰. 气调包装中气体浓度对牛肉保鲜的影响. 食品与发酵工业，2011，37（4）：226-231.

崔红. 天然微生物防腐剂溶菌酶在食品中的应用研究. 中国食物与营养，2015，21（12）：28-31.

崔晓美，杨瑞金，赵伟，等. 高压脉冲电场对石榴汁杀菌的研究. 农业工程学报，2007（3）：252-256.

单春会，童军茂，冯世江. 我国果蔬贮藏保鲜业存在问题与发展对策. 食品研究与开发，2004，25（6）：117-120.

单长松，李法德，王少刚，等. 欧姆加热技术在食品加工中的应用进展. 食品与发酵工业，2017，43（10）：269-276.

邓曼适. 臭氧消毒技术原理及其应用前景分析. 华南建设学院西院学报，2000（3）：54-58，68.

丁华，王建清，王玉峰，等. 论果蔬保鲜中的气调包装技术. 湖南工业大学学报，2016，30（2）：90-96.

董全，黄艾祥. 食品干燥加工技术. 北京：化学工业出版社，2007.

杜存臣，颜惠庚，林慧珠，等. 高压脉冲电场杀菌装置的设计优化研究进展. 食品科技，2009，34（5）：123-128.

杜存臣，颜惠庚. 高压脉冲电场非热杀菌技术研究进展. 现代食品科技，2005（3）：151-154.

杜倩文，李春伟，高鹏，等. 牛肉气调包装研究进展. 包装与食品机械，2013，31（1）：49-53.

杜荣标，谭伟棠. 食品添加剂使用手册. 北京：中国轻工业出版社，2003.

段续. 食品冷冻干燥技术与设备. 北京：化学工业出版社，2017.

樊振江，孟楠. 微生物防腐剂在食品保鲜上应用. 粮食流通技术，2017，2（4）：12-14.

方进林，柳建华，梁亚英，等. 低温液氮冻结食品传热研究. 制冷学报，2017，38（6）：99-104，110.

冯杰，詹晓北，张丽敏，等. 两种膜处理生酱油的除菌效果和理化指标分析. 食品与生物技术学报，

2009，28（4）：535-543.

国家食品安全风险评估中心，中国食品发酵工业研究院.《食品安全国家标准罐藏食品生产规范》实施指南：GB 8950—2016. 北京：中国质检出版社，中国标准出版社，2018.

高福成. 现代食品工程高新技术. 北京：中国轻工业出版社，2006.

谷俊华，刘凯. 保鲜技术在低温肉制品中的应用. 食品安全导刊，2017（24）：102.

关志强. 食品冷藏与制冷技术. 郑州：郑州大学出版社，2011.

关志强. 食品冷冻冷藏原理与技术. 北京：化学工业出版社，2010.

郭丹丹. 脉冲强磁场对牛奶中微生物和酶的作用研究. 广州：华南理工大学，2010.

国际食品微生物标准委员会. 食品加工过程的微生物控制：原理与实践. 北京：中国轻工业出版社，2017.

哈益明，朱佳延，张彦立，等. 现代食品辐射加工技术. 北京：科学出版社，2015.

哈益明. 辐照食品极其安全性. 北京：化学工业出版社，2006.

韩长日，宋小平. 精细有机化工产品生产技术手册：下卷. 北京：中国石化出版社，2010.

郝利平. 食品添加剂. 北京：中国农业大学出版社，2016.

郝淑贤，李来好，杨贤庆，等. 一氧化碳发色肉制品安全性分析. 食品科学，2006，27（10）：604-607.

贺平，朱鸿帅，常晓红，等. 低温和超低温冷冻对糯米淀粉凝胶老化特性的影响. 食品工业科技，2016，37（22）：99-102.

侯振建. 食品添加剂及其应用技术. 北京：化学工业出版社，2004.

江婷婷. 高压脉冲电场杀菌装备中脉冲升压型高压脉冲发生器研究. 杭州：浙江大学，2014.

姜琼一. 臭氧杀菌结合液氮深冷冻结技术在鲍鱼加工中的应用研究. 福州：福建农林大学，2009.

姜文利，刘金光，孙艳，等. 低温加湿保鲜对叶菜类蔬菜贮藏品质的影响. 保鲜与加工，2018，18（4）：43-48.

解万翠，尹超，宋琳，等. 中国传统发酵食品微生物多样性及其代谢研究进展. 食品与发酵工业，2018，44（10）：253-259.

孔凡丕. 微滤除菌技术提高乳品品质的研究. 北京：中国农业科学院，2011.

李大伟，毕良武，赵振东，等. 迷迭香提取物检测方法研究进展. 林产化学与工业，2011（2）：119-126.

李飞燕，梁荣蓉，张一敏，等. 冷却牛肉贮藏过程中的品质变化. 食品与发酵工业，2011，37（3）：182-186.

李凤林，黄聪亮，余蕾. 食品添加剂. 北京：化学工业出版社，2008.

李凤林. 乳与乳制品加工技术. 北京：中国轻工业出版社，2010.

李锐，郝庆升，高可，等. 国外农产品加工业的发展经验及启示. 黑龙江畜牧兽医，2015（2）：4-6.

李升升，谢鹏，靳义超. 气调包装技术在牛肉中的应用研究进展. 食品工业，2014，35（4）：153-157.

李卫群，祝铃栋，朱慧，等. 维果灵与水反应产物及其稳定性的研究. 饮料工业，2015（2）：1-4.

李侠，董宪兵，张春晖，等. 气调包装对冷却肉护色保鲜效果的研究. 核农学报，2013，27（2）：203-207.

李祥. 食品添加剂使用技术. 北京：化学工业出版社，2010.

李雅飞. 水产食品罐藏工艺学. 北京：中国农业出版社，1996.

励建荣. 生鲜食品保鲜技术研究进展. 中国食品学报，2010，10（3）：1-12.

凌关庭. 食品添加剂手册. 北京：化学工业出版社，2013.

刘宝林. 食品冷冻冷藏学. 北京：中国农业出版社，2010.

刘达玉，王卫. 食品保藏加工原理与技术. 北京：科学出版社，2014.

刘恩岐，曾凡坤. 食品工艺学. 郑州：郑州大学出版社，2011.

刘弘，陈敏，徐志成. 辐照糟制熟食保鲜的效果研究. 上海预防医学杂志，1998，9：405-407.

刘红英. 水产品加工与贮藏. 2版. 北京：化学工业出版社，2012.

刘建学，纵伟. 食品保藏原理. 南京：东南大学出版社，2006.

刘建学. 食品保藏学. 北京：中国轻工业出版社，2006.

刘珂舟，袁夏冰，刘露，等. 高压脉冲电场对大肠杆菌灭菌条件的优化. 核农学报，2015，29（8）：1566-1571.

刘萍. 我国水溶性抗氧化剂研究概况. 中国食品添加剂，2003（6）：70-72.

刘颖，邬志敏，李云飞，等. 果蔬气调贮藏国内外研究进展. 食品与发酵工业，2006，32（4）：94-98.

龙锦鹏，唐善虎，李思宁，等. 超声波辅助腌制法对牦牛肉腌制速率和品质影响的研究. 食品科技，2018，43（12）：131-137.

卢晓黎，杨瑞. 食品保藏原理. 2版. 北京：化学工业出版社，2014.

马俪珍，南庆贤，戴瑞彤. 不同气调包装方式对冷却肉在冷藏过程中的理化及感官特性的影响. 农业工程学报. 2003，19（3）：238-240.

马亚琴，李楠楠，张震，等. 脉冲电场技术应用于果蔬汁杀菌的研究进展. 食品科学，2018，39（21）：308-315.

马长伟，曾名湧. 食品工艺学导论. 北京：中国农业大学出版社，2002.

潘道东. 功能性食品添加剂. 北京：中国轻工业出版社，2006.

钱静亚. 脉冲磁场对枯草芽孢杆菌的灭活作用及其机理研究. 镇江：江苏大学，2013.

钱俊，王武林，余喜. 特种包装技术. 北京：化学工业出版社，2004.

石彦国. 食品原料学. 北京：科学出版社，2018.

宋程，王富华，毕峰华，等. 国内新鲜食品气调包装技术研究现状. 包装与食品机械，2017，35（1）：54-57.

孙海新，闫美伶，陆容容. 低温贮藏环境下食品微生物的变化研究. 食品科技，2015，40（5）：334-338.

孙海燕. 食品保藏工艺及新技术研究. 北京：中国纺织出版社，2018.

孙立娜，靳烨. 竹叶抗氧化物及其在食品中的应用. 食品研究与开发，2012（9）：116-118.

孙向阳，侯丽芬，隋继学，等. 我国速冻食品产业发展现状及趋势. 农业机械，2012（7）：86-90.

涂顺明. 食品杀菌新技术. 北京：中国轻工业出版社，2004.

汪东风. 食品化学. 北京：化学工业出版社，2007.

汪东风. 高级食品化学. 北京：化学工业出版社，2009.

汪秋宽. 食品罐藏工艺学. 北京：科学出版社，2016.

王军，段素华. 真空冷却红外线干燥技术在脱水产品保鲜工艺中的应用分析. 郑州工程学院学报，2002（3）：76-79.

王克勤，陈静萍，李文革，等. 碗形包装酱汁猪肘方便菜的辐照保藏. 核农学报，2005，4：301-304.

王冉冉，蒋子敬，李金姝，等. 速冻联合低温贮藏处理对切块紫甘蓝保鲜的影响. 食品科技，2017，42（7）：38-43.

王冉冉，娄茜茜，陈存坤，等. 速冻低温保鲜处理对鲜切甘蓝品质的影响. 保鲜与加工，2015，15（5）：25-31.

王志琴，孙磊，彭斌，等. 不同气调包装牛肉贮藏过程中肉质变化规律研究. 动物医学进展，2011，

32（8）：49-52.

吴平，马海乐. 脉冲磁场处理对格氏李斯特菌钙离子跨膜行为的影响. 中国食品学报，2017，17（4）：182-188.

夏文水. 食品工艺学. 北京：中国轻工业出版社，2014.

肖蓉，徐昆龙，彭伟国，等. 辐照保鲜对腊牛肉品质影响的初探. 食品科技，2004，8：74-76.

谢晶，邱伟强. 我国食品冷藏链的现状及展望. 中国食品学报，2013，13（3）：1-7.

谢媚，曹锦轩，张玉林，等. 高压脉冲电场杀菌技术在肉品加工中的应用进展. 核农学报，2014，28（1）：97-100.

徐怀德，王云阳. 食品杀菌新技术. 北京：科学技术文献出版社，2005.

许学勤. 食品工厂机械与设备. 北京：中国轻工业出版社，2018.

杨家蕾，董全. 臭氧杀菌技术在食品工业中的应用. 食品工业科技，2009（5）：353-355.

杨新泉，司伟，李学鹏，等. 我国食品贮藏与保鲜领域基础研究发展状况. 中国食品学报，2016，16（3）：1-11.

叶晶鑫，杨胜平，程颖，等. 食品中低温微生物的适冷机制研究进展. 微生物学杂志，2018，38（4）：114-119.

尹章伟. 包装概论. 北京：化学工业出版社，2003.

于才渊，王宝和，王喜忠. 喷雾干燥技术. 北京：化学工业出版社，2013.

张东，李洪军，李少博，等. 不同腌制方式对猪肉腌制速率及肉质的影响. 食品与发酵工业，2017，43（12）：88-92

张根生，韩冰. 食品加工单元操作. 北京：科学出版社，2013.

张泓. 真空冷却红外线脱水保鲜技术在金枪鱼生鱼片加工中的应用. 渔业现代化，2004（3）：33-34.

张凯华，臧明伍，李丹，等. 真空低温蒸煮技术在动物源性食品中的应用进展. 肉类研究，2016，30（12）：35-40.

张伟娜，李迎秋. ε-聚赖氨酸在食品中应用的进展. 中国食品添加剂，2012（5）：207-211

张昕，高天，宋蕾，等. 低温解冻相对湿度对鸡胸肉品质的影响. 食品科学，2016，37（20）：241-246.

张新林，谢晶，郝楷，等. 不同低温条件下三文鱼的品质变化. 食品工业科技，2016，37（17）：316-321.

章建浩. 食品包装学. 3版. 北京：中国农业出版社，2009.

赵晋府. 食品工艺学. 2版. 北京：中国轻工业出版社，1999.

国家食品安全风险评估中心，中国食品发酵工业研究院. GB 8950—2016食品安全国家标准 罐头食品生产卫生规范. 北京：中国质检出版社，中国标准出版社，2018.

赵晋府. 食品技术原理. 北京：中国轻工业出版社，2007.

赵毓芝，刘成国，周玄. 气调包装技术在冷鲜肉生产中的研究进展. 肉类研究，2011，25（1）：72-77.

赵征，张民. 食品技术原理. 2版. 北京：中国轻工业出版社，2014.

甄少波，李兴民，解辉，等. 一氧化碳气调包装肉的亚慢性毒性研究. 毒理学杂志. 2006，20（6）：421.

郑永华. 食品保藏学. 北京：中国农业出版社，2010.

中华人民共和国国家卫生和计划生育委员会. GB 1886.57—2016食品安全国家标准 食品添加剂 单辛酸甘油酯. 北京：中国标准出版社，2016.

中华人民共和国国家卫生和计划生育委员会. GB 2760—2014食品安全国家标准 食品添加剂使用标准. 北京：中国标准出版社，2014.

钟秋平，周文化，傅力. 食品保藏原理. 北京：中国质检出版社，2010.

钟眹茹，周辉，娄爱华，等. 不同烟熏烘烤工艺对向西腊肉挥发性成分的比较. 现代食品科技，2015（7）：361-371.

周家春. 食品工艺学. 北京：化学工业出版社，2007.

周家华，崔英德，曾颢. 食品添加剂. 2版. 北京：化学工业出版社，2008.

周小辉，陶乐仁，梅娜，等. 青椒果实低温贮藏技术的研究进展. 食品与发酵科技，2017，53（3）：98-101.

朱蓓薇，张敏. 食品工艺学. 北京：科学出版社，2015.

朱莉莉，罗慧波，黄治国，等. 大头菜等蔬菜腌制工艺研究现状与展望. 中国酿造，2018，37（7）：11-16.

朱文学. 食品干燥原理与技术. 北京：科学出版社，2009.

朱珠，李梦琴. 食品工艺学概论. 郑州：郑州大学出版社，2014.

AASLYNG M D, TORNGREN M A, MADSEN N T. Scandinavian consumer preference for beef steaks packed with or without oxygen. *Meat Science*, 2010, 85（3）：519-524.

BASZCZAK W, Valverde S, Fornal J. Effect of high pressure on the structure of potato starch. *Carbohydrate Polymers*, 2005, 59（3）：377-383.

BOLUMAR T, MIDDENDORF D, TOEPFL S, et al. Structural changes in foods caused by high-pressure processing. *High Pressure Processing of Food*. Springer New York, 2016.

BOREK C. Antioxidant health effects of aged garlic extract. *The Journal of Nutrition*, 2001, 131（3）：1010-1015.

CAO J X, WANG F, LI X, et al. The influence of microwave sterilization on the ultrastructure, permeability of cell membrane and expression of proteins of *Bacillus cereus*. Frontiers in microbiology. 2018, 9：01870.

DENYER S P, HODGES N A. Sterilization：filtration sterilization. Russell, Hugo & Ayliffe's Principles and Practice of Disinfection, Preservation & Sterilization, 2004：436-472.

LAKRYS-WALIWANDER P I, O'SUHIVAN M G, WALSH H, et al. Sensory comparison of commercial low and high oxygen modified atmosphere packed sirloin beef steaks. *Meat Science*, 2011, 88（1）：198-202.

LUO M, Beltr n J A, RONCALÉS P. Shelf-life extension and color stabilization of beef packaged in a low O_2 atmosphere containing CO. *Meat Science*, 1998, 48（1）：75-84.

MURPHY K M, O'GRADY M N, KERRY J P. Effect of varying the gas headspace to meat ratio on the quality and shelf life of beef steaks packaged in high oxygen modified atmosphere packs. *Meat Science*, 2013, 94（4）：447-454.

O'SUHIVAN M G, CRUZ-ROMERO M, KERRY J P. Carbon dioxide flavor taint in modified atmosphere packed beef steaks. *Food Science and Technology*, 2013, 44（10）：2193-2198.

RICHARDSON P. Thermal technologies in food processing. Taylor & Francis, 2001.

SRHEIM O, NISSEN H, NESBAKKEN T. The storage life of beef and pork pack-aged in an atmosphere with low carbon monoxide and high carbon dioxide. *Meat Science*, 1999, 52（2）：157-164.